数据科学与工程技术丛书

A Hands-On Introduction to Data Science

数据科学

基本概念、技术及应用

[美] 希拉格·沙阿（Chirag Shah）著
罗春华 陆金晶 译

机械工业出版社
CHINA MACHINE PRESS

本书以实用和易于理解的方式详细介绍了数据科学领域的知识，强调动手实践，独立于具体技术介绍数据科学的基本思想和方法，帮助学生在没有强大的技术背景的情况下轻松地理解该主题，并提供即使在工具和技术发生变化后仍然有用的材料。本书提供了许多实际应用的例子，实践范围从小数据到大数据。本书为教师和学生提供了一套在线材料，包括数据集、PPT、解决方案和课程建议等，非常适合希望建立数据科学应用知识体系的高校学生阅读。

图书在版编目（CIP）数据

数据科学：基本概念、技术及应用 /（美）希拉格·沙阿（Chirag Shah）著；罗春华，陆金晶译 .—北京：机械工业出版社，2023.6

（数据科学与工程技术丛书）

书名原文：A Hands-On Introduction to Data Science

ISBN 978-7-111-73045-3

Ⅰ.①数…　Ⅱ.①希…②罗…③陆…　Ⅲ.①数据处理　Ⅳ.①TP274

中国国家版本馆 CIP 数据核字（2023）第 069835 号

机械工业出版社（北京市百万庄大街22号　邮政编码100037）

策划编辑：刘　锋　　责任编辑：刘　锋　冯润峰

责任校对：韩佳欣　李文静　　责任印制：郜　敏

三河市国英印务有限公司印刷

2023 年 7 月第 1 版第 1 次印刷

185mm × 260mm · 21.75印张 · 538千字

标准书号：ISBN 978-7-111-73045-3

定价：129.00元

电话服务

客服电话：010-88361066

010-88379833

010-68326294

封底无防伪标均为盗版

网络服务

机　工　官　网：www.cmpbook.com

机　工　官　博：weibo.com/cmp1952

金　　书　　网：www.golden-book.com

机工教育服务网：www.cmpedu.com

前 言

数据科学是大学教育中发展最快的学科之一。我们看到越来越多的职位要求有数据科学方面的背景，该领域的学术任命和课程（不管是在线的还是传统的）也越来越多。有人可能会说，数据科学并不新奇，只不过是不同视角的统计学而已。然而，我们生活在这样一个时代，从医疗保健到教育，从金融到决策，各行各业那些能用数据解决的问题正在掀起巨大的创新浪潮。更重要的是，数据和数据分析在我们的日常生活中发挥着越来越大的作用。因此，每个人都需要掌握数据和数据分析的基础知识，即使他们不是为了获得计算机科学、统计学或数据科学的学位。认识到这一点，许多教育机构已经开始在这一领域进行开发，向那些即使不会成为数据科学家但仍然可以从数据专业技能中受益的学生提供学位和专业课程，以及辅修课程和证书，就像培养每个学生的基本阅读、写作和理解技能一样。

本书不仅适用于数据科学专业的学生，也适用于那些想要发展自己的数据素养的人。它让读者能够以简单的方式入门数据科学，并能够轻松地获取和处理数据以获得重要的见解。除了数据和数据处理的基础知识，本书还提供标准工具和技术。另外，它还研究了数据的使用在隐私、道德和公平等领域的影响。最后，本书还提供这些主题的实践介绍。书中几乎所有的内容都附有示例和练习，读者可以自己动手或使用本书所提供的工具进行尝试。我自己在讲授这些主题时，发现动手实践是一个非常有效的方法。

接下来的部分会解释本书是如何组织的、如何使用它来满足各种教学需求，以及学生需要满足什么具体要求，以使本书最大限度地发挥价值。

本书的结构

本书由四部分组成。第一部分包括第 1～3 章，介绍数据科学的基础知识。第 1 章将介绍数据科学领域及多种应用，并指出其与计算机科学、统计学和信息科学等相关领域的重要异同。第 2 章将描述数据的性质和结构，向学生介绍数据类型、收集和预处理。第 3 章将介绍数据科学的几项重要技术，这些技术主要源自统计学，包括相关分析、回归，还会介绍一些数据分析入门知识。

第二部分包括第 4～7 章，主要介绍各种工具和平台，如 UNIX（第 4 章）、Python（第 5 章）、R（第 6 章）、MySQL（第 7 章）。请记住，因为这不是一本编程或数据库书籍，所以我们的目标不是系统掌握这些工具的各个部分，而是将重点放在学习这些工具的基础知识和相关方面，以便能够解决各种数据问题。因此，这些章节是围绕解决各种数据驱动的问题组织的。在涉及 Python 和 R 的章节中，我们还将介绍基础的机器学习内容。

机器学习是数据科学中一个至关重要的主题，不能等闲视之，这也是本书第三部分专门讨论的原因。具体来说，第8章将更正式地介绍机器学习，同时也包括一些基本和广泛适用的技术。第9章将深度描述监督学习方法。第10章将介绍非监督学习。应该注意的是，由于本书的重点是数据科学，而不是核心计算机科学或数学，因此，在讨论和应用机器学习技术时跳过了许多数学和形式结构的基础知识。但在第三部分中，为了详细讨论机器学习方法和技术背后的理论和直观判断，我们运用了大量的数学知识。

最后，本书第四部分采用第一部分中介绍的技术，以及第二部分和第三部分中介绍的工具，开始将它们应用到现实生活中有意义的问题中。在第11章中，我们会将各种数据科学技术应用于现实生活中的问题，这些问题涉及社交媒体等方面。最后，第12章将额外介绍数据收集、实验和评估的内容。

本书有丰富的附加资料，它们要么可以为现有的数据科学理论和实践增加更多的价值和知识，要么可以为一些主题提供更广泛和更深入的观点。书中有一些放在框中的参考资料，它们可以在不影响正文流畅度的前提下提供一些重要和相关的信息，使学生能够意识到隐私、道德和公平等问题。附录A～D提供了与微分学和概率有关的各种公式的快速参考，以及安装和配置书中使用的各种工具的有用的指示和说明。附录E提供了获取从小到大的数据集的各种资源列表，通过它们可以进行更多的练习，甚至参加数据竞赛以获得奖项和认可。对于那些对使用基于云的平台和工具感兴趣的读者，附录F展示了如何注册、配置和使用它们。附录G提供了不同领域与数据科学工作相关的有用信息，以及与之对应的技能。最后，附录H和I分别介绍了数据伦理的理念，以及数据科学如何促进社会公益，激励你成为一个负责任和具有社会意识的数据公民。

本书英文版还有一个在线附录（OA），可以通过 www.cambridge.org/shah 访问，通过该网站还可以获取相关数据和其他资源的更新。在线附录的主要目的是为你提供最新的数据集或数据集链接，你可以下载它们并在许多示例、练习和问题中使用。在相关练习的描述中，你会看到相关内容在在线附录中的编号（例如 OA 3.2），它会告诉你数据的位置。

如何在教学中使用本书

本书围绕向计算机科学专业低年级学生或非计算机科学专业中高年级学生讲授数据科学而精心组织内容。全书内容是模块化的，能让学生和老师更容易覆盖主题到所需的深度。基于此，本书非常适合用作数据科学课程的主要参考书或教科书。以下是使用本书时推荐的课程安排，共包含五门课程，每门持续一个学期或四分之一学年。

- ❑ 数据科学导论：第1章和第2章，根据需要包含第二部分的一些内容。
- ❑ 数据分析：第3章，根据需要包含第二部分的一些内容。
- ❑ 用数据解决问题或数据科学编程：第4～7章。
- ❑ 数据科学中的机器学习：第8～10章。
- ❑ 数据科学的研究方法：第12章，第3章和第二部分的一些内容。

本书英文版的网站上还有一个“Resources”选项卡，其中有一个选项是“For Instructors”，包括可使用本书讲授的各门课程的教学大纲、每章的PPT以及其他一些有用的资源，如期中和期末考试试题。这些资源使首次讲授这门课程的老师能更轻松地根据自己的数据科学课程需要来使用本书。

每章都配有几个概念性问题和实践问题。这些概念性问题可以用于课堂讨论、家庭作业或测验。对于本书中涉及的每一项新技术或问题，至少有两个实践问题。其中一个可以在课堂上动手完成，另一个可以用于家庭作业或考试。大部分章节中的“实践示例”后是“自己试试”，学生可以尝试进一步练习，教师也可以将其布置为家庭作业或课堂练习作业。

要求和期望

本书适合对数据科学感兴趣的信息科学、计算机科学、商科、教育、心理学、社会学等相关专业领域的高年级本科生或研究生阅读。本书并不打算对编程语言、工具或平台进行深入分析。同样，虽然本书涵盖了机器学习和数据挖掘等主题，但不会给出详细的理论指导。相反，这些主题是在利用它们解决各种数据问题的背景下讨论的。

本书假设你很少或几乎未接触过编程及相关技术。然而，作者期望学生对计算思维（见第 1 章）和统计学基础知识（见第 3 章）有一定程度的理解。学生还应具备常规的计算机知识，能够下载、安装和配置软件，进行文件操作和使用在线资源。本书每章都列出了具体的要求和期望，其中许多可以通过浏览书中的其他部分（通常是前面的章节或附录）来满足。

本书使用的工具和软件几乎都是免费的。没有特定的操作系统或计算机架构的要求，但要求学生有一台具备合理的存储、内存和处理能力的现代计算机。此外，本书的部分内容需要可靠的网络连接，而且最好速度较快。

本书的优点和独特之处

如今，数据科学已得到广泛认可，因此，该领域出现了许多相关的书籍和资料也就不足为奇了。本书在以下几方面不同于其他书籍。

- 它面向只具有非常基础的技术经验的学生。这类学生主修的可以是信息科学、商科、心理学、社会学、教育学、健康学、认知科学，以及任何可以应用数据的学科。数据科学的学习不应该局限于那些学习计算机科学或统计学的人。本书就是为那些没有计算机科学或统计学研究基础的读者准备的。
- 本书首先会介绍数据科学领域，并不要求读者事先掌握相关知识，然后向读者介绍一些独立于技术之外的基本思想和技巧。这样可以做到：①为没有强大技术背景的学生提供更容易的切入点；②即使工具和技术发生了变化，本书所提供的材料仍然是有用的。
- 根据我自己的教学和课程开发经验，我发现市场上大部分的数据科学书籍可以分为两类：要么过于技术性，受众有限；要么只是简单提供信息，使读者很难实际应用数据科学工具和技术。本书旨在取得一个良好的平衡：一方面，它不是只简单地描述数据科学，还会讲授真正的实践工具（Python、R）和技术（从基础的回归到各种形式的机器学习）；另一方面，它并不要求学生有很强的技术背景才能学习和实践数据科学。
- 本书还探讨了数据的使用在隐私、伦理和公平等领域的影响。例如，本书讨论了机器学习技术中不小心使用不平衡的数据会如何导致有偏见的（通常是不公平的）预测，还介绍了欧洲制定的《通用数据保护条例》(GDPR)。

- 本书提供了许多真实应用的例子，以及从小数据到大数据的实践。例如，第 4 章有一个使用住房数据的例子，使用简单的 UNIX 命令就可以从中获得有价值的见解。在第 5 章中，我们将看到如何使用 Python 轻松实现多元线性回归，从而了解在各种媒体（电视、广播）上的广告支出如何影响销售。第 6 章包括一个例子，用 R 来分析关于葡萄酒的数据，以预测哪些是高质量的葡萄酒。第 8～10 章关于机器学习的章节在向读者介绍各种技术时，会用到许多来自现实生活和大家普遍感兴趣的问题。第 11 章中有从推特和 YouTube 等服务收集和分析社交媒体数据的实践练习，还会处理大型数据集（拥有超过 100 万条记录的 Yelp 数据）。许多例子可以通过手工或常见软件来完成，不需要专门的工具。这使得学生更容易掌握概念，而不必担心编程结构；也使得本书既可以用于非专业课程的学习，又可以用于专业认证课程的学习。
- 每章都有大量的练习，我将通过练习带领读者使用一种新技术来解决某个数据问题，读者还可以通过家庭作业做更多的练习，在章节的最后还有更多的实践问题（通常使用真实的数据）。书中包括 37 个“实践示例”，46 个“自己试试”，以及 54 个“实践问题”。
- 本书英文版还配有一套丰富的教学资料。这些资源包括课程建议（甚至一些完整的课程教学大纲）、每章的 PPT、数据集、程序脚本、每个练习的答案和解决方案，以及期中考试和期末考试的资料。

致　谢

如果没有很多人的帮助，这本书是不会出版的。所以我想在此感谢那些曾经帮助过我的人。

几乎和我所有的项目一样，如果没有我的妻子 Lori 的爱和支持，那么本书是不可能完成的。她不仅能理解我在深夜和周末时光从事这些项目，而且让我明白生活中最重要的事情——我的家人、学生，以及那些我试图通过所拥有的知识和技能在这个世界上做出的微小改变。

在我写这本书的时候，我可爱聪明的女儿——Sophie、Zoe 和 Sarah——也让我没有脱离现实。她们激励我去欣赏数据和信息之外的人类价值。毕竟，如果本书在某种程度上无助于人类的知识和进步，那么为什么还要费心在它上面呢？我经常被孩子们的好奇心和冒险精神所震惊，因为这些是从事任何科学研究都需要的品质，当然也包括数据科学。本书中提出的许多分析和解决问题的方法都属于这一范畴，我们不是简单地处理一些数据，而是受到好奇心和追求新知识的驱使。

正如我在前言中提到的，本书是我多年来开发和讲授各种数据科学课程而获得的灵感的呈现。因此，我要感谢所有上过我的课或上网浏览过我的材料、提出过问题、提供过反馈、帮助了我学到更多知识的学生。随着我教授的数据科学课程的不断迭代，情况变得越来越好。事实上，你手里拿着的是目前为止最佳迭代的结果。

除了多年来学习过我的课程的数百名（或者数千名，在包括 MOOC 的情况下）学生之外，我还要特别感谢一些学生和助理，他们对这本书做出了直接和实质性的贡献。我的 Info Seeking 实验室助理 Liz Smith 和 Catherine McGowan 不仅在校对方面对本书有极大贡献，而且在文献综述和部分内容撰写方面也提供了帮助。同样，我的两位博士生 Dongho Choi 和 Soumik Mandal 对本书中的部分内容、大量示例和练习做出了极大贡献。如果没有他们四位的帮助和奉献，那么本书至少要推迟一年才能出版。

我也要感谢我的博士生 Souvick Ghosh，他提供了一些关于错误信息的资料。我还要感谢 Ruoyuan Gao，他为“公平和偏见”这个主题做出了贡献。

最后，我永远感谢剑桥大学出版社的优秀员工，他们对本书出版的整个过程提供了指导。特别是 Lauren Cowles、Lisa Pinto 和 Stefanie Seaton。他们是一个了不起的团队，几乎在本书的每个方面都帮助了我，确保它达到了出版社所期望的最高质量标准和可读性。写一本书通常是一个痛苦的过程，但当你有这样的支持团队时，它就成为可能，甚至成为一个有趣的事情！

我几乎可以肯定，还有许多要感谢的人我忘记了，但他们应该知道，这是因为我的健忘，而不是不礼貌的结果。

作者简介

Chirag Shah 是西雅图华盛顿大学的教授，在此之前，他是罗格斯大学的教员。他是美国计算机协会（ACM）的高级会员。他在马萨诸塞大学阿默斯特分校获得了计算机科学硕士学位，在北卡罗来纳大学教堂山分校获得了信息科学博士学位。

他的研究兴趣包括交互式信息搜寻和检索并将其应用于个性化和推荐问题，以及将机器学习和数据挖掘技术应用于大数据和小数据问题。他在信息搜寻和社交媒体领域出版了几本书，并发表了一些经过同行评议的论文。他开发了用于协作和社交搜索的 Coagmento 系统、用于调查和实施交互式信息检索活动的 IRIS（信息检索和交互系统），以及用于收集和分析来自社交媒体渠道的数据的几个系统，包括已获奖的 ContextMiner、InfoExtractor、TubeKit 和 SOCRATES。他还管理着 Info Seeking 实验室，在那里，他研究与信息搜寻、社交媒体和神经信息检索相关的问题。这些研究项目得到了美国国家科学基金会（NSF）、美国国立卫生研究院（NIH）、美国博物馆和图书馆服务研究所（IMLS）、亚马逊、谷歌和雅虎的资助。同时，他也担任联合国数据分析顾问，参与一些涉及社会和政治问题、和平维护、气候变化以及能源的数据科学项目。他曾是 Spotify 的访问研究科学家，目前作为亚马逊学者就个性化和推荐问题向亚马逊提供咨询服务。

Shah 博士向本科生和研究生（硕士和博士）讲授数据科学、机器学习、信息检索、人机交互和定量研究方法等课程。他还在各种国际场合提供特殊课程和讲座，并为 Coursera 等平台创建了大量开放在线课程（MOOC）。他开发了若干门数据科学课程，并为数十名本科生和研究生提供了数据科学职业方面的建议。本书是他多年教学、咨询、研究和对相关资源认识的结晶。

chirags@uw.edu
http://chiragshah.org
@chirag_shah

目　录

第二部分 数据科学工具

第四部分 应用、评估和方法

附录

第一部分

概念介绍

本部分包括三个章节，介绍数据科学的基础知识。如果你从未接触过数据科学或统计学，我强烈建议你在进一步学习之前先阅读这部分内容。如果你已经有良好的统计背景和基本的数据存储、格式和处理的基础知识，那么你可以轻松浏览本部分中的大多数内容。

第1章将介绍数据科学的领域，以及各种应用。并指出其与计算机科学、统计学、信息科学等相关领域的重要异同。

第2章将描述数据的性质和结构。它将引导学生了解数据格式、存储和检索基础设施。

第3章将介绍数据科学的几项重要技术。这些技术主要源于统计学，包括相关性分析、回归，还会介绍一些数据分析入门知识。

无论你来自哪里，我仍然建议你注意第1章中介绍数据科学中的各种基本概念以及它们如何与其他学科相关联的部分。在我的经验中，我也发现在许多数据科学课程中，数据预处理的各个方面经常被跳过，但如果你想对数据科学有更全面的理解，那么我建议你也阅读第2章。最后，即使你有扎实的统计学背景，至少浏览一下第3章也无妨，因为里面介绍了一些统计概念，我们在本书的其余部分将多次用到它们。

第1章
简　　介

“在获得数据之前就建立理论是最大的错误。不知不觉地，人们会开始扭曲事实来适应理论，而不是让理论来适应事实。”

——夏洛克·福尔摩斯

你需要什么？

- ❑ 对计算机和数据系统有大致的了解。
- ❑ 基本了解智能手机和其他日常生活设备的工作原理。

你会学到什么？

- ❑ 数据科学的定义和概念。
- ❑ 数据科学与其他学科的联系。
- ❑ 计算思维——一种系统解决问题的方法。
- ❑ 数据科学家需要的技能。

1.1　什么是数据科学

夏洛克·福尔摩斯可能会希望生活在21世纪。在这个时代，我们被**数据**所包围，许多问题（包括谋杀之谜）都能够通过使用存在于个人和社会层面的大量数据来解决。

如今，我们可以合理地假设大多数人都熟悉“数据”这个术语，它随处可见。假设你是一个有智能手机的“联网”人，你可能有一个来自你的电话服务提供商的数据套餐。在美国，最常见的手机套餐包括不限时的通话和短信，以及有限的数据量——5GB、20GB等。如果你有一个这样的套餐，那么你很清楚你正在通过你的手机“使用数据”，并且会根据数据的用量交费。你知道在社交媒体平台上查看邮件和发布照片会消费数据。如果你是一个好奇（或者节俭）的人，那么你会计算你每月消费多少数据，然后选择一个适合你需要的套餐。

在为你的手机选择家庭套餐时，你可能还会遇到“数据共享”这样的术语。在其他地方，你可能也会遇到数据共享的概念。例如，如果你担心隐私问题，你可能就会想知道你的手机服务公司是否会将你的数据“分享”给其他人（包括政府）。

最后，你可能听说过“数据仓库”，好像数据被保存在某个偏僻地方高大的货架上的大盒子里。

在第一个场景中，个人通过检索电子邮件消息和发布照片来消费数据。在第二个关于数据共享的场景中，“数据”指的是关于你的信息。在第三个场景中，数据被当成了一个存储在某处的物理对象。在这些场景中，“数据”的性质和大小差别很大——从个人到机构，从几千字节（KB）到几千万亿字节（PB）。

在本书中，我们将考虑这些以及更多的场景，并学习如何定义、存储、清理、检索和分析数据——所有这些都是为了获得对决策和解决问题有意义的见解。我们将采用系统的、可验证的和可重复的过程。换句话说，我们将运用科学的方法和技术。最后，我们将以实际操作的方式完成几乎所有这些过程。这意味着我们将看到生成或使用数据的情况，并运用工具和技术处理数据。但在我们开始之前，让我们先看看其他人是如何描述数据科学的。

参考资料：datum、data 和科学

《韦氏词典》（https://www.merriam-webster.com/dictionary/datum）将 data 定义为“datum 的复数形式”，即“被给予或认可的事物，尤其是作为推理或推断的依据”。就本书中文版而言，我们直接使用“数据”一词就可以了。例如，假设有一个表包含你的班级或办公室中每个人的生日。我们可以将整个表（生日的集合）视为数据，每个生日都是一个单独的数据点。

关于数据和信息之间的区别，也经常有争论。事实上，通常会使用它们其中一个来定义另一个（例如，“数据是一条信息”）。在本章稍后比较数据科学和信息科学时，我们将再次讨论这个问题。

既然我们在谈论科学，那么弄清楚什么是科学也很重要。根据牛津词典（https://en.oxforddictionaries.com/definition/science），科学是“通过观察和实验对物理和自然世界的结构和行为的系统性研究”。当我们谈论科学时，我们感兴趣的是使用一种系统的方法来研究一种现象，这通常会让我们有能力解释和得出有意义的见解。

Wayfair 的数据科学总监 Frank Lo 在 datajobs.com 网站上说：“数据科学是融合了数据推理、算法开发和技术以解决分析性复杂问题的多学科结合产物。”[1] 他进一步阐述了数据科学的核心应该包括从挖掘出的数据中发现真知灼见。这可以通过使用各种工具和技术对数据进行探索，测试假设，并使用数据和分析作为证据得出结论来实现。

在一篇著名的文章中，Davenport 和 Patil[2] 将数据科学称为“21 世纪最性感的工作”。作者列出了数据驱动型公司，如亚马逊、eBay、谷歌、领英、微软、推特和沃尔玛等，作者将数据科学家视为数据黑客、分析师、沟通者和可信顾问的混合体——21 世纪的夏洛克·福尔摩斯。当数据科学家面临技术限制并发现解决这些问题的方法时，他们会交流他们所学到的知识，并对新的业务方向提出建议。他们还需要在可视化信息方面具备创造性，能够清晰和令人信服地展示他们发现的模式。数据科学家在该领域的重要角色之一就是基于数据对其产品、服务、流程和决策的影响向主管和经理提供建议。

在本书中，我们将把**数据科学**视为一个研究和实践的领域，它涉及数据的收集、存储和处理，以便从中获得对问题或现象的重要见解。这些数据可以由人类（调查、日志等）或机器（天气数据、道路监控等）生成，并且可以是不同的格式（文本、音频、视频、增强现实或虚拟现实等）。我们还将把数据科学本身视为一个独立的领域，而不是另一个领域（如统计学或计算机科学）的子集。在本章后面的章节中，当我们研究数据科学与各个领域和学科之间的联系和区别时，这一点将变得更加清晰。

为什么数据科学现在如此重要？自 2013 年以来一直担任 Indeed 公司首席经济学家的 Tara Sinclair 博士谈到："数据科学家的职位招聘数量在 2015 年第一季度同比增长了 57%[3]。"为什么最近工业界和学术界对数据科学和数据科学家的需求都出现了增加？过去几年发生了什么变化？答案并不令人惊讶：我们拥有大量数据，并且还持续以前所未有的、不断增长的速度生成数量惊人的数据，明智地分析数据需要有能力和训练有素的从业人员参与，而分析这些数据可以提供可操作的见解。

"3V 模式"试图以一种简单（和吸引人）的方式展示这一点。3V 是指：

1. 速度：数据积累的速度。

2. 体积：数据的大小和范围。

3. 多样性：大量的数据和类型（结构化和非结构化）。

近年来，数据的这三个方面都有了显著的增长。具体来说，异构和非结构化（文本、图像和视频）数据量的不断增加，以及分析这些数据从而带来价值的可能性，使得数据科学变得越来越重要。图 1.1[4] 显示的是 2012 年发布的一项预测，当时预计到 2020 年年底，数据量将达到 40ZB，这是 2010 年年初数据量的 50 倍。这个数据量到底有多大呢？如果你的计算机硬盘大小为 1TB（大约 1000GB），那么 40ZB 是它的 400 亿倍。

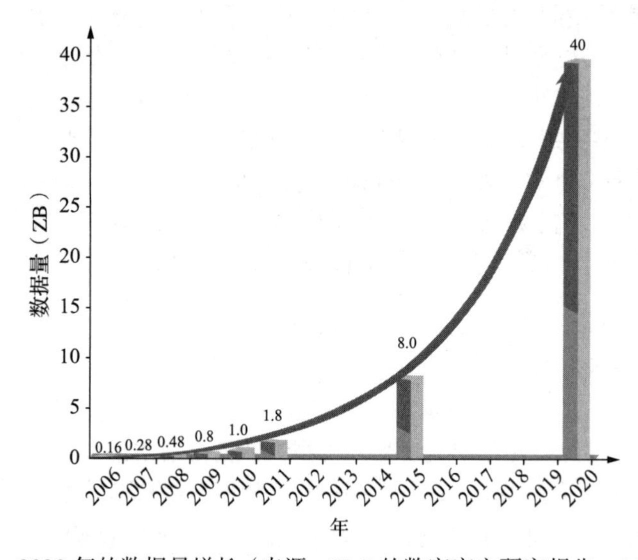

图 1.1 2006—2020 年的数据量增长（来源：IDC 的数字宇宙研究报告，2012 年 12 月[5]）

1.2 数据科学在哪里

问题应该是：我们在哪里看不到数据科学？数据科学的伟大之处在于，它不局限于社会的某个方面、某个领域或大学的一个院系——它几乎无处不在。让我们看几个例子。

1.2.1 金融

正如我们在上一节中看到的几乎所有领域的数据都呈指数级增长那样，金融数据的速度、种类和数量（即 3V）也出现了爆炸式增长。社交媒体活动、移动交互、服务器日志、实时市场反馈、客户服务记录、交易细节和现有数据库的信息组合在一起，形成了一个丰富而复杂的信息集合，专家（数据科学家！）必须处理这些信息。

金融数据科学家做什么？通过捕获和分析新的数据源，建立预测模型并对市场事件进行实时模拟，他们可以帮助金融业获得做出准确预测所需的信息。

金融领域的数据科学家也可以参与欺诈检测和风险降低。本质上，银行和其他贷款批准机构在最初的“文书工作”过程中收集了大量有关借款人的数据。数据科学实践可以通过诸如客户分析、过往支出和其他可用于分析风险和违约概率的基本变量等信息，将贷款违约的可能性降到最低。数据科学项目甚至可以帮助银行家分析客户的购买力，从而更有效地销售更多的银行产品[6]。仍然不相信数据科学在金融领域的重要性吗？只需查看你的信用记录就知道了，这是银行和其他金融机构用来识别潜在客户信誉的最流行的风险管理服务之一。公司使用机器学习算法来分析客户过去的消费行为和模式以确定客户的信誉。当申请新的信用卡或银行贷款时，信用评分以及其他因素，包括信用历史的长度和客户的年龄，被用来预测可以安全发放给客户的大致贷款金额。

让我们看一个更明确的例子。Lending Club 是全球最大的在线交易平台之一，为借款人和投资者牵线搭桥。放贷就必然会出现借款人违约的情况，这是每个放贷机构都希望避免的。这个问题的一个潜在解决方案是，从以前的贷款数据集构建一个预测模型，该模型可用于识别贷款风险相对较高的申请人。Lending Club 将其贷款数据集托管在其数据存储库中（https://www.lendingclub.com/info/download-data.action），这个数据集也可以从其他流行的第三方数据存储库[7]获得。有各种各样的算法和方法可以用来创建此类预测模型。如果你有兴趣了解更多信息，KDnuggets[8]演示了一种从 Lending Club 贷款数据集创建此类预测模型的简单方法。

1.2.2 公共政策

简而言之，公共政策是指通过政府和机构的行动，将政策和法律法规应用于解决社会问题，以造福全体公民。社会科学的许多分支（经济学、政治学、社会学等）是公共政策制定的基础。

数据科学可以帮助政府和机构深入了解影响公共生活质量的公民行为，包括公共交通、社会福利等。这些信息或数据可以用于制定改善这些领域的计划。

现在比以往任何时候都更容易获得有关政策和法规的有用数据，以便分析和提出见解。以下是开放数据存储库的例子：

- 美国政府（https://www.data.gov/）
- 芝加哥市（https://data.cityofchicago.org/）
- 纽约市（https://nycopendata.socrata.com/）

截至本书写作时，data.gov 网站上有超过 20 万个不同主题（从农业到地方政府，再到科学和研究）的数据存储库，任何人都可以浏览。芝加哥市门户网站提供了一个同样具有不同主题的数据目录，分为 16 个类别，包括行政和金融、历史保护和环境卫生。纽约市开放数据库包含 10 个类别的数据集。例如，单击 City Government 分类，会出现 495 个单独的结果。纽约市开放数据库还按城市机构组织数据，从儿童服务管理局到教师退休系统，共列出了 94 份数据供相关方使用。

使用数据来分析和改进公共政策决策的一个很好的例子是 Data Science for Social Good

项目，包括 Nova SBE、卡斯卡伊斯市政府和芝加哥大学在内的多个机构将参与该项目，为期 3 个月，该项目汇集的来自多个国家的 25 名数据分析专家将致力于利用公开的公共政策数据集，寻找线索来解决对社会有影响的相关问题，例如：非政府组织如何利用数据估计战区临时难民营的规划，为战区组织提供帮助；如何成功开发和维护利用数据产生社会效益和宣传公共政策的系统等。该项目通常每年六月组织新的活动 [9]。

1.2.3 政治

政治是一个广义的术语，指选举来执行治理国家的政策的官员的过程。它包括制定政策的过程，以及行使权力的官员的行动。政府的财政支持大部分来自税收。

最近，数据科学在政治领域的实时应用发展迅猛。例如，数据科学家分析了美国前总统奥巴马在 2008 年总统竞选中通过互联网取得的成功 [10]。在《纽约时报》的这篇文章中，作者引用了《赫芬顿邮报》编辑 Ariana Huffington 的话："如果没有互联网，奥巴马就不会成为总统。"

数据科学家在构建最精确的选民目标模型和增加选民参与方面取得了相当大的成功 [11]。2016 年唐纳德・特朗普的竞选活动是在社交媒体中利用数据科学量身定制个人信息的一个杰出例子。由于推特在过去十年中已成为美国政治领域的一个主要数字公关工具，因此有研究 [12] 分析了两位候选人（特朗普和希拉里・克林顿）的推文内容以及他们网站的内容，发现在对特质和问题的强调、推文的主要内容、转发的主要来源、多媒体的使用，以及文明程度等方面存在显著差异。相比女性特质和男性议题，希拉里在竞选活动中更强调自己的男性特质和女性议题，而特朗普则更关注男性议题，没有特别关注自己的特质。此外，特朗普使用用户生成内容作为其推文来源的频率明显高于希拉里。希拉里的推文有四分之三是原创内容，而特朗普的推文有一半是转发和回复公民的。从数据中提取这些特征并将它们与各种结果（例如，公众参与）联系起来，完全属于数据科学的范畴。事实上，在本书的后面，我们将会有从推特收集和分析数据的实践练习，包括从推文从中提取情感表达。

当然，我们也看到了阴暗的一面，比如臭名昭著的 Cambridge Analytica 数据丑闻，该丑闻于 2018 年 3 月浮出水面 [13]。这家数据分析公司从一位学术研究人员那里获得了大约 8700 万 Facebook 用户的数据，目的是在 2016 年美国总统竞选期间投放政治广告。虽然这起案件引起了公众对数据隐私问题的关注，但这并不是第一起。多年来，我们目睹了许多广告商、垃圾邮件发送者和网络罪犯利用合法或非法获得的数据来推动议程或发表言论的事件。我们将在后面讨论伦理、偏见和隐私问题时对此进行更多讨论。

1.2.4 医疗保健

医疗保健是数据科学家正在不断改变其研究方法和实践的另一个领域 [14]。尽管医疗保健行业一直在存储数据（如临床研究、保险信息、医院记录），但现在却被前所未有的海量信息所淹没。这包括生物数据，如基因表达、下一代 DNA 序列数据、蛋白质组学（蛋白质研究）和代谢组学（细胞过程的化学"指纹"）。

虽然诊断和疾病预防研究似乎存在限制，但我们可能会看到来自或关于更广泛人群的临床数据和健康结果数据，这些数据包含在越来越流行的电子健康记录（EHR）以及纵向药物和医疗索赔中。通过现有的工具和技术，数据科学家可以有效地处理大规模数据集，将临床试验的数据与执业医生的直接观察结合起来。原始数据与必要资源的结合为医疗专业人员打开了一扇门，使他们能够更好地关注以患者为中心的重要医疗难题，例如什么样的治疗有效以及对谁有效。

数据科学在医疗保健中的作用并不仅限于大型医疗服务提供商。在过去十年里，它还彻底改变了个人健康管理。个人可穿戴健康追踪器，如Fitbit，是数据科学在个人健康领域应用的主要例子。由于微型化技术的进步，我们现在可以通过这样的追踪器收集人体产生的大部分数据，包括心率、血糖、睡眠模式、压力水平，甚至大脑活动等信息。有了丰富的健康数据，医生和科学家正在扩大健康监测的边界。

自从个人可穿戴设备兴起以来，已经有大量的研究利用这类设备来研究个人健康管理空间。健康追踪器和其他可穿戴设备为研究人员提供了机会，让他们能够在数周甚至数月的时间里，以合理的准确度追踪身体活动目标的坚持情况，而这在依靠少量的自我报告或少量的加速度计磨损期时几乎是不可能的。这项研究的一个很好的例子是使用可穿戴传感器来测量超重或肥胖的绝经后妇女对身体活动干预的坚持程度[15]，这项研究持续了16周。该研究发现，使用活动测量追踪器（如Fitbit的追踪器），可以在很长一段时间内保持高水平的自我监控。通常情况下，了解自己的身体活动水平也可能有助于支持或维持良好的行为。

苹果公司与斯坦福大学医学院[16]合作，收集和分析苹果手表的数据以识别不规则的心律，也包括那些潜在的严重心脏问题，如心房颤动，这是中风的主要原因。许多保险公司已经开始向客户提供免费或打折的苹果手表设备，或者为那些在日常生活中使用这些设备的人提供奖励计划[17]。通过这些设备收集的数据可以帮助客户、患者和医疗保健服务提供者更好地监测、诊断和治疗以前未出现的健康状况。

1.2.5 城市规划

许多科学家和工程师已经开始相信，由于数据科学的新方法出现，城市规划领域在方法上出现重大的、甚至突破性的改变的时机已经成熟。这一信念基于“信息学”领域的一些新举措——获取、整合和分析数据以理解和改善城市系统与生活质量。

美国芝加哥大学的城市计算与数据中心（UrbanCCD）就致力于此类举措，正在使用先进的计算方法来了解城市的快速增长。该中心汇集了来自美国芝加哥大学和阿贡国家实验室[18]的学者和科学家，以及建筑师、城市规划师和其他许多人。

UrbanCCD的主任Charlie Catlett强调：“全球城市的发展速度已经超过了城市设计和运营的传统工具和方法所能处理的范畴。”他在该中心的网站[19]上写道：“其后果体现在低效的交通网络、温室气体排放，以及存在严重的贫困和健康问题的未规划的贫民窟上。我们迫切需要应用先进的计算方法和资源来探索和预测城市扩张的影响，并找到有效的政策和干预措施。”

在较小规模上，Chicagoshovels.org提供了一个小规模的“扫雪机跟踪器”，以便居民能够实时跟踪全市的300台扫雪机。该网站使用在线工具帮助组织一个“雪地军团”——本质上是邻居帮助邻居（如老人或残疾人）——清理路基和人行道。该平台的应用程序能让乘客知道下一辆巴士什么时候到达。考虑到芝加哥寒冷的冬天，这可能是一项重要的服务。类似地，波士顿新城市动力办公室开发了一款“雪地警察”（SnowCOP）应用程序，帮助城市管理者在暴风雪期间响应求助请求。该办公室有20多个旨在改善公共服务的应用程序，例如从居民手机中挖掘数据以解决基础设施项目问题的应用程序。但不仅仅是大城市，大约有 3.2 万人口的密歇根州的杰克逊通过追踪水资源使用情况来识别可能被遗弃的房屋。总之，数据在城市规划方面的用途和潜在用途是广泛的。

1.2.6 教育

按照纽约公立学校前校长 Joel Klein 的说法，“在教育和技术的结合上，简单把一台电脑放在学生或孩子面前，并不能让他们的生活变得更轻松，也不能让教育变得更好。”[20] 技术在未来的教育中肯定会发挥很大的作用，但具体将如何仍然是一个悬而未决的问题。教育工作者和技术传播者越来越意识到，我们正朝着在教育中更多使用数据驱动和个性化技术的方向前进，其中一些已经成为现实。

布鲁金斯学会的 Darrell M. West 在 2012 年发表的关于大数据和教育的报告中，比较了当前和未来的“学习环境”。根据 West 的说法，如今的学生通过阅读短篇小说，每隔一周测试一次来提高阅读能力，并从教师那里收到评分报告。但在未来，West 假设学生将通过“计算机软件程序”来学习阅读，计算机不断测量和收集数据，链接到提供进一步帮助的网站，并给予学生即时反馈。West 说：“在课程结束时，教师将会收到一份关于（班上学生）阅读时间、词汇知识、阅读理解和补充电子资源使用情况的报告。”[21]

所以，从本质上讲，未来的教师将是数据科学家！

大数据可以为各种教育结构提供急需的资源。数据收集和分析有可能改善教育的整体状况。West 说：“所谓的‘大数据’使得挖掘学习信息以洞察学生表现和学习方法成为可能。教师可以分析学生所知道的知识和对每个学生最有效的技巧，而不只是依赖于定期的考试成绩。通过关注数据分析，教师可以用更微妙的方式研究学习。在线工具可以评估更广泛的学生行为，例如他们在阅读上投入的时间、电子资源的来源，以及他们掌握关键概念的速度。”

1.2.7 图书馆

数据科学也经常应用于图书馆。Jeffrey M. Stanton 曾讨论过数据科学专业人员与图书管理员之间的任务重叠。在他的文章中，他总结道：“在不久的将来，公民将需要拥有发现、连接、检查、分析和理解不同来源的数据的能力……除了图书管理员之外，谁还可以随时准备好提供所需的帮助，使资源变得容易获得，并在社区工作者来寻求答案时为知识创造提供一个场所？”[22]

Mark Bieraugel 在其发表于大学和研究图书馆协会（ACRL）网站上的文章中重申了这一观点[23]。Bieraugel 提倡图书管理员创建分类、设计元数据方案和系统化检索方法，以使大数据集更有用。尽管数据科学在未来图书馆中所扮演的角色似乎过于乐观而显得不够真实，但实际上它比你想象的更接近现实。想象一个场景，Alice，一位研究糖尿病的科学家，请 Mark——一位研究图书管理员，帮助她理顺以前文献中的研究空白领域。借助数字技术，Mark 可以将成千上万篇文章的观点和结果简化为一个连贯的项目符号列表，然后应用数据科学算法（如网络分析），来可视化类似主题的新兴研究趋势，从而实现对任何学科的文献综述自动化。这将使 Alice 的工作比她费心阅读所有的文章要容易得多。

1.3 数据科学与其他领域如何关联

虽然数据科学本身已经成为一个独立的领域，但正如我们之前看到的，它通常被认为是统计学等领域的分支学科。人们当然可以将数据科学作为现有的、成熟的领域的一部分来研究。但是，考虑到数据驱动的问题的性质以及数据科学能够解决这些问题的势头，数据科学有必要有一个单独的位置——一个不同于那些成熟领域但又与它们相关联的位置。让我们看看数据科学与其他领域有何相似之处，又有何不同之处。

1.3.1 数据科学与统计

Priceonomics（一家位于旧金山的公司，口号是“将数据转化为故事”）指出，就在不久之前，“数据科学”这个词对大多数人来说还毫无意义，甚至对那些真正接触数据的人也毫无意义 [24]，人们对这个词的普遍反应是：“难道不就是统计吗？”

Nate Silver 似乎并不认为数据科学与统计有什么不同。作为媒体网站 FiveThirtyEight 背后的著名数字分析专家，他对数据科学表示疑惑，他曾正确预测了美国 2008 年大选中 50 个州里面 49 个州的选举结果，并在 2012 年精确预测了 50 个州的选举结果。然而，他的 2016 年大选预测模型却表现得一塌糊涂。该模型预测，民主党候选人希拉里 · 克林顿赢得总统职位的概率为 71.4%，高于共和党候选人唐纳德 · 特朗普的 28.6%[25]。在他 2016 年的预测中唯一的亮点是，预测了特朗普比几乎任何人都有更高的机会赢得选举团 [26]。

在 2013 年的美国联合统计会议上 [27]，Silver 对一群统计学家说：“我认为数据科学家是统计学家的一个性感称呼。”

这两个密切相关的领域的区别在于现代计算机的发明和进步。统计最初是为了帮助人们处理计算机出现之前的“数据问题”而开发的，例如测试化肥对农业的影响，或者从一个小样本中计算出估算值的准确性。数据科学强调 21 世纪的数据问题，例如从大型数据库中获取信息，编写计算机代码来处理数据，以及将数据可视化。

哥伦比亚大学的统计学家 Andrew Gelman 写道：“将统计视为数据科学的一个子集是公平的，也可能是‘最不重要的’方面。” [28] 他认为对于数据科学而言，处理数据的管理方面（如收集、处理、存储和清洗）比核心的统计更为重要。

那么，这些领域的知识是如何融合在一起的呢？ FlowingData（数据流）的统计学家 Nathan Yau 提出，数据科学家至少应该具备三种基本技能 [29]：

1. 具备扎实的统计学（参见第 3 章）和机器学习（参见第 8～10 章）基础知识——至少能够避免误读因果关系的相关性或从小样本中推断出太多内容。

2. 计算机科学技能，以获取不受约束的数据集和使用编程语言（如 R 或 Python，参见第 5 章和第 6 章），从而轻松完成分析。

3. 以让不太熟悉数据的人也能明白的方式可视化和表达他们的数据和分析的能力（参见第 2 章和第 11 章）。

正如你所看到的，本书涵盖了大多数（如果不是全部的话）数据科学的基本技能。

1.3.2 数据科学与计算机科学

也许这看起来像是数据科学的一个明显的应用，但是计算机科学涉及许多已有和正在兴起的技术，这些技术与数据科学家相关。计算机科学家已经开发了许多技术和方法，例如：①数据库（DB）系统，它可以处理结构化和非结构化格式的不断增长的数据，从而加速数据分析；②帮助人们理解数据的可视化技术；③能够在更短的时间内计算复杂和异构数据的算法。

事实上，数据科学和计算机科学相互重叠，相互支持。在计算机科学领域发展起来的一些算法和技术——例如机器学习算法、模式识别算法和数据可视化技术——已经对数据科学学科做出了贡献。

机器学习无疑是当今数据科学的一个非常重要的部分，如果没有机器学习的基本知识，那么在大多数领域很难进行有意义的数据科学研究。幸运的是，本书的第三部分会专门介绍机器学习。虽然我们不会像计算机科学家那样深入探讨理论，但我们将看到许多流行的、有用的机器学习算法和技术在各种数据科学问题上的应用。

1.3.3 数据科学与工程

广义来说，各个领域（化工、土木、计算机、机械等）的工程都有对数据科学家和数据科学方法的需求。

工程师需要数据来解决问题。数据科学家被要求开发方法和技术来满足这些需求。同样，工程师也帮助过数据科学家。数据科学从工程开发的新软件和硬件中受益，例如大大减少计算时间的 CPU 和 GPU。

以土木工程为例。在过去几十年里，由于技术的使用，建筑业的发展趋势出现了巨大的变化。现在已经可以使用基于收集和分析大量异构数据的“智能”建造技术。得益于预测算法，建筑业已经可以根据特定项目（如护栏）的单价来估计可能的施工成本，承包商可能会根据位置、时间、总价值、相关成本指数等进行投标。

此外，各种科技已经引入了“智能”建造技术。3D 打印技术有助于预测施工薄弱环节，无人机可在实际施工阶段监控建筑现场，所有这些技术都会产生大量数据，人们需要对这些数据进行分析，以设计施工进程和活动。因此，通过增加科技在任何工程设计和应用中的使用，数据科学的作用在未来将势不可挡地扩大。

1.3.4 数据科学与商业分析

总的来说，我们可以说“商业”的主要目标是通过高效和可持续的生产方法以及有效的服务模式等来获利（即使在资源有限的情况下）。这要求我们在客观评估的基础上做出决策，而数据分析对于客观评估至关重要。

无论对于公司还是客户，与商业相关的数据越来越便宜（易于获取、存储和处理），并且无处不在。除了传统类型的数据（现在正通过自动化流程数字化）之外，来自移动设备、可穿戴传感器和嵌入式系统的新型数据也为企业提供了丰富的信息。用于商业分析（BA）的新技术也不断出现，帮助我们组织和理解不断增长的数据。

商业分析是指对过去和当前的业务绩效进行持续迭代探索和调查，以获得洞察并制定战略的技能、技术和实践。BA 专注于基于数据和统计开发新的视角和理解绩效。这就是数据科学的切入点。为了满足 BA 的要求，数据科学家需要进行统计分析，包括解释性和预测性建模以及基于事实的管理，以帮助驱动成功的决策。

商业分析有四种类型，每一种都为数据科学家提供了切入机会[30]：

- 决策性分析：通过反映推理的可视化分析以支持决策。

- ❑ 描述性分析：通过报告、记分卡、聚类等提供对历史数据的洞察。
- ❑ 预测性分析：使用统计和机器学习技术进行预测建模。
- ❑ 规范性分析：使用优化、模拟等推荐决策。

我们将在第3章重新讨论这些问题。

1.3.5 数据科学、社会科学与计算社会科学

听起来很奇怪，始于约4个世纪前的社会科学主要关注社会和个体之间的关系，与数据科学有什么关系？进入21世纪，数据科学不仅推动了社会科学发展，而且还在塑造社会科学，甚至创造了一个叫作计算社会科学的新分支。

自创立以来，社会科学已经扩展出许多分支，包括但不限于人类学、考古学、经济学、语言学、政治学、心理学、公共卫生学和社会学。多年来，这些分支都建立了自己的标准、规程和数据收集模式。但是将理论或结果从一个学科联系到另一个学科却变得越来越困难。这就是过去几十年里计算社会科学彻底改变社会科学研究的地方。在数据科学的帮助下，计算社会科学将多个学科的结果联系起来，探索一个关键而紧迫的问题：数字时代的信息革命将如何改变社会？

自其出现以来，计算社会科学促成了一系列跨学科项目，这些项目里面通常会有计算机科学家、统计学家、数学家的合作，现在还要加入数据科学家。其中一些项目涉及利用预测工具和算法以及机器学习来协助解决顽固的政策问题，还有一些项目需要将图像、文本和语音识别的最新进展应用到社会科学的经典问题上。这些项目通常需要在方法上突破，将已验证的方法扩展到新的水平，以及设计新的度量标准和界面，以便缺乏计算技能但具有领域专业知识的学者、管理员和决策者能够理解研究结果。

阅读完前文，如果你认为计算社会科学只是借用了数据科学而没有回报，那你就错了。计算社会科学不可避免地提出了有关政治和伦理的问题，这些问题往往嵌入在数据科学研究中，尤其是当数据科学研究基于具有深远影响的现实应用的社会政治问题时。政府政策、人民在选举中的权利以及私营企业的招聘策略都是此类应用的主要例子。

1.4 数据科学和信息科学之间的关系

虽然本书受众广泛，对任何对数据科学感兴趣的人来说都是有用的，但有些方面是针对对信息密集型领域感兴趣或从事该领域工作的人，其中包括许多被称为“知识工作”的现代工作，如医疗保健、制药、金融、政策制定、教育和情报等领域的工作。信息科学领域通常源于计算、计算科学、信息学、信息技术或图书馆学，而且通常代表并服务于这些应用领域。这里的核心思想是涵盖在各种环境中研究、访问、使用和产生信息的人。让我们思考一下数据科学和信息科学是如何关联的。

数据无处不在。是的，这是我在本章中第三次提到这一点，但这一点非常重要。人类和机器都在不断创造新的数据。正如自然科学专注于理解支配自然现象的特征和规律一样，数据科学家也对研究数据的特征感兴趣——找出能让人们和社会从数据中受益的模式。这种观点往往忽略了数据背后的人和过程，因为大多数研究人员和专业人员是从系统的角度看待数据，然后专注于量化现象，但他们缺乏用户视角的理解。信息科学家了解数据生成和使用的过程，可以发挥重要作用，在定量分析和检验数据之间架起一座桥梁。

1.4.1 信息与数据

在 1.1 节的参考资料中，我们提到了**数据**和**信息**之间的一些联系和区别。根据咨询对象的不同，你会得到不同的答案——从表面上的差异到数据和信息之间模糊的界限。更糟糕的是，人们经常用它们其中一个来表示另一个。传统的观点认为，数据是原始的、无意义的东西，只有当它被分析或转换成有用的形式时，它才变成了信息。信息也被定义为“具有意义和目的的数据”[31]。

例如，数字“480 000”是一个数据点。但是当我们加上一个解释，比如它代表了美国每年因吸烟而死亡的人数[32]，它就变成了信息。但是在许多现实场景中，有意义的数据点和无意义的数据点之间的区别对于我们区分数据和信息来说不够清楚。因此，出于本书的目的，我们不会专注于画这样一条线作为区分。与此同时，由于我们在本章中介绍了各种概念，因此我们至少应该考虑一下它们在各种概念框架中是如何定义的。

让我们举这样一个例子。数据、信息、知识和智慧（DIKW）模型区分了每个概念的含义，并提出了一个层次系统[33]。尽管不同的作者和学者对此模型提供了几种解释，但该模型将数据定义为：①事实；②信号；③符号。在这里，信息与数据的区别在于它是“有用的”。与其他学科中的数据概念不同，信息科学要求并假定对信息有透彻的理解，并且需要考虑由人们创建、生成和共享的数据相关的不同上下文和环境。

1.4.2 信息科学用户

除了系统视角外，信息科学的研究还集中在数据和信息的人文方面。虽然系统视角通常支持用户掌握观察、分析和解释数据的能力，但后者允许用户将数据转化为对他们有用的信息。根据影响判断的各种因素，例如“有用性”[34]，不同的用户可能对一条信息的相关性持有不同意见。有用性是一个标准，它决定了用户和信息对象（数据）之间的交互在完成用户的任务或目标方面的有用程度。例如，一个普通用户想知道喝咖啡是否对健康有害，他可能会发现搜索引擎结果页面（SERP）中的信息是有用的，而对于一个需要决定是否可以推荐病人喝咖啡的营养师，他可能会发现 SERP 中的相同结果毫无价值。因此，有用性标准会根据具体用户的任务而有所不同。

信息科学领域的学者倾向于结合用户方和系统方来理解数据是如何和为什么生成的，以及它们所传达的信息。这通常与研究人们的行为有关。例如，信息科学家可以收集一个人的浏览器日志数据，以了解他的搜索行为（使用的搜索词、点击的结果、在不同网站上花费的时间等）。这可以让他们创建更好的个性化和推荐方法。

1.4.3 iSchool 中的数据科学

在信息学院（iSchool）学习数据科学有几个好处。数据科学为学生提供了对个体、社区和社会现象更细致入微的理解。例如，学生可以应用从特定社区收集的数据，通过政策变化或城市规划来提高该地区的幸福感。实际上，iSchool 的课程可以帮助学生获得数据和信息的不同观点。随着学生成长为掌握数据的更广泛层面的数据科学家，这将成为一种优势。除了所有必需的数据科学技能和知识（包括计算机科学、统计学、机器学习等），对人文因素的关注为学生提供了独特的机会。

iSchool 的课程还提供了对信息上下文理解的深度。在 iSchool 学习数据科学为理解包括通信、信息研究、图书馆学和媒体研究在内的上下文中的数据提供了独特的机会。在 iSchool 中学习数据科学与在计算机科学或统计课程中学习数据科学的区别在于，前者倾向专注于分析数据和提取基于上下文的深刻信息。这就是为什么对“信息来自哪里”的研究与“它代表什么”，以及“它如何在创建商业策略和信息技术战略中成为有价值的资源”同等重要的原因。例如，在分析电子健康记录时，iSchool 的研究人员还对调查相应的患者如何感知和寻求与健康相关的信息，以及来自专业人员和同行的支持感兴趣。简而言之，如果你对技术和实践的结合以及人文研究感兴趣，那么 iSchool 的数据科学专业将是你的最佳选择。

1.5 计算思维

许多技能被认为是每个人的“基本”技能，包括阅读、写作和思考。这些技能与性别、职业或学科无关，只是应该具备这些能力。当今世界，**计算思维**正在成为一项基本技能，而不仅仅是计算机科学家的专利。

什么是计算思维？通常，这意味着像计算机科学家一样思考。但这并不是很有帮助，即使对计算机科学家也是如此！根据 Jeannette Wing[35] 的说法，“计算思维是在攻克大型复杂任务或设计大型复杂系统时使用抽象和分解的能力”。这是一个基于以下三个阶段的迭代过程。

1. 问题表述（抽象）
2. 解决方案表达（自动化）
3. 解决方案执行和评估（分析）

这三个阶段以及它们之间的关系如图 1.2 所示。

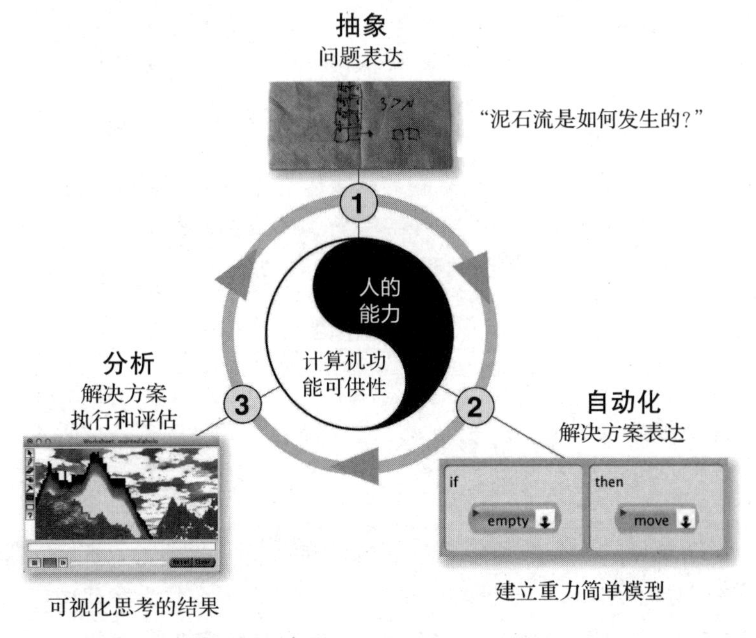

图 1.2 描述计算思维的三阶段过程（来源：Repenning, A., Basawapatna, A., & Escherle, N.（2016）. Computational thinking tools. In 2016 IEEE Symposium on Visual Languages and Human-Centric Computing (VL/HCC) (pp. 218–222), September.）

实践示例 1.1：计算思维

举个例子。我们得到了以下数字，并被要求找出其中最大的那个：7，24，62，11，4，39，42，5，97，54。也许你只要看看就能找出来，但是让我们试着“系统地”去做。

让我们一次观察两个数字，而不是同时看所有的数字。前两个数字是 7 和 24，选大的数字，24。现在我们来看下一个数字，是 62，它大于 24 吗？是的，这意味着到目前为止，62 是我们最大的数字。下一个数字是 11，是否大于我们目前所知的最大数字，即 62？否，所以我们继续。

如果你继续这个过程，直到比较完所有剩余的数字，最终会发现 97 是最大的。这就是我们的答案。

我们刚刚做了什么？我们将一个复杂的问题（查看 10 个数字）分解成了一组小问题（一次比较两个数字）。这个过程就叫作分解，指的是确定小步骤来解决大问题。

除此之外，我们还推导出了一个过程，这个过程不仅适用于 10 个数字（并不复杂），还适用于 100 个数字、1000 个数字或 10 亿个数字，这就叫抽象和概括。这里的抽象是指将实际感兴趣的对象（10 个数字）视为一系列数字，而概括是指能够设计适用于抽象量（一系列数字）而不仅仅是特定对象（给定的 10 个数字）的过程。

这就是一个计算思维的例子。我们通过一个系统过程来解决问题，这个过程可以用清晰可行的计算步骤来表达。要做到这一点，你不需要知道任何编程语言。当然，你可以写一个计算机程序来执行这个过程（一个算法）。但在这里，我们的重点是思考这背后的逻辑。

在先前例子上，假设你感兴趣的不仅仅是最大的数字，还有第二大、第三大的等。一种方法是按某种（递增或递减）顺序对数字进行排序。当数字的数量这么小时，这看起来很容易。但是想象一下，你有一个巨大的没有分类的书架，你想按字母将书籍排序。这不仅是一个更棘手的问题，而且随着项目数量的增加，它变得越来越具有挑战性。所以，让我们退一步，试着想一个系统的方法。

解决这个问题的最原始方法是浏览书架，寻找顺序不对的两本，例如 Rowling, J. K，后面是 Lee, Stan，然后调整它们。调整完后继续浏览书架的其余部分，每次到达终点后再从书架的开始处重新开始浏览，直到在整个书架上不再出现顺序不对的，这说明你的工作即将完成。但基于藏书规模和过程开始时书籍的无序程度，排序可能需要很多时间，这不是一个非常有效的策略。

这里有一个替代方法。让我们随机挑选一本书，比如 Lee, Stan，重新排列书架，将比 Lee, Stan 更靠前的书（字典中“L”左边的字母，A～K）都放到其左边，靠后的书（M～Z）放到其右边。最后，Lee, Stan 就处于其最终的位置，可能靠近中间。接下来，再对左边的图书和右边的图书分别执行相同的步骤，直到每本书都到了它最终的位置，这样书架就排序好了。

现在你可能会想，什么是排序书架最简单的方法？让我们以先前的那组数字为例，看看它是如何工作的。假设你选择的是第一个数字 7，那么你需要让所有小于 7 的数字到左边，大的到右边。首先，你可以假设 7 是队列中最小的数字，因此它的最终位置是第一个。现在你将剩下的数字与 7 进行比较，并相应地调整其位置。让我们从头开始。第一个比较的是 24，大于 7，所以 7 的暂定位置还是在第一个。接下来是 62，同样大于 7，因此7的暂定位置没有变化。下一个数字11也一样。接下来比较的是4和7，与前面三个数字不同，4小于7。因此，前面假设的7是队列中最小的数字被证明是不正确的，你需要把假设7为最小值调整为第二小值。

以下是如何执行重新调整的过程。首先，你必须把4的位置和第二个位置的数字24进行调换，队列变成7、4、62、11、24、39、42、5、97、54。然后将数字7的暂定位置移到第二个，紧跟在4之后，使队列成为4、7、62、11、24、39、42、5、97、54。

现在你可能会想，为什么不在7和4之间交换，而是交换24和4。原因是一开始你就假设7是队列中最小的数字，到目前为止，你在比较中只发现了一个违反假设的情况，即数字4。因此，合乎逻辑的是，在当前比较结束时，把你的假设调整为7是第二小的元素，4是最小的元素，由当前队列反映出来。

继续比较，队列中接下来的数字是39和42，它们都大于7，因此我们的假设没有变化。下一个数字是5，同样小于7。所以，你需要做和4一样的操作。将队列的第三个元素换成5，重新调整你的假设，将7作为队列中第三小的元素，并继续这个过程，直到队列的末尾。在这一步结束时，你的队列被转换为4、5、7、11、24、39、42、62、97、54，初始假设已经改变，因为现在7是队列中第三小的数字。这样，现在7已经被放在了其最终的位置。请注意，7左边的所有元素（4和5）都小于7，右边的元素都大于它。

如果你现在对左边的数字和右边的数字分别执行相同的前一步骤，那么每个数字都将落在正确的位置，并且你将得到一个完全有序的升序数字列表。

同样，所有这些方法的一个共同特点是，寻找解决方案的过程是清晰的、系统的、可重复的，与输入的大小（数字或书籍的数量）无关。这使得它在计算上是可行的。

现在你已经看过了这些例子，试着在你周围找到更多的问题，看看能否通过用这种方式设计解决方案来练习你的计算思维。下面是一些可以尝试的练习。

自己试试 1.1：计算思维

对于下面的每一种情况，说明你是如何应用计算思维的，即如何抽象出各种情况，将复杂的问题分解成小的子问题，并结合子解决方案来解决问题。

1. 当前面或后面的活动不是居家时，在你的日程表中找出一个一小时的空档。

2. 当你外出办事时，以最少的时间拜访五个不同的地方，并且不要多次穿过任何同样的道路、人行道或地点。

3. 制定好在招聘会上与潜在雇主会面的策略，这样你就可以优化与知名公司（长线）和初创公司（短线）的联系。

1.6 数据科学技能

到目前为止，希望你已经确信：①数据科学是一个正在蓬勃发展的奇妙领域；②它几乎无处不在；③也许你想把它作为未来的职业发展方向！好吧，也许你还在思考最后一条，但如果你对前两条很有信心，并且仍然在看这本书，那么你至少会好奇，要成为一名数据科学家，你的工具箱里应该有哪些东西。让我们仔细看看什么是数据科学家，他们要做什么，以及一个人可能需要什么样的技能才能进入这个领域。

推特上有一个关于数据科学家的妙语[36]，很好地描述了他们的技能："数据科学家（名词）：比任何软件工程师更擅长统计，比任何统计人员更擅长软件工程的人。"

著名的科研和商业高管 Jeanne Harris 在《哈佛商业评论》的文章[37]中列出了雇主期望数据科学家具备的一些技能：乐于实验，精通数学推理，具备数据素养。我们将探讨这些概念，以及商业专业人士在潜在求职者身上寻找什么以及为什么寻找。

1. 乐于实验

数据科学家需要有动力、直觉和好奇心，不仅要解决问题，还需要自己识别和阐述问题。求知欲和实验能力需要分析性思维和创造性思维的结合。如果从更技术性的角度来解释这一点，就是雇主寻找的是能够提出问题来定义智能假设并利用基本统计方法和模型探索数据的求职者。Harris 还指出，雇主在面试过程中会提出一些问题，以确定求职者的好奇心和创造性思维的水平——这些问题的目的不是引出一个具体的正确答案，而是观察他们用来发现可能答案的方法和技巧。因此，求职者经常会被问到诸如"一辆校车能放多少个高尔夫球？"或者"曼哈顿有多少个井盖？"这样的问题。

2. 精通数学推理

数学和统计知识是潜在求职者在数据科学领域寻找工作的第二个关键技能。我们并不是说你需要一个数学或统计学的博士学位，但你确实需要扎实地掌握基本的统计方法和能灵活运用它们。雇主寻找的是能够证明自己在推理、逻辑、解释数据和制定分析策略方面的能力的求职者。Harris 进一步指出："数字数据的解释和使用在商业实践中将变得越来越重要。因此，大多数公司在招聘时越来越倾向于检查求职者是否擅长数学推理。"

3. 具备数据素养

数据素养是从数据集中提取有意义信息的能力，任何现代企业都有一个需要解释的数据集合。一个熟练的数据科学家能通过评估数据集的相关性和适用性来进行解释、执行分析，并创建有意义的可视化来讲述有价值的数据故事，从而为企业发挥内在作用。Harris 注意到："商业用户的数据素养培训现在是一个优先事项。管理人员正在接受培训，以了解哪些数据是合适的，以及如何使用可视化和模拟来处理和解释这些数据。"数据驱动的决策是商业创新的驱动力，而数据科学家是这一过程中不可或缺的一部分。数据素养是一项重要的技能，不仅对数据科学家，对所有人都是如此。学者和教育工作者已经开始争论，就像任何教育项目中必不可少的阅读和写作能力一样，数据素养也是一项基本技能，应该教给所有人。更多关于这方面的信息可以在以下参考资料中找到。

参考资料：数据素养

当天气预报说有 10% 的可能要下雨，而实际开始下大雨时，人们经常会抱怨。这种失望源于人们缺乏对数据如何转化为信息的理解。在这个例子中，数据来自与天气相关的先前观测。基本上，如果在同样的天气条件下（温度、湿度、气压、风速等）100 天的观测中（可能超过几十年），有 10 天下了雨，那么这意味着有 10% 的概率会下雨。当人们将这一信息误认为是一个二元决策时（因为有 90% 的可能性不下雨，所以根本就不会下雨），就是缺乏数据素养的结果。

在日常生活中，我们还会遇到许多其他的事件，在这些事件中，信息是基于一些数据分析传达给我们的。其他例子包括我们在访问网站时看到的广告，政治信息的结构方式，以及你所在城镇的资源分配决策。其中一些可能看起来值得怀疑，另一些则以我们无法理解的微妙方式影响着我们。但如果我们能更好地理解数据是如何转化为信息的，大多数问题都可以解决。

目前我们越来越依赖于捕捉和利用大量数据来做出重要的决策，这些决策影响我们生活的方方面面，从我们应该买什么和我们应该和谁约会的个性化推荐，到自动驾驶汽车和扭转气候变化——数据素养变得越来越重要。这不仅仅与数据科学家有关，还与所有有过这类经历的人有关。事实上，在某种程度上，这对数据科学家以外的人来说更为重要，因为至少数据科学家将被要求学习这一技能。是他们培训的一部分，而其他人可能甚至没有意识到他们缺乏如此重要的技能。

在另一种观点中，Dave Holtz 在博客中描述了数据科学家可能应聘的不同职位所需要的特定技能。他列出了数据科学工作的基本类型 [38]：

- **数据科学家是住在旧金山的数据分析师！** Holtz 指出，对一些公司来说，数据科学家和数据分析师是同义词。这些职位通常是入门级的，将使用预先存在的工具和应用程序，这些工具和应用程序需要基本技能来检索和可视化数据。这些数字工具可能包括 MySQL 数据库和 Excel 中的高级功能，如数据透视表和基本数据可视化（如折线图和直方图）。此外，数据分析师可以执行实验测试结果的分析或管理其他预先存在的分析工具箱，如谷歌 Analytics 或 Tableau。Holtz 进一步指出："这类工作都是非常优秀的入门级职位，甚至可以让崭露头角的数据科学家尝试新事物，扩展自己的技能。"
- **请处理我们的数据！** 公司会发现他们淹没在数据中，需要有人来开发一个数据管理系统和基础设施，以容纳巨大的（和不断增长的）数据集，并执行数据检索和分析。"数据工程师"和"数据科学家"是这类职位的典型头衔。在这类场景中，候选人可能是公司首批雇佣的数据人员之一，因此这个人应该能够在没有大量统计或机器学习专业知识的情况下完成工作。具有软件工程背景的数据科学家可能会在这样的公司中脱颖而出，在这种公司中，更重要的是他们为产品代码做出有意义的数据式贡献，并提供基本的见解和分析。但是，初级数据科学家获得指导的机会可能较少。因此，初级人员将有很好的机会通过"试炼"来发光发热，但指导会少一些，失败或停滞的风险也会大一些。
- **我们是数据，数据是我们**。有很多公司的数据（或数据分析平台）就是他们的产品。这些环境提供密集的数据分析或机器学习机会。理想的候选人可能有正规的数学、统计学或物理学背景，并希望继续走上更学术的道路。这类公司的数据科学家将更专注于生产数据驱动的产品，而不是回答公司的运营问题。拥有大量数据的面向消费者的组织，以及提供基于数据的服务的公司都属于这一类。
- **数据驱动的规模合理的非数据公司**。许多现代企业都属于这类。这种类型的公司有一个由数据科学家组成的成熟团队。公司评估数据，但并不完全关心数据。它的数据科学家的工作包括执行分析、接触生产代码、可视化数据等。这些公司要么是在寻找通才，要么是在寻找填补觉得自己的团队缺乏的特定细分市场的人才，比如数据可视化或机器学习。在这些公司面试时，一些更重要的技能是熟悉为"大数据"设计的工具（如 Hive 或 Pig），以及处理混乱的现实数据集的经验。

这些技能总结在图 1.3 中。

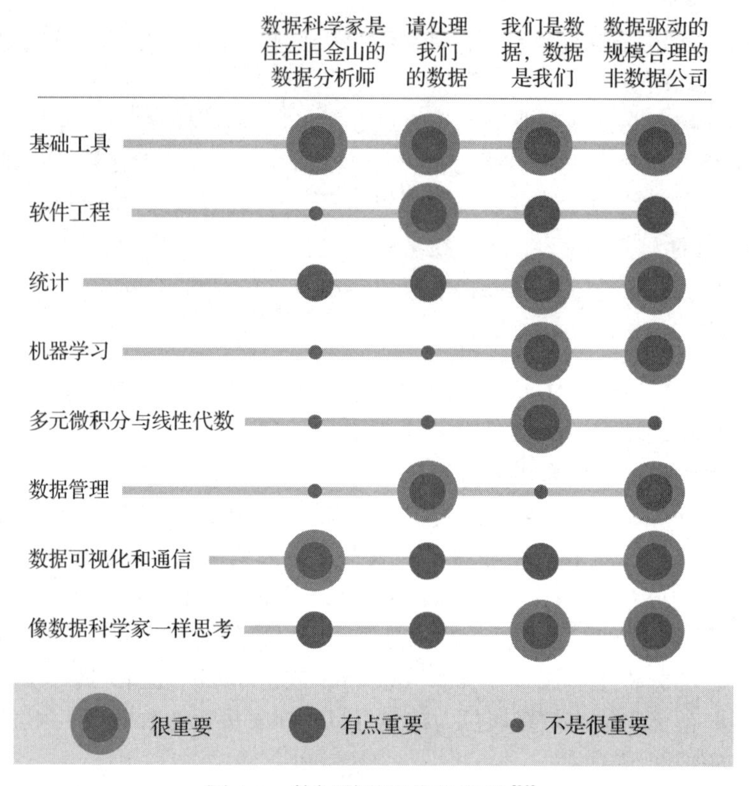

图 1.3 数据科学职位的类型 [39]

实践示例 1.2：分析数据

尽管我们还没有涉及任何理论、技术或工具，但我们仍然可以体验一下处理数据驱动问题的过程。

我们来看一个例子，看看数据科学家会做什么样的事情。具体来说，我们将从一个数据驱动的问题开始，确定数据源、收集数据、清理数据、分析数据，并展示我们的结论。这里假设我们没有任何编程、统计或数据科学技术的基础，我们将遵循一个非常简单的过程，并演练一个简单的示例。最终，当你有了更强的技术背景并了解了数据科学方法的细节时，你将能够处理更大的数据集和更复杂的分析问题。

在本例中，我们将使用 OA 1.1 中提供的美国女性平均身高和体重数据集。

该文件是 CSV 格式的，我们将在第 2 章重新讨论这一点。现在，先将其下载下来。下载后，你可以在电子表格程序（如 Microsoft Excel 或 Google Sheets）中打开该文件。

表 1.1 中也提供了这些数据供你参考。如你所见，数据集包含 15 个观测值的样本。让我们看一下数据集的情况。乍看之下，很明显数据已经排序——身高和体重都按从小到大排列。这使得更容易看到这个数据集的边界——身高范围为 58～72英寸[㊀]，体重范围为 115～164 磅[㊁]。

接下来，让我们考虑平均值。我们可以通过将“身高”栏中的数字相加并除以 15(因

㊀ 1 英寸等于 0.0254 米。——编辑注

㊁ 1 磅等于 0.453 592 37 千克。——编辑注

为这是我们观察到的数量）来计算平均身高，得出的值为65英寸。换句话说，我们可以得出结论，美国女性的平均身高是65英寸，至少根据这15项观测值是这样。同样，我们可以计算出平均体重——在本例中为136磅。

表1.1 美国女性平均身高体重

观测值	身高（英寸）	体重（磅）	观测值	身高（英寸）	体重（磅）
1	58	115	9	66	139
2	59	117	10	67	142
3	60	120	11	68	146
4	61	123	12	69	150
5	62	126	13	70	154
6	63	129	14	71	159
7	64	132	15	72	164
8	65	135			

数据集还显示，身高的增加与体重值有相关性。使用可视化可能会更清楚。如果你熟悉任何一种电子表格程序（例如Microsoft Excel，Google Sheets），你可以很容易地生成一个数值图。图1.4提供了一个例子。看看图中的曲线，当我们从左向右移动（身高）时，线条的值（体重）会增加。

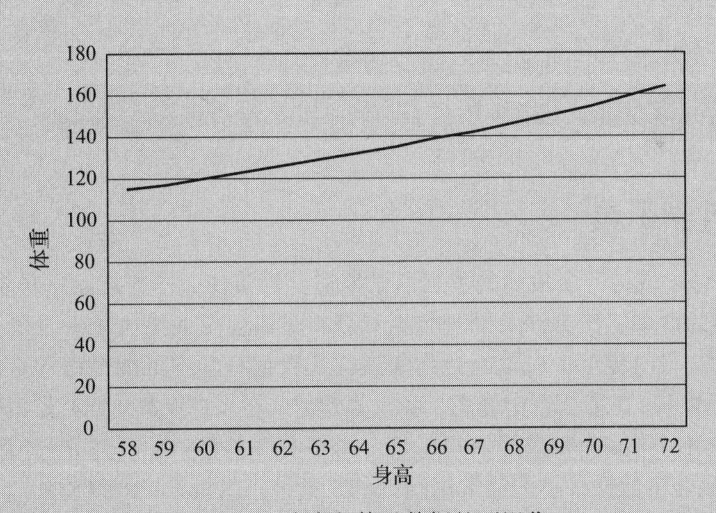

图1.4 身高与体重数据的可视化

现在，让我们问一个问题：平均而言，身高每增加1英寸，体重会增加多少？

想一想你将如何处理这个问题。

在你自己找到解决办法之后再往下阅读。

一个简单的方法是分别计算身高的差值（72−58=14）和体重的差值（164−115=49），然后用体重差除以身高差，即49÷14，得到3.5。换句话说就是，平均而言，身高每增加1英寸会导致体重增加3.5磅。

如果你想深入挖掘，你可能会发现体重相对于身高的变化并不是那么一致。平均而言，在58～65英寸（65英寸是平均值）之间，身高每增加1英寸，体重增加不到3磅。身高超过65英寸时，体重增加更快（70英寸前每英寸增加4磅，超过70英寸时每英寸增加5磅）。

还有一个问题：你认为一个57英寸高的美国女人的体重是多少？要回答这个问题，我们必须根据现有的数据进行推断。我们从前面的段落中知道，在较低的身高范围内（小于平均值65英寸），身高每变化1英寸，体重就会变化约3磅。已知身高58英寸的人相应的体重是115磅，如果我们将身高减去1英寸，体重就应该减去3磅。这就是答案（或者至少是我们的猜测），112磅。

如果体重和身高数值较大呢？你认为一个73英寸高的人的体重会是多少？

正确的估计是169磅。来验证你的答案是否正确。

比答案更重要的是过程。你能给别人解释一下吗？你能证明吗？你是否可以在以后类似的问题中用不同的值重复这个过程？如果这些问题的答案是"否"，那么你就已经实践了一些科学。是的，对我们来说，重要的不仅是解决数据驱动的问题，而且能够解释、验证和重复这个过程。

简而言之，这就是我们在数据科学中要做的。

自己试试 1.2：分析数据

让我们实践一些数据分析方法。这里你将使用一个数据集，该数据集描述的是一辆新的GMC皮卡的标价（X）和最佳价格（Y），价差单位为1000美元。数据集可以从OA 1.2获得。

使用这个数据集来预测经销商标价24 000美元的皮卡的最佳价格。

1.7 数据科学工具

前面我们讨论了成为一名成功的数据科学家需要具备什么样的技能。我们现在也知道，数据科学家所做的许多工作都涉及处理数据和获得见解。上面给出了一个例子，并给出了一个实践问题。这些内容至少应该能让你知道你在数据科学中可能会做什么。接下来，重要的是在统计技术（将在第3章中介绍）和计算思维（在1.5节中介绍）方面打下坚实的基础，然后需要使用一些编程和数据处理工具。本书安排了整整一个部分专门讨论这些工具（第2部分），并涵盖了数据科学中最常用的一些工具——Python、R和SQL。我们在这里快速梳理一下，这样当我们读到这些章节时就有了大致的概念。

我要指出的是，数据科学没有专门的工具，只是恰好有一些工具更适用于数据科学领域。因此，如果你已经了解一些编程语言（例如C、Java、PHP）或科学数据处理环境（如Matlab），就可以用它们来解决数据科学中的大多数问题和任务。当然，如果你仔细阅读这本书，你还会发现Python或R可以用一行代码生成一个图形——这在C或Java中可能比较复杂。换句话说，虽然Python或R不是专门为从事数据科学的人设计的，但它们为快速实现、可视化以及测试数据科学中的大部分内容提供了极好的环境。

Python是一种脚本语言，这意味着用Python编写的程序不需要像用C或Java编写的程序那样作为一个整体进行编译。相反，Python程序一行一行地运行。这种语言（它的语法和结构）让初学者非常容易入门，同时也为高级程序员提供了非常强大的工具。

让我们举个例子。如果你想用 Java 写一个经典的“Hello，World”程序，下面是它的实现方式：

第一步，编写代码并另存为 HelloWorld.java。

```
public class HelloWorld {
    public static void main(String[] args) {
        System.out.println("Hello, World");
    }
}
```

第二步，编译代码。

```
% java HelloWorld.java
```

第三步，运行程序。

```
% java HelloWorld
```

这时在控制台上会显示“Hello，World”。如果你以前从未做过 Java（或任何）编程，并且这一切看起来令人困惑，请不要担心。我只是希望你能看到，在屏幕上得到一条简单的消息是相当复杂的（我们甚至还没有做任何数据处理！）。

相比之下，在 Python 中你可以这样做：

第一步，编写代码并另存为 hello.py。

```
print("Hello, World")
```

第二步，运行程序。

```
% python hello.py
```

同样，现在不用担心尝试这个。我们将在第 5 章详细说明。目前，至少你可以体会到用 Python 编码是多么容易。如果你想在 R 中完成同样的事情，你可以在 R 控制台中输入同样的内容——`print("Hello, World")`。

Python 和 R 都非常容易入门，即便你以前从未做过任何编程，也可以从使用这两种语言的第一天开始就用它们来解决数据问题。它们都提供了大量的软件包，你可以导入或调用它们来完成更复杂的任务，如机器学习（见本书第三部分）。

在本书中，我们经常会看到以 CSV 格式存储的数据，我们可以将这些数据加载到 Python 或 R 环境中。然而，这种方法有一个主要的限制——存储在文件中或加载到计算机内存中的数据不能超过一定的大小。在这种情况下（以及其他一些原因），我们可能需要使用 SQL 数据库来实现更好的数据存储。这个数据库的字段非常丰富，有很多工具、技术和方法可以用来解决各种数据问题。但是，我们将仅限于通过 Python 或 R 使用 SQL 数据库，主要是为了能够使用大型远程数据集。

除了这三个常用的数据科学工具（参见附录 G），我们还将浏览基本的 UNIX。为什么？因为 UNIX 环境允许人们在不编写任何代码的情况下解决许多数据问题和日常数据处理需求。总的来说，没有完美的工具可以满足我们所有的数据科学需求以及我们所有的偏好和约束。因此在本书中，在使用实际操作方法来解决数据问题时，我们将挑选几个最流行的数据科学工具。

1.8 数据科学中的伦理、偏见和隐私问题

本章（和本书）可能会给人一种印象，数据科学很好，它是解决所有社会和世界问题的最终途径。首先，我希望你不要相信这种夸张的说法。其次，即使在最好的情况下，数据科学，以及一般情况下，任何处理数据或使用统计计算技术进行数据分析的事物，都有几个问题应该引起我们所有人——数据的用户、生产者或者数据科学家的关注。这些问题中的每一个都是大而严肃的，足以出版单独的书（这样的书确实存在），但冗长的讨论将超出本书的范围。相反，我们将在这里简要地提到这些问题，并在适当的时候在不同地方引述它们。

许多与隐私、偏见和伦理相关的问题都可以追溯到数据的来源。询问数据是如何、在哪里以及为什么收集的，谁收集的，他们打算用它做什么。更重要的是，如果数据是从他人那里收集的，这些人是否知道：①有关他们的数据正在被收集；②数据将如何被使用？那些收集数据的人常常会将数据可用性误认为是使用该数据的权利。例如，像推特等社交媒体服务上的数据可以在网上获得，但并不意味着人们可以在未经该服务用户同意的情况下收集和出售这些数据以获取物质利益。2018 年 4 月，一个案例浮出水面，一家数据分析公司（Cambridge Analytica）获得了大量 Facebook 用户的数据并将其用于政治竞选。这些 Facebook 用户甚至不知道：①关于他们的这些数据是由 Facebook 收集并向第三方分享的；②这些数据被用来针对他们投放政治广告。这件事揭示了一些并不新鲜的东西。多年来，各种各样的公司，如 Facebook 和谷歌，收集了大量关于用户的数据，不仅为了改进和营销他们的产品，也为了分享和出售给其他实体以获取利润。更糟糕的是，大多数人并不知道这些做法。俗话说，“天下没有免费的午餐。”所以，当你“免费”获得电子邮件服务或社交媒体账户时，先问问为什么？正如人们通常理解的那样，“如果你不用付钱，那么你就是产品。”

贯穿我们的数字生活史，有许多关于用户数据被有意或无意地暴露或共享从而对用户造成不同程度伤害的例子，而这只是伦理或隐私侵犯方面的冰山一角。

我们常常没有意识到的是，即使是从伦理角度收集的数据也可能存在严重的偏见。如果数据科学家不小心，那么数据中的这种固有偏见可能会在分析和洞察中显现出来，通常没有人主动注意到这一点。

很多数据和技术公司都在尝试解决这些问题，但往往收效甚微。但令人钦佩的是，他们正在努力。虽然我们也不能成功地抵御偏见和成见，或做到完全公平，但我们需要尝试。因此，当我们在本书中继续使用数据收集和分析方法时，请牢记这一点。并且，在适当的地方，我会在参考资料中给出一些提示，如下所示。

参考资料：公平

得益于过去 20 年里机器学习的发展而蓬勃发展的谷歌公司理解伦理在实践数据分析方面的重要性，他们最近在一篇博客文章中承认，传统机器学习方法存在偏见。

在充分处理人类的普通偏见这方面，计算社会科学还有很长的路要走。就像经常被

拿来比较的基因组学领域一样，可能需要一到两代人的时间，研究人员才能将数据科学方面的高水平能力与人类学、社会学、政治科学和其他社会科学学科的同等专业知识结合起来。

最近几年出现了一个名为“公平、问责和透明”（FAT）的社区，试图解决其中一些问题，或者至少让人们了解这些问题。值得庆幸的是，这个社区有来自数据科学、机器学习、人工智能、教育、信息科学和社会科学的几个分支领域的学者。

在数据科学和机器学习中，这是一个非常重要的话题，因此，我们将在本书的适当位置继续讨论。

总结

数据科学在某些方面是新鲜的，但在其他方面并不新鲜。很多人会说，统计学家已经做了很多我们今天认为是数据科学的事情。我们在每个领域都有大量数据，这些数据在性质、格式、大小和其他方面都有很大的差异。这些数据在我们的日常生活中也变得越来越重要——从与朋友和家人联系到做生意。新问题和新机遇层出不穷，而我们只是看到了可能性的冰山一角。仅仅解决一个数据问题是不够的，我们还需要创建新的工具、技术和方法来提供可验证性、可重复性和通用性。这就是数据科学所涵盖的内容，或者至少是要涵盖的内容。这就是我们在本书中介绍数据科学的方式。

本章提供了几个观点，关于人们如何思考和谈论数据科学，它如何影响或关联各个领域，以及数据科学家应该具备什么样的技能。

通过一个小例子，我们实践了数据收集、描述性统计、相关性、数据可视化、模型构建、外推和回归分析。随着我们阅读本书的各个部分，我们将深入了解所有这些内容和更多细节，并学习科学方法、工具和技术来解决数据驱动的问题，帮助我们获得有趣和重要的见解，以便在各个领域（商业、教育、医疗保健、政策制定等）做出决策。

最后，我们谈到了数据科学中的一些问题，即隐私、偏见和伦理。当我们在本书中讨论不同的主题时，可能会更多地考虑这些问题。

在第 2 章中，我们将学习更多关于数据的知识——类型、格式、清理和转换等。紧接着在第 3 章中，我们将探索各种技术——其中大部分是统计性质的。我们可以通过动手示例来了解它们的理论和实践。但当然，如果我们想使用真实的数据，我们需要开发一些技术技能。为此，我们将在第 4～7 章学习几种工具，包括 UNIX、R、Python 和 MySQL。到那时，你应该能够使用各种编程工具和统计技术来构建自己的模型，以解决数据驱动的问题。但当今世界需要的不仅仅是这些。所以，我们将用 3 章的篇幅来进一步介绍机器学习。然后，在第 11 章中，我们将选取几个真实世界的例子和应用，看看我们如何应用所有的数据科学知识来解决各个领域的问题，并获得决策见解。最后，我们将在第 12 章学习收集和分析数据以及评估系统和分析的核心方法。请记住，附录讨论了许多背景和基本材料。所以，当你继续学习的时候，请务必在附录中查看相应的部分。

关键术语

- **数据**：真实的信息，例如测量或统计结果，是推理、讨论或预测的基础。

- **信息**：被赋予意义和目的的数据。
- **科学**：通过观察和实验对物理和自然世界的结构和行为进行的系统研究。
- **数据科学**：一个研究和实践的领域，涉及数据的收集、存储和处理，以获得对问题或现象的重要见解。
- **信息科学**：考虑了与数据相关的不同上下文和环境的对信息的透彻理解，这些数据主要由人类创建、生成和共享。
- **商业分析**：持续迭代探索与调查过去和现在的业务绩效以获得洞察力和战略眼光的技能、技术和实践。
- **计算思维**：这是在处理大型复杂任务或设计大型复杂系统时使用抽象和分解的过程。

概念性问题

1. 什么是数据科学？它与统计学有什么联系和区别？

2. 确定数据科学应用的三个领域，并描述如何使用。

3. 如果你被分配了 1TB 的数据在你的手机上使用，那么你 1GB/ 月的套餐可以用多少年？

4. 我们看到了一个例子，在预测未来潜在犯罪时，由于可用数据的错误表达而产生了偏见。找出至少两个这样的分析、系统或算法表现出某种偏见或成见的例子。

实践问题

问题 1.1

假设你将自己视为下一个 Harland Sanders（肯德基的创始人），并希望在比 Sanders 还要小的年纪就了解家禽生意。你想弄清楚哪种饲料可以帮助鸡长得更健康。表 1.2 是一个可能有帮助的数据集。数据集来自 OA 1.3。

表 1.2

#	体重（磅）	饲料	#	体重（磅）	饲料	#	体重（磅）	饲料
1	179	Horsebean	13	181	Linseed	25	248	Soybean
2	160	Horsebean	14	141	Linseed	26	327	Soybean
3	136	Horsebean	15	260	Linseed	27	329	Soybean
4	227	Horsebean	16	203	Linseed	28	250	Soybean
5	217	Horsebean	17	148	Linseed	29	193	Soybean
6	168	Horsebean	18	169	Linseed	30	271	Soybean
7	108	Horsebean	19	213	Linseed	31	316	Soybean
8	124	Horsebean	20	257	Linseed	32	267	Soybean
9	143	Horsebean	21	244	Linseed	33	199	Soybean
10	140	Horsebean	22	271	Linseed	34	171	Soybean
11	309	Linseed	23	243	Soybean	35	158	Soybean
12	229	Linseed	24	230	Soybean	36	248	Soybean

（续）

#	体重（磅）	饲料	#	体重（磅）	饲料	#	体重（磅）	饲料
37	423	Sunflower	49	325	Meatmeal	61	390	Casein
38	340	Sunflower	50	257	Meatmeal	62	379	Casein
39	392	Sunflower	51	303	Meatmeal	63	260	Casein
40	339	Sunflower	52	315	Meatmeal	64	404	Casein
41	341	Sunflower	53	380	Meatmeal	65	318	Casein
42	226	Sunflower	54	153	Meatmeal	66	352	Casein
43	320	Sunflower	55	263	Meatmeal	67	359	Casein
44	295	Sunflower	56	242	Meatmeal	68	216	Casein
45	334	Sunflower	57	206	Meatmeal	69	222	Casein
46	322	Sunflower	58	344	Meatmeal	70	283	Casein
47	297	Sunflower	59	258	Meatmeal	71	332	Casein
48	318	Sunflower	60	368	Casein			

根据这个数据集，哪种鸡饲料对繁荣家禽生意最有利？

问题 1.2

表 1.3 包含了一个虚拟的汽车保险公司的数据集，以及最近三个客户提供的评级。现在，如果你必须根据这些评级来选择一家汽车保险公司，你会选择哪一家？

表 1.3

#	保险公司	评级（满分 10）	#	保险公司	评级（满分 10）
1	GEICO	4.7	6	Progressive	8.9
2	GEICO	8.3	7	USAA	3.8
3	GEICO	9.2	8	USAA	6.3
4	Progressive	7.4	9	USAA	8.1
5	Progressive	6.7			

问题 1.3

假设你最近越来越喜欢宝莱坞电影，并开始关注一些印度电影行业的知名演员。现在你想预测哪个演员的电影在新上映时你应该去看。这里有一个过去的电影评论数据集（表 1.4），可能会有所帮助。它包含三个属性：电影主角、电影名称和 IMDB 评分。（注：假设电影评分越高就越值得观看。）

表 1.4

电影主角	电影名称	IMDB 评分（满分 10）
Irfan Khan	Knock Out	6.0
Irfan Khan	New York	6.8
Irfan Khan	Life in a ... metro	7.4
Anupam Kher	Striker	7.1
Anupam Kher	Dirty Politics	2.6
Anil Kapoor	Calcutta Mail	6.0
Anil Kapoor	Race	6.6

注释

1. What is data science? https://datajobs.com/what-is-data-science
2. Davenport, T. H., & Patil, D. J. (2012). Data scientist: the sexiest job of the 21st century. *Harvard Business Review*, October: https://hbr.org/192012/10/data-scientist-the-sexiest-job-of-the-21st-century
3. Fortune.com: Data science is still white hot: http://fortune.com/2015/05/21/data-science-white-hot/
4. Dhar, V. (2013). Data science and prediction. *Communications of the ACM*, 56(12), 64–73.
5. Computer Weekly: Data to grow more quickly says IDC's Digital Universe study: https://www.computerweekly.com/news/2240174381/Data-to-grow-more-quickly-says-IDCs-Digital-Universe-study
6. Analytics Vidhya Content Team. (2015). 13 amazing applications/uses of data science today, Sept. 21: https://www.analyticsvidhya.com/blog/2015/09/applications-data-science/
7. Kaggle: Lending Club loan data: https://www.kaggle.com/wendykan/lending-club-loan-data
8. Ahmed, S. Loan eligibility prediction: https://www.kdnuggets.com/2018/09/financial-data-analysis-loan-eligibility-prediction.html
9. Data Science for Social Good: https://dssg.uchicago.edu/event/using-data-for-social-good-and-public-policy-examples-opportunities-and-challenges/
10. Miller, C. C. (2008). How Obama's internet campaign changed politics. *The New York Times*, Nov. 7: http://bits.blogs.nytimes.com/2008/11/07/how-obamas-internet-campaign-changed-politics/
11. What you can learn from data science in politics: http://schedule.sxsw.com/2016/events/event_PP49570
12. Lee, J., & Lim, Y. S. (2016). Gendered campaign tweets: the cases of Hillary Clinton and Donald Trump. Public Relations Review, 42(5), 849–855.
13. Cambridge Analytica: https://en.wikipedia.org/wiki/Cambridge_Analytica
14. O'Reilly, T., Loukides, M., & Hill, C. (2015). How data science is transforming health care. O'Reilly. May 4: https://www.oreilly.com/ideas/how-data-science-is-transforming-health-care
15. Cadmus-Bertram, L., Marcus, B. H., Patterson, R. E., Parker, B. A., & Morey, B. L. (2015). Use of the Fitbit to measure adherence to a physical activity intervention among overweight or obese, post-menopausal women: self-monitoring trajectory during 16 weeks. JMIR mHealth and uHealth, 3(4).
16. Apple Heart Study: http://med.stanford.edu/appleheartstudy.html
17. Your health insurance might score you an Apple Watch: https://www.engadget.com/2016/09/28/your-health-insurance-might-score-you-an-apple-watch/
18. Argonne National Laboratory: http://www.anl.gov/about-argonne
19. Urban Center for Computation and Data: http://www.urbanccd.org/#urbanccd
20. Forbes Magazine. Fixing education with big data: http://www.forbes.com/sites/gilpress/2012/09/12/fixing-education-with-big-data-turning-teachers-into-data-scientists/
21. Brookings Institution. Big data for education: https://www.brookings.edu/research/big-data-for-education-data-mining-data-analytics-and-web-dashboards/
22. Syracuse University iSchool Blog: https://ischool.syr.edu/infospace/2012/07/16/data-science-whats-in-it-for-the-new-librarian/
23. ACRL. Keeping up with big data: http://www.ala.org/acrl/publications/keeping_up_with/big_data
24. Priceonomics. What's the difference between data science and statistics?: https://priceonomics.com/whats-the-difference-between-data-science-and/
25. FiveThirtyEight. 2016 election forecast: https://projects.fivethirtyeight.com/2016-election-forecast/
26. New York Times. 2016 election forecast: https://www.nytimes.com/interactive/2016/upshot/presidential-polls-forecast.html?_r=0#other-forecasts
27. Mixpanel. This is the difference between statistics and data science: https://blog.mixpanel.com/2016/03/30/this-is-the-difference-between-statistics-and-data-science/
28. Andrew Gelman. Statistics is the least important part of data science: http://andrewgelman.com/2013/11/14/statistics-least-important-part-data-science/

29. Flowingdata. Rise of the data scientist: https://flowingdata.com/2009/06/04/rise-of-the-data-scientist/
30. Wikipedia. Business analytics: https://en.wikipedia.org/wiki/Business_analytics
31. Wallace, D. P. (2007). Knowledge Management: Historical and Cross-Disciplinary Themes. Libraries Unlimited. pp. 1–14. ISBN 978-1-59158-502-2.
32. CDC. Smoking and tobacco use: https://www.cdc.gov/tobacco/data_statistics/fact_sheets/fast_facts/index.htm
33. Rowley, J., & Hartley, R. (2006). Organizing Knowledge: An Introduction to Managing Access to Information. Ashgate Publishing. pp. 5–6. ISBN 978-0-7546-4431-6: https://en.wikipedia.org/wiki/DIKW_Pyramid
34. Belkin, N. J., Cole, M., & Liu, J. (2009). A model for evaluation of interactive information retrieval. In *Proceedings of the SIGIR 2009 Workshop on the Future of IR Evaluation* (pp. 7–8), July.
35. Wing, J. M. (2006). Computational thinking. *Communications of the ACM*, 49(3), 33–35.
36. @Josh_Wills Tweet on Data scientist: https://twitter.com/josh_wills/status/198093512149958656
37. Harris, J. (2012). Data is useless without the skills to analyze it. *Harvard Business Review*, Sept. 13: https://hbr.org/2012/09/data-is-useless-without-the-skills
38. https://blog.udacity.com/2014/11/data-science-job-skills.html
39. Udacity chart on data scientist skills: http://1onjea25cyhx3uvxgs4vu325.wpengine.netdna-cdn.com/wp-content/uploads/2014/11/blog_dataChart_white.png

第2章 数　　据

"数据是宝贵的东西，比系统本身更持久。"

——Tim Berners-Lee

你需要什么？

- ❑ 基本了解数据规模、存储和访问路径。
- ❑ 电子表格入门经验。
- ❑ 熟悉基本的超文本标记语言（HTML）。

你会学到什么？

- ❑ 数据类型、主要数据源和格式。
- ❑ 如何执行基本数据清理和转换。

2.1 引言

"正如树木是造纸的原料一样，数据也可以被看作获取信息的原料。"[1] 要呈现和解释信息，必须从收集和整理数据开始。对于任何类型的数据分析，必须首先确定正确类型的信息源。

在第1章中，我们讨论了不同形式的数据。我们看到的身高和体重的数据是数值和结构化的。当你用智能手机发布一张图片时，这就是多媒体数据的一个例子。1.2.2节中提到的数据集是政府或公开数据集。我们还讨论了如何以及在哪里存储这些数据——小到本地个人电脑这样的设备，大到远程数据仓库。在本章中，我们将以更正式的方式来研究这些和更多的数据变化。具体来说，我们将讨论数据类型、数据收集方法和数据格式。我们还将看到并练习如何清理、存储和处理数据。

2.2 数据类型

考虑数据最基本的方法之一就是看它是否是结构化的。这对于数据科学来说尤其重要，因为我们将要学习的大多数技术都依赖于某个固有的特征。

最常见的是，**结构化数据**是指高度组织的信息，在数据库中结构紧密，可通过简单的操作随时搜索；而**非结构化数据**本质上是相反的，它没有任何底层结构。在结构化数据中，不同的值——无论是数字还是其他东西——都被标记，而在非结构化数据中则不是这样。让我们更详细地看看这两种类型。

2.2.1 结构化数据

对我们来说，结构化数据是最重要的数据类型，因为我们将在本书的大部分练习中使用它。在第 1 章中，我们讨论了一个包含身高和体重数据的例子。该示例包含了结构化数据，因为这些数据已经被定义了字段或标签；对于给定记录（在本例中，是一个人的记录），我们知道"60"是身高，"120"是体重。

但结构化数据不需要是严格的数字。表 2.1 包含部分客户的数据。这些数据包括数字（年龄、收入、车辆数量）、文本（住房类型）、布尔类型（是否在职）和分类数据（性别、婚姻状况）。重要的是，我们在这里看到的任何数据——无论数字、类别还是文本——都是有标签的。换句话说，我们知道这个数字、类别或文本意味着什么。

表 2.1 客户数据样本

客户 ID	性别	是否在职	收入	婚姻状况	住房类型	车辆数量	年龄	居住地
2068	F	NA	11300	Married	Homeowner free and clear	2	49	Michigan
2073	F	NA	0	Married	Rented	3	40	Florida
2848	M	True	4500	Never married	Rented	3	22	Georgia
5641	M	True	20000	Never married	Occupied with no rent	0	22	New Mexico
6369	F	True	12000	Never married	Rented	1	31	Florida

从表格中选择一个数据点，例如第三行第八列，即"22"。从表的结构我们知道数据是一个数字。具体来说，这是一个顾客的年龄。哪个客户？ ID 为 2848，住在佐治亚州的那位客户。你可以看到，由于数据是结构化的，所以我们可以很容易地解释和使用数据。当然，必须有人以这样的格式收集、存储和呈现数据，但目前我们不担心这个问题。

2.2.2 非结构化数据

非结构化数据是没有标签的数据。这里有一个例子：

"研究发现，身高在 65 英寸到 67 英寸之间的女性智商区间为 125～130。然而，我们并不清楚观察一个比这更矮或更高的人，智商得分的变化是否会有所不同，即使有所不同，也不能得出结论说这种变化完全是由于一个人的身高差异造成的。"

在本例中，我们有几个数据点：65、67、125～130、女性。然而，它们没有明确的标签。如果我们要做一些处理，就像我们在第 1 章中所做的那样，试图将身高和智商联系起来，那么我们很难做到这一点。当然，如果我们要创建一个系统的过程（一个算法，一个程序）来处理这样的数据或观察，我们就会遇到麻烦，因为这个过程无法识别数字和变量之间的对应关系。

当然，理解像这样包含非结构化数据的示例没有困难。但是如果我们要对大量的数据进行系统的分析，并从中产生见解，那么结构性越强越好。正如我提到的，在本书的大部分内容里，我们将使用结构化数据。但是当这些数据不可用时，我们将寻找其他方法将非结构化数据转换为结构化数据，或者直接处理非结构化数据，比如文本。

2.2.3 非结构化数据的挑战

由于缺乏结构，编译和组织非结构化数据是一项费时费力的任务。如果非结构化数据可以立即转换为结构化数据，那么从非结构化数据中获得信息将非常容易。然而，结构化数据类似于机器语言，因为它使信息更容易被计算机解析。人们不能自然地与严格的数据库格式的信息进行交互，非结构化数据通常是人类交流的方式（“自然语言”）。

例如，电子邮件是非结构化数据。个人可以按照组织偏好来安排他们的收件箱，但这并不意味着数据是结构化的。如果它是真正完整的结构，它也将按照确切的主题和内容排列，没有偏差或可变性。实际上，这是行不通的，因为即使是重点邮件也往往涉及多个主题。

电子表格被认为是结构化数据，它以关系数据库格式排列，可以快速扫描以获取信息。Brightplanet® 认为，“非结构化数据呈现的问题是容量问题；大多数业务交互都属于这种类型，需要投入大量资源来筛选和提取必要的元素，就像在基于网络的搜索引擎中那样。”[2] 这就是数据科学的用处所在。由于信息池如此之大，当前的数据挖掘技术经常会遗漏大量可用内容，如果有效分析，其中许多内容可能会改变游戏规则。

2.3 数据收集

现在，如果你想找到 2.2 节或第 1 章中介绍的数据集，你会在哪里查找？网上有很多地方可以寻找数据集或数据集合。以下是其中的一些来源。

2.3.1 开放数据

开放数据背后的理念是，一些公共领域的数据应被免费提供，任何人都可以随心所欲地使用，不受版权、专利或其他控制机构的限制。

地方和联邦政府、非政府组织和学术界都提出了开放数据的倡议。例如，你可以访问美国政府 [3] 或芝加哥市 [4] 建立的数据仓库。为了挖掘“信息作为开放数据”的真正潜力，白宫在 2013 年开发了“开放数据项目”——一组代码、工具和案例研究的集合——以帮助机构和个人使用开放数据。在这方面，美国政府发布了一项名为 M-13-3[5] 的政策，该政策引导机构从一开始就将数据和信息作为一种资产进行更广泛的管理，并尽可能以公开、可发现和可用的方式向公众发布。以下是政策文件中与开放数据相关原则：

- **公开**。各机构必须在法律允许的范围内采取有利于公开的推定，并受隐私、保密、安全或其他有效限制的约束。
- **可访问**。开放数据以方便、可修改和开放的格式提供，可检索、下载、索引和搜索。格式应是机器可读的（即数据结构合理，便于自动处理）。开放数据结构不歧视任何个人或群体，应以最广泛的目的向最广泛的用户提供数据，通常提供多种格式的数据供使用。在法律允许的范围内，这些格式应是非专有的、公开可用的，使用不受限的。
- **充分描述**。充分描述开放数据，以便数据的使用者能够有足够的信息来了解它们的优点、缺点、分析限制因素和安全需求，以及处理方式。这涉及使用稳健、颗粒状的元数据（即描述数据的字段或元素）、完整数据元素文档、数据字典，以及（如果适用的话）对收集目的、感兴趣人群、样本特征和数据收集方法的附加描述。

- **可重复使用**。开放数据是在开放许可证[6]下提供的，对其使用没有任何限制。
- **完整**。开放数据以原始形式（即从源头收集）发布，并以法律和其他要求允许的可行的、可能的最细粒度水平发布。派生的或聚合的开放数据也应该公布，但必须引用原始数据。
- **及时**。为了保证数据的价值，开放数据可以在必要时尽快提供。发布频率应该考虑关键受众和下游需求。
- **发布后的管理**。必须指定一个联络点，以协助数据的使用，并回应有关遵守这些公开数据要求的投诉。

2.3.2 社交媒体数据

社交媒体已经成为收集数据以进行研究或营销的金矿。这得益于社交媒体公司提供给研究人员和开发人员的应用程序接口（API）。可以将API视为一组用于请求和发送数据的规则和方法。对于各种与数据相关的需求（例如，检索文件图片），可以向特定的社交媒体服务发送应用编程接口请求。这通常是一个程序性调用，导致该服务以结构化数据格式（如XML）发送响应。我们将在本章后面讨论XML。

Facebook图形应用编程接口就是一个常用的例子[7]。任何个人或组织都可以使用这些API来收集和使用这些数据来完成各种任务，如开发新的具有社会影响力的应用程序，研究人类信息行为，以及监测自然灾害的后果等。此外，为了鼓励对利基领域的研究，社交媒体平台本身经常发布这样的数据集。例如，Yelp，一个很受欢迎的面向本地企业的众包评论平台，它发布的数据集被用于广泛的主题研究——从自动照片分类到评论文本的自然语言处理，从情感分析到图表挖掘，等等。如果你有兴趣了解和解决这类挑战，则可以访问Yelp.com的数据集挑战[8]来了解更多。我们将在后面的章节中重新讨论这种收集数据的方法。

2.3.3 多类型数据

在我们生活的世界里，从灯泡到汽车，越来越多的设备都与互联网相连，创造了物联网（IoT）的新趋势。这些设备正在生成和使用大量数据，但并非所有数据都是“传统”类型（数字、文本）。在这样的背景下，我们需要收集和探索多模态（不同形式）和多媒体（不同媒体）的数据，如图像、音乐和其他声音、手势、身体姿势以及空间的使用。

一旦确定了来源，接下来要考虑的是可以从中提取的数据类型。根据从数据源收集的信息的性质，数据可以分为两类：结构化数据和非结构化数据。这类多媒体数据的一个著名应用是对大脑成像数据序列的分析——该序列可以是来自不同传感器的一系列图像，也可以是来自同一主题的时间序列。在这类应用程序中使用的典型数据集是多模态人脸数据集，其中包含来自不同传感器的输出，如脑电图（EEG）、脑磁图（MEG）和功能性磁共振成像（fMRI，一种医学成像技术），这些传感器针对同一主题，采用相同的范式。在这一领域，统计参数映射（SPM）是一种著名的统计技术，由Karl Friston[9]创建，用于检查在功能性神经成像实验期间记录的大脑活动差异。更多信息可以在伦敦大学学院的 SPM 网站上找到 [10]。

如果你还需要获取更多数据集，请参阅附录 E，它不仅涵盖了一些当前的数据集来源，而且包括处理数据、创建和解决现实问题的积极挑战。

2.3.4 数据存储和呈现

根据数据的性质，数据以不同的格式存储。我们将从简单的类型——文本形式的数据开始。如果这样的数据是结构化的，通常会以某种分隔的方式存储和表示。这意味着数据的不同字段和值使用分隔符（如逗号或制表符）分隔。这就产生了两种最常用的格式，它们将数据存储为简单的文本——逗号分隔值（CSV）和制表符分隔值（TSV）。

1. CSV 格式是电子表格和数据库最常见的导入和导出格式。“CSV”没有标准，所以这种格式是由许多读写它的应用程序在操作上定义的。例如，Depression.csv 是一个数据集，可在 UF Health，UF BioStatistics[11] 下载。该数据集代表了不同治疗程序对不同临床抑郁症患者的有效性。该文件的一个片段如下所示：

```
treat,before,after,diff
No Treatment,13,16,3
No Treatment,10,18,8
No Treatment,16,16,0
Placebo,16,13,-3
Placebo,14,12,-2
Placebo,19,12,-7
Seroxat (Paxil),17,15,-2
Seroxat (Paxil),14,19,5
Seroxat (Paxil),20,14,-6
Effexor,17,19,2
Effexor,20,12,-8
Effexor,13,10,-3
```

在这个片段中，第一行提到了变量名。其余各行分别代表一个数据点。需要注意的是，对于某些数据点，所有列的值可能都不可用。2.4 节将描述如何处理这些缺失的信息。

CSV 格式的优点是，当与其他人共享时，它更通用、有效。为什么？因为不需要专门的工具来读取或操纵它。任何电子表格程序，如 Microsoft Excel 或 Google Sheets，都可以轻松打开一个 CSV 文件，并在大多数情况下正确显示。但是它也有一些缺点。例如，由于逗号用于分隔字段，如果数据包含逗号，就可能会有问题。这可以通过转义逗号（通常在逗号前添加一个反斜杠）来解决，但这种补救可能会使人懊恼，因为不是每个人都遵循这样的标准。

2. TSV 文件用于原始数据，可以导入或导出电子表格软件。制表符分隔的值文件实际上是文本文件，原始数据可以通过文本编辑器查看，在电子表格之间移动原始数据时经常使用这些文件。下面显示了一个 TSVfile 的例子，以及这种格式的优缺点。

假设办公室所有员工的注册记录存储如下：

```
Name<TAB>Age<TAB>Address
Ryan<TAB>33<TAB>1115 W Franklin
Paul<TAB>25<TAB>Big Farm Way
Jim<TAB>45<TAB>W Main St
Samantha<TAB>32<TAB>28 George St
```

其中 <TAB> 表示制表符 [12]。

TSV 格式的优点是不需要避免使用分隔符（制表符），因为在字段中使用制表符是不常见的。事实上，如果出现了制表符，则可能必须删除它。另一方面，与 CSV 等其他分隔格式相比，TSV 并不常见。

3. XML（可扩展标记语言）被设计为人机可读，在现实世界中，计算机系统和数据库包含的数据格式互不兼容。由于 XML 数据是以纯文本格式存储的，因此它提供了一种与软件和硬件无关的存储数据的方式。这使得创建可以由不同应用程序共享的数据变得更加容易。

XML 已经迅速成为在不同的信息系统之间共享数据的默认机制。目前，许多信息技术部门正在决定是购买原生 XML 数据库，还是将现有数据从关系和基于对象的存储转换为可与业务伙伴共享的 XML 模型。

下面是一个 XML 页面的例子：

```
<?xml version="1.0" encoding="UTF-8"?>
<bookstore>
     <book category="information science" cover="hardcover">
         <title lang="en">Social Information Seeking</title>
         <author>Chirag Shah</author>
         <year>2017</year>
         <price>62.58</price>
     </book>
     <book category="data science" cover="paperback">
         <title lang="en">Hands-On Introduction to Data
           Science</title>
         <author>Chirag Shah</author>
         <year>2019</year>
         <price>50.00</price>
     </book>
</bookstore>
```

如果你曾经使用过 HTML，那么这段代码看起来可能会很熟悉。但是正如你所看到的，与 HTML 不同，我们使用的是自定义标签，如 <book> 和 <price>。

这意味着，无论谁读了这篇文章，都不能轻易地格式化或处理它。但是与 HTML 不同的是，XML 中的标记数据并不能直接用于可视化。相反，我们可以编写一个程序、脚本或应用，专门解析这个标记，并根据上下文使用它。例如，可以开发一个在网络浏览器中运行的网站，并使用上述 XML 中的数据，而另一个人可以编写不同的代码，并在移动应用程序中使用相同的数据。换句话说，数据保持不变，但呈现方式不同。这是 XML 的核心优势之一，也是 XML 在处理依赖于相同数据的多个设备、平台和服务时变得非常重要的原因之一。

4. RSS（简易信息整合）是一种在服务之间共享数据的格式，它在 1.0 版的 XML 中被定义，有助于从网络上的各种来源传递信息。网站以这种方式在 XMLfile 中提供的信息称为 RSS 提要。大多数当前的 Web 浏览器可以直接读取 RSS 文件，但是你也可以使用特殊的 RSS 阅读器或聚合器 [13]。

RSS 的格式遵循 XML 标准用法，但是还定义了特定标签的名称（有一些是必需的，有些是可选的），以及应该在其中存储什么样的信息。它旨在显示选定的数据。所以，RSS 从

XML标准开始，然后进一步定义，使之更加具体。

让我们看一个使用RSS的实际例子。假设你有一个网站，每天更新一些信息（新闻、股票、天气）。为了保持这一点，甚至只是简单地检查是否有所更新，用户将不得不整天不断地返回这个网站。这不仅耗费时间，而且也没有成效，因为用户可能过于频繁检查但信息没有及时更新，或者相反，检查不够频繁而错过了关键信息。用户可以使用RSS聚合器（一个收集和分类RSS提要的网站或程序）更快地查看你的站点。这个聚合器将确保在网站提供信息时就能得到信息，然后将这些信息——通常是以通知的形式——推送给用户。

由于RSS数据体积小且加载速度快，因此可以很容易地与移动电话、个人数字助理（PDA）和智能手表等服务一起使用。此外，RSS适用于经常更新的网站，例如：

- 新闻网站——列出带有标题、日期和描述的新闻。
- 公司——列出新闻和新产品。
- 日历——列出即将发生的事件和重要的日子。
- 网站更改——列出更改的页面或新页面。

你想使用RSS发布内容吗？这里有一个如何使用它的简单指南。

首先，需要向RSS聚合器注册信息。在使用前，先创建一个RSS文档，并将其以.xml扩展名保存（见下面的例子）。然后，把文件上传到你的网站。最后，注册一个RSS聚合器。聚合器每天（或以你指定的频率）在注册网站上搜索RSS文档，验证链接，并显示关键信息，以便客户可以链接到他们感兴趣的文档[14]。

下面是一个RSS文档示例。

```
<?xml version="1.0" encoding="UTF-8" ?>
<rss version="2.0">
     <channel>
               <title>Dr. Chirag Shah's Home Page</title>
               <link>http://chiragshah.org/</link>
               <description> Chirag Shah's webhome
               </description>
               <item>
                        <title>Awards and Honors</title>
                        <link>http://chiragshah.org/awards
                        .php</link>
                        <description>Awards and Honors
                        Dr. Shah received</description>
               </item>
     </channel>
</rss>
```

这里，<channel>元素描述了RSS提要，并且有三个必需的“子”元素：<title>定义了频道的标题（例如，Chirag Shah博士的主页）；<link>定义频道的超链接（如http://chiragshah.org/）；<description>描述频道（例如，关于Chirag Shah的网络主页）。

<channel>元素通常包含一个或多个<item>元素。每个<item>元素定义了RSS源中的一章或一个“故事”。

如果其他人无法访问到RSS文档，那么RSS文档就没有用。一旦你的RSS文件准备好了，你需要把它放到网上。以下是步骤：

（1）命名 RSS 文件。注意，该文件必须有一个 .xml 扩展名。

（2）验证 RSS 文件（一个好的验证器可以在 FEED V alidator[15] 上找到）。

（3）将 RSS 文件上传到 Web 服务器上的 Web 目录。

（4）将 RSS 或 XML 按钮复制到网站目录中。

（5）将“RSS”或“XML”按钮放在你将公开提供 RSS 的页面上（例如，在你的主页上）。然后添加一个链接连接到 RSS 文件的按钮。

（6）将 RSS 订阅源提交到 RSS 订阅源目录（你可以在谷歌或雅虎上搜索！用于“RSS 源目录”）。请注意，提要的 URL 不是你的主页；它是提要的 URL。

（7）在各大搜索引擎注册你的账号：

Google[16]

Bing[17]

（8）更新你的订阅源。注册你的 RSS 账号后，必须经常更新你的内容，并确保你的 RSS 始终可供这些聚合器使用。

现在，当你的网站上出现新的信息时，它会被聚合器注意到，并推给订阅了你的用户。

5. JSON（JavaScript 对象表示法）是一种轻量级的数据交换格式。不仅人类容易读写，机器也容易解析生成。它基于 JavaScript Programming Language，Standard ECMA-262，3rd Edition-December 1999[18] 的一个子集。

JSON 建立在两个结构上：

- 多对名称 – 值的集合。在各种语言中，这被称为对象、记录、结构、字典、哈希表、键控列表或关联数组。
- 有序的值列表。在大多数语言中，这是一个数组、向量、列表或序列。

当浏览器和服务器交换数据时，数据只能以文本的形式发送[19]。JSON 是文本，我们可以把任何 JavaScript 对象转换成 JSON，并把 JSON 发送到服务器。我们还可以将从服务器收到的任何 JSON 转换成 JavaScript 对象。这样，我们就可以像处理 JavaScript 对象一样处理数据，而无须复杂的解析和翻译。

让我们看看使用 JSON 发送和接收数据的示例。

（1）发送数据：如果数据存储在一个 JavaScript 对象中，我们可以将该对象转换成 JSON，并发送给服务器。下面是一个例子：

```
<!DOCTYPE html>
  <html>
  <body>
  <p id="demo"></p>
  <script>
    var obj = {"name":"John", "age":25, "state": "New Jersey"};
    var obj_JSON = JSON.stringify(obj);
    window.location = "json_Demo.php?x=" + obj_JSON;
  </script>
  </body>
  </html>
```

（2）接收数据：如果接收到的数据是 JSON 格式的，我们可以转换成 JavaScript 对象。例如：

```
<!DOCTYPE html>
   <html>
   <body>
   <p id="demo"></p>
   <script>
      var obj_JSON = "{"name":"John", "age":25, "state":
      "New Jersey"}";
      var obj = JSON.parse(obj_JSON);
      document.getElementById("demo").innerHTML=obj.name;
</script>
</body>
</html>
```

现在我们已经看到了数据存储和表示的几种格式，需要注意的是，这些绝不是唯一方式，但它们是一些最优选和最常用的方法。

在熟悉了数据格式之后，我们现在将继续操作数据。

2.4 数据预处理

现实世界的数据往往是“肮脏”的；也就是说，在它可以用于既定目标之前，需要被清理。这通常被称为数据预处理。是什么让数据“脏”？以下是一些表明数据不干净或无法处理的因素：

- **不完整**。当缺少某些属性值时或者属性只包含聚合数据，就会缺少某些让人感兴趣的数据。
- **嘈杂**。当数据包含错误或异常值时。例如，数据集中的一些数据点可能包含极端值，这会严重影响数据集的范围。
- **不一致**。数据包含代码或名称差异。例如，如果员工注册记录的“姓名”列包含字母以外的值，或者如果记录不以大写字母开头，则存在差异。

图 2.1 展示了数据预处理中最重要的任务 [20]。

在接下来的小节中，我们将详细考虑每一个细节，然后通过一个示例来实践这些任务。

参考资料：数据偏见

值得注意的是，当我们使用“脏”这个术语来描述数据时，我们只是指数据的语法、格式和结构问题，而忽略了数据可能“混淆”的其他方面。这是什么意思？以现在著名的面部识别研究中的数据为例。研究表明，该算法对白人男性的效果优于女性和非白人男性。为什么？因为基础数据是不平衡的，其中包含的白人男性比黑人女性多得多。这也许是有意的，也许不是。但在分析中盲目使用许多数据集和数据源时，偏见是一个真正的问题。

从可靠的来源开始是很重要的，但是你在处理数据时所做的每一个决定都可能增加细微的错误和偏见。引入错误往往是系统性的（贯穿始终），往往会过分强调或低估结果。仔细审视你的选择，这样你就不会偏向某个结果。

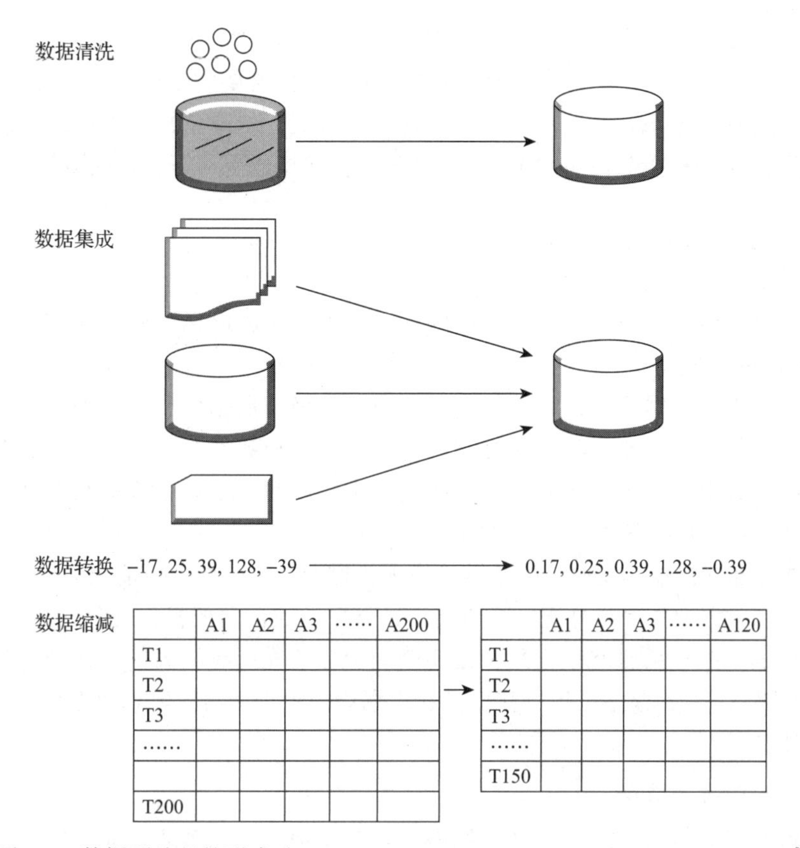

图 2.1 数据预处理的形式（N.H. Son，Data Cleaning and Data Pre-processing[21]）

2.4.1 数据清洗

既然数据“脏”有多方面原因，那么“清理”数据的方法也有很多。在本节中，我们将讨论三种关键方法，这些方法描述了如何“清理”数据，或者更好地组织数据，或清除可能不正确、不完整或重复的信息。

2.4.1.1 数据管理

通常，数据的格式并不容易处理。例如，它可能以难以处理的方式存储或呈现。因此，我们需要把数据转换成更适合计算机理解的东西。要做到这一点，没有具体的科学方法。采取的方法都是关于操纵或整理（或转换）数据，把它变成更方便或更可取的东西。这可以手动、自动或在许多情况下半自动完成。

考虑以下文本配方。

“在混合物中加入两个西红柿丁、三瓣大蒜和一撮盐。”

这个可以转换成表格（表 2.2）。

表 2.2 食谱的整理数据

原料	数量	单位 / 尺寸
西红柿	2	粒
蒜头	3	瓣
盐	1	少量

该表传达了与文本相同的信息，但更“便于分析”。当然，真正的问题是——那句话是怎么变成表的？一个不那么令人鼓舞的答案是“使用任何必要的手段！”我知道这不是你想听到的，因为它听起来不系统。不幸的是，通常没有更好的或系统的方法来解决。毫不奇怪，有些人受雇专门做这件事——将格式不佳的数据转换成更易于管理的数据。

2.4.1.2 处理丢失的数据

有时数据的格式可能是正确的，但是有些值丢失了。设想一个包含客户数据的表格，其中缺少一些家庭电话号码。这可能是因为有些人没有家庭电话，或者他们把手机作为他们的主要或唯一的电话。

其他时候，由于数据收集过程中的问题或设备故障，数据可能会丢失。或者在收集数据时，全面性可能并不重要。例如，当我们开始收集客户数据时，它仅限于某个城市或地区，因此不必收集电话号码的区号。一旦我们决定扩展到那个城市或地区之外，难度将会提升，因为现在我们将有各种区号的号码。

此外，在存储或传输数据时，由于系统或人为错误，一些数据可能会丢失。

那么，遇到数据缺失怎么办呢？没有统一的答案。我们需要根据情况找到合适的策略。应对缺失数据的策略包括忽略该记录，使用全局常数填充所有缺失值，插补，基于推理进行解决（贝叶斯公式或决策树）等。我们将在本书后面关于机器学习和数据挖掘的章节中重温这些推理技术。

2.4.1.3 消除噪声数据

有时数据并没有丢失，但出于某种原因导致数据损坏。在某些方面，这比丢失数据问题更严重。数据损坏可能是错误的数据收集工具、数据输入问题或技术限制造成的。例如，数字温度计将温度测量到小数点后一位（例如 70.1℉），但存储系统会忽略小数点。现在我们有 70.1℉和 70.9℉，都存储为 70℉。这可能看起来没什么大不了的，但对人类来说，99.4℉意味着你没事，99.8℉意味着你发烧，如果我们的存储系统将它们都表示为 99℉，那么它就无法区分健康的人和病人！

就像没有一种单一技术来处理丢失的数据一样，也没有一种方法来去除数据中的噪声，或消除数据中的噪声。但是，有一些步骤可以尝试。首先，你应该识别或删除异常值。例如，之前参加数据科学考试的学生的记录显示，除了一名只获得 12 分的学生，所有学生的得分都在 70 到 90 分之间。我们可以假设最后一个学生的记录是一个异常值（除非我们有理由相信这个异常值对学生来说真的很不幸！）。其次，你可以尝试解决数据中的不一致。例如，销售数据中的所有客户名称条目都应该遵循将所有字母大写的惯例，如果不是，你可以很容易地更正它们。

2.4.2 数据集成

为了尽可能有效地进行各种数据分析，通常需要集成不同来源的数据。以下步骤描述了如何集成多个数据库或文件。

1. 将多个来源的数据合并到一个统一的存储位置（例如，一个文件或数据库）。
2. 参与模式集成，或组合不同来源的元数据。
3. 检测和解决数据值冲突。例如：

（1）可能产生的冲突。例如，不同来源的相同真实实体的不同属性和值的存在。

（2）冲突的原因可能是不同的表征或不同的尺度。例如，公制与英制单位。

4. 解决数据集成中的冗余数据。在集成多个数据库的过程中，经常会产生冗余数据。例如：

（1）同一属性在不同的数据库中可能有不同的名称。

（2）一个属性可以是另一个表中的“派生”属性；例如，年收入。

（3）可以用相关性分析检测冗余数据的实例。

如果你感到困惑，则请继续阅读——在下一节中我们将给出一个示例，其中一些步骤会变得更加清晰。

2.4.3 数据转换

数据必须被转换，以使其（通过系统）具备一致性和可读性。以下五个过程可用于数据转换。不用担心太过抽象而难以理解，我们将在下一节通过一个数据预处理的示例重新讨论其中的一些细节。

1. 平滑：消除数据中的噪声。

2. 聚合：汇总，数据立体构建。

3. 概括：概念层次攀升。

4. 归一化：按比例缩小到一个小的、指定的范围和聚合。用于实现归一化的一些技术（但我们在这里不涉及它们）。

（1）最小 - 最大归一化。

（2）Z 分数归一化。

（3）十进制尺度归一化。

5. 属性或特征构造。

（1）根据给定的属性构造新属性。

对所有这些技术的详细解释超出了本书的范围，但是在本章后面，我们将以更简单的形式实践其中的一些技术。

2.4.4 数据缩减

数据缩减是一个关键过程，在此过程中，数据集的缩减表示可以产生相同或相似的分析结果。大数据集的一个例子是数据立方体。数据立方体是能够存储在电子表格中的多维数据集，但是不要被这个名字欺骗了。数据立方体可以是二维、三维或更高维度。每个维度通常代表一个对应的属性。现在，假设你正试图使用这个多维数据做出决策。当然，它的每个属性（维度）都提供了一些信息，但对于给定的情况，也许不是所有的属性都同样有用。事实上，我们通常可以将所有这些维度的信息缩减到更小、更易管理的程度，却不会损失很多。这就引出了两种最常用的数据缩减技术。

1. **数据立方体聚合**。数据立方体的最低级别是有关单个实体的聚合数据。要做到这一点，请使用足以解决给定任务的最小表示。换句话说，我们将把手中的任务数据缩减到更有意义的大小和结构。

2. **降维**。与数据立方体聚合方法中要考虑任务的数据约简不同，降维方法则根据数据的性质运作。在这里，数据电子表格中的一个维度或一列被称为“特征”，该过程的目标确定要删除哪些特性或将哪些特性合并为一个组合特性。这需要在给定数据中识别冗余或创建能够充分代表一组原始特征的复合维度或特征。缩减策略包括抽样、聚类、主成分分析等。作为机器学习的一部分，我们将在本书的多个章节中学习聚类。其余方法不在本书范围之内。

2.4.5 数据离散化

我们经常处理从连续过程中收集的数据，如温度、环境光线和公司股价。但有时我们需要将这些连续的值转换成更易管理的部分，这种映射称为离散化。如你所见，在进行离散化的过程中，本质上我们也在减少数据。因此，这种离散化的过程也可以被视为一种数据缩减的手段，而且它对数值数据特别重要。离散化涉及 3 种类型的属性：

1. 名义属性：无序集合中的数值
2. 序数属性：有序集合中的数值
3. 连续属性：实数

要实现离散化，请将连续属性的范围划分为不同区间。例如，我们可以决定将温度值的范围分为冷、温和热，或者将公司股票的价格分为高于或低于其市场价值。

实践示例 2.1：数据预处理

在 2.4 节中，我们研究了数据处理各个阶段的理论（通常是抽象解释）。现在，让我们使用一个样本数据集，一步一步地完成这些步骤。在这个例子中，我们将使用一个过量饮酒导致的死亡人数数据集的修改版本，该数据集来自 OA 2.1，我们对其进行了调整（表 2.3），以解释预处理阶段。数据集由以下属性组成：

1. 样本的国家名称
2. 以升为单位的人均饮酒量（以葡萄酒计）
3. 每 100 000 人因饮酒死亡的人数
4. 每 100 000 人因心脏病死亡的人数
5. 每 100 000 人因肝病死亡的人数

表 2.3 过量饮酒和死亡率数据

#	国家	饮酒量	死亡人数	心脏病	肝病
1	Australia	2.5	785	211	15.300 000 19
2	Austria	3.000 000 095	863	167	45.599 998 47
3	Belg. and Lux.	2.900 000 095	883	131	20.700 000 76
4	Canada	2.400 000 095	793	NA	16.399 999 62
5	Denmark	2.900 000 095	971	220	23.899 999 62
6	Finland	0.800 000 012	970	297	19
7	France	9.100 000 381	751	11	37.900 001 53
8	Iceland	−0.800 000 012	743	211	11.199 999 81
9	Ireland	0.699 999 988	1000	300	6.5
10	Israel	0.600 000 024	−834	183	13.699 999 81
11	Italy	27.900 000 095	775	107	42.200 000 76

（续）

#	国家	饮酒量	死亡人数	心脏病	肝病
12	Japan	1.5	680	36	23.200 000 76
13	Netherlands	1.799 999 952	773	167	9.199 999 809
14	New Zealand	1.899 999 976	916	266	7.699 999 809
15	Norway	0.080 000 001 2	806	227	12.199 999 81
16	Spain	6.5	724	NA	NA
17	Sweden	1.600 000 024	743	207	11.199 999 81
18	Switzerland	5.800 000 191	693	115	20.299 999 24
19	UK	1.299 999 952	941	285	10.300 000 19
20	US	1.200 000 048	926	199	22.100 000 38

现在，我们可以使用这个数据集来测试各种假设或各种属性之间的关系，例如测试死亡人数与饮酒量之间的关系、致命心脏病病例数与饮酒量之间的关系等。但是，为了建立有效的分析（在后面的章节中会有更多的介绍），首先我们需要准备数据集。下面是我们要怎么做：

1. **数据清理**。在这一阶段，我们将经历以下预处理步骤：

- **消除噪声数据**。我们可以看到冰岛的人均饮酒量为 –0.800 000 012。但是，人均饮酒量不可能为负。因此，这一定是一个错误的条目，我们应该将冰岛的人均饮酒量改为 0.800 000 012。按照同样的逻辑，以色列的死亡人数应该从 –834 人换算成 834 人。
- **处理丢失的数据**。正如我们在数据集中看到的那样，加拿大心脏病病例数和西班牙心脏病和肝病病例数存在缺失值（由 NA 表示，不可用）。一个简单的解决方法是用一些公共值替换所有的 NA，例如该属性的所有值为零或平均值。这里，我们将使用属性的平均值来处理缺失的值。因此，对于加拿大和西班牙，我们将使用 185 作为患心脏病的数量。同样，西班牙的肝病数量被替换为 20.27。需要注意的是：根据问题的性质，用相同的值替换所有的 NA 可能并不完善。更好的解决方案是从该数据点的其他属性值中推导出缺失属性值。
- **数据整理**。如前所述，数据整理是手动转换或将数据从一种“原始”形式映射为另一种格式。例如，对于某个国家，与其他国家 / 地区相比，我们有每年 10 000 人（而不是每年 100 000）的死亡概率。我们需要将该国的死亡人数转化为每年死亡 100 000 人，或者将其他国家的死亡人数转化为 10 000 人。幸运的是，该数据集不涉及任何数据处理步骤。因此，在这个阶段最后，数据集如表 2.4 所示。

表 2.4　数据清理后的饮酒量与死亡率数据

#	国家	饮酒量	死亡人数	心脏病	肝病
1	Australia	2.5	785	211	15.300 000 19
2	Austria	3.000 000 095	863	167	45.599 998 47
3	Belg. and Lux.	2.900 000 095	883	131	20.700 000 76

（续）

#	国家	饮酒量	死亡人数	心脏病	肝病
4	Canada	2.400 000 095	793	185	16.399 999 62
5	Denmark	2.900 000 095	971	220	23.899 999 62
6	Finland	0.800 000 012	970	297	19
7	France	9.100 000 381	751	11	37.900 001 53
8	Iceland	0.800 000 012	743	211	11.199 999 81
9	Ireland	0.699 999 988	1000	300	6.5
10	Israel	0.600 000 024	834	183	13.699 999 81
11	Italy	27.900 000 095	775	107	42.200 000 76
12	Japan	1.5	680	36	23.200 000 76
13	Netherlands	1.799 999 952	773	167	9.199 999 809
14	New Zealand	1.899 999 976	916	266	7.699 999 809
15	Norway	0.080 000 001 2	806	227	12.199 999 81
16	Spain	6.5	724	185	20.27
17	Sweden	1.600 000 024	743	207	11.199 999 81
18	Switzerland	5.800 000 191	693	115	20.299 999 24
19	UK	1.299 999 952	941	285	10.300 000 19
20	US	1.200 000 048	926	199	22.100 000 38

2. **数据集成**。现在假设有另一个从不同来源收集的数据集（虚构的），它是关于印度各州的酒精消费和相关死亡人数，如表 2.5 所示。

表 2.5 印度各州的饮酒量和健康数据

#	州名	饮酒量	心脏病	与酒精有关的死亡事故
1	Andaman and Nicobar Islands	1.73	20 312	2201
2	Andhra Pradesh	2.05	16 723	29 700
3	Assam	0.91	8532	211 250
4	Bihar	3.21	12 372	375 000
5	Chhattisgarh	2.03	28 501	183 207
6	Goa	5.79	19 932	307 291

以下是数据集包含的内容：

1. 州名。
2. 人均饮酒量（每升）。
3. 每 100 万人计算心脏病死亡数量。
4. 每 100 万人中与酒精有关的死亡事故数量。

现在，我们可以使用该数据集将印度的属性集成到原始数据集。为了做到这一点，我们计算了印度全国的酒精消耗总量，将其作为所有国家的平均酒精消费量，即 2.95。同样，我们可以计算出印度每 10 万人的致命心脏病数量为 171（近似于最接近的整数值)。由于我们没有印度总死亡人数或致命肝病人数的任何来源，我们将按照之前处理缺失值的方式来处理这些数据。结果数据集如表 2.6 所示。

表 2.6 数据整合后的饮酒量和相关死亡率

#	国家	饮酒量	死亡人数	心脏病	肝病
1	Australia	2.5	785	211	15.300 000 19
2	Austria	3.000 000 095	863	167	45.599 998 47
3	Belg. and Lux.	2.900 000 095	883	131	20.700 000 76
4	Canada	2.400 000 095	793	185	16.399 999 62
5	Denmark	2.900 000 095	971	220	23.899 999 62
6	Finland	0.800 000 012	970	297	19
7	France	9.100 000 381	751	11	37.900 001 53
8	Iceland	0.800 000 012	743	211	11.199 999 81
9	Ireland	0.699 999 988	1000	300	6.5
10	Israel	0.600 000 024	834	183	13.699 999 81
11	Italy	27.900 000 095	775	107	42.200 000 76
12	Japan	1.5	680	36	23.200 000 76
13	Netherlands	1.799 999 952	773	167	9.199 999 809
14	New Zealand	1.899 999 976	916	266	7.699 999 809
15	Norway	0.080 000 001 2	806	227	12.199 999 81
16	Spain	6.5	724	185	20.27
17	Sweden	1.600 000 024	743	207	11.199 999 81
18	Switzerland	5.800 000 191	693	115	20.299 999 24
19	UK	1.299 999 952	941	285	10.300 000 19
20	US	1.200 000 048	926	199	22.100 000 38
21	India	2.950 000 000	750	171	20.27

请注意，在使用此外部数据集之前，我们在这里所作的一些假设出于我们自身原因。首先，当我们将这些州的平均饮酒量作为印度的饮酒量时，我们假设：(1)这些州的人口是相同或至少相似的；(2)这些州的样本与印度全体人口相似；(3)葡萄酒饮酒量大致相当于总饮酒量。由于市场上还有其他种类的酒精饮料，人均葡萄酒饮酒量应低于人均饮酒总量。

3. **数据转换**。如前所述，数据转换过程涉及一个或多个平滑数据、从数据中去除噪声、总结、概化和归一化过程。对于本例，我们将使用平滑数据的方法，这比总结和归一化更简单。我们可以看到，在数据中，意大利的人均饮酒量异常高，而挪威的人均饮酒量却异常低。所以，这些很有可能是异常值。在这种情况下，我们将以 7.900 000 095 替换意大利的饮酒量值。同样，对于挪威，我们将使用 0.800 000 012 代替 0.080 000 001 2。我们将这两种潜在的错误视为“设备错误”或“输入错误”，这将导致这两个国家都多一个数字（意大利前面多了“2”，挪威小数点后多了“0”）。鉴于我们对数据集的了解有限，这是一个合理的假设。一种更实际的方法是查看这些数值临近的国家的相关数据，并利用这个值来预测有错误输入的国家。因此，在这一步最后，数据集将被转换为表 2.7 中所示的内容。

表 2.7 数据转换后的饮酒量和相关死亡率数据集

#	国家	饮酒量	死亡人数	心脏病	肝病
1	Australia	2.5	785	211	15.300 000 19
2	Austria	3.000 000 095	863	167	45.599 998 47
3	Belg. and Lux.	2.900 000 095	883	131	20.700 000 76
4	Canada	2.400 000 095	793	185	16.399 999 62
5	Denmark	2.900 000 095	971	220	23.899 999 62
6	Finland	0.800 000 012	970	297	19
7	France	9.100 000 381	751	11	37.900 001 53
8	Iceland	0.800 000 012	743	211	11.199 999 81
9	Ireland	0.699 999 988	1000	300	6.5
10	Israel	0.600 000 024	834	183	13.699 999 81
11	Italy	7.900 000 095	775	107	42.200 000 76
12	Japan	1.5	680	36	23.200 000 76
13	Netherlands	1.799 999 952	773	167	9.199 999 809
14	New Zealand	1.899 999 976	916	266	7.699 999 809
15	Norway	0.800 000 012	806	227	12.199 999 81
16	Spain	6.5	724	185	20.27
17	Sweden	1.600 000 024	743	207	11.199 999 81
18	Switzerland	5.800 000 191	693	115	20.299 999 24
19	UK	1.299 999 952	941	285	10.300 000 19
20	US	1.200 000 048	926	199	22.100 000 38
21	India	2.950 000 000	750	171	20.27

4. **数据缩减**。数据缩减的过程旨在产生可用于获得相同或类似分析结果的数据集。对于我们的示例，样本相对较小，只有 21 行。现在假设我们有世界上所有 196 个国家的值，并说明了属性值适用的地理空间值。在这种情况下，行数很大，根据你所拥有的有限处理和存储容量，将人均饮酒量四舍五入到小数点后两位可能更有意义。在如此大的数据集中，每个数据点的每一个额外的小数位将需要大量的存储容量。因此，将肝病列减少到小数点后 1 位，将饮酒量列减少到小数点后 2 位，将得到表 2.8 所示的数据集。

表 2.8 数据缩减后的饮酒量和相关死亡率数据集

#	国家	饮酒量	死亡人数	心脏病	肝病
1	Australia	2.50	785	211	15.3
2	Austria	3.00	863	167	45.6
3	Belg. and Lux.	2.90	883	131	20.7
4	Canada	2.40	793	185	16.4
5	Denmark	2.90	971	220	23.9

（续）

#	国家	饮酒量	死亡人数	心脏病	肝病
6	Finland	0.80	970	297	19.0
7	France	9.10	751	11	37.9
8	Iceland	0.80	743	211	11.2
9	Ireland	0.70	1000	300	6.5
10	Israel	0.60	834	183	13.7
11	Italy	7.90	775	107	42.2
12	Japan	1.50	680	36	23.2
13	Netherlands	1.80	773	167	9.2
14	New Zealand	1.90	916	266	7.7
15	Norway	0.80	806	227	12.2
16	Spain	6.50	724	185	20.3
17	Sweden	1.60	743	207	11.2
18	Switzerland	5.80	693	115	20.3
19	UK	1.30	941	285	10.3
20	US	1.20	926	199	22.1
21	India	2.95	750	171	20.3

请注意，数据缩减并不仅仅意味着缩减属性的大小，它还可能涉及删除某些属性，这就是所谓的**特征空间选择**。例如，如果我们对饮酒量和心脏病造成的伤亡人数之间的关系感兴趣，假设心脏病死亡人数和肺病死亡人数之间没有关系，我们可以选择删除“肝病人数”属性。

5. **数据离散化**。正如我们所看到的，数据集中涉及的所有属性都是连续类型（实数值）。但是，根据你想要构建的模型，可能需要将属性值离散化为二进制或类别类型。例如，你可能希望将人均饮酒量离散化为四个类别：小于或等于人均 1.00（用 0 表示）、大于 1.00 但小于或等于人均 2.00（用 1 表示）、大于 2.00 但小于或等于人均 5.00（用 2 表示）和大于人均 5.00（用 3 表示）。结果数据集大致如表 2.9 所示。

表 2.9 预处理结束时的饮酒量和相关死亡率数据集

#	国家	饮酒量	死亡人数	心脏病	肝病
1	Australia	2	785	211	15.3
2	Austria	2	863	167	45.6
3	Belg.and Lux.	2	883	131	20.7
4	Canada	2	793	185	16.4
5	Denmark	2	971	220	23.9
6	Finland	0	970	297	19.0
7	France	3	751	11	37.9
8	Iceland	0	743	211	11.2

（续）

#	国家	饮酒量	死亡人数	心脏病	肝病
9	Ireland	0	1000	300	6.5
10	Israel	0	834	183	13.7
11	Italy	3	775	107	42.2
12	Japan	1	680	36	23.2
13	Netherlands	1	773	167	9.2
14	New Zealand	1	916	266	7.7
15	Norway	0	806	227	12.2
16	Spain	3	724	185	20.3
17	Sweden	1	743	207	11.2
18	Switzerland	3	693	115	20.3
19	UK	1	941	285	10.3
20	US	1	926	199	22.1
21	India	2	750	171	20.3

这就是本次练习的最终结果。是的，看起来我们并没有进行真正的数据处理或分析。但通过我们的预处理技术，我们设法准备了一个更好，更有意义的数据集。通常，这本身就是成功的一半。话虽如此，本书的大部分内容将专注于任务的另一半——处理、可视化，分析数据以解决问题和制定决策。尽管如此，我希望关于数据预处理的部分和我们在这里所做的实际操作能够让你了解在处理好看的数据之前需要进行的相关操作。

自己试试 2.1：数据预处理

假设你想开一家新面包店，而你正在尝试弄清楚菜单中的哪一项将帮助你获得最大的利润率。有以下几种选择：

- 第一种选择是，你可以做饼干。你需要面粉、巧克力、黄油和其他配料，每磅成本为 3.75 美元。初始设置成本为 1580 美元，而人工费为每小时 30 美元。一小时内，你可以提供两批饼干，每批可以制作 250 个。每批次需要 15 磅原料，每块饼干售价为 2 美元。
- 第二种选择是，你可以用相同的原料制作蛋糕。但是，配料的比例不同，每磅成本为 4 美元。初始设置成本为 2000 美元，人工费用保持不变。但是，烘焙两批蛋糕总共需要 3 个小时，每批 5 个蛋糕。每个蛋糕在烘焙时加入 2 磅配料，售价 34 美元。
- 第三种选择是，你可以在你的店里做百吉饼。你需要面粉，黄油和其他配料，每磅的成本为 2.50 美元。初始设置成本较低，为 680 美元，人工成本为 25 美元 / 时，一批使用 20 磅的配料，你可以在 45 分钟内制作 300 个百吉饼。每个百吉饼可以卖到 1.75 美元。

- 对于第四个也是最后一个选择，你可以烘烤面包。你只需要面粉和黄油作为配料，每磅3美元。初始设置成本在270美元至350美元之间，但是人工费很高，每小时40美元。然而，你可以在2个小时内烤制多达1000条面包。每个售价为3美元。

使用这些信息创建一个数据集，可以用来决定你的面包店的菜单。

总结

到目前为止，我们看到的许多数据示例都是在漂亮的表格中，但现在你应该清楚的是，数据以多种形式、大小和格式出现。有些存储在电子表格中，有些存储在文本文件中。有些是结构化的，有些是非结构化的。在这本书里，我们将处理的大部分数据都是文本格式的，也有很多数据是图像、音频和视频格式的。

正如我们所看到的，如果有丢失或损坏的数据，数据处理过程会更加复杂，并且在我们开始对其进行任何处理之前，可能需要清理或转换一些数据。这需要几种形式的预处理。

数据清理或转换可能取决于我们的目的、上下文以及分析工具和技能的有效性。例如，如果你了解SQL（第7章中将介绍的一个程序），并且希望利用这种高效的查询语言，你可能希望将CSV格式的数据导入MySQL数据库，即使该CSV数据没有“问题”。

数据预处理非常重要，以至于许多组织都有针对这类工作的特定职位。这些人应该有能力完成本章中描述的所有阶段：从清理到转换，甚至找到或接近数据集中丢失或损坏的值。这个过程涉及一些技术、科学和工程。但这是一项非常重要的工作，因为如果数据没有正确格式，则本书接下来的几乎所有内容都是不可能的。换句话说，在进入任何“有趣”分析之前，确保你至少已考虑过数据是否需要进行预处理，否则你可能会问对了问题，却问错了数据！

关键术语

- **结构化数据**：结构化数据是高度组织化的信息，在数据库中结构紧密，并可以通过简单的搜索操作进行搜索。
- **非结构化数据**：非结构化数据是缺乏底层结构的信息。
- **开放数据**：在公共领域免费提供的数据，任何人都可以随意使用，不受版权、专利或其他控制机制的限制。
- **应用程序接口**（API）：一种访问数据的编程方式。一组用于请求和发送数据的规则和方法。
- **离群值**：数据点的值与样本的其他数据点有显著差异。
- **噪声数据**：数据集有一个或多个错误或异常值的实例。
- **名义数据**：当可能值（例如颜色）之间没有自然顺序时，数据类型为名义数据。
- **序数数据**：如果数据类型的可能值来自有序集，则该类型是序数数据。例如，成绩表上的分数。
- **连续数据**：连续数据是一种具有无限可能值的数据类型。比如实数。

❑ **数据立方体**：可以存储在电子表格中的多维数据集。数据立方体可以是二维、三维或更高维度。每个维度通常代表一个属性。

❑ **特征空间选择**：一种从给定数据集中选择特征或列子集的方法，是进行数据缩减的一种方式。

概念性问题

1. 至少列出结构化数据和非结构化数据之间的两个区别。
2. 给出三个结构化数据格式的例子。
3. 给出三个非结构化数据格式的例子。
4. 如何将 CSV 文件转换为 TSV 文件？列出至少两种不同的策略。
5. 你正在查看员工记录。员工记录中有的没有中间名（英文名），有的有中间首字母，有的有完整的中间名。你如何解释数据中的这种不一致？至少提供两种解释。

实践问题

问题 2.1

表 2.10 的数据来自 OA 2.2，包含 1973 年美国 50 个州每 100 000 名居民因袭击和谋杀被捕的统计数据。数据集同时给出了居住在城市地区的人口比例。

表 2.10 1973 年美国 50 个州每 100 000 名居民因袭击和谋杀被捕的统计数据

	谋杀	袭击	城市人口(%)
Alabama	13.2	236	58
Alaska	10	263	48
Arizona	8.1	294	80
Arkansas	8.8	190	50
California	9	276	91
Colorado	7.9	204	78
Connecticut	3.3	110	77
Delaware	5.9	238	72
Florida	15.4	335	80
Georgia	17.4		60
Hawaii	5.3	46	83
Idaho	2.6	120	54
Illinois	10.4	249	83
Indiana	7.2	113	65
Iowa	2.2	56	570
Kansas	6	115	66
Kentucky	9.7	109	52
Louisiana	15.4	249	66
Maine	2.1	83	51
Maryland	11.3	300	67
Massachusetts	4.4	149	85
Michigan	12.1	255	74
Minnesota	2.7	72	66
Mississippi	16.1	259	44
Missouri	9	178	70
Montana	6	109	53
Nebraska	4.3	102	62
Nevada	12.2	252	81
New Hampshire	2.1	57	56
New Jersey	7.4	159	89
New Mexico	11.4	285	70
New York	11.1	254	6
North Carolina	13	337	45
North Dakota	0.8	45	44
Ohio	7.3	120	75
Oklahoma	6.6	151	68
Oregon	4.9	159	67
Pennsylvania	6.3	106	72

（续）

	谋杀	袭击	城市人口（%）		谋杀	袭击	城市人口（%）
Rhode Island	3.4	174	87	Vermont	2.2	48	32
South Carolina	14.4	879	48	Virginia	8.5	156	63
South Dakota	3.8	86	45	Washington	4	145	73
Tennessee	13.2	188	59	West Virginia	5.7	81	39
Texas	12.7	201	80	Wisconsin	2.6	53	66
Utah	3.2	120	80	Wyoming	6.8	161	60

现在，使用你所掌握的预处理技术来分析已准备的数据集。

（1）处理所有缺失的值。

（2）寻找异常值，消除噪声数据。

（3）准备数据集，以建立城市人口类别和犯罪类型之间的关系。[提示：将城市人口百分比转换为类别，例如，小（小于50%）、中（大于等于50%，小于60%）、大（大于等于60%，小于70%）、超大（70%及以上）城市人口。]

问题2.2

以下是匹兹堡桥梁的数据集。原始数据集由卡内基梅隆大学土木工程系和工程设计研究中心的Yoram Reich和Steven J. Fenves提供，可从OA 2.3获得，如表2.11所示。

表2.11 匹兹堡桥梁数据集

ID	用途	长度	车道数	清洁	下承式或上承式	材料	跨度	Rel-L
E1	高速公路	?	2	N	下承式	木	短	S
E2	高速公路	1037	2	N	下承式	木	短	S
E3	渡槽	?	1	N	下承式	木	?	S
E5	高速公路	1000	2	N	下承式	木	短	S
E6	高速公路	?	2	N	下承式	木	?	S
E7	高速公路	990	2	N	下承式	木	中	S
E8	渡槽	1000	1	N	下承式	铁	短	S
E9	高速公路	1500	2	N	下承式	铁	短	S
E10	渡槽	?	1	N	上承式	木	?	S
E11	高速公路	1000	2	N	下承式	木	中	S
E12	火车道	?	2	N	上承式	木	?	S
E13	高速公路	?	2	N	下承式	木	?	S
E14	高速公路	1200	2	N	下承式	木	中	S
E15	火车道	?	2	N	下承式	木	?	S
E16	高速公路	1030	2	N	下承式	铁	中	S-F
E17	火车道	1000	2	N	下承式	铁	中	?
E18	火车道	1200	2	N	下承式	铁	短	S
E19	高速公路	1000	2	N	下承式	木	中	S
E20	高速公路	1000	2	N	下承式	木	中	S
E21	火车道	?	2	?	下承式	铁	?	?

（续）

ID	用途	长度	车道数	清洁	下承式或上承式	材料	跨度	Rel-L
E22	高速公路	1200	4	G	下承式	木	短	S
E23	高速公路	1245	?	?	下承式	钢	长	F
E24	火车道	?	2	G	?	钢	?	?
E25	火车道	?	2	G	?	钢	?	?
E26	火车道	1150	2	G	下承式	钢	中	S
E27	火车道	?	2	G	下承式	钢	?	F
E28	高速公路	1000	2	G	下承式	钢	中	S
E29	高速公路	1080	2	G	下承式	钢	中	?
E30	火车道	?	2	G	下承式	钢	中	F
E31	火车道	1161	2	G	下承式	钢	中	S
E32	高速公路	?	2	G	下承式	铁	中	F
E33	高速公路	1120	?	G	下承式	铁	中	F
E34	火车道	4558	2	G	下承式	钢	长	F
E35	高速公路	1000	2	G	下承式	钢	中	F
E36	高速公路	?	2	G	下承式	铁	短	F

使用此数据集完成以下任务：

（1）处理所有缺失的值。

（2）寻找异常值，消除噪声数据。

（3）准备数据集，以建立以下之间的关系：

1）桥梁的长度及其用途。

2）车道数及其材料。

3）桥的跨度和车道数。

问题 2.3

表 2.12 是一个涉及儿童死亡率的数据集，其灵感来自儿童基金会收集的数据。原始数据集可从 OA 2.4 获得。根据该报告，在过去几十年里，世界在降低儿童死亡率方面取得了巨大成功。根据儿童基金会的报告，全球五岁以下儿童死亡率从 1990 年的每 1000 例活产死亡的 93 例下降到 2016 年的不足 50 例。

表 2.12　1990—2016 年全球五岁以下儿童死亡率数据

年份	五岁以下儿童死亡率	婴儿死亡率	新生儿死亡率
1990	93.4	64.8	36.8
1991	92.1	63.9	36.3
1992	90.9	63.1	35.9
1993	89.7	62.3	35.4
1994	88.7	61.4	
1995	87.3	60.5	34.4
1996	85.6	59.4	33.7
1997		58.2	33.1

（续）

年份	五岁以下儿童死亡率	婴儿死亡率	新生儿死亡率
1998	82.1	56.9	32.3
1999	79.9	55.4	31.5
2000	77.5	53.9	30.7
2001	74.8	52.1	29.8
2002	72		28.9
2003	69.2	48.6	28
2004	66.7	46.9	
2005		45.1	26.1
2006	61.1	43.4	25.3
2007	58.5		24.4
2008	56.2	40.3	23.6
2009	53.7	38.8	22.9
2010		37.4	22.2
2011	49.3	36	21.5
2012	47.3	34.7	20.8
2013	45.5	33.6	20.2
2014	43.7		19.6
2015	42.2	31.4	19.1
2016	40.8	30.5	18.6

然而，如你所见，数据集有许多缺失的数据，需要先修复这些实例，才能解释 1990 年至 2016 年儿童死亡率方面的明显进展。使用此数据集完成以下任务：

（1）使用你掌握的技术处理所有缺失的值。

（2）准备数据集，建立以下关系：

1）五岁以下儿童死亡率和新生儿死亡率。

2）婴儿晚期死亡率和新生儿死亡率。

3）年份和婴儿死亡率。

［提示：你可以考虑将死亡率转换为五点利克特量表值。你可以将该数据集之前的一年（即 1989 年）作为该计划的起点，以评估随着时间的推移取得的进展。］

延伸阅读及资源

- Bellinger, G., Castro, D., & Mills, A. Data, information, knowledge, and wisdom: http://www.systems-thinking.org/dikw/dikw.htm
- US Government Open Data Policy: https://project-open-data.cio.gov/
- Developing insights from social media data: https://sproutsocial.com/insights/social-media-data/
- Social Media Data Analytics course on Coursera by the author: https://www.coursera.org/learn/social-media-data-analytics

注释

1. Statistics Canada. Definitions: http://www.statcan.gc.ca/edu/power-pouvoir/ch1/definitions/5214853-eng.htm
2. BrightPlanet®. Structured vs. unstructured data definition: https://brightplanet.com/2012/06/structured-vs-unstructured-data/
3. US Government data repository: https://www.data.gov/
4. City of Chicago data repository: https://data.cityofchicago.org/
5. US Government policy M-13-3: https://project-open-data.cio.gov/policy-memo/
6. Project Open Data "open license": https://project-open-data.cio.gov/open-licenses/
7. Facebook Graph API: https://developers.facebook.com/docs/graph-api/
8. Yelp dataset challenge: https://www.yelp.com/dataset/challenge
9. SPM created by Karl Friston: https://en.wikipedia.org/wiki/Karl_Friston
10. UCL SPM website: http://www.fil.ion.ucl.ac.uk/spm/
11. UF Health. UF Biostatistics open learning textbook: http://bolt.mph.ufl.edu/2012/08/02/learn-by-doing-exploring-a-dataset/
12. An actual tab will appear as simply a space. To aid clarity, in this book we are explicitly spelling out `<TAB>`. Therefore, wherever you see in this book `<TAB>`, in reality an actual tab would appear as a space.
13. XUL.fr. Really Simple Syndication definition: http://www.xul.fr/en-xml-rss.html
14. w3schools. XML RSS explanation and example: https://www.w3schools.com/xml/xml_rss.asp
15. FEED Validator: http://www.feedvalidator.org
16. Google: submit your content: http://www.google.com/submityourcontent/website-owner
17. Bing submit site: http://www.bing.com/toolbox/submit-site-url
18. JSON: http://www.json.org/
19. w3schools. JSON introduction: http://www.w3schools.com/js/js_json_intro.asp
20. KDnuggets™ introduction to data mining course: http://www.kdnuggets.com/data_mining_course/
21. Data cleaning and pre-processing presentation: http://www.mimuw.edu.pl/~son/datamining/DM/4-preprocess.pdf

第3章
技　　术

“信息是21世纪的石油，分析是内燃机。”

——高德纳咨询公司高级副总裁 Peter Sondergaard

你需要什么？

- ❑ 计算思维（参见第1章）。
- ❑ 基本数学运算知识，包括指数和根。
- ❑ 线性代数的基本理解（例如，线性表示和线性方程）。
- ❑ 访问电子表格程序，如 Microsoft Excel 或 Google Sheet。

你会学到什么？

- ❑ 各种形式的数据分析和分析技术。
- ❑ 相关性和回归分析的简单介绍。
- ❑ 对数字和分类数据简单的总结和展示。

3.1　引言

当问题出现时，数据科学家需要了解或掌握更多工具和技术。通常，我们很难将工具和技术分开。本书的一个完整章节（第4章）致力于教授如何使用各种工具，而且，在我们学习这些工具的同时，我们也将学习和实践一些基本的技术。这出于两个原因。这里已经提到了第一个原因——很难把工具和技术分开。关于第二个原因——我们的主要目的并不一定是掌握任何编程工具，我们将在解决数据问题的环境中学习编程语言和平台。

也就是说，不需要担心任何特定的工具或编程语言，就可以更好地研究与数据科学相关的技术。这就是我们所追求的方法。在本章中，我们将回顾数据科学中使用的一些基本技术，并看看它们如何用于执行分析和数据分析。

我们将首先考虑质性数据分析和量化数据分析之间的一些异同。通常，它们的差异并不重要，但在这里我们将看到区分这两者是多么重要。在本章的其余部分，我们将看看各种形式的分析：描述性的、诊断性的、预测性的、规范性的、探索性的和机理性的。在这个过程中，我们将回顾基本的统计学。你不必惊讶，因为数据科学通常被认为只是统计学的一个花哨的术语！随着我们对这些工具和技术的了解，我们还将学习一些示例，并通过实际数据分析获得经验（尽管由于本章中我们缺乏任何编程或专门工具的知识，这将受到限制）。

3.2 质性数据分析和量化数据分析

这两个术语——**质性数据分析**和**量化数据分析**——经常互换使用，可能会引起混淆。一份需要数据分析的工作真的是在谈论数据分析吗，是否反之亦然？质性分析和量化分析之间有一些微妙但重要的区别。缺乏理解会影响从业者充分利用数据的能力[1]。

波音公司可视化和交互技术高级技术研究员 Dave Kasik 表示："在我看来，质性数据分析指的是实际操作的数据探索和评估。质性数据分析则是一个更广泛的术语，包括作为必要子组件的数据分析。量化分析定义了质性分析背后的科学。科学意味着理解分析师用来解决问题并以有意义的方式探索数据的认知过程。"[2]

理解质性分析和量化分析之间的区别的一个方法是从过去和未来的角度思考。纵观质性分析历史，它为营销人员提供了所发生事情的历史视图。量化分析对未来进行建模或预测。

量化分析广泛运用数学和统计学，并使用描述性方法和预测模型从数据中获得有价值的知识。这些来自数据的信息被用来指导行动策略或在商业环境中指导决策。因此，与其说量化分析是关注单个分析或分析步骤，不如说是关注整个方法。

在文献中，没有明确统一的分类方案对数据科学专业人员使用的分析技术进行分类。然而，基于数据分析不同阶段的应用，本书将分析技术分为六类质性分析和量化分析：描述性分析、诊断性分析、预测性分析、规范性分析、探索性分析和机理性分析。接下来我们将对它们进行详细介绍。

3.3 描述性分析

描述性分析是"基于输入的数据，找出现在正在发生什么。"这是一种定量描述数据集合主要特征的方法。以下是**描述性分析**的几个要点：

- ❑ 对数据集执行的第一种数据分析。
- ❑ 通常用于大量数据，如人口普查数据。
- ❑ 描述和解释过程是不同的步骤。

描述性分析在销售周期中很有用，例如，根据客户可能的产品偏好和购买模式对他们进行分类。再如人口普查数据集，描述性分析适用于整个人口数据（如图 3.1 所示）。

收集量化数据或将质性数据转化为数字的研究人员和分析师经常面临大量原始数据，这些原始数据需要组织和总结才能进行分析。当数据呈现规律形态时，观察者能够得出结论。这就是描述性统计发挥作用的地方：它们有助于分析和总结数据，因此有助于数据科学中固有的过程。

如果没有正确解释，数据就不能正确使用。这需要适当的统计数据。例如，我们应该使用平均值、中位数还是众数，它们中的两个，或者全部三个[4]？这些衡量标准中的每一个都是一个总结，强调了数据的某些方面，而忽略了其他方面。它们都提供了我们需要的信息，以帮助我们获得想要理解的世界的全貌。

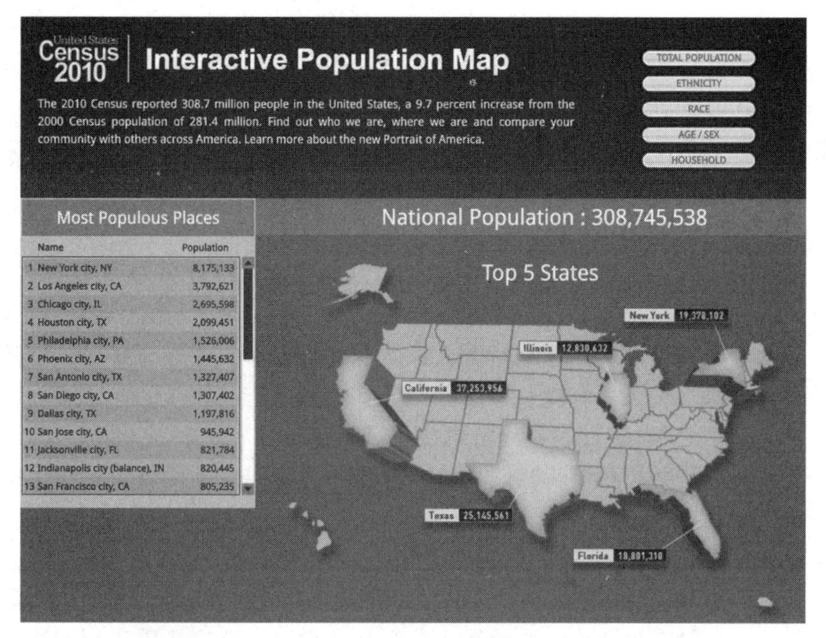

图 3.1 人口普查数据作为描述人口的一种方式 [3]

事物的描述过程要求我们关注它的重要部分：艺术家在画场景前，必须决定突出哪些特征。同样，人类经常用数字指出世界的重要方面，比如一个房间的大小、一个州的人口（如图 3.1 所示），或者一个高中高年级学生的学术能力测试（SAT）分数。可以用名词命名这些事物，或者特征区域、人口和语言学习能力。为了描述这些特征，人们会使用形容词，例如，合适大小的房间、小镇人口、聪明的高中生。但是数字也可以代替这些词：100 平方米的房间、佛罗里达州人口为 18 801 310、一个高年级学生的口语分数为 800。

与文字相比，数字表示具有相当大的优势。数字使人类能够更精确地区分物体或概念。例如，两个房间可能被描述为“小”，但是数字区分了 9 英尺[⊖]宽和 10 英尺宽。有人可能会说，即使是不完美的测量工具也比形容词提供了更多的区分度。当然，数字可以通过提供单位数（2500 人）、指示等级（全国人口第三多的城市，如图 3.1 中的左侧下拉列表框所示）或者特征等级（SAT 得分为 800，平均为 600）来明确词义。

3.3.1 变量

在我们处理或分析任何数据之前，我们必须能够捕获并表示它，这必须借助变量来完成。变量是我们赋予数据的标签。例如，你可以在一个表格或电子表格中写下你所有堂兄弟的年龄值，并用“年龄”来标记该列。在这里，“年龄”是一个变量，它是数字类型（或“比率”类型，我们很快就会看到）。如果我们想确定谁是学生，我们可以创建另一个栏——在每个堂兄弟的名字旁边，在一个名为“学生”的新栏下写下“是”或“否”。这样，“学生”就成为一个分类变量（稍后将详细介绍）。

本书中，我们（也许你在数据科学工作中将要做的事情）将处理不同形式的数字信息，并进一步研究这些变量。数字信息可以分成不同的类别，用于汇总数据。总结任何数字信

⊖ 1 英尺等于 0.3048 米。——编辑注

息的第一个阶段是识别它所属的类别。例如，上面的部分涵盖了数字的三个操作：计数、排序和衡量标准。这些都对应不同的测量水平。因此，如果人们根据他们的种族身份进行分类，统计学家就可以命名这些类别并计算它们的内容，这种方法为**分类变量**。动物分类学将动物划分为哺乳动物、爬行动物等。这些代表分类级别。如果我们用数字来划分是否属于某个类别，则称为**名义变量**。本质上，我们使用数字来表示类别，但不能将这些数字用于任何有意义的数学或统计操作。

如果我们试图区分一个群体中的不同个体，我们可以用一个**序数变量**来表示这些值。例如，我们可以根据人们的沟通技巧对他们进行排名。但是这个统计只能到此为止。因为它不能创建一个等比例的单位。这意味着，虽然我们可以对实体进行排序，但这种排序没有较强的意义。例如，我们不能简单地用排名第 5 的人减排名第 3 的人，然后说他们的差异是排名 2 的人所代表的。为此，我们考虑使用**区间变量**。

让我们思考一下温度的测量。我们用华氏或摄氏思考温度的测量，在给定的一天内温度被测量为 40 华氏度，则该测量值被放置在具有实际零点（即 0 华氏度）的标尺上。如果第二天温度是华氏 45 度，我们可以说温度上升了 5 度（就是差），华氏 5 度有物理意义，不像测量序数那样。这种场景描述了一个测量的间隔级别。换句话说，测量的间隔水平允许我们做加法和减法，但不能做乘法或除法。这是什么意思？这意味着我们不能谈论温度翻倍或减半。好吧，其实可以，但是乘法或除法没有物理意义。水在 100 摄氏度时蒸发，但在 200 摄氏度时，水的蒸发速度不会是前者的两倍或两倍以上。

对于乘法和除法（加法和减法），我们使用**比率变量**。这在物理科学和工程中很常见，例如长度（英尺、码[⊖]、米）和重量（磅、千克）。如果一磅葡萄要 5 美元，那么两磅就要 10 美元。如果你有 4 码布料，你可以给你的两个朋友每人 2 码。

当我们每次处理一个变量并进行描述性分析时，所有这些类别的变量都很合适。但是，当我们试图连接多个变量或使用一组变量对另一组变量进行预测时，我们可能希望将它们进行分类。因此，因变量和自变量应运而生。**自变量**是指可控的或不受其他变量影响的变量，而**因变量**是指依赖于其他变量（通常是自变量）的变量。在预测问题时下，自变量也称为**预测变量**，因变量为**结果变量**。

例如，假设我们拥有某些病人肿瘤大小以及病人是否患有癌症相关数据。这些数据可以表示在两列表中："肿瘤大小"和"癌症"，前者是一个比率类型变量（我们可以说一个肿瘤的大小是另一个的两倍），后者是一个分类变量（"是""否"值）。假设我们想用"肿瘤大小"这个变量来描述"癌症"这个变量。在本书后文中，我们将演示"分类"的问题完成这样的事情。但是现在，我们可以将"肿瘤大小"视为自变量或预测变量，将"癌症"视为因变量或结果变量。

3.3.2 频率分布

数据需要被展示。一旦收集了某些数据，则绘制一个图表来显示其出现的次数是很有用的。这就是所谓的频率分布。频率分布有不同的形状和大小。因此，对常见的分布类型进行一般性的描述是很重要的。以下是统计学家展示数字结果的一些方法。

直方图。直方图将观察值绘制在水平轴上，用条形图显示每个值在数据集中出现的次

⊖ 1 码等于 0.9144 米。——编辑注

数。让我们来看一个如何从数据集制作直方图的例子。表 3.1 展示了一组数据科学专业人员以产出衡量的生产率。他们中的一些人接受了广泛的统计培训（在“培训”栏中用“Y”表示），而另一些人没有（N）。数据集还包含每个专业人员的工作经验（表示为“经验”），以工作小时数表示。

表 3.1 生产率数据集

生产率	经验	培训	生产率	经验	培训
5	1	Y	5	7	N
2	0	N	7	12	Y
10	10	Y	8	15	N
4	5	Y	12	20	Y
6	5	Y	3	5	N
12	15	Y	15	20	Y
5	10	Y	8	16	N
6	2	Y	4	9	N
4	4	Y	6	17	Y
3	5	N	9	13	Y
9	5	Y	7	6	Y
8	10	Y	5	8	N
11	15	Y	14	18	Y
13	19	Y	7	17	N
4	5	N	6	6	Y

自己试试 3.1：变量

在我们生成直方图之前，使用此表并确保我们已经掌握了关于变量的概念。

使用表 3.1 回答以下问题。

1.“生产率”是一个怎样的变量？

2.“经验”是一个怎样的变量？

3.“培训”是一个怎样的变量？

4. 我们试图通过观察“生产率”和“经验”来预测某人是否接受过培训。在这种情况下，确定因变量和自变量。

实践示例 3.1：直方图

直方图可以利用生产率列中的数据创建，如图 3.2 所示。任何电子表格程序，例如 Microsoft Excel 或 Google Sheet，都支持大量的可视化选项，如图表、曲线图、折线图、地图等。如果你使用 Google Sheet，首先选择想要的列，然后选择“插入图表”选项，通过工具栏中的 [图标] 图标插入直方图。在图表编辑器中，在下拉列表中的直方图选项选择图表类型，将创建一个如图 3.2 所示的图表。你可以指定图表的颜色、*X* 轴标签、*Y* 轴标签等来进一步自定义图表。

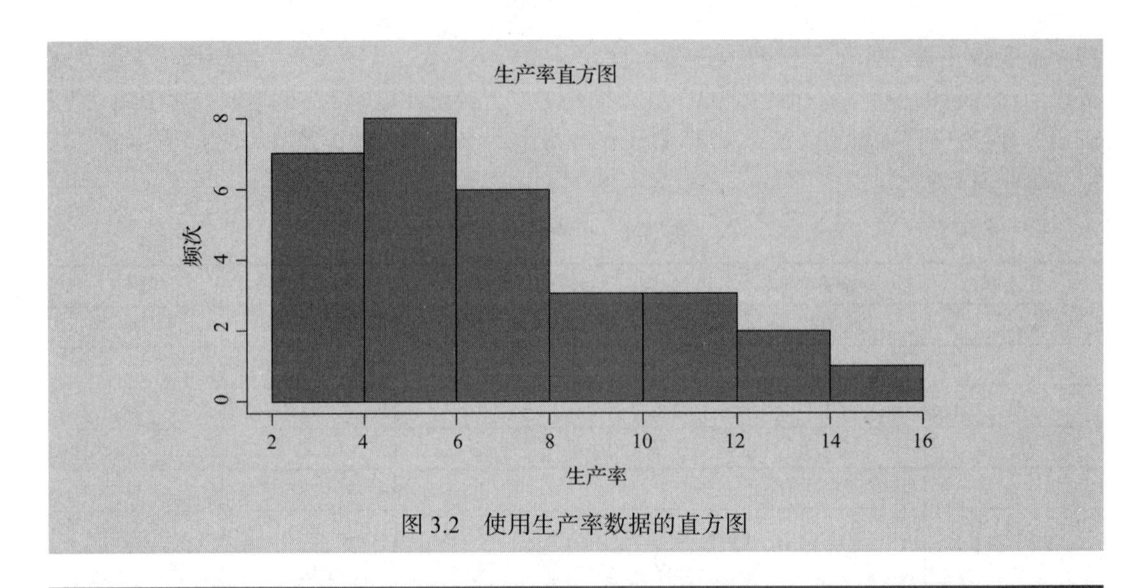

图 3.2 使用生产率数据的直方图

自己试试 3.2：直方图

让我们测试一下你对 *Business Opportunity Handbook* 中比萨特许经营数据集的直方图和相关概念的理解。数据集可从 OA 3.1 获得，其中 x 代表每年 100 美元的特许费，y 代表相同计算中的启动成本。使用这些数据和你最喜欢的电子表格程序，绘制数据，可视化启动成本随特许经营成本的变化。

实践示例 3.2：饼图

直方图适用于数字数据，但是分类数据呢？换句话说，当数据分布在几个有限的类别中时，我们如何对数据进行可视化？表 3.1 中第三列“培训”中有示例数据，我们可以创建一个饼图，如图 3.3 所示。

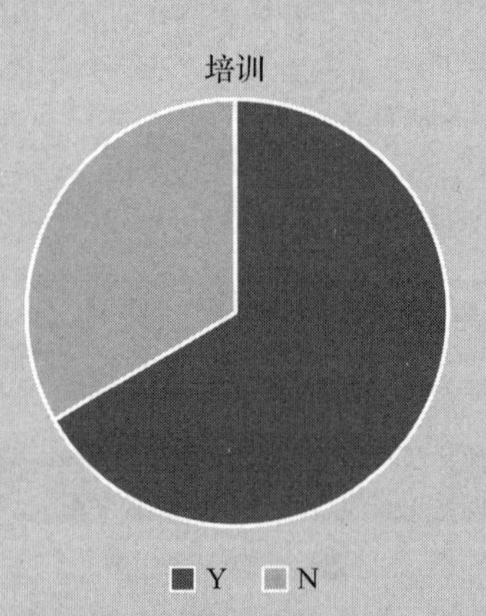

图 3.3 显示生产率数据中“培训”分布的饼图

如果你使用的是 Google Sheet，你可以遵循与直方图相同的过程。关键的区别在于，你必须从图表编辑器中选择饼图作为图表类型。

我们将会经常使用数字数据，因此，我们需要了解这些数字的产生方式以及数字分布的性质。事实证明，如果数据是正态分布的，则各种形式的分析就变得简单明了。那么，什么是正态分布？

正态分布。在理想的世界中，数据将围绕所有数据的中心对称分布。因此，如果我们画一条穿过分布中心的垂直线，则两边看起来应该是一样的。这种所谓的正态分布以钟形曲线为特征，如图 3.4 所示。

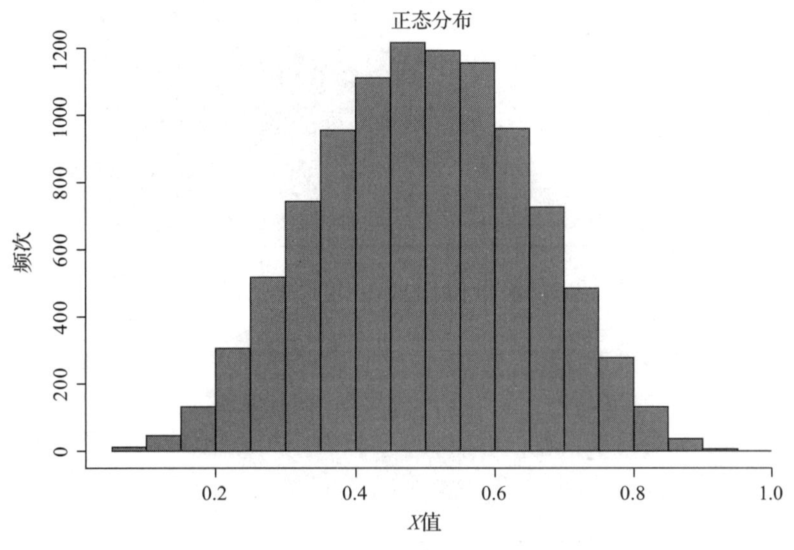

图 3.4 正态分布的例子

分布有两种偏离正常的方式：

- ❑ 缺乏对称性（称为**偏态**）
- ❑ 尖度（称为**峰度**）

如图 3.5 所示，偏态分布可以是正偏态的（图 3.5a），也可以是负偏态的（图 3.5b）。

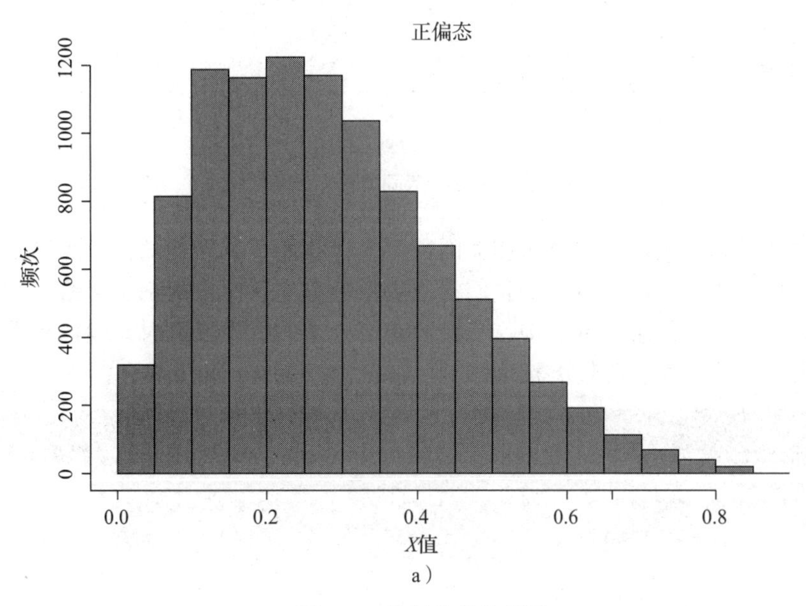

a）

图 3.5 偏态分布的例子

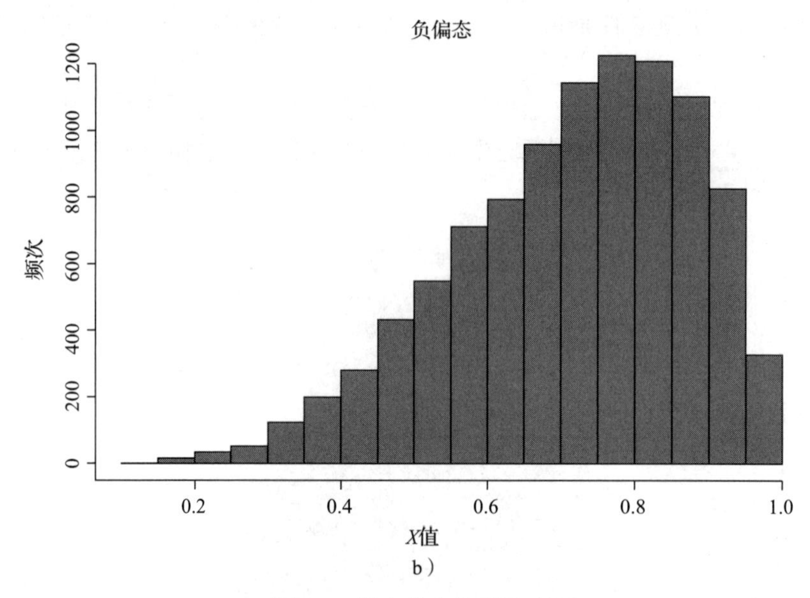

b）

图 3.5 偏态分布的例子（续）

峰度指的是分布末端的聚类得分的程度（扁峰度）以及分布的“尖”程度（尖峰度），如图 3.6 所示。

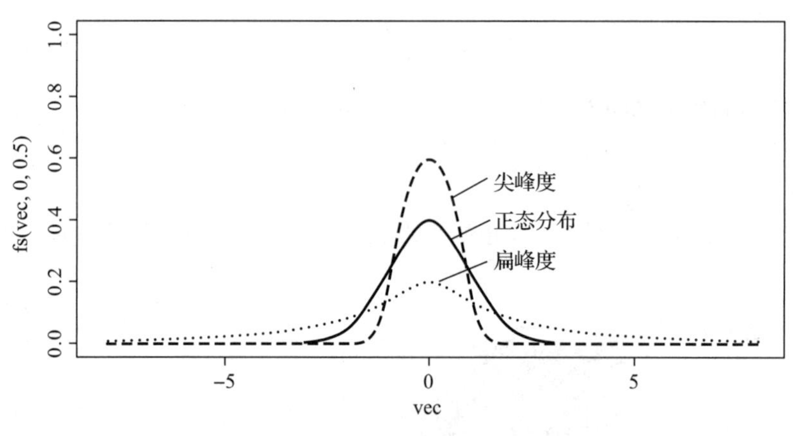

图 3.6 分布中不同峰度的示例

有很多方法可以找到与这些分布相关的数字，让我们了解它们的偏度和峰度，但是我们现在将跳过这一步。在这一点上，我们将把数据分布的正态性的判断留给直方图对其进行可视化检验。在本书的第二部分中，当我们获得合适的统计工具时，我们将看到如何运行测试来找出分布是否属于正态分布。

自己试试 3.3：分布

自己试试 3.2 的直方图分布形状是什么样的？这种形状展示了哪种类型的底层数据？

3.3.3 中心性度量

通常，一个指向分布“中心”的数字就能说明数据总体分布情况。换句话说，我们可以计算出频率分布的“中心”在哪里，这也被称为中心趋势。我们把“中心”放在引号里，因为取决于它如何被定义。通常有三种常用的测量方法：平均值、中位数和众数。

平均值。即使从未做过统计，以前你也遇到过这种情况。平均值普遍被认为是平均数，尽管它们并不完全是同义词。平均值最常用于测量连续数据和离散数据集的中心趋势。如果一个数据集中有 n 个值，并且这些值是 $x_1, x_2, ..., x_n$，则平均值计算如下：

$$\bar{x}=\frac{x_1+x_2+x_3+\cdots+x_n}{n} \tag{3.1}$$

使用上述公式，表 3.1 中生产率栏的平均值为 7.267。请核实这一点。

使用算数平均值作为中心统计量有一个明显缺点：容易受到异常值的影响。此外，均值只有在数据呈正态分布，或者至少看起来接近正态分布时才有意义。以美国的家庭收入分配为例。图 3.7 的数据从美国人口普查局获得。这个分布看起来正常吗？并不，少数人赚很多钱，大多数赚得很少。这是一个高度倾斜的分布。如果你从这个数据中取平均值，则它不能很好地反映图中人群收入。那么，我们能做些什么呢？我们可以使用另一种衡量中心趋势的方法：中位数。

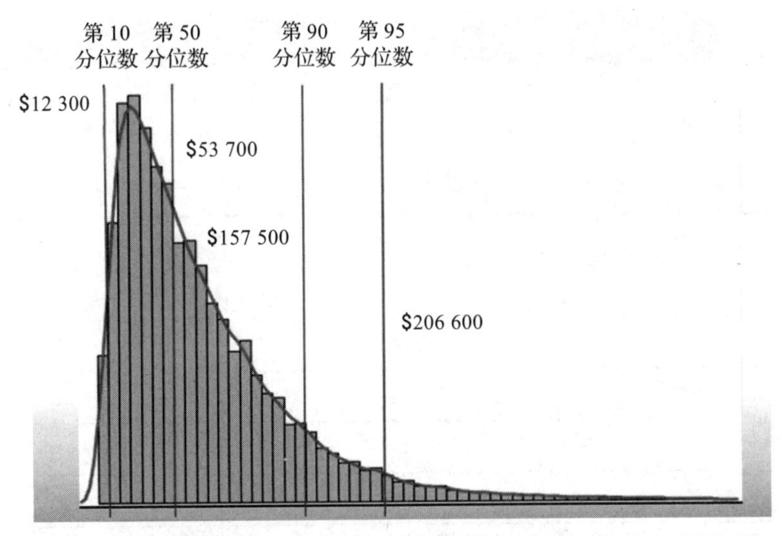

图 3.7 2014 年美国家庭收入分布（基于现有的最新人口普查数据）[5]

中位数。中位数是根据数值排序的数据集的中间数。对于偶数值，中位数被计算为中间两个数据点的平均值。例如，生产率数据集的中位数是 9.5。再如，截至 2014 年，美国家庭平均收入为 53 700 美元。这意味着美国有一半人群的收入不超过 53 700 美元，而另一半人的收入则高于这个门槛。

众数。众数是数据集中最常出现的值。在直方图中，最高的条形图表示数据的众数。通常，众数用于分类数据；例如，对于生产率数据集中的培训项目，最常见的类别是所需的输出。

如图 3.8 所示，在生产率数据集中，培训列中有 10 个 N 值实例和 20 个 Y 值实例。在这种情况下，培训列的众数是 Y。（注意：如果 Y 和 N 的实例数量相同，那么就没有培训列的众数。）

3.3.4 离散分布

在 3.3.2 节中，分布有各种形状和大小。简单地观察一个中心点（平均值、中位数或众数）可能无法理解一个分布的实际形状。因此，我们需要观察分布趋势，或者离散度。以下是一些最常见的离散度度量。

极差。观察离散度最简单的方法就是将最大值减去最小值，这就是所谓的极差。对于生产率数据集，生产率类别的极差是 13。

然而，使用极差有个缺点：由于它只使用最高值和最低值，极端分数或异常值往往会导致极差不准确。

四分位区间。避开极差取值缺点的一种方法是在去除极值后进行计算。一个惯例是把上下四分之一的数据切掉，计算剩下中间 50% 分数范围。这就是所谓的四分位区间。例如，生产率数据集中的四分位区间是 10。

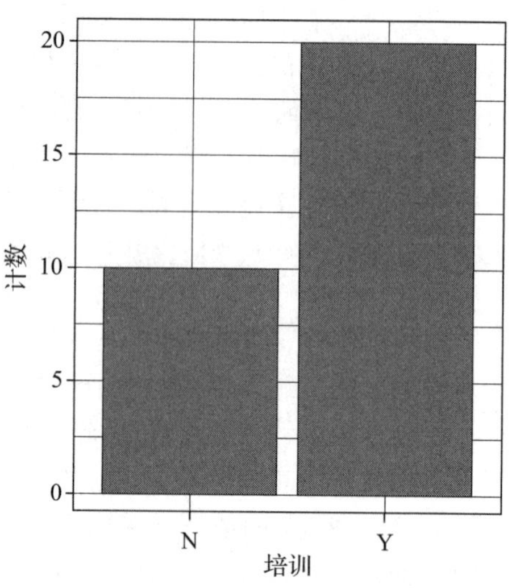

图 3.8 生产力数据的可视化模式

实践示例 3.3：四分位区间

我们能容易地找出四分位区间并将其可视化吗？答案是肯定的。让我们重新观察表 3.1 中的数据，并关注“经验”一栏。将其排序后，得到表 3.2。

表 3.2 从生产率数据集中排序的“经验”列

经验	经验	经验
0	6	15
1	6	15
2	7	15
4	8	16
5	9	17
5	10	17
5	10	18
5	10	19
5	12	20
5	13	20

这里有 30 个数字，现在，寻找中间的 15 个数字。表格数据分别是 5、5、5、6、6、7、8、9、10、10、10、12、13、15、15。现在我们可以看到这些数字的极差是 10（min=5 到 max=15），这也是四分位区间。我们可以把整个过程想象成一个叫作箱形图的东西。

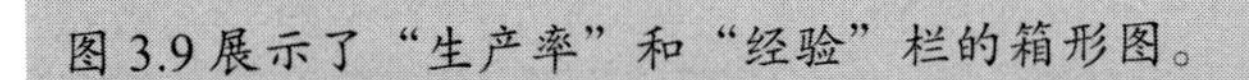
图 3.9 展示了“生产率”和“经验”栏的箱形图。

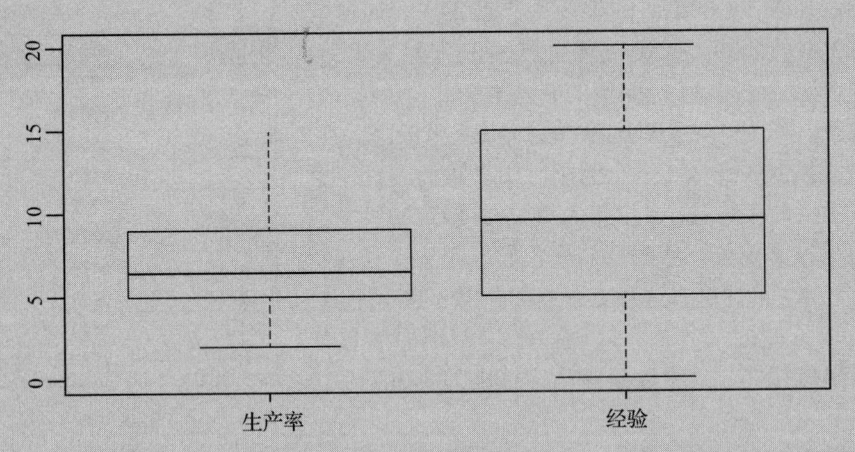

图 3.9 生产率数据集的“生产率”和“经验”栏的箱形图

如“经验”属性的箱形图所示，在移除顶部四分之一的值（15 到 20 之间）和底部四分之一的值（接近 0 到 5）后，剩余数据的范围为 10（从 5 到 15）。同样，“生产率”属性的四分位区间为 5。

自己试试 3.4：四分位区间

在本练习中，你将使用芝加哥某市区的火灾和盗窃数据（来源：美国民权委员会）。数据集可从 OA 3.2 获得：

X 代表每 1000 个住房单元发生的火灾数。

Y 是每 1000 人中的盗窃数量。

使用此数据集计算 *X* 和 *Y* 的四分位区间。

方差。方差是用来度量数据点分布情况的方法。为了测量方差，通常的方法是选择分布的中心，通常是平均值，然后测量每个数据点离中心的距离。如果个体观测值与群体平均值相差很大，则方差很大，反之亦然。区分总体的方差和样本的方差是很重要的。它们的符号不同，计算方式也不同。一个总体的方差用 σ^2 表示，样本的方差用 s^2 表示。

总体方差公式定义如下：

$$\sigma^2 = \frac{\sum (X_i - X)^2}{N} \tag{3.2}$$

其中，σ^2 是总体方差，X 是总体均值，X_i 是总体中的第 i 个元素，N 是总体的元素数量。样本方差的公式定义稍稍不同：

$$s^2 = \frac{\sum (x_i - x)^2}{(n-1)} \tag{3.3}$$

其中，s^2是样本方差，x是样本均值，x_i是样本中的第i个元素，n是样本中的元素数量。使用这个公式，样本的方差是总体方差的无偏估计。

示例：在表3.1中给出的生产率数据集中，通过应用等式3.3中的公式，我们发现生产率的方差为11.93（近似到小数点后两位），经验值的方差为36。

标准差。作为一种衡量标准，方差有一个问题。它给出了单位扩散的度量。举个例子，如果我们测量一个班级所有学生的年龄差异（以年为单位），得到的测量值是以年的平方为单位。然而，如果我们以年为单位（而不是年的平方）来衡量，这将更有意义。出于这个原因，我们经常取方差的平方根，以确保平均差别的度量与原始度量单位相同。这个度量被称为标准差（如图3.10所示）。

fx =STDEV(A1:A11)

	A	B
1	1794	262.4116128
2	1874	
3	2049	
4	2132	
5	2160	
6	2292	
7	2312	
8	2475	
9	2489	
10	2490	
11	2577	

图3.10 Google Sheet的一个快照显示了如何计算标准差

计算样本标准差的公式：

$$s=\sqrt{\frac{\sum(x_i-x)^2}{(n-1)}} \tag{3.4}$$

参考资料：比较分布和假设检验

我们通常需要比较不同的分布，来得出重要见解或做出决策。例如，我们想知道新营销策略是否正在改变客户从上个月到本月的消费行为。假设我们拥有这两个月每个客户的消费数据。利用这些数据，我们可以绘制每月的直方图，x轴为客户数量，y轴为当月消费金额。现在的问题是：两个月消费的不同是否足以说明新的营销策略是有效的？这不是通过目测就能轻易回答的。为此，我们可以执行某些统计测试来比较这两个分布，并观察它们是否不同。

首先，陈述假设。**假设**是一种陈述我们猜想或观点的方式，而且能够被检验。默认的知识或假设可以被表述为一个**零假设**，而相反的假设被称为**替代假设**。因此，在这种情况下，零假设表示两个分布之间没有差异，替代假设则表示确实有差异。

接下来，我们运行其中一个（或几个）统计测试。你使用的几乎任何统计包都将具有内置功能或包来运行此类测试。通常，它们很容易做到。测试的结果往往是一些数值，但更重要的是置信度或概率值（通常被称为p值）的检验，利用它们来表明分布是否相同。如果p值非常小（通常小于0.05或5%），则我们可以拒绝零假设（分布相同），并接受替代假设（分布不相同）。这就是我们的结论。简而言之，如果我们运行一个统计测试，p值小于或等于0.05，则我们可以得出结论，新的营销策略确实有效果（考虑到其他变量没有发生变化）。

自己试试3.5：标准差

本练习可从OA 3.3下载厌氧菌数据集。数据集有53个吸氧和呼气通气的观察值（数字）。使用此数据分别计算这两个属性的标准差。

3.4 诊断性分析

诊断性分析用于发现或确定事情发生的原因。由于因果分析至少涉及一个原因（通常不止一个）和一个影响，因此，在对小数据集进行实际操作时诊断性分析也被称为**因果分析**。

诊断性分析能让我们观察历史表现，以确定发生了什么，为什么发生。分析的结果通常被称为分析仪表板。

例如，对于社交媒体营销活动，你可以使用描述性分析来评估帖子数量、关注数量、粉丝数量、页面浏览量、评论数量等。数以千计的在线数据可以浓缩到一个视图中，以查看历史有效活动和无效活动。

有各种类型的技术可用于诊断或因果分析。其中，最常用的是相关性分析。

相关性

相关性是一种用于衡量和描述两个变量之间关系的强度和方向的统计分析。强度表示两个变量关系密切程度，方向表示一个变量的值如何随着另一个变量的值的变化而变化。

相关性是一种简单的统计方法，用来检验两个变量怎样随时间一起变化。以“伞”和“雨”为例，如果一个在从不下雨的地方长大的人第一次看到雨，这个人会发现，每当下雨，人们就用雨伞。他们可能还注意到，在干燥的日子里，人们不打伞。顾名思义，“雨”和“伞”是相关的！更具体地说，这种关系是牢固和正相关的。思考一下。

皮尔逊相关系数是一个重要的统计方法，它被广泛用于衡量线性相关变量之间的关系程度。例如，在研究股票市场时，皮尔逊相关系数可以衡量两种商品的相关程度。以下公式用于计算皮尔逊相关系数：

$$r=\frac{N\sum xy-\sum x\sum y}{\sqrt{\left[N\sum x^2-(\sum x)^2\right]\left[N\sum y^2-(\sum y)^2\right]}} \tag{3.5}$$

其中，r = 皮尔逊相关系数，N = 每个数据集中值的数量，$\sum xy$ = 成对数值的乘积之和，$\sum x$ = x 值之和，$\sum y = y$ 值之和，$\sum x^2 = x$ 值的平方之和，$\sum y^2 = y$ 值的平方之和 [6]。

实践示例 3.4：相关性

让我们使用式（3.5）中的公式，并使用表 3.3 中提供的数据计算身高 - 体重的皮尔逊相关系数。

首先，我们将计算求解皮尔逊相关公式所需的各种值：

N = 数据集中的数量 =10

$\sum xy$ = 成对乘积之和 =98 335.30

$\sum x = x$ 值之和 =670.70

$\sum y = y$ 值之和 =1463

$\sum x^2 = x$ 值平方之和 =45 058.21

$\sum y^2 = y$ 值平方之和 =218 015

将这些代入皮尔逊相关系数公式，我们得到 0.39（近似到小数点后两位）作为相关系数。这说明了两件事：①“身高”和“体重”是正相关的，也就是说，一个往上走，另一个也跟着；②它们之间的关系强度中等。

表 3.3 身高体重数据

身高	体重	身高	体重
64.5	118	64.5	138
73.3	143	66	175
68.8	172	66.3	134
65	147	68.8	172
69	146	64.5	118

自己试试 3.6：相关性

在本练习中，你将使用雄性灰色袋鼠的鼻腔数据（《澳大利亚动物学杂志》，28 607–613）。数据集可以从 OA 3.4 下载。数据集有两个属性。在每一对中，*X* 代表鼻子的长度（10mm），而相应的 *Y* 代表鼻宽。使用此数据集测试 *X* 和 *Y* 之间的相关性。

3.5 预测性分析

你可能已经猜到了，**预测性分析**源于我们预测可能发生的事情的能力。预测性分析基于历史数据、以往趋势以及新出现的背景和过程去解读未来。假设你试图根据消费者在给定时间（历史数据和以往趋势）的行为和新的税收政策（新的背景）的影响来预测人们将如何使用退税。

预测性分析为公司提供基于数据的可操作见解，也包括有关未来结果可能性的估计。重要的是要记住由于预测性分析基于概率，因此没有任何统计算法可以完全准确地“预测”未来。公司利用这些统计数据来预测可能发生的事情。数据科学专业人员最常用的预测性分析软件有 SAS 预测性分析、IBM 预测性分析、RapidMiner 等。

如图 3.11 所示，预测性分析是分阶段进行的。

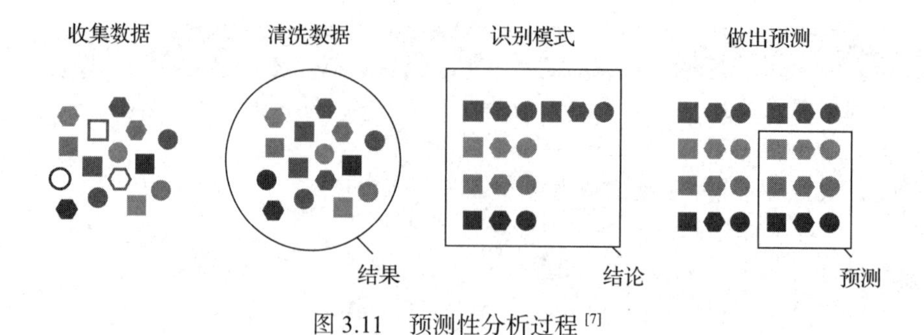

图 3.11 预测性分析过程 [7]

1. 一旦完成数据收集，就需要进行数据清洗（见 2.4.1 节）。

2. 清理后的数据可以帮助我们事后了解不同变量之间的关系，而绘制数据（例如，散点图）是不错的选择。

3. 利用回归确认数据中存在的关系。从回归方程中，我们可以确定数据内部分布模式。换句话说，我们从结果中发现结论。

4. 基于已发现的规律预测未来。

以下示例说明了预测性分析的用途[8]。让我们假设 Salesforce 保留了过去八个季度的活动数据。该数据包括报纸、电视和网络广告活动产生的总销售额以及相关支出，如表 3.4 所示。

表 3.4 用于预测性分析的数据

序号	销售额	报纸	电视	网络
1	16 850	1000	500	1500
2	12 010	500	500	500
3	14 740	2000	500	500
4	13 890	1000	1000	1000
5	12 950	1000	500	500
6	15 640	500	1000	1000
7	14 960	1000	1000	1000
8	13 630	500	1500	500

有了这些数据，我们可以根据 Salesforce 在不同媒体上的广告活动支出来预测销售额。

像数据分析一样，预测性分析有许多常见的应用场景。例如，许多人求助于预测性分析来获得他们的信用评分；金融服务使用预测性分析来确定客户按时支付信贷的概率，特别是 FICO，它广泛使用预测性分析来开发计算个人 FICO 得分的方法[9]。

客户关系管理（CRM）是预测性分析的另一个常见领域分类。在这里，流程有助于实现营销活动、销售和客户服务等目标。预测性分析程序也应用于医疗保健领域。它们可以确定哪些患者有患某些疾病的风险，如糖尿病、哮喘和其他慢性或严重疾病。

3.6 规范性分析

规范性分析[10]是商业分析的一个领域，致力于为给定的情况找到最佳的行动方案。首先可以从分析情况（使用描述性分析）开始，然后寻找各种参数或变量之间的关系，以解决特定问题或进行预测。

规范性分析方法作为一项过程密集型任务致力于分析潜在的决策、决策之间的相互作用、影响这些决策的因素，以及所有这些因素对最终结果的影响，从而实时制定出最佳的行动方案[11]。

规范性分析还能对未来潜在机会提出建议或减轻未来可能发生的风险，并说明每个选项的含义。在实践中，规范性分析可以不断自动处理新数据，以提高预测的准确性，同时还能提供有利的决策选项。

规范性分析中使用的具体技术包括优化、模拟、博弈论[12]和决策分析方法。

规范性分析在从给定数据中得出见解方面确实很有价值，但在很大程度上它并没有被使用[13]。根据 Gartner 的数据[14]，13% 的组织使用预测性性分析，但只有 3% 的组织使用规范性分析。通常，当大数据分析揭示主题时，规范性分析会让你像激光一样专注于回答特定问题。

例如，在医疗保健领域，我们可以使用规范性分析来测量临床肥胖患者的数量，然后利用糖尿病和低密度脂蛋白胆固醇水平等作为筛选条件，以确定治疗的重点。

与上述四类不同的还有两类数据分析技术——探索性分析和机理性分析。

3.7 探索性分析

通常在处理数据时，我们可能对问题或情况没有一个清晰的了解。然而，我们可能会被要求提供一些见解。换句话说，我们被要求在不知道问题的情况下提供答案！这就是我们正探索的领域。

探索性分析是一种分析数据集以发现以往未知关系的方法。这种分析通常涉及使用各种数据可视化方法。是的，眼见为实！但更重要的是，当我们缺乏明确的问题或假设时，不同形式绘制的数据可以为我们提供一些线索。这种见解影响了未来的研究或问题的完善，并导向了其他形式的分析。

探索性分析通常不是手头问题的最终答案，而只是开始，它不应单独用于概括或根据数据做出预测。

探索性数据分析是一种方法，它推迟了关于数据遵循何种模型的通常假设，而更直接的方法是允许数据本身以模型的形式揭示其底层结构。因此，探索性分析不仅仅是技术的集合；相反，它提供了一种哲学：如何剖析数据集；寻找什么；如何寻找；如何解释结果。

由于探索性分析包含一系列技术，因此其应用也是多种多样。然而，最常见的应用是在数据中寻找模式，例如从样本集合中寻找相似的基因组 [15]。

让我们思考美国人口普查数据 [16]。这些数据有几十个变量，我们已经在图 3.1 和图 3.7 中看到了其中部分数据。如果你在寻找某些特定问题的答案（例如，哪个州的人口最多），可以进行描述性分析。如果你试图预测某些事情（例如，哪个城市的移民人口流入最少），你可以使用规范性或预测性分析。但是，如果有人给你这些数据，让你去探索有趣的见解，那你怎么办？你仍然可以做描述性或规范性的分析，但考虑到有大量的变量和大量的数据，对这些变量进行所有可能的组合可能是徒劳的。所以，你需要去探索。这可能意味着很多事情。记住，探索性分析是关于做分析的方法论或理念，而不是具体的技术。例如，在这里，你可以从整个数据集中提取一个小样本（数据或变量），并绘制一些变量（条形图、散点图）。也许你看到了一些有趣的事。你可以继续沿着一个或两个维度（变量）组织一些数据点，看看是否找到任何规律。这样的例子不胜枚举。我们不会在这里集中讲解这些方法或技术。相反，你会在这本书的各个部分遇到它们（例如，聚类、可视化、分类等）。

3.8 机理性分析

机理性分析包括理解变量的确切变化，这些变化导致单个对象的其他变量的变化。例如，我们想知道每位员工每天获得免费甜甜圈的数量如何影响员工的生产力。也许多给他们一个甜甜圈，可以提高 5% 的生产力，但是多给两个甜甜圈可能会让他们变得懒惰（和糖尿病）！

更重要的是，想想研究碳排放对地球气候变化的影响。在这里，我们感兴趣的是，大气中二氧化碳含量的增加是如何导致整体温度变化的。在过去的 150 年里，二氧化碳水平已经从280/100万上升到400/100万[17]。在过去100年里，地球已经升温了1.53华氏度（0.85摄氏度）[18]。这是气候变化的一个明显迹象，也是我们都需要关心的问题。但我现在不谈这个问题，我想让你重新思考的是我们在这里提出的分析，即研究两个变量之间的关系。这种关系经常使用回归来探讨。

回归

在统计建模中，**回归**分析是一个估计变量间关系的过程。根据这个定义，你可能想知道回归和相关性分析有什么不同。答案可以在相关性分析的局限性中找到。相关性本身并不能说明一个变量如何预测另一个变量，而回归提供了这一重要信息。

除了估计关系之外，回归分析是一种从一个预测变量（简单线性回归）或几个预测变量（多元线性回归）预测结果变量的方法。线性回归是数据分析中最常见的回归形式，它假设这种关系是线性的。换句话说，预测变量和结果变量之间的关系可以用直线表示。如果预测变量用x表示，结果变量用y表示，那么关系可以用等式表示：

$$y = \beta_0 + \beta_1 x \tag{3.6}$$

其中，β_1表示x的斜率，β_0是方程的截距或误差项。线性回归所做的是提供了x的值和相关的y的值后，从观测数据点估计β_0和β_1的值。因此，对一个新的或先前未观测到的y值未知的数据点，可以将x、β_0和β_1的值拟合到上述等式中，以预测y的值。

根据统计分析，回归方程中β_1的斜率可以由以下等式表示：

$$\beta_1 = r\frac{\mathrm{sd}_y}{\mathrm{sd}_x} \tag{3.7}$$

其中，r是皮尔逊相关系数，sd代表从观察到的一组数据点计算出的各个变量的标准差。接下来，误差项的值可以由以下公式计算：

$$\beta_0 = \bar{y} - \beta_1 \bar{x} \tag{3.8}$$

其中，$\bar{y}$和$\bar{x}$分别代表y和x变量的平均值。（关于这些方程的更多信息可以在后文中找到。）一旦计算出这些值，就可以根据x的值来估计y的值。

实践示例3.5：回归

我们使用表3.5中的态度数据集。第一个变量是态度，它代表了参加考试的学生的积极态度，分数列代表参加考试者的分数。

表3.5 态度和分数数据

序号	态度	分数	序号	态度	分数
1	65	129	6	72	158
2	67	126	7	72	168
3	68	143	8	73	166
4	70	156	9	73	182
5	71	161	10	75	201

态度是预测变量，回归能够做的是从态度变量中估计考试分数的值。如上所述，首先让我们计算斜率β_1的值。

从数据计算可知，皮尔逊相关系数 r 为 0.94。x（态度）和 y（分数）的标准差分别为 3.10 和 22.80。因此，斜率的值为：

$$\beta_1 = 0.94 \times \frac{22.80}{3.10} = 6.91$$

接下来，误差项 β_0 的计算需要 x 和 y 的平均值。从给定的数据集中可知，y 和 x 的平均值分别得出为 159 和 70.6。因此，β_0 的值为：

$$\beta_0 = 159 - (6.91 \times 70.6) = -328.85$$

现在，假设有一个新的参与者，他在参加考试前的积极态度是 78。那么，他在考试中的估计分数为 210.13：

$$y = -328.85 + (6.91 \times 78) = 210.13$$

回归分析在数据科学和其他统计领域有许多有效的应用。例如，在商业领域，强大的线性回归可以用来生成对消费者行为的解读，这有助于专业人员理解业务和与盈利能力相关的因素。它还可以帮助公司了解其销售额对广告支出的敏感度，以及检查股票价格如何受利率变化影响。甚至，回归分析可以用来展望未来，利用公式预测未来公司产品的需求或股票趋势[19]。

自己试试 3.7：回归

从 OA 3.5 中获取集装箱起重机控制器数据集。集装箱起重机用于将集装箱从一地运到另一地。这项工作的困难在于，桥式起重机通过电缆与集装箱连接，在运输集装箱时造成开口角度。由于在终点处发生的振动干扰高速运行，可能会导致事故。

使用回归分析从速度和角度预测功率。

总结

在本章中，我们回顾了一些用于数据科学的技术和方法。显而易见，很多方法都围绕着统计学。我们无法在某一章中介绍所有的统计学知识。因此，本章的重点是提供了这些方法和分析的概述，以及一些具体的例子和应用。随着章节继续演进，许多宽泛的描述将变得更加精确。这里略去细节的另一个原因是我们缺乏任何特定编程工具的知识（或假设）。很快你就会发现，虽然在理论上对统计分析有了一定的理解，但对动手的数据科学方法来说，动手实践并理解这种分析更有意义。因此，在本书的第三部分，我们将介绍一系列工具和大部分技术，以便我们真正理解不同类型的分析，还将其应用于解决各种数据问题。

解决现实生活与数据科学相关的问题不止使用上述分析中的某种技术。用于分析的类别数量和类型都可以作为分析质量的指标。例如，在社会科学相关的问题中：

- 一个蹩脚的分析只会讲述一个故事或者描述一个主题。
- 好的分析将超越单纯的描述，进行上述几种类型的分析，但在社会学分析、未来方向和社会政策的发展方面却比较薄弱。
- 出色的分析将涉及多种类型的分析，还将展示积极的社会学分析，并制定明确的未来方向，提供社会政策变革来解决与该主题相关问题。

在文献中没有明确的、可接受的、全面的方案来对数据科学专业人员使用的分析技术进行分类。然而，基于它们在数据分析各个阶段的应用，我们将分析技术分为特定的类别。我们对每一种类别及其应用都进行了描述（有些是详细的，有些则较为粗略），但令人宽慰的是，我们将在以后解决各种数据问题时再次讨论它们。

我希望通过这一章，可以让你了解，熟悉各种统计方法和技术是成为数据科学家不可或缺的一部分。有了这些工具，你就可以利用你的技能，在众多领域为许多人做出重要发现。

参考资料：算法偏见

正如我们在前面的章节中看到的，偏见不仅是由数据引起的，也是由我们使用的算法和技术引起的。

我们周围也存在着算法引起的偏见。例如，自动决策（ADM）系统基于算法运行，并存在于可以影响一个人是否获得良好信用评分或另一个人是否获得假释的过程中。做出这些预测的系统基于编程算法中的假设。而假设是什么？这些都是人类认知和先入为主的观念。由于假设是由人类创造的，因此它们容易出现创造性问题——假设可能是错误的、有缺陷的，或者仅仅是一种偏见。

例如，2017 年 6 月 Matthias Spielkamp 的一项研究 [Spielkamp, M.(2017)“Inspecting algorithms for bias”. *MIT Technology Review*] 发现，纽约市警察局在街上临时拘留、质问和搜查那些他们认为可疑的人，结果被证明这是一个基于人的偏见的严重误判。实际数据显示，88% 的被拦截者既没有犯罪也没有成为罪犯。

故事的寓意是什么？不要盲目相信数据或技术，它们可能会延续我们固有的偏见和成见。

关键术语

- **量化分析**：实际数据探索和评估的过程。从历史趋势看，它为营销人员提供了以往发生事情的历史观点。另一方面，量化分析可以模拟未来或预测结果。
- **质性分析**：质性分析定义了数据分析背后的科学。科学意味着理解分析师认识问题并以有意义的方式探索数据的认知过程。质性分析用于模拟未来或预测结果。
- **名义变量**：当变量类型存储的可能值（例如颜色）间没有自然顺序时，该变量类型是名义变量。
- **序数变量**：如果数据类型的可能值来自有序集，且都为序数，则称该变量为序数变量。例如，成绩表上的排名。
- **区间变量**：一种提供数值存储的变量，允许我们对其进行加法和减法，但不能进行乘法或除法。例如，温度。
- **比率变量**：一种提供数值存储的变量，允许我们对其进行加法和减法，以及乘法或除法。例如，体重。
- **自变量 / 预测变量**：受实验者控制或不受其他变量影响的变量。
- **因变量 / 结果变量 / 响应变量**：依赖于其他变量（通常是自变量）的变量。
- **平均值**：平均值是给定数据的总和除以数据条目数得到的连续数据的平均数。

- **中位数**：中位数是任何序数数据集中的中间数据点。
- **众数**：最常出现的值。
- **正态分布**：正态分布是一种数据点分布类型，当有序时，大多数值聚集在范围的中间，其余值对称地向两个极端递减。
- **相关性**：表明两个变量的关系密切程度，范围从 –1（负相关）到 +1（正相关）。相关性为 0 表示变量之间没有关系。
- **回归**：回归是对两个或多个相关变量之间的函数关系的度量，这种关系通常用于估计预测变量的结果值。
- **描述性分析**：一种定量描述数据集合主要特征的方法。
- **诊断性分析**：也称为因果分析，用于发现或确定事情发生的原因。它通常涉及至少一个原因（通常不止一个）和一个影响。
- **预测性分析**：这涉及利用我们过去看到的数据和趋势来理解未来，以及新出现的背景和进程。
- **规范性分析**：商业分析的一个领域，致力于为给定的情况找到最佳的行动方案。
- **探索性分析**：一种分析数据集以发现未知关系的方法。通常，这种分析涉及多种数据可视化方法。
- **机理性分析**：这涉及了解变量的确切变化，这些变化会导致单个对象的其他变量发生变化。

概念性问题

1. 质性数据分析和量化数据分析有何不同？
2. 说出三个中心性度量的标准，并描述它们的不同之处。
3. 当你得到退税数据时，你会使用哪种中心性度量来描述这些数据？为什么？
4. 在本章中，我们看到家庭收入的分布是一种偏态分布。再找两个偏态分布的例子。
5. 描述探索性分析与预测性分析有何不同。
6. 列出相关性分析和回归分析的两个区别。
7. 什么是预测变量？

实践问题

问题 3.1

想象一下，10 年后，在一个黑暗阴郁的世界里，你的数据科学事业没能发展。相反，你已经满足于一个不那么迷人的社区图书管理员工作。现在，为了简化物流，图书馆决定限制今后采购的所有书籍，无论是精装本还是软装本。图书馆还计划将现有的书籍转换成一种封面类型。幸运的是，为了帮助你做出决定，图书馆收集了一个小样本数据，这些数据提供了 15 本现有书籍的体积、面积（仅包括封面）和重量的测量数据，其中一些是软装（Pb），其余的是精装（Hb）。数据集如表 3.6 所示，可以从 OA 3.6 中获取。

表 3.6 书籍测量数据

序号	体积	面积	重量	封面类型	序号	体积	面积	重量	封面类型
1	885	382	800	Hb	9	953	300	700	Pb
2	1016	468	950	Hb	10	929	301	650	Pb
3	1125	387	1050	Hb	11	1492	403	975	Pb
4	239	371	350	Hb	12	419	213	350	Pb
5	701	371	750	Hb	13	1010	432	950	Pb
6	641	367	600	Hb	14	595	262	425	Pb
7	1228	396	1075	Hb	15	1034	380	725	Pb
8	412	257	250	Pb					

上表数据集显示了以下四个属性的 15 个实例：

- ❑ 体积：以立方厘米为单位的书的体积
- ❑ 面积：以平方厘米为单位的书的总面积
- ❑ 重量：以克为单位的书的重量
- ❑ 封面：不同版本，精装本用 Hb，平装本用 Pb

现在使用这个数据集来决定你未来想要购买哪种类型的书。做法如下：

a. 书籍封面的中间值。

b. 书籍重量的平均值。

c. 书籍体积的方差。

使用上述值来决定图书馆将来应该选择哪种书籍封面类型。

问题 3.2

以下是一个小数据集，列出了一辆新 GMC 皮卡的标价与最佳价格（以 1000 美元为单位）。你可以从 OA 3.7 获取它。x 代表标价，而 y 代表最佳价格，如表 3.7 所示。

表 3.7 皮卡标价与最佳价格

x	y	x	y	x	y
12.4	11.2	17	14.9	17.3	15.1
14.3	12.5	17.9	15.6	18.4	16.1
14.5	12.7	18.8	16.4	19.2	16.8
14.9	13.1	20.3	17.7	17.4	15.2
16.1	14.1	22.4	19.6	19.5	17
16.9	14.8	19.4	16.9	19.7	17.2
16.5	14.4	15.5	14	21.2	18.6
15.4	13.4	16.7	14.6		

现在，使用这个数据集来完成以下任务：

a. 确定标价和最佳价格之间的皮尔逊相关系数。

b. 建立标价与最佳价格的线性回归关系。

c. 根据你找到的关系，确定一辆皮卡的最佳价格，其标价为 25.2（以 1000 美元为单位）。

问题 3.3

以下是新泽西州阿斯伯里公园数百名游客的虚构数据集，包括游客数量（以 100 人为单位)、违反停车规定的罚单数量，以及当天的平均气温（摄氏度），如表 3.8 所示。

表 3.8 阿斯伯里公园游客虚构数据集

游客数量(以 100 人为单位)	停车罚单数量	平均气温	游客数量(以 100 人为单位)	停车罚单数量	平均气温
15.8	8	35	3.9	1	21
12.3	6	38	14.6	9	34
19.5	9	32	10.0	7	36
8.9	4	26	10.3	6	32
11.4	6	31	7.4	2	25
17.6	9	36	13.4	6	37
16.5	10	38	11.5	7	34
14.7	3	30			

现在，使用这个数据集来完成以下任务：

a. 确定游客数量和停车罚单数量之间的关系。

b. 找出气温和游客数量之间的回归系数。

c. 寻找气温和停车罚单数量之间的任何可能的关系。

延伸阅读及资源

有很多关于统计学的好书。如果你想学习数据科学技术，那么我建议你在现有水平上选择一本好的统计学读物。下面列出了几本这样的书。

- Salkind, N. (2016). *Statistics for People Who (Think They) Hate Statistics*. Sage.
- Krathwohl, D. R. (2009). *Methods of Educational and Social Science Research: The Logic of Methods*. Waveland Press.
- Field, A., Miles, J., & Field, Z. (2012). *Discovering Statistics Using R*. Sage.
- A video by IBM describing the progression from descriptive analytics, through predictive analytics to prescriptive analytics: https://www.youtube.com/watch?v=VtETirgVn9c

注释

1. Analysis vs. analytics: What's the difference? Blog by Connie Hill: http://www.1to1media.com/data-analytics/analysis-vs-analytics-whats-difference
2. KDnuggets™: Interview: David Kasik, Boeing, on Data analysis vs. data analytics: http://www.kdnuggets.com/2015/02/interview-david-kasik-boeing-data-analytics.html
3. Population map showing US census data: https://www.census.gov/2010census/popmap/
4. Of course, we have not covered these yet. But have patience; we are getting there.
5. Income distribution from US Census: https://www.census.gov/library/visualizations/2015/demo/distribution-of-household-income-2014.html
6. Pearson correlation: http://www.statisticssolutions.com/correlation-pearson-kendall-spearman/
7. Process of predictive analytics: http://www.amadeus.com/blog/07/04/5-examples-predictive-analytics-travel-industry/
8. Use for predictive analytics: https://www.r-bloggers.com/predicting-marketing-campaign-with-r/

9. Understanding predictive analytics: http://www.fico.com/en/predictive-analytics
10. A company called Ayata holds the trademark for the term "Prescriptive Analytics". (*Ayata* is the Sanskrit word for *future*.)
11. Process of prescriptive analytics: http://searchcio.techtarget.com/definition/Prescriptive-analytics
12. Game theory: http://whatis.techtarget.com/definition/game-theory
13. Use of prescriptive analytics: http://www.ingrammicroadvisor.com/data-center/four-types-of-big-data-analytics-and-examples-of-their-use
14. Gartner predicts predictive analytics as next big business trend: http://www.enterpriseappstoday.com/business-intelligence/gartner-taps-predictive-analytics-as-next-big-business-intelligence-trend.html
15. Six types of analyses: https://datascientistinsights.com/2013/01/29/six-types-of-analyses-every-data-scientist-should-know/
16. Census data from US government: https://www.census.gov/data.html.
17. Climate change causes: https://climate.nasa.gov/causes/
18. Global temperature in the last 100 years: https://www2.ucar.edu/climate/faq/how-much-has-global-temperature-risen-last-100-years
19. How businesses use regression analysis statistics: http://www.dummies.com/education/math/business-statistics/how-businesses-use-regression-analysis-statistics/

第二部分

数据科学工具

本部分的章节将介绍各种工具和平台，如UNIX（第4章）、Python（第5章）、R（第6章）和MySQL（第7章）。

尤其要记住，因为这不是一本编程或数据库的书，所以这里的目标不是系统地研究这些工具的各个部分。相反，我们将重点放在学习这些工具的基础知识和相关方面，以便能够解决各种数据问题。因此，这些章节都是围绕着解决各种数据驱动的问题展开的。在覆盖Python和R的章节中，我们将介绍基本的机器学习。

在开始本部分之前，请确保熟悉有关数据、信息技术和统计的基本术语。回顾我们在第1章中关于计算思维的讨论也是很重要的，特别是如果你以前从未做过任何编程的话。

在某些方面，第5章（Python）和第6章（R）提供了非常相似的内容，它们都先介绍了在各自环境下编程的基础知识，展示了如何完成基本的统计和数据操作，然后通过处理一些机器学习问题来扩展它。换句话说，如果你对Python不感兴趣，你可以直接跳到第6章而不用看第5章。然而，第5章对统计学和机器学习中的一些概念提供了更详细的讨论，而且，由于第6章的内容较少，因此没有太多的概念性材料。

我还应该指出的是，虽然在第5章和第6章中都有关于解决数据问题的应用机器学习的介绍，但这只是停留在表面水平，对于那些真正想在数据科学中使用机器学习的人来说，还不够深入。为此，你需要转到这本书的第三部分。请记住，当我们在第三部分深入学习机器学习时，我们将只使用R，所以如果你以前没有学过R，请确保先阅读第6章。

第4章 UNIX

“拷问数据，它就会承认一切。”

——诺贝尔经济学奖获得者 Ronald Coase

你需要什么？

- ❑ 对操作系统的基本理解。
- ❑ 能够安装和配置软件。

你会学到什么？

- ❑ UNIX 环境的基础。
- ❑ 在 UNIX 中运行命令、实用程序和操作。
- ❑ 使用 UNIX 解决小数据问题，无须编程。

4.1 引言

虽然有许多强大的编程语言可以用来解决数据科学问题，但人们忘记了一个就在他们眼皮底下的最强大和最简单的工具——UNIX。这个名字可能会让人联想到过去的黑客在黑白终端上进行攻击的画面。或者，它可能会听到 UNIX 作为大型机系统的想法，在某些仓库中占用大量空间。但是，尽管 UNIX 确实是最古老的计算平台之一，但它相当复杂，几乎能够处理任何类型的计算和数据问题。事实上，UNIX 在许多方面都远远领先于其他操作系统，它能做别人梦寐以求的事！

唉，当人们想到用于数据科学或数据分析的工具时，就不会想到 UNIX。关于这些主题的大多数书籍都不涉及 UNIX。但是我认为这是一个错失的机会，因为 UNIX 允许用户执行许多数据科学任务，包括数据清理、过滤、组织（排序），甚至可视化，通常只使用其内置的命令和实用程序。这使得它对那些没有掌握编程语言或统计工具的人很有吸引力。

因此，我们不会错过这个绝佳的机会。在本章中，我们将看到一些在 UNIX 环境中工作的基础知识。这包括运行命令、管道输送和重新定向输出以及编辑文件。我们还将看到几个快捷方式，使在 UNIX 上工作更容易、更快。当然，我们的最终目标不是精通 UNIX，而是解决数据驱动的问题，因此我们将看到 UNIX 在解决许多问题时是多么有用，而无须编写任何代码。

4.2 UNIX 安装

UNIX 无处不在。如果你仔细找找，那么你就会意识到。

如果你使用的是 Linux 机器，那么你使用的就是 UNIX 平台。打开你的控制台或终端，就可以开始了（如图 4.1 所示）。

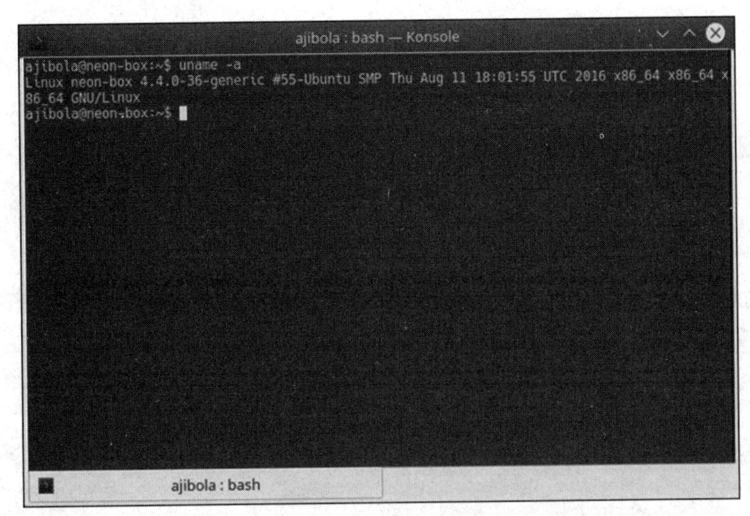

图 4.1 Linux KDE 桌面上的控制台窗口 [1]

如果你使用的是 Mac，那么你使用的就是 UNIX 平台。转到 Finder 窗口中的“应用程序”>“实用程序”，并打开“终端”应用程序。应该会打开一个窗口，然后出现命令提示符（如图 4.2 所示）。

图 4.2 Mac 上的终端应用

如果你使用的是 PC，这有点棘手，但还是有希望的。有几个选项允许你在 Windows 机器上创建类似 UNIX 的环境。Cygwin 就是这样一个免费的选择 [2]（如图 4.3 所示，安装和使用说明见附录 C）。

图 4.3 运行在 Windows 桌面的 Cygwin[3]

最后，如果你的计算机上没有类似 UNIX 的环境，或者不想安装类似 Cygwin 的东西，你可以获得两个基本实用程序并连接到 UNIX 服务器。这将在 4.3 节中讨论。

对于本章的其余部分，我假设你正在连接到一个 UNIX 服务器（即使你已经在 Linux 或 Mac 平台上）并在该服务器上工作。该服务器可以由你的组织、学校或网络托管公司提供。你还可以查看免费的在线 UNIX 服务器服务 [4]。另一种访问 UNIX 服务器的可靠方法是通过云服务，如 AWS 或谷歌云。详见下面的参考资料框和附录 F。

无论你最终使用哪种 UNIX 环境（无论你使用的是 Linux 还是 Mac 机器，在 Windows PC 上安装 Cygwin，或者远程连接到 UNIX 服务器），我们在这里尝试做的所有事情（运行命令、处理文件等）都应该是一样的。

参考资料：有更多的方法访问 UNIX

如果你从未使用过 UNIX 之类的东西，那么务必在这里暂停一下，真正思考一下 UNIX 是什么，特别是我们真正需要从它得到什么。虽然 UNIX 是一个出色的、强大的、网络化的操作系统，但我们对它的这一部分不感兴趣。我们只是想访问它的一个外壳（把它想成一个盖子或接口）。这个外壳可以让我们访问 UNIX 拥有的无数应用程序和实用程序。当然，这个外壳涵盖了“真正的”UNIX，因此尽管我们只对外壳感兴趣，我们也必须找到“内部”部分。

有几种方法可以做到这一点，但是由于我们对实际的UNIX不是那么感兴趣，因此我们只做最简单的一种。从你的本地机器开始。你的计算机是否有某种形式的UNIX？如果你使用的是Linux或Mac，那么答案是“是的”。如果你使用的是Windows机器，那么要问：是更容易安装一些软件并配置它们，还是更容易找到一个可以连接到的外部UNIX机器？如果是后者，你可以在你的教育机构或公司找到这样的机器（通常称为“服务器”）。

但如果你不在任何学校中，或者工作中没有这样的服务器怎么办？你可以租用一个服务器！这是正确的。从技术上讲，它被称为云服务，但其理念是相同的。你可以登录谷歌、亚马逊，或者微软，要求为你创建一个虚拟机。创建之后，你可以像登录物理服务器一样登录到它。请参阅附录F，它将向你介绍安装此设置的步骤。

如果你使用UNIX只是为了读完本章，那么请寻找最简单的解决方案。如果你想进一步深入研究它，请寻找更稳定的解决方案，包括一种基于云的服务。不要担心，大多数服务都是免费的。

4.3 连接UNIX服务器

如果你能够使用UNIX、Linux或Mac计算机，那么你就很幸运了。因为你所需要的只是在你的机器上提供一些免费的工具。这就是我们要做的。你需要的两件事是：（1）连接到服务器；（2）在你的机器和该服务器之间传输文件。

4.3.1 SSH

由于我们假定你在执行任何UNIX操作之前先连接到UNIX服务器，因此我们需要了解如何连接到这样的服务器。

最简单的方法是使用Telnet服务，但是由于最简单的Telnet通常是不安全的，因此许多UNIX服务器不支持该连接。

相反，我们将使用**安全外壳协议**（SSH），它代表“安全外壳”。这实质上指的是两个部分：服务器部分和客户端部分。我们不需要担心前者，因为如果我们能够访问UNIX服务器，那么该服务器将具有SSH必需的服务器部分。我们需要弄清楚的是客户端部分——一个我们将在计算机上运行的工具或实用程序。要使用SSH连接UNIX服务器，你需要在自己的机器上使用SSH客户端服务运行某种命令（一个为你的操作系统提供命令行界面的程序）。

同样，如果你用的是Linux或Mac，那么你所要做的就是打开你的终端或控制台。

如果你使用的是PC机，则需要具有SSH客户端服务的软件。有两个软件选项（当然是免费的）是WinSCP[5]和PuTTY[6]（你可以在WinSCP和Windows[7]上找到使用说明）。

无论选择哪个选项，你都需要三个信息：主机名、用户名和密码。图4.4展示了使用PuTTY时的效果。

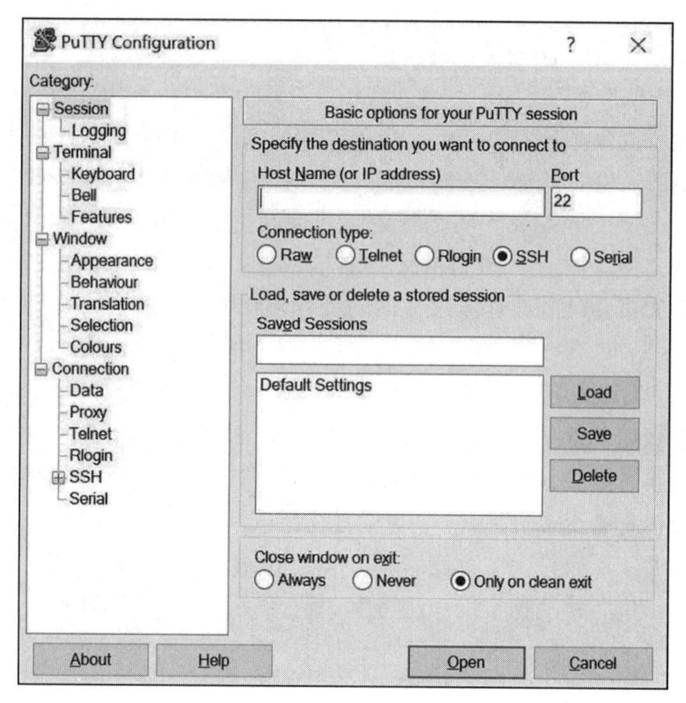

图 4.4 PuTTY 的截图

主机名是服务器的全名或 IP（Internet Protocol）地址。名称可以是 example.organization.com，IP 地址可以是 192.168.2.1。用户名和密码与你在该服务器上的账户相关。为了获得这些信息，你必须联系连接服务器的管理员。

如果你已经在 UNIX 系统（如 Linux 或 Mac）上，请在终端中运行（输入并按回车键）以下命令。[8]

```
ssh username@hostname
```

如果你在 PC 上使用前面提到的软件选项（PuTTY、WinSCP），打开该工具，在适当的框中输入主机或服务器名（或 IP 地址）、用户名和密码，然后单击“连接”(或同等内容)。

成功连接后，你应该会得到一个命令提示符。你现在（虚拟地）在服务器上。

请参考图 4.5 中的屏幕截图，了解你可能会看到的示例。请注意，当你得到输入密码的提示时，你将看不到你输入的任何内容——甚至连“*”也看不到。因此，只要输入你的密码，然后按回车键。

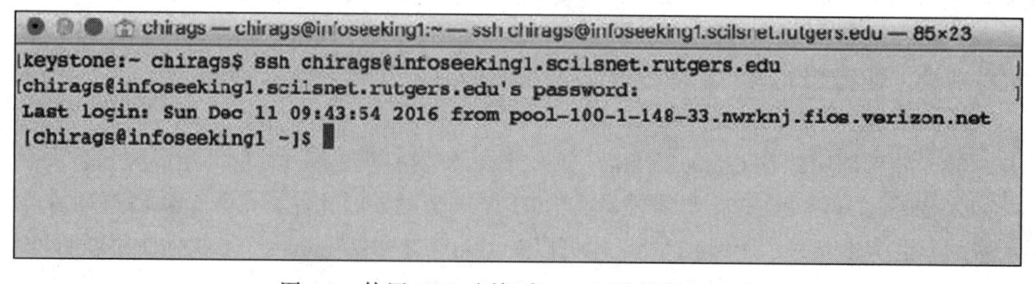

图 4.5 使用 SSH 连接到 UNIX 服务器的示例

4.3.2 FTP/SCPS/FTP

连接到服务器的另一个重要原因是在客户端（你的机器）和服务器之间传输文件。同样，我们有两个选项——非安全 FTP（文件传输协议），或安全 SCP（安全拷贝）或 SFTP（安全文件传输协议）。

如果你在 Linux 或 Mac 上，你可以通过命令行或控制台 / 外壳 / 终端使用任何这些实用程序。但是，除非你熟悉 UNIX 路径和系统，否则你可能会迷失和困惑。

因此，我们将使用更直观的文件传输包。FileZilla 恰好是一个不错的平台（免费且易于使用），适用于所有平台，但我相信你可以在网上搜索并找到一个你喜欢的。最后，它们都提供了类似的功能。

无论你使用什么工具，你都将再次需要利用这三个信息：主机名、用户名和密码。请参考 FileZilla 项目站点的图 4.6 中的屏幕截图，了解可能会看到什么。在这里，你需要输入的连接信息位于顶部（“主机”、“用户名”、“密码”和“端口”）。保持“端口”为空，除非有系统管理员的具体指示。

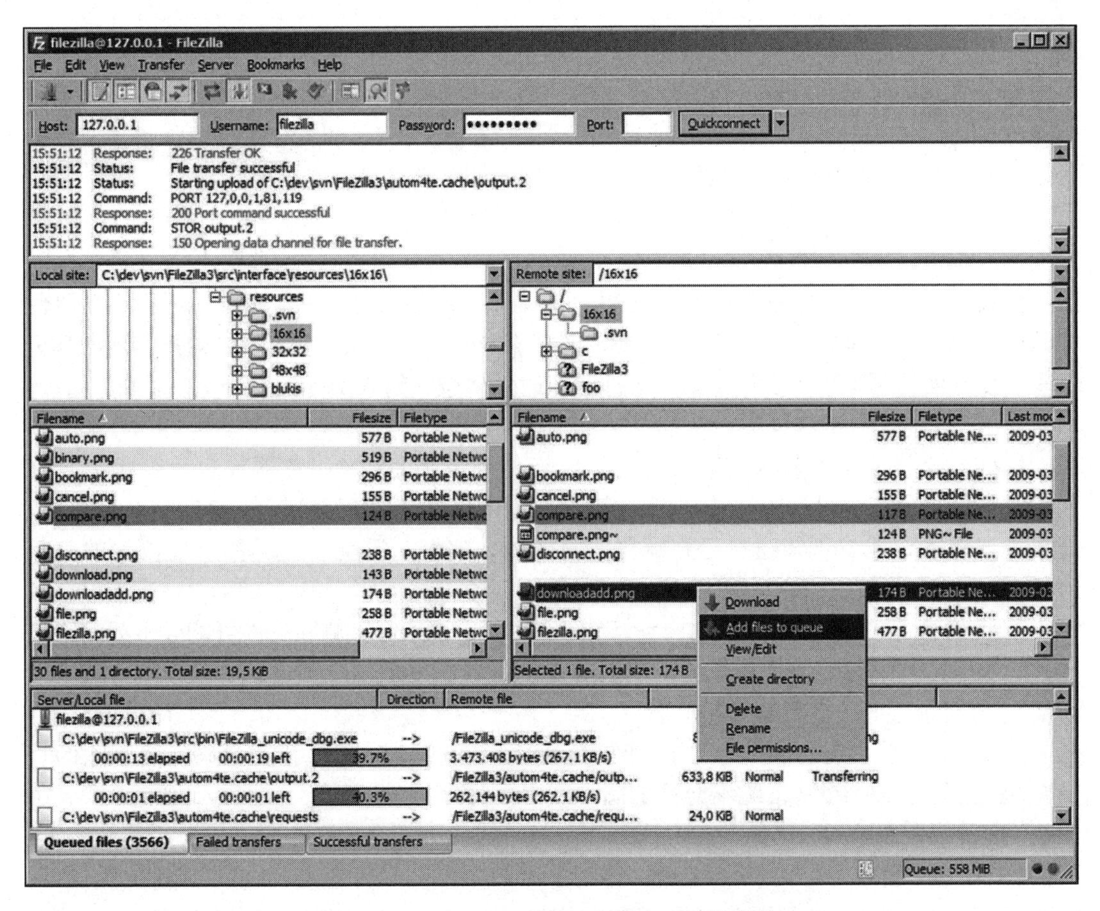

图 4.6 Windows 下使用 FileZilla 传输文件

图 4.7 提供了另一个示例——这一次来自不同的 FTP 工具，但是正如你所看到的，你需要输入相同的信息：服务器名（主机名）、你的用户名和密码。

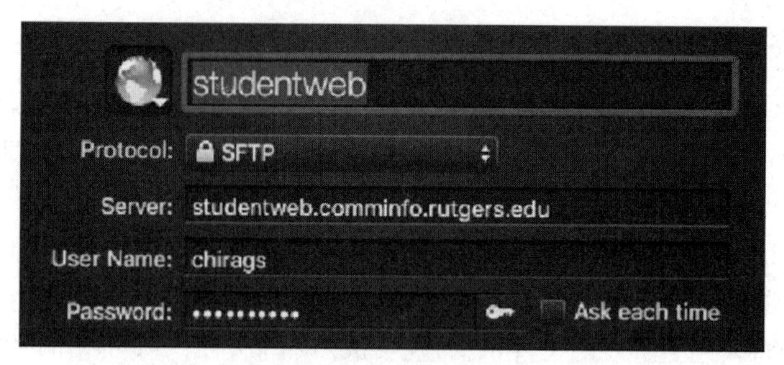

图 4.7 在 Mac 上使用传输应用程序连接到 FTP 服务器

继续输入这些详细信息并连接到服务器。连接后，你将处于服务器的主目录中。大多数文件传输软件应用程序提供两个窗格的视图，其中一个窗格显示你的本地机器，另一个显示服务器。传输文件就变成了一个简单的拖放操作。

4.4 基本命令

在本节中，我们将看到一些常用命令。尽可能多地尝试，并关注其余的命令。它们可以为你节省很多时间和麻烦。我假设你使用 SSH 连接到 UNIX 服务器。或者，你可以安装 Cygwin 环境（在 Windows PC 上），或者你可以在 Linux 或 Mac 机器上工作。如果你使用的是 Linux 或 Mac（未连接到服务器），请继续并打开终端或控制台。

4.4.1 文件和目录操作命令

让我们看看一些可以在 UNIX 中使用的与文件和目录相关的基本命令。这里只简要说明其中部分，也许其中一些直到你真正需要时才有意义。但是现在你可以试着把其他的都记下来。在下面的例子中，当你看到“文件名”时，你应该输入实际的文件名，比如 `test.txt`。

1. pwd：当前工作目录。默认情况下，当你登录到 UNIX 服务器或在计算机上打开终端时，你将位于主目录中。从这里，你可以使用 `cd` 命令（下面列出）移动到其他目录。如果你迷路了，或者不知道自己在哪里，只要输入 `pwd`。系统会告诉你所处位置的完整路径。

2. rm：删除或删除文件（例如 `rm filename`）。要小心。删除文件可能会永久删除该文件。所以，如果你习惯了在你的机器上有一个可以回复被删除文件的“回收站”或“垃圾桶”，你可能会有一个不愉快的惊喜！

3. rmdir：删除或删除一个目录（例如 `rmdir myfolder`）。你需要确保要删除的目录 / 文件夹是空的。否则系统不允许删除。或者，你可以输入 `rm -f myfolder`，其中“`-f`”表示强制删除。

4. cd：更改目录（例如将 `cd data` 移至 `data` 目录）。只需输入 `cd` 就可以进入主目录。在 `cd` 后面输入一个空格和两个点或完整点（即 `cd ..`），你就可以定位到上级目录。

5. ls：列出当前目录中的文件。如果你想要更多的文件细节，则使用 `-l` 选项（例如 `ls -l`）。

6. du：磁盘使用情况。要了解一个目录占用了多少空间，可以发出一个 `du` 命令，该命令将以字节为单位显示空间信息。要查看 MB 和 GB 空间的内容，可以使用 `-h` 选项（例如 du -h)。

7. wc：以行、字和字符为形式的报告文件大小（例如 wc myfile.txt）。

8. cat：在终端上输入文件内容（例如 cat myfile.txt）。注意你使用它的文件类型。如果它是一个二进制文件（不包含简单的文本），你可能不仅会看到奇怪的字符填满屏幕，还可能会听到奇怪的声音并遇到其他事情，包括冻结机器。

9. more：查看更多文件。你可以输入 more filename，类似于 cat filename，但它在显示满屏幕的文件后暂停。你可以按回车键或空格键继续显示文件。同样，只在文本文件中使用。

10. head：输出文件的前几行（例如 head filename）。如果你想看到最上面的三行，你可以使用 head -3 filename。这只能对文本文件进行尝试。

图 4.8 展示了在终端窗口中运行的一些命令。注意 keystone：data chirags$ 是我的命令提示符。你的命令提示符将是不同的。

```
data — -bash — 80×24
keystone:data chirags$ rm edoc.txt~
keystone:data chirags$ mkdir myfolder
keystone:data chirags$ rm myfolder/
rm: myfolder/: is a directory
keystone:data chirags$ rmdir myfolder/
keystone:data chirags$ wc mydocument.txt
      16      40     207 mydocument.txt
keystone:data chirags$ cat mydocument.txt
Here is an example
of typing a document
in vi editor.

Currently I'm in 'insert' mode.
To save the file, type:

ESC (the escape key)
: (colon)
w (for write)

To quit, type:
ESC (the escape key)
: (colon)
q
```

图 4.8 示例命令在终端上运行

4.4.2 进程相关的命令

虽然大多数操作系统都隐藏在漂亮界面的幕后，但是 UNIX 提供了前所未有的访问权限，不仅可以查看这些后台进程，还可以操作它们。这里我们将列出一些基本命令，你可能会发现这些命令有助于理解各种进程并与之交互。

1. Ctrl+c：停止正在运行的进程。如果你曾经在运行一个进程或一个没有返回命令提示符的命令时陷入困境，这是你最好的选择。你可能需要多次按下 Ctrl+c。

2. Ctrl+d：注销。在命令提示符中输入此命令，你将被踢出会话。这甚至可能会关闭你的控制台窗口。

3. ps：列出通过当前终端运行的进程。

4. ps aux：列出机器上每个人的进程。这也许是可怕的，因为在多用户环境中（多个用户登录到同一台服务器），每个人都可以看到其他人在做什么！当然，这也意味着其他人也可以监视你。

5. ps aux|grep daffy：用户“daffy”进程列表。由于服务器环境中可能有许多进程在进行，而且其中大多数与你无关，因此你可以使用此组合过滤掉仅在你的用户名下运行的那些进程。我们很快将重新讨论这里的“|”(管道)字符。

6. top：实时显示 top 进程列表（如图 4.9 所示）。这对于查看哪些进程正在消耗大量的资源非常有用。注意左侧的 PID 列。在这里，每个进程都报告一个唯一的进程 ID。如果你想终止该进程，你将需要这个。按“q”退出显示。

```
data — top — 80×23
Processes: 385 total, 2 running, 383 sleeping, 1842 threads            15:48:51
Load Avg: 1.49, 1.60, 1.67  CPU usage: 1.31% user, 2.27% sys, 96.40% idle
SharedLibs: 270M resident, 56M data, 73M linkedit.
MemRegions: 86210 total, 4860M resident, 122M private, 2495M shared.
PhysMem: 13G used (2310M wired), 3353M unused.
VM: 1033G vsize, 633M framework vsize, 9242825(0) swapins, 10149161(0) swapouts.
Networks: packets: 42817434/44G in, 37488351/29G out.
Disks: 17939995/379G read, 7161597/195G written.

PID    COMMAND      %CPU TIME     #TH  #WQ  #PORTS MEM    PURG   CMPRS  PGRP
28748  top          3.8  00:03.09 1/1  0    20     5132K  0B     0B     28748
28747  helpd        0.0  00:00.02 2    1    36     1136K  0B     0B     28747
28744  mdworker     0.0  00:00.05 3    1    49     3212K  0B     0B     28744
28742  mdworker     0.0  00:00.09 4    1    55     6464K  0B     0B     28742
28739  mdworker     0.0  00:00.08 3    1    53     3300K  0B     0B     28739
28738  mdworker     0.0  00:00.06 3    1    46     3232K  0B     0B     28738
28737  mdworker     0.0  00:00.06 4    2    47     3348K  0B     0B     28737
28735  com.apple.sp 0.0  00:00.03 2    1    52     2724K  0B     0B     28735
28729  bash         0.0  00:00.02 1    0    16     856K   0B     0B     28729
28728  login        0.0  00:00.01 2    1    29     968K   0B     0B     28728
28725  ocspd        0.0  00:00.02 2    1    32     1344K  0B     0B     28725
28724  com.apple.iC 0.0  00:00.09 3    2    57     5036K  0B     0B     28724
28708- SnapNDrag    3.9  00:05.13 11   8    252    61M    25M    0B     2870
```

图 4.9 top 命令的输出

7. kill：终止或终止进程。用法：`kill -9 1234`。其中 -9 表示强制终止，1234 为进程 ID，可以从 ps 的第二列或 top 命令输出的第一列获取。

4.4.3 其他有用命令

1. man：帮助（例如 `man pwd`）。想知道更多关于使用命令的信息吗？只需使用 man（指手册页）。你可能会惊讶（和不知所措）于了解到运行一个命令的所有可能性。

2. who：查找服务器上登录的用户。是的，这令人毛骨悚然！

自己试试 4.1：基本 UNIX

连接到 UNIX 服务器或 shell 后，使用适当的 UNIX 命令回答以下问题。

1. 列出当前目录的内容，并确保没有名为“test”的目录。
2. 创建一个名为 test 的新目录。
3. 移动到新目录中。通过找出你当前位置的确切路径来验证你在哪里。
4. 查找一个名为 touch 的 UNIX 命令的详细信息。学习如何使用它来创建一个新文件。

5. 使用 touch 命令创建一个新文件。通过列出当前目录中的内容来验证它。
6. 删除新建的文件。通过列出当前目录中的内容来验证它已被删除。
7. 移出 test 目录。
8. 删除 test 目录。
9. 使用 Ctrl+d 注销。

4.4.4 快捷键

那些被 UNIX 吓倒的人可能不知道它提供的奇妙快捷方式。这里有一些可以让你的生活更轻松。

1. **自动完成**：当你在终端上输入命令、文件名或路径时，输入其中的一部分并按下“tab”键。系统将完成剩下的部分，或者向你显示选项。

2. **召回**：UNIX 会保存你使用的命令的历史记录。只需按下终端上的向上和向下方向键，就可以按执行的顺序将它们调出。

3. **搜索和召回**：不想通过多次按向上箭头来找到那个命令？按 Ctrl+r 并开始输入部分命令。该系统将搜索命令历史记录。当你看到你要找的东西时，只需要按下回车键（你可能需要再次按下回车键）。

4. **自动路径**：除了输入一些经常使用的程序或文件的完整路径，还可以按照以下步骤将程序或文件添加到路径中。

（1）进入服务器上的主目录。

（2）在编辑器中打开 .bash_profile（注意 bash_profile 前的点或整点）。

（3）假设你想要直接访问的程序位于 /home/user/daffy/MyProgram。将 PATH=$PATH：$HOME/bin 改为：PATH=$PATH:$HOME/bin:/HOME/user/daffy/MyProgram。

（4）保存文件并退出编辑器。

（5）在命令行中运行“. .bash_profile”（点＋空格＋点＋bash_profile）。这将为当前会话设置路径环境。对于未来的所有会话，它将在你登录时设置。

现在，当你需要运行 /home/user/daffy/MyProgram 时，你可以简单地输入“MyProgram”。

这就是 UNIX 的基本命令。我知道如果你以前从未使用过 UNIX/Linux，这可能会很困难，但请记住，没有必要死记硬背这些内容。相反，试着练习其中的一些，然后再去练习其他的（或相同的）。最后，没有什么比练习更有效了。所以，如果这些事情听起来不是很直观，不要感觉不好——相信我，不是所有事情都是这样！——或者一开始很容易接近。

带着目标练习这些命令也会有帮助。在 4.7 节中，我们将看到如何使用这些命令、进程及其组合来解决数据问题。但是现在，让我们继续学习如何在 UNIX 环境中编辑文本文件。

4.5 在 UNIX 上编辑

4.5.1 vi 编辑器

UNIX 上最基本、功能最强大的编辑器之一是 vi，即“可视显示”的缩写。除非你熟悉 UNIX，否则我不会建议你使用它。但有时你可能没有选择——vi 在 UNIX 上无处不在。因此，即使某些其他编辑器或许不可用，在 UNIX 系统上，你也有可能使用 vi。

要使用 vi 编辑或创建文件，请在命令提示符处输入：

```
vi filename
```

这将在 vi 编辑器中打开该文件。如果该文件已经存在，vi 将加载其内容，现在你可以编辑该文件。如果文件不存在，你将拥有一个空白编辑器。

这是棘手的部分。你不能简单地开始输入来编辑文件。你必须首先进入“插入”（编辑）模式。要做到这一点，只需按“i”。你会注意到 `--INSERT--` 出现在屏幕的底部。现在可以像在任何文本编辑器中一样开始输入了。

保存文件需要进入命令模式。按“esc”（键盘左上角的转义键），然后是“:”（冒号），然后是“w”。你应该在屏幕底部看到文件已保存的消息。退出时，再次按“esc”键进入命令模式，然后按“:”键，最后按“q”键退出。图 4.10 展示了用 vi 编辑器的截图。

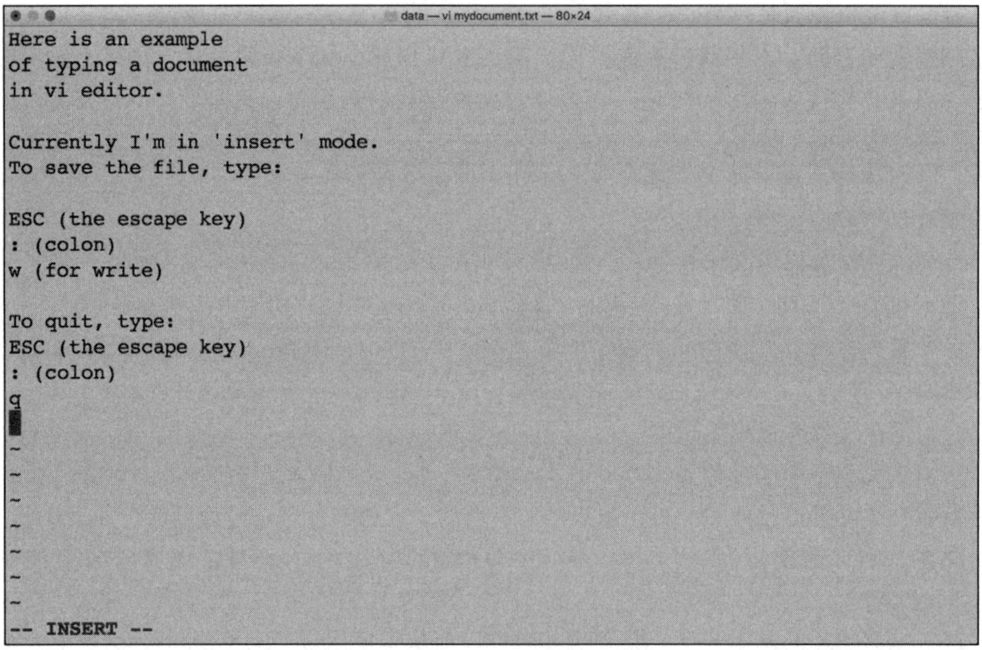

```
data — vi mydocument.txt — 80×24
Here is an example
of typing a document
in vi editor.

Currently I'm in 'insert' mode.
To save the file, type:

ESC (the escape key)
: (colon)
w (for write)

To quit, type:
ESC (the escape key)
: (colon)
q

~
~
~
~
~
~
~
-- INSERT --
```

图 4.10 vi 编辑器截图

我知道，如果你从未使用过 UNIX，那么所有这些听起来可能令人生畏。但是如果你了解它，就会发现只有 UNIX 可以提供一些巨大的好处。例如，vi 可以使用正则表达式（字符串中的模式匹配）在文件中运行非常有效的搜索。

4.5.2 Emacs 编辑器

我建议使用 Emacs 作为一个易于使用的替代 vi。在终端上，输入 `emacs file.txt` 来编辑或创建 file.txt file。开始像平时一样打字。按“Ctrl+x”+“Ctrl+s”组合保存（按住“Ctrl”键再按“x”和“s”）。输入 `Ctrl+x` 和 `Ctrl+c` 组合退出。图 4.11 展示了 Emacs 的一个示例。

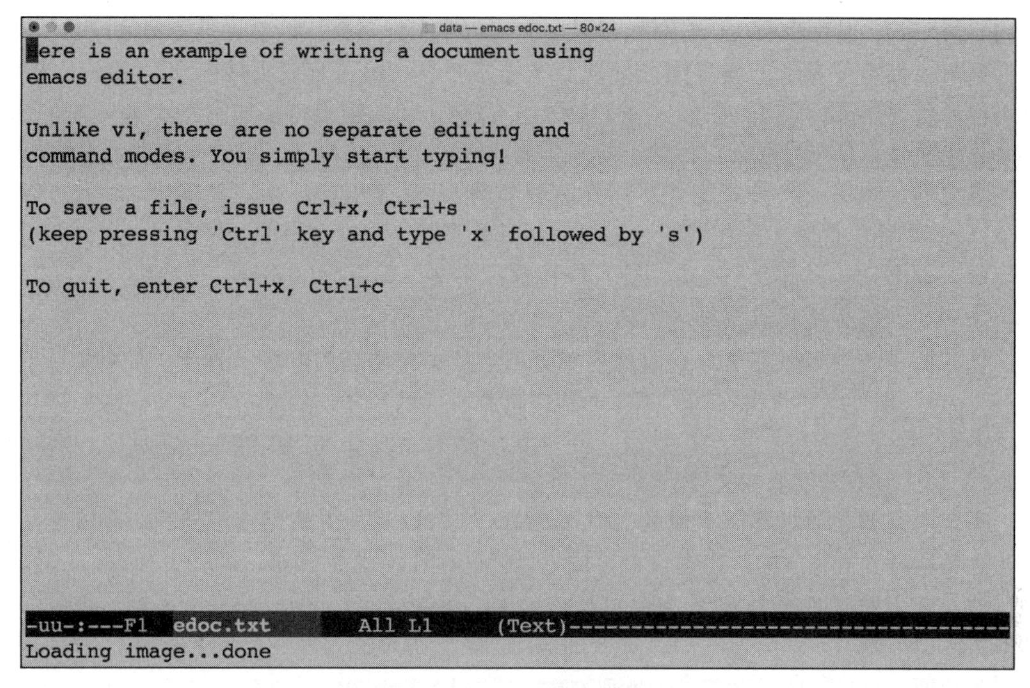

图 4.11 Emacs 编辑器截图

或者，你可以在你的计算机上创建 / 编辑一个文件，并将其“FTP”到服务器。如果你决定这样做，请确保你创建的是一个简单的文本文件，而不是 Word 文档或其他非文本格式。当你想读取服务器上的文件时，你可以输入 `cat filename`。

自己试试 4.2：编辑

在 Emacs 编辑器中启动一个新文件。输入你的姓名、地址、电话号码和电子邮件。保存文件并退出 Emacs。使用适当的 UNIX 命令在终端上输出此文件的内容，并计算字符数。

现在，在 vi 编辑器中打开该文件。删除你的电话号码。保存文件并退出 vi。使用适当的 UNIX 命令在终端上输出该文件的内容。使用适当的 UNIX 命令在终端上输出此文件的内容，并计算字符数。

与之前相比，你在这个输出中看到了什么不同？这个文件的字符数减少了吗？减少了多少？

4.6 重定向和管道

许多程序和实用工具（系统提供的或用户创建的）可以产生输出，这些输出通常显示在控制台上。但是，如果你愿意，你可以重定向该输出。

例如，`ls` 命令列出给定目录中的所有可用文件。如果你希望将此列表存储在一个文件中，而不是显示在控制台上，那么你可以运行 `ls>output`。这里，> 是重定向操作符，`output` 是存储 `ls` 命令输出的文件的名称。

这里我们假设 `output` 文件不存在。如果它确实不存在，那么它的内容将被 `ls` 生成的内容覆盖。所以要小心——在将输出重定向到现有文件之前，请检查是否删除该文件。

有时，你希望将新的输出附加到现有文件，而不是覆盖它或创建一个新文件。为此，你可以使用操作符 >>，例如：ls>>output。现在，新的输出将添加到 output 文件的末尾。如果文件不存在，那么它将像以前一样被创建。

重定向也以另一种方式工作。让我们举个例子。我们知道 wc -l xyz.txt 可以在 xyz.txt 中计算行数，并在控制台上显示。具体来说，它在文件名（这里是 xyz.txt）后列出行数。如果只需要行数怎么办？你可以像这样将文件重定向到 wc -l 命令：wc -l < xyz.txt。现在你应该只看到一个数字。

让我们进一步扩展这一点。假设你想将这个数字存储在另一个文件中（而不是显示在控制台上）。你可以通过组合两个重定向操作符来实现这一点，如 wc -l < xyz.txt > output。现在系统将计算一个数字，并将其存储在一个名为 output 的文件中。继续执行 cat output 来读取该文件。

重定向主要是通过文件完成的，但是 UNIX 允许以其他方式连接不同的命令或实用程序。这是通过管道完成的。在键盘上寻找一个管道符号，即“|”。

假设你想要读取一个文件。你可以运行 cat xyz.txt。但是它有很多行，你只关心前五行。你可以将 cat xyz.txt 命令的输出通过管道传输到另一个命令 head -5，该命令只显示前五行。因此，整个命令变成 cat xyz.txt | head -5。

现在假设你只想看到该文件的第 5 行。没有问题。将上面的输出通过管道传输到另一个命令 tail -1，该命令只显示传递给它的最后一行内容。因此，整个命令变成 cat xyz.txt | head -5 | tail -1。

如果你想将这一行存储到文件中，而不是只在控制台上看到它，则使用命令 cat xyz.txt | head -5 | tail -1 > output。

在下一节中，我们将看到更多关于如何使用重定向和管道来解决简单问题的示例。

自己试试 4.3：重定向和分类

对于这个练习，使用你之前为上次作业创建的文件。首先，使用适当的 UNIX 命令将文件中的行数输出到控制台中。接下来，使用刚才学习的重定向操作符将这个数字添加到同一个文件的末尾。最后，在控制台中输出文件的最后一行。如果你正确地完成了这一点，那么第一步和最后一步将在控制台中显示相同的输出结果。

4.7 用 UNIX 解决小问题

UNIX 为解决问题提供了一个极好的环境。我们不可能讨论所有类型的问题和相关细节，但是我们将在这里看几个例子。

1. 显示文件的内容

```
cat 1.txt
```

2.将多个文件合并成一个文件

```
cat 1.txt 2.txt 3.txt > all.txt
```

3. 整理一个文件

假设我们有一个文件 number.txt，每行有一个编号，如果我们想对它们进行排序，则运行：

```
sort numbers.txt
```

如果希望它们按降序排列（倒序），则运行：

```
sort -r numbers.txt
```

我们可以对非数字做同样的处理。让我们创建一个文本 text.txt 文件，其中包含"the quick brown fox jumps over the lazy dog"（那只敏捷的棕色狐狸跳过了懒狗），文本每行写一个单词。现在运行排序命令：

```
sort text.txt
```

让这些单词按字母顺序排列。对多列数据进行排序怎么样？假设你的文件 test.txt 有三列，你希望根据第二列中的值对数据集进行排序。只需执行以下命令：

```
sort -k2 test.txt
```

4. 寻找独特的令牌

首先，我们需要确保对文件中的单词或标记进行排序，然后运行查找唯一标记的命令。我们怎么能同时做两件事？是时候运用分类了：

```
sort text.txt | uniq
```

5. 计数独特的令牌

现在，如果我们想知道一个文件中有多少唯一标记，则添加另一个分类：

```
sort text.txt | uniq | wc -l
```

6. 搜索文本

在 UNIX 上搜索文本的方法有很多种。一个选项是 grep。让我们在 text.txt 中搜索单词 fox：

```
grep 'fox' text.txt
```

如果该单词存在于该文件中，那么它将被输出到控制台上，否则输出将为空。但这并没有结束。如果我们想在当前目录的所有文本文件中搜索 fox，则可以使用

```
grep 'fox' *.txt
```

这里，*.txt 表示所有文本文件，* 是通配符。在输出中，你可以看到包含 fox 这个词的所有 .txt 文件。

7. 搜索和替换

就像搜索文本一样，有几种方法可以在 UNIX 上替换文本。这通常取决于你在哪里进行搜索和替换。如果它位于文本编辑器（如 vi 或 Emacs）中，则可以使用这些特定于编辑器的命令。但让我们在控制台上做这个。我们将使用 sed 命令将 text.txt 文件中的 fox 替换为 sox，并将其保存到 text2.txt。

```
sed 's/fox/sox/' text.txt > text2.txt
```

这里，s/fox/sox 表示搜索 fox，并将其替换为 sox。注意这个命令中使用了重定向。

8. 从结构化数据中提取字段

让我们首先为这个实验创建一个带有几个字段的文本文件。下面是一个名为 names.txt 的文件：

```
Bugs Bunny
Daffy Duck
Porky Pig
```

现在，假设我们想知道每个人的名字。我们这样使用 cut 命令：

```
cut -d ' ' -f1 names.txt
```

这里，-d 选项用于指定分隔符，它是一个空格（请参阅 -d 后面的选项），而 -f1 表示第一个字段。让我们创建另一个包含电话号码的文件，名为 phones.txt：

```
123 456 7890
456 789 1230
789 123 4560
```

如果我们想从这个文件里找到所有电话号码的后四位，则使用：

```
cut -d ' ' -f3
```

9. 更多的文本操作

如果你想执行更多的文本操作，则你可以查看 fmt 命令。它是一个简单的文本格式化程序，通常用于限制文件中的行宽度。与宽度标志配对（其中宽度是一个正整数，表示每个字符的数量输出行和单词是非空白字符的序列），fmt 命令可以用来显示一个句子中的单个单词。例如：

```
fmt -1 phones.txt
```

在之前的 phone.txt 文件中运行上述命令将输出以下数据：

```
123
456
7890
456
789
1230
789
123
4560
```

如果你的数据集太大，则你可以使用 head 来输出前 10 行。因此，上面这行代码可以重写为：

```
fmt -1 phones.txt | head
```

10. 从不同文件合并字段

现在让我们把姓名和电话号码合并起来。为此，我们将使用 paste 命令。这个命令至少有两个参数[9]。在本例中，我们将传递两个参数——我们想要水平合并的两个文件的名称：

```
paste names.txt phones.txt
```

瞧！你得到的结果是：

```
Bugs Bunny   123 456 7890
Daffy Duck   456 789 1230
Porky Pig    789 123 4560
```

当然，你也可以使用重定向将输出存储到文件中，就像这样：

```
paste names.txt phones.txt > phonebook.txt
```

如果你使用 cat 命令在控制台上输出这个文件，那么你将能够看到它的内容，当然，这将与你刚才在上面看到的相同。

11. 算术运算

UNIX 可以帮助你进行小的算术运算，而不需要真正编写任何程序。你只需要遵循一些简单的规则。例如，我们可以像下面这样轻松地给变量 a 和 b 赋值。

```
a = 10
b = 5
```

现在把它们相加。

```
total=`expr $a + $b`
echo $total
```

请确保你准确地输入上面的命令：这些是反勾号（在键盘上是波浪号字符下的字符），而不是单引号，并需要在 + 符号左右输入空格。完成这些步骤后，结果将被输出（15）。

类似地，`expr $a \* $b`表示乘法，`expr $b / $a`表示除法，以及`expr $b % $a`用于模数运算。

自己试试 4.4：小数据问题

1. 执行一个简单的算术操作

使用 UNIX 命令将 3 和 10 相乘，然后除以 2，最后对 5 取模。

2. 将输出写入文件

将最后一个问题中的所有三个步骤的输出写入一个新文件 numbers.txt，不同行。

3. 排序文件

接下来，将 numbers.txt 中的所有数字按升序排序。

4. 在文件末尾添加更多数字

使用 UNIX 命令修改文件，将最后一步的输出添加到文件的末尾。

5. 计算唯一数字的数量

计算文件中唯一数字的数量。

6. 计数数字的频率

计算每个唯一的数字在同一文件中出现的次数。

7. 查找和替换

使用 UNIX 命令查找出现在文件中的最大数字和行号。在每行的开头添加文本 Maximum:。例如，如果最大的数字是 10，并且它出现在第三行，那么在这一步的末尾，同样的一行应该出现如下所示：

```
Maximum: 10
```

实践示例 4.1：用 UNIX 解决数据问题

让我们来看一个数据问题。我们将使用 housing.txt，这是一个包含住房数据的文本文件。对于一个文本文件来说 53MB 是相当大的，可以从 OA 4.1 下载。这个尺寸很容易找到。但你能查到它有多少记录吗？这是一个 CSV 文件（字段值用逗号分隔），因此你可以将其加载到 Excel 之类的电子表格程序中。好吧，那就照做吧。程序加载数据可能需要一段时间。然后，看看你能多快找到这个问题的答案。

或者，我们可以使用 UNIX。如果你已经在一个基于 UNIX 的机器上，或者有一个基于 UNIX 的环境，那么打开一个控制台并使用 cd 命令导航到该文件所在的位置。或者，你可以使用 FTP 或 SFTP 将该文件上传到 UNIX 服务器，然后使用 SSH 登录到该机器。无论哪种方式，我都假设你有一个控制台或终端打开到存储该文件的位置。现在简单的问题：

```
wc housing.txt
```

这应该会给你一个这样的输出：

```
64536 3256971 53281106 housing.txt
```

第一个数字表示行数，第二个是单词数，第三个是这个文件中的字符数。换句话说，我们可以立即从这个输出中看到我们有 64 535 条记录（少了一条，因为第一行有字段名而不是实际数据）。看到这有多简单了吗？

接下来，你能找出这些数据有哪些字段吗？在 UNIX 上使用 head 命令很容易：

```
head -1 housing.txt
```

输出将列出一大堆字段，用逗号分隔。虽然其中一些没有意义，但有些很容易理解。例如，你可以看到列出了年龄（AGE1）、值（VALUE）、房间数（ROOMS）和卧室数（BEDRMS）的列。尝试使用你知道的一些 UNIX 命令来研究这些数据。例如，你可以使用 head 来查看前几行，使用 tail 来查看最后几行。

现在，请问在这个数据中，任何房子的最大房间数是多少？要回答这个问题，我们首先需要提取包含房间数量（ROOMS）信息的列，然后按降序对其进行排序。

好的，那么 ROOMS 栏在哪里？使用上面显示的 head -1 命令，我们可以找到所有字段或列的名称。在这里，我们可以看到 ROOMS 是第 19 个字段。为了提取它，我们将数据拆分为字段，并请求字段 #19。以下命令可以做到这一点：

```
cut -d ',' -f19 housing.txt
```

这里，cut 命令允许我们使用分隔符（即 -d 选项）分割数据，这里是逗号。最后，我们寻找字段 #19（-f19）。如果你碰巧运行了这个命令（噢，我不是告诉你不要运行它吗？！），那么你可能会看到屏幕上有一长串数字。这只是在控制台上输出的第 19 个字段（所有 64 535 个值）。但我们需要按一定的顺序输出。这意味着我们可以使用一个 sort 命令，就像这样：

```
cut -d ',' -f19 housing.txt | sort -nr
```

你能想出这些新事物的含义吗？嗯，第一个是管道 | 符号。在这里，它允许我们将一个命令输出（这里是 cut）引导到另一个命令（这里是 sort）。现在我们来看看 sort 命令，在该命令中，我们希望对数值进行降序或逆序排序（即 -nr）。

同样，如果你没有耐心继续尝试，你会看到一个数字列表飞逝而过，但顺序不同。为了让这个输出可行，我们可以再做一个输出——这次是 head：

```
cut -d ',' -f19 housing.txt | sort -nr | head
```

你查过了吗？是的，这次我确实希望你运行这个命令。现在你只能看到前几个值。最大的值是 15，这意味着在我们的数据中，任何房子的最大房间数都是 15。

如果我们还想知道这些房子值多少钱呢？为此，我们也需要提取字段 #15。如果我们这样做，上面的命令看起来是这样的：

```
cut -d ',' -f15 -f19 housing.txt | sort -nr | head
```

下面是输出中最上面的几行：

```
2520000,15
2520000,14
2520000,13
2520000,13
2520000,13
```

你看到这里发生了什么吗？sort 命令捕获了全部数据进行排序，比如 2520000,15。这不是我们真正想要的。我们希望它只使用房间的数量对数据进行排序。为了实现这一点，我们需要让“sort”自己对通过“cut”命令传递给它的数据进行分割，并对特定字段应用排序。这是它的样子：

```
cut -d ',' -f15 -f19 housing.txt | sort -t ',' -k2 -nr | head
```

这里我们添加了 -t 选项，表示我们将使用分隔符分割数据（在本例中是 ,），一旦我们这样做了，我们将使用第二个字段或键来应用排序（即 -k2）。现在输出如下所示：

```
450000,15
2520000,15
990000,14
700000,14
600000,14
```

自己试试 4.5：用 UNIX 解决数据问题

继续练习示例 4.1，尝试将 -k2 改为 -k1。现在数据是怎么排序的？对卧室数量重复这些步骤。换句话说，按照卧室数量的降序提取和排序数据，显示房屋价值、房间总数，当然还有卧室数量。

希望现在你已经掌握了这些东西是如何工作的。继续用这些数据玩吧，试着回答一些问题，或者满足你对房地产市场数据的好奇心。你现在知道如何运用 UNIX 的强大力量了！

参考资料：什么时候应该考虑 UNIX？

如果你知道一种以上的编程语言或熟悉多种编程环境，那么你就会知道自己在什么时候倾向于选择使用哪种语言。人们也经常使用他们最喜欢的编程工具来解决不太适合的问题。因此，如果你以前没有在 UNIX 或 Linux 上实践过，就很难将其作为解决问题需要的一种选择。鉴于此，如果我描述一下我个人何时以及如何考虑 UNIX，可能会对你有所帮助。

大多数时候我在 Mac 系统上工作，这使得打开终端应用程序变得容易。你可能知道，Mac 电脑是建立在 UNIX 上的，而终端应用程序可以执行最常见的 UNIX 命令。我经常需要对文本数据进行标记计数——字符、单词、行。正如你所能想象的，写一个程序，大多数人都是在文字处理软件中打开文本文档，比如微软的 word，然后使用内置的文档统计功能来得出答案。这可能只需要一两分钟。但是使用 wc 命令，我可以在两秒钟内得到答案。但这还不是全部。有些文档或文件太大了，我不敢用软件打开它们，而只为了得到行数。加载它可能需要很长时间，程序甚至可能崩溃。但是，再一次，简单地使用 wc 可以在几秒钟内产生想要的结果，而没有任何副作用。

UNIX 命令的另一个常见用途是当我处理 CSV 文件时，需要进行列提取、排序或过滤。当然，我可以使用 Excel，但这可能会花费更长的时间，尤其是当我的数据很大时。

这些仅仅是一些 UNIX 实用程序频繁使用的简单例子；我还有很多其他的用途——有些用途不太常见。我承认这一切都取决于你知道什么和你愿意付出什么。但是我希望本章至少解决了前者，也就是说，对 UNIX 有足够的了解。对于后者（时间和精力），给它一些时间。你练习得越多，效果就越好。在你知道之前，你就可以节省宝贵的时间，并提高数据处理需求的效率！

总结

UNIX 是最强大的平台之一，你对它了解和使用得越多，你就可以在不编写任何代码的情况下对数据做更多令人惊奇的事情。人们通常不会考虑将 UNIX 用于数据科学，但正如你在本章中看到的，我们可以用很少的工作完成很多。我们只是触及了表面。

我们学习了如何在机器上拥有一个类 UNIX 的环境，如何连接到 UNIX 服务器，以及如何从该服务器传输文件。我们尝试了一些基本的和一些不太基本的命令。但是真正让这些东西出现的是管道和重定向的使用，这就是 UNIX 胜过其他任何东西的地方。最后，我们应用这些基本技能来解决一些小的数据问题。现在应该清楚了，UNIX 上的这些命令或程序是非常高效的。它们可以处理大量的数据而不会使人喘不过气！

在本章的前面，我告诉过你 UNIX 也可以帮助实现数据可视化。我们在这里避免了这个主题，因为创建可视化（绘图等）将需要在 UNIX 服务器上进行一些安装和配置。因为这是一个苛刻的要求，我不能期望每个人都能访问这样的服务器（和非常友好的 IT 人员！），所以我决定在本章中省略这一部分。此外，不久我们将看到更好、更简单的数据可视化方法。

更进一步，我建议学习 shell 脚本或编程。这是 UNIX 自己的编程语言，它允许你充分利用 UNIX 的潜力。大多数 shell 脚本都很小，但是非常强大。你将惊讶于你的操作系统可以为你做的各种事情！

关键术语

- **文件**：文件是相关数据的集合，在用户看来是一个单一的、连续的信息块，有一个名称，并保留在存储中。
- **目录**：操作系统（如 UNIX）中的目录是一种特殊类型的文件，它包含一个对象列表（即其他文件、目录和链接）和它们对应的详细信息（例如，文件创建时间、最后修改时间、文件类型等），但这些对象的实际内容除外。
- **协议**：管理进程事务的规则系统，如 FTP 协议定义了文件传输进程的规则。
- **SSH**：这是一个应用程序或接口，允许运行 UNIX 命令或连接到 UNIX 服务器。
- **FTP**：这是一种互联网协议，允许一个人连接两台远程机器，并在它们之间传输文件。

概念性问题

1. 在 UNIX 上下文中什么是 shell？
2. 至少列出两个基于 UNIX 的操作系统。
3. 管道和重定向之间的区别是什么？

实践问题

问题 4.1

你得到了纽约市 2010 年一些人死亡原因的部分数据（可从 OA 4.2 下载）。数据为 CSV 格式，包含以下字段：年份、种族、性别、死因、计数、百分比。

使用此数据回答以下问题。使用 UNIX 命令或实用程序。展示你的工作。注意，这些问题的答案应该是运行适当的命令 / 实用程序的直接结果，而不涉及任何进一步的处理，包括手工处理。没有方法的答案将得不到任何分数。

a. 数据有多少男记录组和多少女记录组？

b. 有多少白人女性群体？将它们的全部记录复制到一个新文件中，其中的记录按死亡人数降序组织。

c. 按频率降序列出死亡原因。男女最常见的三种死亡原因是什么？

问题 4.2

多年来，联合国儿童基金会通过一项国际住户调查方案支持各国收集有关儿童和妇女的数据。2015 年来自 70 个国家的环境卫生和个人卫生调查答复被构建成一个关于洗手的数据集。CSV 文件可以从 OA 4.3 下载。使用该数据集使用 UNIX 命令或实用程序回答以下问题：

a. 哪个地区的城市人口百分比最低？

b. 列出城市人口（以千计）超过 100 万但占总人口不到一半的地区。

问题 4.3

在以下工作中，使用世界卫生组织（WHO）提供的关于 38 个国家基本药物供应情况的数据。你可以在 OA 4.4 中找到数据集。下载过滤后的数据作为 CSV 表，并使用它来回答以下问题：

a. 在 2007 年至 2013 年，哪个国家在私营部门获得某些非专利药品的中位数百分比最低。

b. 列出 2007—2013 年特定药物公共和私营中位数可得性百分比最高的前 5 个国家。

c. 列出最容易依赖私人而非公共渠道获得某些非专利药物的前三个国家。用合理的理由解释你的答案。

延伸阅读及资源

正如本章前面提到的，作为解决数据问题的工具 / 系统 / 平台，UNIX 经常被忽略。话虽如此，有一些很好的选择可以让你了解 UNIX 在数据科学方面的潜力，这些选择可以帮助初学者使用至少一部分 UNIX 的强大功能。

命令行中的数据科学 [10] 提供了一个很好的基本命令和命令行实用程序列表，你可以在执行数据科学任务时使用它们。作者 Jeroen Janssens 有一本由 O'Reilly 出版的 *Data Science at Command Line*，如果你想进一步了解 UNIX，该书值得你考虑。

类似地，Bunsen 博士有一个很好的关于 UNIX 探索的博客。

在网上也可以找到一些包含 UNIX 命令和快捷方式的备忘单。其中一些在这里：

- http://www.cheat-sheets.org/saved-copy/ubunturef.pdf
- https://www.cheatography.com/davechild/cheat-sheets/regular-expressions/

注释

1. Picture of console window on a Linux KDE console: https://www.flickr.com/photos/okubax/29814358851
2. Cygwin project: http://www.cygwin.com
3. Cygwin running on a Windows desktop: https://commons.wikimedia.org/wiki/File:Cygwin_X11_rootless_WinXP.png
4. Free UNIX: http://sdf.lonestar.org/index.cgi
5. WinSCP: http://winscp.net/eng/index.php

6. Download PuTTY: http://www.chiark.greenend.org.uk/~sgtatham/putty/download.html
7. Using PuTTY in Windows: https://mediatemple.net/community/products/dv/204404604/using-ssh-in-putty-
8. It is not uncommon for students to literally type the instructions rather than interpreting it and substituting correct values. I have done a lot of "debugging" for such cases. So, do not literally type "ssh username@hostname". You will substitute "username" with your actual username on that server, and "hostname" with the full address of the server. Save your instructor the debugging hassle! And be sure to make a note of these details where you can find them again later!
9. Arguments to a command or a program are the options or inputs it takes. No, that command is not trying to fight with you!
10. Data Science at the Command Line: http://datascienceatthecommandline.com/

第5章
Python

"大多数优秀的程序员不是因为他们希望得到报酬或得到公众的赞扬而编程，而是因为编程很有趣。"

——Linus Torvalds

你需要什么？

- 计算思维（参见第1章）。
- 能够安装和配置软件。
- 了解相关、回归等基本统计知识。
- （最好）接触过编程语言。

你会学到什么？

- 基本的 Python 编程技能。
- 使用 Python 进行统计分析，包括生成模型和可视化。
- 将入门级机器学习技术（如使用 Python 进行分类和聚类）应用于各种数据问题。

5.1 引言

Python 是一种简单易用但功能强大的脚本语言，可以解决具有不同规模和复杂性的数据问题。它是数据科学领域最常用的工具，也是数据科学职位招聘中最常见的要求。Python 是一种非常友好且易于学习的语言，非常适合初学者。同时，它也是非常强大和可扩展的，从而可以满足高级数据科学的需求。

本章将从介绍 Python 开始，然后深入研究如何使用 Python 来完成统计处理和机器学习以解决各种数据问题。

5.2 Python 安装

Python 的吸引力之一是它几乎可以在你能想象的任何平台上免费使用。事实上，在许多情况下（例如在 UNIX 或 Linux 机器上），你很可能已经安装了它。如果没有，也很容易获得和安装。

5.2.1 下载和安装 Python

出于本书的目的，我将假设你能够访问 Python。如果你不确定在哪里可以找到它，尝试登录服务器（使用 SSH），并在终端上运行 `python-version` 命令。这将显示服务器上安装的 Python 版本。

也有可能你的机器上已经安装了 Python。如果你使用的操作系统是 macOS 或 Linux，打开一个终端或一个控制台，运行与上面相同的命令，以查看你是否安装了 Python，如果安装了，则你可以确认是哪个版本。

最后，如果你愿意，也可以直接从 Python 网站下载并按照安装和配置说明 [1]，为你的系统安装适当版本的 Python。参见本章的延伸阅读及资源获得链接，附录 C 和附录 D 里面有更多帮助内容和细节。

5.2.2 通过控制台运行 Python

假设你已经可以在自己的机器上或服务器上访问 Python，现在让我们尝试一下。在控制台上，首先输入 `python` 进入 Python 环境。你应该会看到如下消息和提示符：

```
Python 3.5.2 |Anaconda 4.2.0 (x86_64)| (default, Jul 2 2016,
17:52:12)
[GCC 4.2.1 Compatible Apple LLVM 4.2 (clang-425.0.28)] on darwin
Type "help", "copyright", "credits" or "license" for more infor-
mation.
>>>
```

现在，在这个提示符下（`">>>"`），输入：`print ("Hello, World!")`，并按回车键。如果一切顺利，你应该会看到“`Hello, World!`”出现在屏幕上，如下所示：

```
>>> print ("Hello, World!")
Hello, World!
```

现在让我们尝试一个简单的表达式：2+2。你看到了 4 吗？太棒了！

最后，让我们通过输入 `exit()` 退出这个提示符。如果想要更方便的话，还可以按 Ctrl+d 退出 Python 提示符。

5.2.3 通过集成开发环境使用 Python

虽然在控制台上运行 Python 命令和小脚本没问题，但有时你需要处理更复杂的东西。这时**集成开发环境**（IDE）就可以派上用场了。IDE 不仅可以让你编写和运行程序，还可以提供帮助和文档，以及调试、测试和部署程序的工具——所有这些都在一个地方（因此是“集成的”）。

Python 集成开发环境有几个不错的选择，包括在通用集成开发环境（如 Eclipse）上使用 Python 插件。如果你已经熟悉并会运用 Eclipse，则可以使用 Eclipse 的 Python 插件，并继续使用 Eclipse 进行 Python 编程。请参见关于 PyDev 的资料 [2]。

如果你想尝试新的东西，那可以看看 Anaconda、Spyder 和 IPython(详见附录 D)。请注意，大多数初学者在尝试安装和配置运行各种 Python 程序所需的包时会浪费大量时间。所以，为了让你的学习生活更轻松，我建议用 Anaconda 作为平台，并在其之上使用 Spyder。

完成这个配置需要三个步骤。好消息是——你只需要做一次。

首先，确保你的机器上安装了 Python。从注释中的 Python[1] 网站链接下载并安装适合你的操作系统的版本。接下来，从注释中的链接下载并安装 Anaconda Navigator[3]。一旦准备好，就开始运行。你将看到类似图 5.1 的内容。在这里，找到关于“ Spyder”的面板。在截图中，你可以看到一个“ Launch”按钮，这是因为我已经安装了 Spyder。在你的面板上可能会显示“Install”，继续通过 Anaconda Navigator 安装 Spyder。

图 5.1 Anaconda Navigator 截图

安装完成后，Spyder 面板上的“ Install”按钮应变成“ Launch”，继续启动 Spyder。图 5.2 展示了它的界面。当然，它可能不会有我在这里展示的所有东西，但是你应该看到三个不同的面板：一个占据窗口的左半部分，两个在右侧。左边的面板是你输入代码的地方。右上角的面板有可变资源管理器、文件资源管理器以及帮助。右下角的面板是你可以看到代码输出的地方。

就设置而言，目前就这些了。如果你已经全部完成，你就准备好进行真正的 Python 编程了。好的方面是，每当我们的工作需要额外的包或库时，我们可以去 Anaconda Navigator 并通过它优秀的 IDE 安装它们，而不是摆弄命令行工具（我的许多学生报告说这样做浪费了几个小时）。

我们不研究任何编程理论，而是通过实际的例子学习基本的 Python。

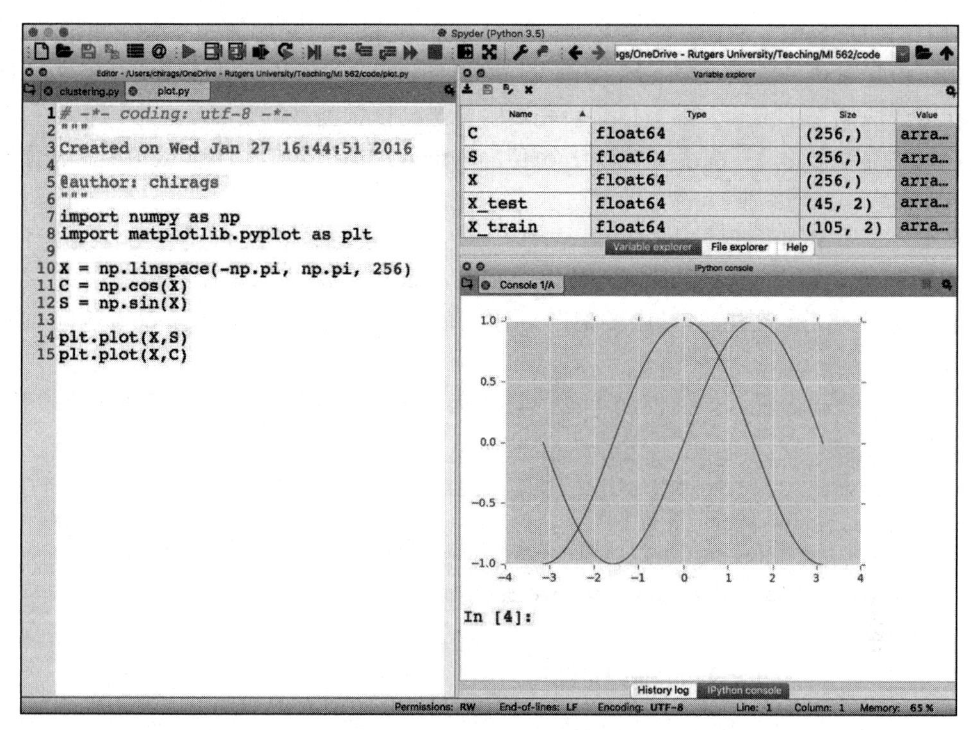

图 5.2 Spyder IDE 截图

5.3 基本示例

在本节中，我们将练习 Python 的一些基本元素。如果你以前做过任何编程，特别是涉及脚本的，这应该很容易理解。

图 5.3 是由 IPython（Jupyter）notebook 生成的。如果你想了解更多关于该工具的信息，请参考附录 D。在这里，`In` 行显示你输入的内容，`Out` 行显示你得到的输出。但是无论你在哪里键入 Python 代码——直接在 Python 控制台、在 Spyder 控制台或其他 Python 工具中——你都应该看到相同的输出。

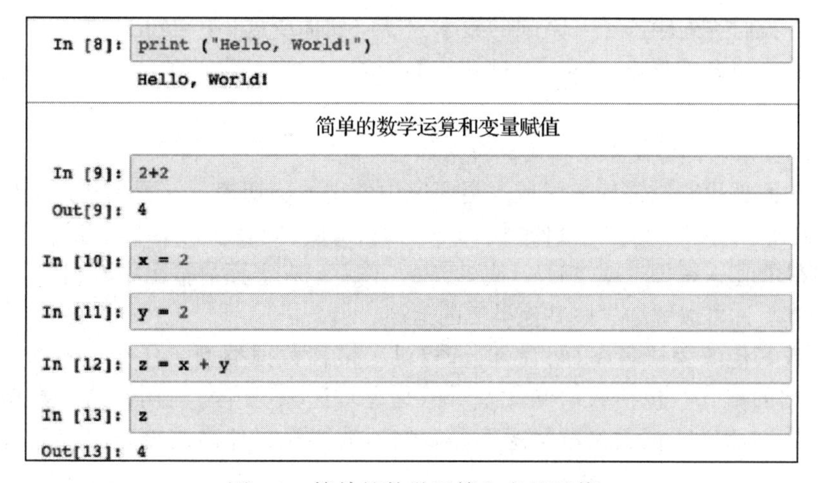

图 5.3 简单的数学运算和变量赋值

在上面的部分中，我们从本章早些时候启动 Python 时尝试过的几个命令开始。然后，我们做了变量赋值。输入 x=2 定义变量 x，并为其赋值 2。在许多传统编程语言中，这样做可能需要两到三个步骤，因为你必须先声明要定义什么类型的变量（在本例中是一个可以保存整数的整型变量），然后才能为其赋值。Python 就简单多了。大多数情况下，你不必担心为变量声明**数据类型**。

在给变量 x 和 y 赋值后，当我们输入 z=x+y 时，我们执行了一个数学运算。但是，在我们输入 z 之前，我们看不到该操作的结果。这还应该向你传达一件事——一般来说，当你想要知道存储在变量中的值时，你可以简单地在 Python 提示符下输入该变量的名称。

接下来，让我们看看如何使用不同的**算术运算符**，然后使用**逻辑运算符**来比较数值，如图 5.4 所示。

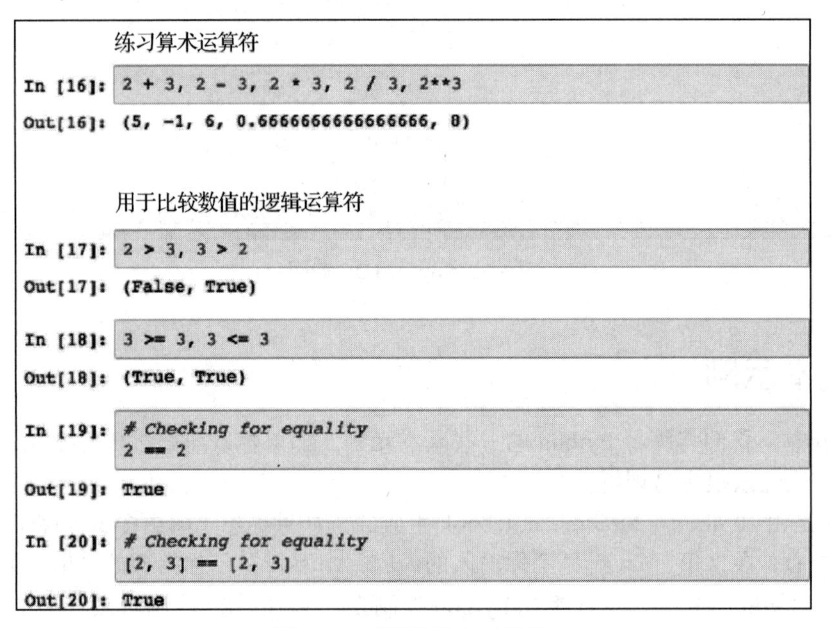

图 5.4 不同的算术运算符

在这里，我们首先输入了一系列的数学运算。如你所见，Python 不在乎你是否将它们都放在一行上，用逗号分隔。Python 理解它们中的每一个都是单独的运算，并为你提供每一个的答案。

大多数编程语言都会使用逻辑运算符，如“>”“<”“>=”和“<=”，每一个都应该有意义，因为它们是我们在常规数学或逻辑研究中使用的确切表示。看到我们如何表示两个量的比较（使用“==”）和否定（使用“!=”）时，你可能会感到小小的惊讶。逻辑运算的使用会产生**布尔值**——“真”或“假”，或 1 或 0。你可以在上面的输出中看到：“2>3”为假，“3>=3”为真。你可以继续尝试其他类似的运算。

和大多数其他编程语言一样，Python 提供了多种数据类型。什么是数据类型？它是一种存储数据的格式，包括数值和文本。但是为了让你更容易使用，这些数据类型通常是隐藏的。换句话说，在大多数情况下，我们不需要显式地声明变量将存储哪种类型的数据。

如图 5.5 所示，我们可以在变量名周围使用 `type` 操作或函数（例如，`type(x)`）来查看它的数据类型。我们已经知道 Python 不要求你显式地定义变量的数据类型，它将根据变量中存储的内容做出适当的决定。因此，当我们尝试将除法运算的结果（`x/y`）存储到变量 `z` 中时，Python 会自动决定将 `z` 的数据类型设置为 `float`，用于存储实值，如 1.1、–3.5 和 22/7。

```
数据类型

In [3]: x=1

In [4]: type(x)
Out[4]: int

In [5]: y=2

In [6]: z=x/y

In [7]: z
Out[7]: 0.5

In [8]: type(z)
Out[8]: float

In [9]: test = (z>1)

In [10]: test
Out[10]: False

In [11]: type(test)
Out[11]: bool

In [ ]:
```

图 5.5 数据类型

自己试试 5.1：基本运算

使用 Python 和你喜欢的任何方法（直接在控制台上、使用 Spyder 或使用 IPython notebook）完成以下练习。

1. 执行算术运算 182 对 13 取模，并将结果存储在一个名为“`output`”的变量中。
2. 打印“`output`”的值和数据类型。
3. 检查“`output`”中存储的值是否等于零。
4. 用 182 除以 13 的算术运算重复步骤 1～3。
5. 查看“`output`”的数据类型在两种情况下是否相同。

5.4 控制结构

要基于一个（或两个）条件来做决定，我们可以使用 `if` 语句。假设我们想知道 2020 年是否是闰年。下面是代码：

```
year = 2020
if (year%4 == 0):
    print ("Leap year")
else:
    print ("Not a leap year")
```

这里，模数运算符（`%`）将 2020 除以 4 得出余数。如果余数为 0，脚本会输出“`Leap year`”，否则我们会得到“`Not a leap year`”。

如果我们有多个条件要检查呢？简单。使用一系列 `if` 和 `elif`（“else if”的缩写）。下面的代码检查一个变量（`collegeYear`），并根据其值声明相应的标签：

```
collegeYear = 3
if (collegeYear == 1):
    print ("Freshman")
elif (collegeYear == 2):
    print ("Sophomore")
elif (collegeYear == 3):
    print ("Junior")
elif (collegeYear == 4):
    print ("Senior")
else:
    print ("Super-senior or not in college!")
```

控制结构的另一种形式是循环。有两种主要的循环：`while` 和 `for`。`while` 循环允许我们一直做一些事情直到满足一个条件。举一个给出前五个数字的简单例子：

```
a, b = 1, 5
while (a<=b):
    print (a)
    a += 1
```

以下是我们如何通过 `for` 循环来达到同样的目的：

```
for x in range(1, 6):
    print (x)
```

让我们再举一组例子，看看这些控制结构是如何工作的。一如既往，让我们从 `if-else` 开始。从前面的例子中，你可能已经猜到了 `if-else` 块的整体结构。如果你没有，则这里就是：

```
if condition1:
    statement(s)
elif condition2:
    statement(s)
else:
    statement(s)
```

在前面的例子中，你看到了一个涉及数值变量的条件。让我们尝试一个涉及字符变量的。假设一个多选题有四个选项：A、B、C、D，其中，A、D 是正确的选项，其余都是错误的。那么，如果你想检查所选择的答案是否是正确的，代码可以如下：

```
if ans == 'A' or ans == 'D':
   print ("Correct answer")
else
   print ("Wrong answer")
```

接下来，让我们看看 while 循环是否可以解决相同的问题：

```
ans =  input('Guess the right answer: ')
while (ans != 'A') and (ans != 'D'):
      print ("Wrong answer")
      ans = input('Guess the right answer: ')
```

以上代码将提示用户输入新的选择，直到输入正确答案。从这两个例子可以看出，while 循环的结构可以看作：

```
while condition:
      statement(s)
```

只要条件保持为真，while 循环中的语句就会被重复执行。同样的编程目标也可以通过 for 循环来实现：

```
correctAns = ["A", "D"]
for ans in  correctAns:
      print(ans)
```

上面几行代码将给出问题的正确选项。

自己试试 5.2：控制结构

选择 99～199 范围内的任意一个数字，并使用 Python 代码检查这个数字是否能被 7 整除。如果是，打印："the number is divisible by 7"；否则，输出与你选择的数字最接近的可被 7 整除的数字。使用 while 循环，打印同一范围内可被 7 整除的所有数字。

5.5 统计概要

在本节中，我们将看到一些统计元素是如何在 Python 中进行衡量和表现的。我们鼓励你学习基本的统计学知识，或者使用外部资源复习这些概念（参见第 3 章和附录 C 中的一些链接）。

让我们从一个数字的分布开始。我们可以用一个数组来表示这个分布，数组是一些元素（在这个例子中是数字）的集合。

例如，我们正在创建我们的家族树，在这棵树的枝叶上放了一些数据，我们想做一些统计分析。让我们看看每个人的年龄。在进行任何处理之前，我们需要将其表示如下：

```
data1=[85,62,78,64,25,12,74,96,63,45,78,20,5,30,45,78,45,
96,65,45,74,12,78,23,8]
```

如果你愿意，你可以称之为数据集。我们将使用一个非常流行的名为 numpy 的 Python 库来运行我们的分析。因此，让我们导入并定义这个库：

```
import numpy as np
```

我们刚刚做了什么？我们要求 Python 导入一个名为 numpy 的库，并且在内部（对于当前会话或程序）将该库简称为 np。正如你将看到的，这个特定的库对我们非常有用。（如果你的许多 Python 会话或程序在开始时就有这一行，不要感到惊讶。）

现在，让我们开始提问（和回答）。

1. 这些值中的最大值（max）和最小值（min）分别是？

```
max=np.max(data1)
print("Max:{0:d}".format(max))
min=np.min(data1)
print("Min:{0:d}".format(min))
```

2. 平均年龄是多少？这可以用**平均值**来衡量。

```
mean=np.mean(data1)
print("Mean:{0:8.4f}".format(mean))
```

3. 年龄值的分布情况？我们可以用**方差**和**标准差**来表示。

```
variance=np.var(data1)
print("Variance:{0:8.4f}".format(variance))
standarddev=np.std(data1)
print("STD:{0:8.4f}".format(standarddev))
```

4. 年龄区间的中间值是多少？这可以通过求**中位数**来回答。

```
median=np.median(data1)
print("Median:{0:8.4f}".format(median))
```

最后，我们还可以使用适当的库绘制整个分布（**直方图**）。让我们先导入它：

```
import matplotlib.pyplot as plt
```

我们导入了一个名为"matplotlib.pyplot"的软件包，并为当前会话分配了一个简写"plt"。现在，我们在数据集上运行以下命令：

```
plt.figure()
hist1, edges1 = np.histogram(data1)
plt.bar(edges1[:-1], hist1, width=edges1[1:]-edges1[:-1])
```

这里，plt.figure() 创建了一个用于绘制图形的环境。然后，我们使用第二行获得用于创建直方图的数据。这些数据被传递给 plt.bar() 函数，以及一些轴的参数，以产生如图 5.6 中所示的直方图。

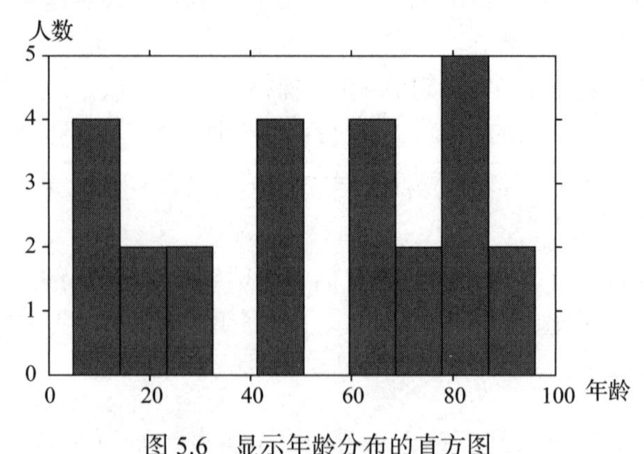

图 5.6 显示年龄分布的直方图

请注意，如果 plt.figure() 出现错误，请忽略它并继续执行其余命令。可能会有用!

如果我们懒得输入一大堆值来创建数据集，可以使用 numpy 的随机数初始化函数，如下所示：

```
data2 = np.random.randn(1000)
```

自己试试 5.3：基本统计 1

用 1000 个随机数创建一个人工数据集。使用新数据集运行我们之前所做的所有分析，也就是找到范围、均值和方差，以及创建可视化。

如果完成这个练习，你会注意到你得到了直方图。但是如果你想指定直方图中方块的数量呢？这对于控制图形的分辨率可能会有帮助。这里，我们有 1000 个数据点。所以，极端一点，我们可以要求 1000 个方块，但这可能太多了。同时，我们可能也不想让 Python 替我们决定。有一个办法可以指定方块的数量。例如，如果我们想要 100 个方块，可以编写下面的代码。

```
plt.figure()
hist2, edges2 = np.histogram(data2, bins=100)
plt.bar(edges2[:-1], hist2, width=edges2[1:]-edges2[:-1])
```

结果如图 5.7 所示。请注意，你的图可能看起来有些不同，因为你的数据集可能与我的不同。为什么？因为我们是用随机数生成器得到这些数据点的。事实上，当你运行代码初始化 data 2 时，每次都会看到不同的图。

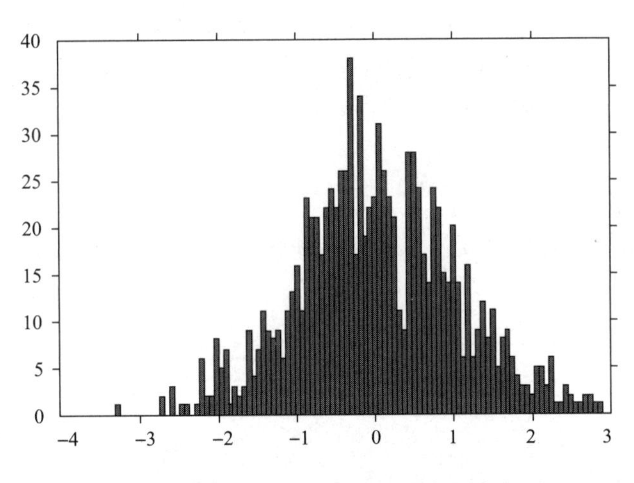

图 5.7 显示 1000 个随机数分布的直方图

自己试试 5.4：基本统计 2

对于这个动手操作的问题，你将需要来自 UCI 机器学习存储库 [4] 的 Daily Demand Forecasting Orders 数据集，它包含来自巴西的一家大型物流公司 60 天的数据。该数据集有 13 个属性，包括 12 个预测因子和目标属性（每天的订单总数）。使用这个数据集练习计算所有属性的最小值、最大值、范围和平均值。用直方图绘制出每个属性的数据以可视化分布。

现在我们已经收集了一些有用的工具和技术。让我们将它们应用到一个数据问题上，同时用这些工具扩展我们的范围。在本练习中，我们将使用 Github 上的一个小数据集[5]（参见注释中的链接）。这是一个宏观数据集，包含 1947—1962 年（n=16）的七个经济变量。

5.5.1 导入数据

首先，我们需要将这些数据导入到我们的 Python 环境中。为此，我们将使用 Pandas 库。Pandas 是 Python 科学栈的重要组成部分。Pandas **数据帧**非常方便，因为它提供了有用的信息，例如从数据源中读取的列名，这样用户就可以更容易地理解和操作导入的数据。假设数据存储在当前目录的 `data.csv` 文件中。下面这行代码将该数据加载到变量 `CSV_data` 中。

```
from pandas import read_csv CSV_data = read_csv('data.csv')
```

也可以像之前使用 numpy 那样使用 Pandas 库。首先，我们导入 Pandas 库，然后像这样调用它的适当函数：

```
import pandas as pd
df = pd.read_csv('data.csv')
```

如果我们需要在代码中多次使用 Pandas 的功能，这尤其有用。

5.5.2 数据绘制

Python 的一个优点是，在库的帮助下可以轻松地可视化数据。我们需要做的就是导入 `matplotlib.pyplot`，并使用合适的函数。假设我们想要生成一个“就业人数”和“国民生产总值”（GNP）变量的**散点图**。下面是代码：

```
import matplotlib.pyplot as plt
plt.scatter(df.Employed, df.GNP)
```

图 5.8 显示了结果。这两个变量似乎有某种联系。让我们首先使用相关函数找到它们之间关系的强度，然后执行回归来进一步探索它。

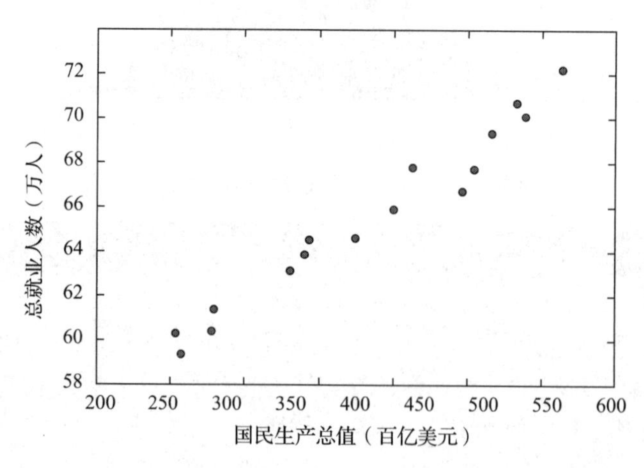

图 5.8 可视化国民生产总值和就业之间关系的散点图

参考资料：数据帧

如果你以前在编程语言中使用过数组，那么你应该对 Python 中数据帧的概念不会感到陌生。用 Python 实现数据帧的一种非常流行的方法是使用 Pandas 库。

我们在上面看到了如何使用 Pandas 将 CSV 格式的结构化数据导入为数据帧类型的对象。导入后，你可以在 Variable explorer 中双击数据帧对象的名称，从而在 Spyder 中可视化该对象。你将会看到，数据帧本质上是一个表或一个有行和列的矩阵。这就是你访问它的每个数据点的方式。

例如，在数据帧“df”中，如果你想要第一行第一列的元素，你可以输入 df.iat[0,0]。或者，如果行被标记为“row-1”，“row-2”,…，并且列被标记为“col-1”，“col-2”，…，则也可以输入 df.at['row-1','col-1']，这样更有可读性。

你是否需要将数据帧保存到 CSV 文件中？用下面的代码就很容易做到：

```
df.to_csv('mydata.csv')
```

对于数据帧，你还可以做很多事情，包括添加行和列以及应用函数。但这些都超出了本书的范围。如果你仍然感兴趣，我建议你参考本章末尾的一些建议。

在继续之前，请注意，虽然你可以在 Spyder 控制台上运行这些命令并立即看到结果，但你可能希望将它们作为程序 / 脚本的一部分来编写并运行该程序。为此，请在 Spyder 的编辑器（左边面板）中键入上面的代码，将其保存为 .py 文件，然后单击工具栏上的“Run file”。

5.5.3 相关性

在解决数据驱动的问题时，我们经常需要做的测试之一是查看两个变量是否相关。为此，我们可以对相关性进行统计检验。

假设我们已经在数据帧 df 中准备好了之前的数据，现在想知道“就业人数”和“国民生产总值”是否相关。我们可以使用 numpy 的 corrcoef 函数来找到**相关**系数，这为我们提供了这两个变量之间相关强度的概念。下面是代码：

```
np.corrcoef(df.Employed,df.GNP)[0,1]
```

这个语句的输出告诉我们，这两个变量之间有非常高的相关性，相关系数等于 0.9835。还要注意，这个数字是正数，这意味着两个变量一起向同一个方向移动。如果这个相关系数是负的，那么它们还是有很强的相关性，只是方向相反。

换句话说，在这种情况下，知道一个变量就能让我们对另一个变量有足够的了解。我们试问：如果我们知道一个变量（自变量或预测变量）的值，那么是否可以预测另一个变量（因变量或响应变量）的值？为此，我们需要执行回归分析。

5.5.4 线性回归

现在，我们已经可以通过某种方式了解两个变量是否相关，但是如果存在某种关系，我们能不能弄清楚是否可以通过一个变量预测另一个变量？**线性回归**允许我们这样做。具体来说，我们想看一个变量 X 如何影响一个变量 y[6]。这里，X 被称为**自变量**或**预测变量**；y 被称为**因变量**或**结果变量**。

要清楚 X 和 y 之间的这种关系，可以用线性回归建立或拟合一个模型。有许多方法可以做到这一点，但最常见的可能是普通最小二乘法（OLS）。

为了用 Python 进行线性回归，我们可以使用 statsmodels 库的 API 函数，如下所示：

```
import statsmodels.api as sm
lr_model = sm.OLS(y, X).fit()
```

这里，lr_model 是使用 OLS 拟合方法建立的线性回归模型。

我们怎么知道这有效？让我们通过运行以下命令来检查模型的结果：

```
print(lr_model.summary())
```

在输出结果中，我们可以找到相关系数的值以及一个常数。这是我们的回归方程：

```
Employed = coeff*GNP + const
```

现在只需代入 GNP 的值、它的系数（从上面的输出中找到）和常数。查看“Employed”中的相应值是否与数据匹配。可能会有一些不同，但应该差异不会太大！我们来看一个例子。从数据集中知道，1960 年 GNP 的值是 502.601。我们将使用回归方程来计算 Employed 的值。在上面的方程中，代入值 GNP=502.601，coeff=0.0348，const=51.8436，我们得到：

```
Employed = 0.0348*502.601 + 51.8436 = 69.334
```

现在让我们来看看 1960 年“Employed”实际的值，是 69.564。这意味着我们只差了 0.23。这对我们的预测来说还不错。更重要的是，我们现在有了一个模型（线性方程），它让我们可以进行内推和外推。换句话说，我们甚至可以代入一些未知的国民生产总值，并找出就业人数的近似值。

为什么我们不更系统地做这件事呢？具体来说，让我们想出自变量的各种值，使用上面的方程找出因变量的相应值，并将其绘制在散点图上。在下面的例子中，我们将看到这部分内容。

实践示例 5.1：线性回归

下面是完整的代码，显示了我们在这一节中谈到的所有事情：从导入数据到进行各种统计分析并绘图。请注意，Python 中任何以 # 开头的内容都被视为注释并被忽略（不运行）。代码的末尾是一个带有回归线的图（图 5.9）。数据集（Longley.csv）可从 OA 5.1 下载。

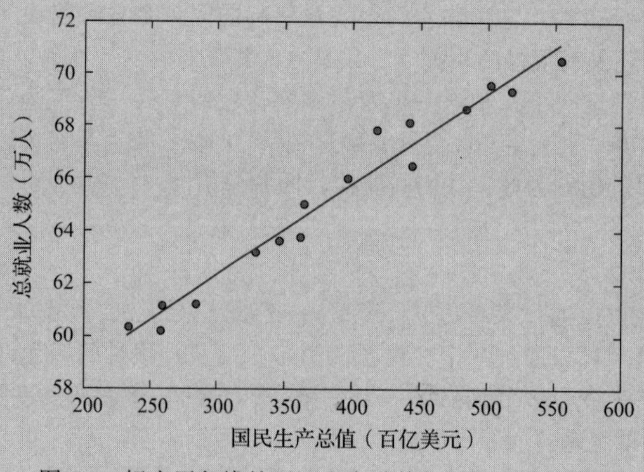

图 5.9 标出回归线的国民生产总值与就业人数的散点图

```
# Load the libraries we need - numpy, pandas, pyplot, and
statsmodels.api
import numpy as np
import pandas as pd
import matplotlib.pyplot as plt
import statsmodels.api as sm

# Load the Longley dataset into a Pandas DataFrame - first
column (year) used as row labels
df = pd.read_csv('longley.csv', index_col=0)

# Find the correlation between Employed and GNP
print("Correlation coefficient = ", np.corrcoef(df.
Employed,df.GNP)[0,1])

# Prepare X and y for the regression model: y =
y = df.Employed # response (dependent variable)

X = df.GNP # predictor (independent variable)
X = sm.add_constant(X) # Adds a constant term to the predictor

# Build the regression model using OLS (ordinary least
squares)
lr_model = sm.OLS(y, X).fit()
print(lr_model.summary())

# We pick 100 points equally spaced from the min to the max
X_prime = np.linspace(X.GNP.min(), X.GNP.max(), 100)
X_prime = sm.add_constant(X_prime) # Add a constant as we did
before
# Now we calculate the predicted values
y_hat = lr_model.predict(X_prime)

plt.scatter(X.GNP, y) # Plot the raw data
plt.xlabel("Gross National Product")
plt.ylabel("Total Employment")
# Add the regression line, colored in red
plt.plot(X_prime[:, 1], y_hat, 'red', alpha=0.9)
```

如果你在上述代码运行后绘制的图形中看到一些奇怪的东西，那么可能是绘制环境的问题。要解决这个问题，请更改绘制代码，如下所示：

```
plt.figure(1)

plt.subplot(211)
plt.scatter(df.Employed, df.GNP)

plt.subplot(212)
plt.scatter(X.GNP, y) # Plot the raw data
plt.xlabel("Gross National Product")
plt.ylabel("Total Employment")
# Add the regression line, colored in red
plt.plot(X_prime[:, 1], y_hat, 'red', alpha=0.9)
```

本质上，我们创建了单独的空间来显示原始散点图以及带有回归线的新散点图。

5.5.5 多元线性回归

到目前为止，我们看到的是使用一个变量（预测变量）来预测另一个变量（响应变量或因变量）。但是在生活中，有许多情况下不是单一一个因素促成了一个结果。因此，我们需要考虑多个因素或变量。这时我们要使用**多元线性回归**。

顾名思义，这是一种考虑多个预测变量以预测一个响应变量或结果变量的方法。让我们举个例子。

实践示例 5.2：多元线性回归

我们将从 OA 5.2 中获取一个小数据集开始。该数据集包含有关电视和广播广告预算以及相应销售数字的信息。我们想了解的是这些预算对产品销售的影响有多大。

让我们首先在 Python 环境中加载它。

```
# Load the libraries we need - numpy, pandas, pyplot, and
statsmodels.api
import numpy as np
import pandas as pd
import matplotlib.pyplot as plt
import statsmodels.api as sm

# Load the advertising dataset into a pandas dataframe
df - pd.read_csv('Advertising.csv', index_col-0)
```

像以前一样，我们从线性回归开始分析，看看如何使用“TV”变量来预测“Sales”。

```
y = df.Sales
X = df.TV
X = sm.add_constant(X)
lr_model = sm.OLS(y,X).fit()

print(lr_model.summary())
print(lr_model.params)
```

在这个输出中，我们要寻找的是 R^2 值。它大约为 0.61，这意味着对于“TV”和“Sales”的这种关系，我们建立的模型可以解释大约 61% 的方差。好吧，这还不算太糟，但是在继续之前，让我们先将这个关系绘制出来：

```
plt.figure()
plt.scatter(df.TV,df.Sales)
plt.xlabel('TV')
plt.ylabel('Sales')
```

结果如图 5.10 所示。

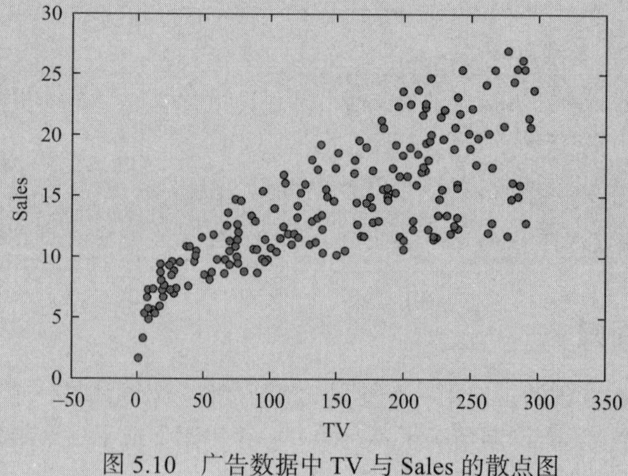

图 5.10 广告数据中 TV 与 Sales 的散点图

让我们对广播变量重复这个过程。

```
y = df.Sales
X = df.Radio
X = sm.add_constant(X)

lr_model = sm.OLS(y,X).fit()

print(lr_model.summary())
print(lr_model.params)

plt.figure()
plt.scatter(df.Radio,df.Sales)
plt.xlabel('Radio')
plt.ylabel('Sales')
```

图 5.11 是我们得到的结果。

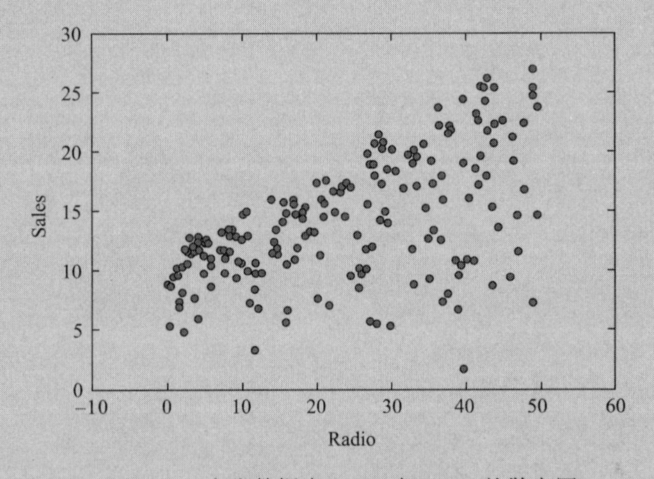

图 5.11 广告数据中 Radio 与 Sales 的散点图

这个模型的 R^2 值在 0.33 左右，比我们用 TV 变量得到的还要差。现在，让我们看看如果将这两个自变量（TV 和 Radio）放在一起来预测 Sales 会发生什么：

```
y = df['Sales']
X = df[['TV','Radio']]
X = sm.add_constant(X)

lr_model = sm.OLS(y,X).fit()

print(lr_model.summary())
print(lr_model.params)
```

结果 R^2 值接近了 0.9。这样好多了。看起来两个比一个好，这就是我们的多元线性回归！

下面是在三维（3D）空间绘制此回归的代码，结果如图 5.12 所示。把这个当作备选项。

```
from mpl_toolkits.mplot3d import Axes3D

# Figure out X and Y axis using ranges from TV and Radio
X_axis, Y_axis = np.meshgrid(np.linspace(X.TV.min(), X.TV.
max(), 100), np.linspace(X.Radio.min(), X.Radio.max(), 100))

# Plot the hyperplane by calculating corresponding Z axis
```

```
(Sales)
Z_axis = lr_model.params[0] + lr_model.params[1] * X_axis +
lr_model.params[2] * Y_axis

# Create matplotlib 3D axes
fig = plt.figure(figsize=(12, 8)) # figsize refers to width and
height of the figure
ax = Axes3D(fig, azim=-100)

# Plot hyperplane
ax.plot_surface(X_axis, Y_axis, Z_axis, cmap=plt.cm.cool-
warm, alpha=0.5, linewidth=0)

# Plot data points
ax.scatter(X.TV, X.Radio, y)

# set axis labels
ax.set_xlabel('TV')
ax.set_ylabel('Radio')
ax.set zlabel('Sales')
```

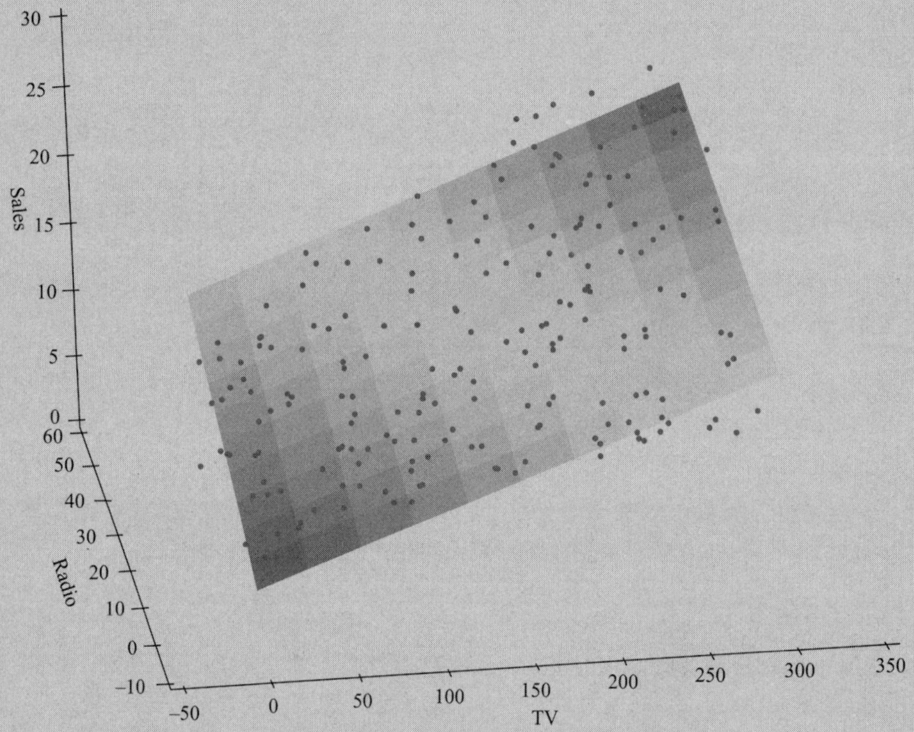

图 5.12 TV、Radio 和 Sales 变量的三维散点图

自己试试 5.5：回归

让我们用一个可以从 OA 5.3 中获得的小数据集来实践到目前为止你学到的相关、回归和可视化方面的知识。All Greens Franchise 数据集包含 30 条关于 All Greens 销售的观察数据，除年度净销售数字外，还有 5 个预测变量。使用此数据集来：

1. 确定年度净销售额与广告支出和该地区竞争对手数量的相关性；
2. 用散点图可视化上述相关性；
3. 使用数据集中的其他五列构建一个回归模型来预测年度净销售额。

5.6 机器学习简介

在后面的章节我们将介绍机器学习的全貌（或者至少是本书所能覆盖的全貌）。但是，当我们已经熟悉 Python 时，不妨尝试一下机器学习，看看能解决哪些类型的数据问题。

在接下来的小节中，我们将开始简单介绍机器学习，然后快速了解一些基本的问题、技术和解决方案。我们将在本书的第三部分用更多的细节和例子来重温其中的大部分内容。

5.6.1 什么是机器学习

机器学习（ML）是一个研究领域，一个应用领域，也是数据科学家可以在简历上列出的最重要的技能之一。它位于计算机科学和统计学以及其他相关领域（如工程）的交叉点。它几乎被用于与数据处理相关的任何领域，包括商业、生物信息、天气预报和情报（美国国家安全局和中央情报局的那种）。

机器学习就是使计算机和其他人工系统能够自主学习，而不需要对它们进行显式编程。我们希望这样的系统能够看到一些数据，从中学习，然后使用学到的知识从其他数据中推断出东西。

为什么是机器学习？因为机器学习可以帮你把数据变成信息；它可以让你把一堆看似无聊的数据点转化成有意义的模式，这有助于制定关键决策；它让你能够驾驭拥有大量数据的真正力量。

当我们尝试基于**预测变量**和**结果变量**之间的关系来预测值时，就已经看到并完成了一种形式的机器学习。核心机器学习问题可以用决策树来解释（它也恰好是一种 ML 算法的名字！），如图 5.13 所示。

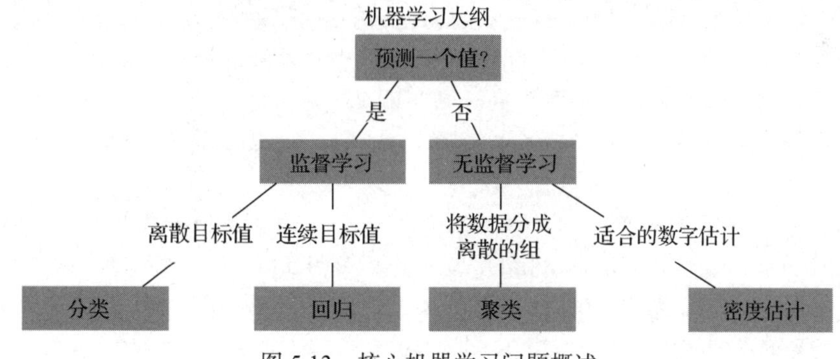

图 5.13 核心机器学习问题概述

如果我们试图通过（从数据中）学习各种预测变量和响应变量之间的关系来预测一个值，我们就在研究**监督学习**。在这个分支中，如果响应变量是连续的，那就变成了**回归**问题，我们已经看到了。例如通过一个人的年龄和职业预测他的收入。另一方面，如果响应变量是离散的（具有一些可能的值或标签），这就变成了一个**分类**问题。例如，如果你试图用某人的年龄和职业来了解他们是高收入者、中等收入者还是低收入者（三个类别），你就是在做分类。

这些学习问题要求我们预先了解真相。例如，要了解年龄和职业如何显示每个人的收入等级，我们需要知道一个人真正所处的阶层——属于高收入者、中等收入者还是低收入者。但有时我们的数据没有清晰的标签或真实的值，这时，我们的任务就是探索和解释这些数据。在这种情况下，我们处理的就是**无监督学习**问题。例如，如果我们想将数据分为不同的组，这就是一个**聚类**问题。它类似于分类，但与分类不同的是，我们不知道有多少个类别以及它们被称为什么。另一方面，如果我们试图通过估计可能导致数据分布的潜在过程来解释数据，这就变成了**密度估计**问题。在接下来的小节中，我们将学习更多关于这些分支的知识，当然还有实践练习。

由于我们已经使用了回归，在本节中，我们将重点关注分类、聚类和密度估计分支。

5.6.2 分类

分类任务是这样的：给定一组数据点及其对应的标签，学习它们是如何分类的，这样当一个新的数据点到来时，我们就可以把它放到正确的类中。构建分类器的方法和算法有很多，*k*-近邻（kNN）就是其中之一。

以下是 kNN 的工作原理：

1. 正如在一般的分类问题中一样，我们有一组数据点，并且知道这些数据点的正确类标签。
2. 当得到一个新的数据点时，我们将它与现有的每个数据点进行比较，并找出相似之处。
3. 取最相似的 *k* 个数据点（*k* 个最近邻）。
4. 根据这 *k* 个数据点，取它们标签的多数票。获胜标签就是新数据点的标签或类。

通常 *k* 是一个 2～20 之间的小数字。可以想象，最近邻数（*k* 值）越多，处理所花的时间就越长。

寻找数据点之间的相似性也是一件非常重要的事情，但我们在这里不做讨论。就目前而言，将数据点在平面上（二维或三维）可视化并使用我们从线性代数中获得的知识来考虑它们之间的距离会更加轻松。

实践示例 5.3：分类

让我们举个例子。我们将使用 OA 5.4 中提供的葡萄酒数据集。该数据集包含不同葡萄酒的各种属性及其相应的品质信息。具体来说，葡萄酒被归类为优质与不优质。我们将把这个视为类标签，并构建一个分类器，学习如何（基于其他属性）按这两个类对葡萄酒进行分类。

我们将从导入不同的库开始。注意这里有一个新的库 sklearn，它来自 scikit-learn（http://scikit-learn.org/stable/index.html），是一个用 Python 做机器学习应用的流行库。本示例加载数据，在总数据的 70% 上训练分类器，在其余的 30% 数据上测试该分类器，并计算分类器的准确率：

```
import numpy as np
import pandas as pd
import matplotlib.pyplot as plt
from sklearn.neighbors import KNeighborsClassifier
from sklearn.cross_validation import train_test_split

df = pd.read_csv("wine.csv")

# Mark about 70% of the data for training and use the rest for
testing
# We will use 'density', 'sulfates', and 'residual_sugar'
features
# for training a classifier on 'high_quality'
X_train, X_test, y_train, y_test = train_test_split(df
[['density','sulfates','residual_sugar']], df['high_qu-
ality'], test_size=.3)
```

```
classifier = KNeighborsClassifier(n_neighbors=3)
classifier.fit(X_train, y_train)

# Test the classifier by giving it test instances
prediction = classifier.predict(X_test)

# Count how many were correctly classified
correct = np.where(prediction==y_test, 1, 0).sum()
print (correct)

# Calculate the accuracy of this classifier
accuracy = correct/len(y_test)
print (accuracy)
```

请注意，上面的示例使用 k=3（在进行比较时检查 3 个最近的邻居），准确率在 76% 左右（每次你都会得到一个不同的数字，因为每次运行程序时，用于训练和测试的数据会有所不同）。但是如果 k 的值不同会发生什么呢？让我们尝试使用一系列 k 值来构建和测试分类器，并绘制出每个 k 对应的准确率。

```
# Start with an array where the results (k and corresponding
# accuracy) will be stored
results = []

for k in range(1, 51, 2):
    classifier = KNeighborsClassifier(n_neighbors=k)
    classifier.fit(X_train, y_train)
    prediction = classifier.predict(X_test)
    accuracy = np.where(prediction==y_test, 1, 0).sum() /
    (len(y_test))
    print ("k=",k,"Accuracy=", accuracy)
results.append([k, accuracy]) # Storing the k,accuracy
tuple in results
array

# Convert that series of tuples in a dataframe for easy
plotting
results = pd.DataFrame(results, columns=["k", "accu-
racy"])

plt.plot(results.k, results.accuracy)
plt.title("Value of k and corresponding classification
accuracy")
plt.show()
```

结果如图 5.14 所示。请注意，同样，每次运行该程序时，你都会看到略有不同的结果（和图）。在输出中，你还会注意到，在某个 k 值（通常为 15）之后，准确率的提高就几乎不可见了。换句话说，我们达到了饱和点。

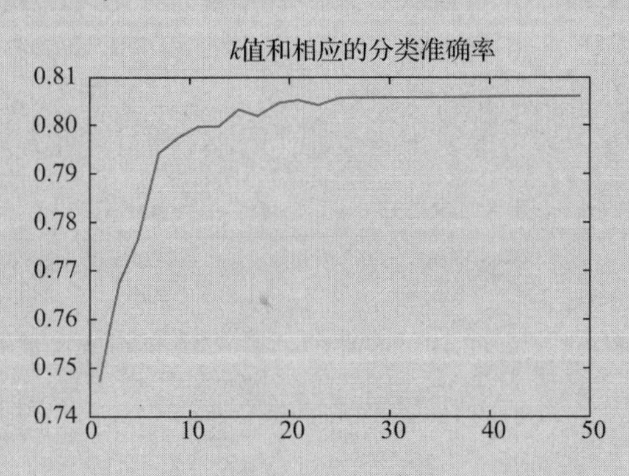

图 5.14　不同的 k 值如何影响构建的 kNN 模型的准确率

自己试试 5.6：分类

让我们用另一个数据集来尝试一下刚刚学习的分类技术。UCI 数据库中的小麦数据集（从 OA 5.5 中获取）包含了属于三种不同小麦品种的籽粒数据：卡马、罗莎和加拿大。对于每一个小麦品种，随机采样了 70 个，用软 X 光技术检测了其内部籽粒结构，并完成了高质量可视化，测量了小麦籽粒的 7 个几何参数。用这些测量数据对小麦品种进行分类。

5.6.3 聚类

现在来看看机器学习的另一个分支。在我们刚刚看到的例子中，我们知道有两个类，任务是给一个新的数据点分配现有的类标签之一。但是，如果我们不知道这些标签是什么，甚至不知道有多少个类呢？这就是借助聚类应用无监督学习的时候。

实践示例 5.4：聚类

让我们举个例子。和以前一样，我们希望在开始工作之前导入一些必需的库：

```
import numpy as np
import matplotlib.pyplot as plt

# Import style class from matplotlib and use that to apply
ggplot styling
from matplotlib import style
style.use("ggplot")
```

现在，我们将获取一堆数据点并对它们进行聚类。那么该怎么处理呢？答案是使用一种叫作 k 均值的神奇算法。k 均值除了很神奇，还是个简单的算法。以下是它的工作原理。

1. 首先，我们猜测或确定我们想要的簇数（k）。如果我们的数据点是 n 维的，那么这些簇的中心，或者说质心，也将是 n 维的点。换句话说，我们将有 k 个称为质心的 n 维点。是的，这些本质上只是那个 n 维空间中的一些随机点。

2. 其次，我们根据每个实际数据点到这些质心的距离，把它们分配给其中一个质心。在这一步之后，每个数据点将被分配给 k 个簇中的一个。

3. 最后，我们重新计算每个簇的质心。这样会再次得到 k 个质心，但是现在这些质心是已经经过调整以反映数据点是如何分布的。

我们不断重复步骤 2 和 3 直到算法收敛。换句话说，当 k 个簇的质心不再变化时，停止这个迭代过程。这时，我们得到了“真正的” k 个簇，每个数据点属于其中的一个。

幸运的是，通过合适的 Python 包，我们不需要从头开始实现所有这些。这个包就是 sklearn.cluster，它包含各种聚类算法的实现，包括 k 均值。让我们导入它：

```
# Get KMeans class from clustering library available within
scikit-learn
from sklearn.cluster import KMeans
```

在本示例中，我们将在二维（2D）空间中构建一些数据点（这样就可以轻松地可视化它们）：

```
# Define data points on 2D plane using Cartesian coordinates
```

```
X = np.array([[1, 2],
              [5, 8],
              [1.5, 1.8],
              [8, 8],
              [1, 0.6],
              [9, 11]])
```

现在，我们将继续进行聚类，并将 *k* 均值算法生成的聚类可视化：

```
# Perform clustering using k-means algorithm
kmeans = KMeans(n_clusters=2)
kmeans.fit(X)

# 'kmeans' holds the model; extract information about
clusters
# as represented by their centroids, along with their
labels
centroids = kmeans.cluster_centers
labels = kmeans.labels

print(centroids)
print(labels)

# Define a colors array
colors = ["g.", "r.", "c.", "y."]

# Loop to go through each data point, plotting it on the
plane
# with a color picked from the above list - one color per
cluster
for i in range(len(X)):
    print("Coordinate:",X[i], "Label:", labels[i])
    plt.plot(X[i][0], X[i][1], colors[labels[i]],
   markersize = 10)

# Plot the centroids using "x"
plt.scatter(centroids[:, 0],centroids[:, 1],
marker="x", s=150, linewidths=2, zorder=10)
plt.show()
```

图 5.15 展示了输出。如你所见，图中绘制了六个点。很容易想象，如果我们寻找两个聚类，那么左下角有一个，右上角有一个。这里我们使用了 *k* 均值算法，该算法旨在找到 *k* 个独立的聚类，其中每个聚类的中心（质心）是该聚类中所有值的平均。这些聚类用“X”符号表示。

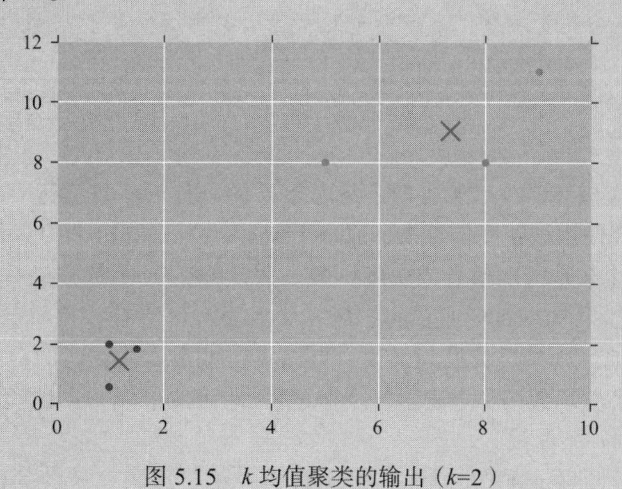

图 5.15 *k* 均值聚类的输出（*k*=2）

现在让我们看看如果想要三个聚类会发生什么。将 KMeans 函数中的 n_clusters 参数（输入或参数）更改为 3。瞧！图 5.16 展示了该算法如何对相同的六个数据点给出三个聚类。

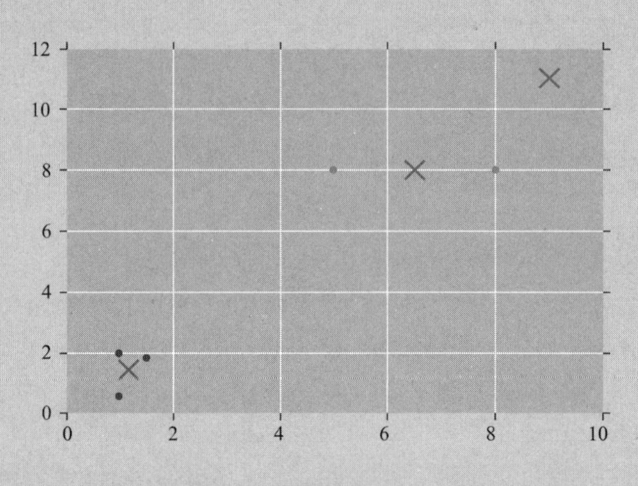

图 5.16 k 均值聚类的输出（k=3）

你甚至可以尝试 n_clusters=4。所以你看，这就是无监督学习，因为不知道数据点的标签或颜色，不知道如何将它们分类。事实上，我们甚至不知道应该有多少个标签或类，所以可以强加任何数量的标签或类。

但是事情并不总是这么简单。因为处理的是二维数据，而且数据点很少，我们甚至可以直观识别出多少个聚类是合适的。无论如何，上面的例子展示了无监督聚类是如何工作的。

自己试试 5.7：聚类

在这个作业中，你将使用 UCI 数据库中的旅行评分数据集（见 OA 5.6），它是通过从 TripAdvisor.com 抓取旅行者的评分创建的。对东亚旅游目的地的评论分为 10 类。每个旅行者的评分分为糟糕（0）、差（1）、一般（2）、非常好（3）或优秀（4），对于每个用户每个类别使用平均评分。使用你刚刚学习的聚类方法将具有相似评分的目的地进行分组。

5.6.4 密度估计

当我们不知道应该有多少个聚类时，思考聚类的一种方法是运行一个程序来寻找聚集在一起的数据点，并使用该密度信息来形成一个聚类。MeanShift 就是这样一种技术。

让我们先了解什么是密度信息或密度函数。假设你正试图表示在一个地区找到星巴克的可能性。你知道如果是在商场或者购物区，那么很有可能有一家星巴克（或者两三家），在人口较少的农村地区则相反。换句话说，星巴克在城市和购物区的密度高于人口较少或游客较少的地区。密度函数是一个表示一个变量（如星巴克的存在）取给定值的相对可能性的函数（想想图上的一条曲线）。

现在让我们回到 MeanShift。这是一种在给定一组符合密度函数的数据点的情况下定位该函数的最大值的算法。所以，大致来说，如果我们有与星巴克的位置相对应的数据点，MeanShift 可以让我们搞清楚在哪里有可能找到星巴克，或者给定一个位置，找到星巴克的可能性有多大。

实践示例 5.5：密度估计

为了演示，我们将定义一个密度函数，让它生成一堆符合该函数的数据点，然后尝试使用密度估计来定位这些数据点的质心。这几乎像是一个自我实现的预言！但是它允许我们实践和了解当我们甚至不知道应该有多少聚类时，无监督聚类是如何工作的。

下面是整个例子的代码，以及行内注释。输出的 3D 图可视化如图 5.17 所示。

```
import numpy as np
from sklearn.cluster import MeanShift
from sklearn.datasets.samples_generator import make_blobs
import matplotlib.pyplot as plt
from mpl_toolkits.mplot3d import Axes3D

# Import style class from matplotlib and use that to apply
ggplot styling
from matplotlib import style
style.use("ggplot")

# Let's create a bunch of points around three centers in a 3D
# space X has those points and we can ignore y
centers = [[1,1,1],[5,5,5],[3,10,10]]
X, y = make_blobs(n_samples = 100, centers = centers, clus-
ter_std = 2)

# Perform clustering using MeanShift algorithm
ms = MeanShift()
ms.fit(X)

# "ms" holds the model; extract information about clusters as
# represented by their centroids, along with their labels
centroids = ms.cluster_centers
labels = ms.labels

print(centroids)
print(labels)

# Find out how many clusters we created
n_clusters_ = len(np.unique(labels))
print("Number of estimated clusters:", n_clusters_)

# Define a colors array
colors = ['r','g','b','c','k','y','m']

# Let's do a 3D plot
fig = plt.figure()
ax = fig.add_subplot(111, projection='3d')
# Loop to go through each data point, plotting it on the 3D
space
# with a color picked from the above list - one color per
cluster
for i in range(len(X)):
   print("Coordinate:",X[i], "Label:", labels[i])
   ax.scatter(X[i][0], X[i][1], X[i][2], c=colors[labels
[i]], marker='o')

ax.scatter(centroids[:,0],centroids[:,1],centroids
[:,2], marker="x", s=150, linewidths=5, zorder=10)
plt.show()
```

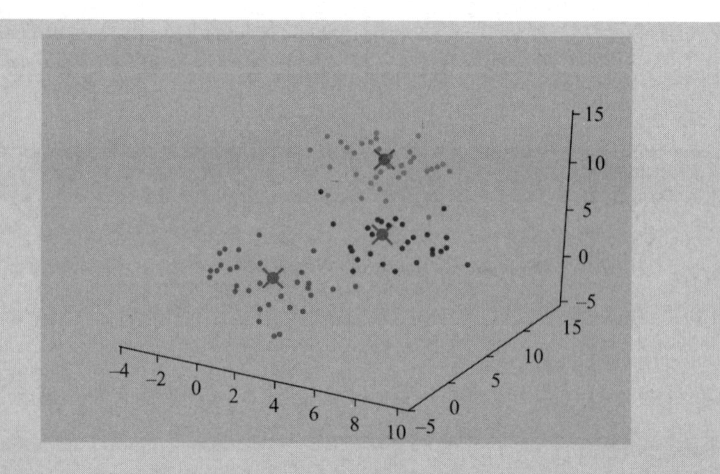

图 5.17 识别出三个聚类的密度估计图

图 5.17 显示了三个聚类，但是尝试多次运行该程序，你可能会发现不同数量的聚类。你猜对了——这是因为数据点可能略有不同，我们开始应用 MeanShift 算法的方式和位置也可能不同。

如果你对更多有关内容感兴趣，请阅读本书的第三部分。但是如果你对 R 统计工具还不够了解的话，你应该先阅读第 6 章，因为后面我们进行机器学习的时候会专门用 R。

总结

根据美国电气与电子工程师协会 [7] 的说法，Python 最近成为了编程语言排行榜的第一名。这并不奇怪。Python 是一种易于学习但非常强大的语言。它是数据科学家的理想选择，因为它提供了直接加载和绘制数据的方法，提供了大量的包来进行数据可视化和并行处理，并允许轻松集成到其他工具和平台。想做网络编程？ Python 可以做到。关心面向对象编程？ Python 已经覆盖了。那 GUI 呢？没错，它也覆盖了。

很难想象有哪本数据科学书籍不涉及 Python，但在这里，它对我们更有意义的原因之一是，与其他一些编程语言（如 Java）不同，Python 的门槛非常低。人们几乎可以立即看到各种表达式和编程结构的结果，而不必担心大量的语法或编译。很少有比这更容易的编程环境了。更不用说，Python 是免费的、开源的，并且容易获得。这在一开始可能意义不大，但对其以后的可持续性和支持有影响。Python 还在蓬勃发展，得到支持，并得到进一步增强，这要归功于一个大的开发人员社区，他们创建了出色的程序包，允许 Python 程序员用很少的工作就可以完成各种数据处理。而且这样的发展还在继续。

学生们经常要求推荐一种编程语言来学习。不了解上下文很难给出好的答案（为什么要学编程，会在哪里用，用多久等）。但是基于以上所有原因，Python 是一个很好的推荐。

说到这里，我建议不要痴迷于任何编程工具或语言。记住它们是什么——只是工具。我们的目标，至少在这本书里，不是掌握这些工具，而是用它们来解决数据问题。在本章中，我们了解了 Python。接下来，我们将探索 R。最终，你可能会对其中一个产生偏好，但只要你理解如何使用这些工具来解决问题，就没有关系了。

关键术语

- **集成开发环境（IDE）**：一个包含用于编写、编译、调试和运行程序的各种工具的应用程序。例子包括 Eclipse、Spyder 和 Visual Studio。
- **相关性**：表示两个变量的关系有多密切，范围从 -1（负相关）到 +1（正相关）。相关性为 0 表示变量之间没有关系。
- **线性回归**：线性回归是一种通过将线性方程拟合到观察数据来建模结果变量和预测变量之间关系的方法。
- **机器学习**：这是一个探索算法使用的领域，这些算法可以从数据中学习，并使用学到的知识对以前从未见过的数据进行预测。
- **监督学习**：机器学习的一个分支，处理的是使用数据和真实标签或值构建模型的问题。
- **无监督学习**：机器学习的一个分支，处理的是没有数据的真实标签来训练的问题。目标是以某种方式将数据组织成一些有意义的簇或聚类。
- **预测变量**：预测变量是用于衡量其他变量或结果的变量。在实验中，预测变量通常是自变量，由研究人员控制，而不仅仅是测量。
- **结果变量或反应变量**：在大多数情况下，结果变量或反应变量是因变量，通过改变自变量来被观察和测量。
- **分类**：在我们的上下文中，分类任务表示根据一些共有的特性或特征将数据点系统地排列成组或类。这些组或类具有预定义的标签，称为类标签。
- **聚类**：聚类涉及将相似的对象组合成一个集合，称为簇。聚类任务类似于没有预定义类标签的分类。
- **密度估计**：这是一个机器学习（通常是无监督学习）的例子，我们试图通过估计可能决定数据如何分布的潜在过程来解释数据。

概念性问题

1. 列出可以在 Python 中使用的算术运算符。
2. 列出三种不同的数据类型。
3. Python 中如何获取用户输入？

实践问题

问题 5.1

编写一个 Python 脚本，为变量“age”赋值，并使用该信息来确定当事人是否在上高中。假设一个人正在上高中，他的年龄应该在 14～18 岁之间。不必编写复杂的代码——简单的逻辑代码就够了。

问题 5.2

以下是 20 个人的体重值（以磅为单位）：

164、158、172、153、144、156、189、163、134、159、143、176、177、162、141、151、182、185、171、152。

用 Python 求均值、中位数、标准差，然后绘制直方图。

问题 5.3

你将获得一个名为 boston（OA 5.7）的数据集。该数据集包含由美国人口普查局收集的关于马萨诸塞州波士顿地区住房的信息。数据集很小，只有 506 个案例。这些数据的来源为 Harrison, D., & Rubinfeld, D. L. (1978). Hedonic prices and the demand for clean air. *Journal of Environmental Economics and Management*, 5, 81-102。

以下是该数据集中捕获的变量：

```
CRIM - per capita crime rate by town
ZN - proportion of residential land zoned for lots over 25,000 sq.ft.
INDUS - proportion of non-retail business acres per town.
CHAS - Charles River dummy variable (1 if tract bounds river; 0
otherwise)
NOX - nitric oxides concentration (parts per 10 million)
RM - average number of rooms per dwelling
AGE - proportion of owner-occupied units built prior to 1940
DIS - weighted distances to five Boston employment centres
RAD - index of accessibility to radial highways
TAX - full-value property-tax rate per $10,000
PTRATIO - pupil-teacher ratio by town
B - 1000(Bk - 0.63)^2 where Bk is the proportion of blacks by town
LSTAT - % lower status of the population
MEDV - median value of owner-occupied homes in $1000's
```

使用适当的相关性检验和回归检验，找出哪个变量是 NOX（一氧化氮浓度）的最佳预测变量。对于该模型，提供回归图和方程。

使用适当的相关性检验和回归检验，找出哪个变量是 MEDV 的最佳预测变量（中位数家庭值）。对于该模型，提供回归图和方程。

问题 5.4

本章介绍过一个分类方法——kNN 分类器。分类方法或算法旨在解决不同类型的问题。因此，不同的分类器会显示不同的分类结果或准确性。这里的任务目标是比较不同分类器的准确性。

用于此任务的数据集是 Iris（鸢尾），这是一个经典且非常简单的多类分类数据集。该数据集包含三种不同类型的鸢尾花（setosa、versicolor 和 virginica）的花瓣和萼片长度数据，存储在一个 150×4 的数组中。行是样本，列是萼片长度、萼片宽度、花瓣长度和花瓣宽度。你可以通过下面的 Python 代码加载该数据集：

类别	3
每类样本数	50
样本总数	150
维度	4
特征	正实数

```
from sklearn import datasets
iris = datasets.load iris()
```

你已经知道怎么用 kNN 了。让我们试试另一个分类器：支持向量机（SVM）。要使用 SVM 作为分类器，可以使用以下代码。

```
from sklearn.svm import SVC # importing the package
SVC(kernel="linear") # building the classifier
```

第二行将为你提供一个分类器，你可以像使用 kNN 构建的分类器一样存储和进一步处理。此处假设我们想为 SVM 使用线性核。其他选项有“rbf”(径向基函数)和“poly”(多项式)。尝试每一种方法，看看你能得到什么样的准确率。请注意，每次运行程序时，你可能会得到略有不同的数字，因此请尝试运行几次：

对于分类，只取数据集中的前两列。

将数据集分为两部分：70% 用于训练，30% 用于测试。

显示从 kNN 和 SVM 的三个变体得到的准确率。

问题 5.5

让我们再次使用 Iris 数据。在前面的问题中，我们用它来做分类。现在我们来做聚类。

首先加载数据，提取前两个特征。

现在，使用 k 均值进行平面聚类。你可以决定多少个聚类比较合适。为此，你可能想先绘制数据，看看其分布情况。显示标有聚类的图。

在同一数据集上完成分类和聚类后，你能就这些数据和你使用的技术说些什么？用一两段话写下你的想法。

问题 5.6

在本练习中，你需要使用 Coimbra 乳腺癌数据集。首先从 OA 5.8 下载该数据集并加载数据。数据集有 10 个特征，包括类标签（1 或 2）。接下来，你需要将 Leptin 特征值四舍五入到两位小数。完成后，使用前 9 个属性（数据集减去类标签）将数据点分组为两个聚类。你可以自己选择任何聚类算法，但是聚类的数量应该保持不变。聚类完成后，使用类标签来评估你选择的聚类算法的准确率。

延伸阅读及资源

如果你想了解更多关于 Python 及其多功能应用的知识，这里有一些有用的资源。

Python 教程：

- https://www.w3schools.in/python-tutorial/
- https://www.learnpython.org/
- https://www.tutorialspoint.com/python/index.htm
- https://www.coursera.org/learn/python-programming
- https://wiki.python.org/moin/WebProgramming/

Python 的隐藏特性：

- https://stackoverflow.com/questions/101268/hidden-features-of-python

Pandas 数据帧数据营教程：

- https://www.datacamp.com/community/tutorials/pandas-tutorial-dataframe-python

注释

1. Python 下载：https://www.python.org/downloads/

2. PyDev：http://www.pydev.org

3. Anaconda Navigator：https://anaconda.org/anaconda/anaconda-navigator

4. Daily Demand Forecasting Orders 数据集：

https://archive.ics.uci.edu/ml/machine-learning-databases/00409/Daily_Demand_Forecasting_Orders.csv

5. GitHub：http://vincentarelbundock.github.io/Rdatasets/csv/datasets/longley.csv

6. 请注意，预测变量 X 是大写的，结果变量 y 是小写的。这是故意的。通常会有多个预测变量，使 $\boldsymbol{X}$ 成为一个向量（或矩阵），而大多数时候（也许对我们来说，一直都是），只有一个单一的结果变量。

7. IEEE（Python#1）：http://spectrum.ieee.org/computing/software/the-2017-top-programming-languages

第 6 章
R

"不是所有有价值的事物都可以被计算，也不是所有可计算的事物都值得去计算。"

——Albert Einstein

你需要什么？

- 计算思维（参见第 1 章）。
- 能够安装和配置软件。
- 基本统计知识，包括相关性和回归。
- （理想情况下）之前接触过任一编程语言。

你会学到什么？

- 将结构化数据加载到 R 中。
- 使用 R 进行统计分析，包括生成模型和可视化。
- 使用 R 将介绍性机器学习技术（如分类和聚类）应用于各种数据问题。

6.1 引言

虽然像 Python 这样的通用编程语言可以提供一个有效处理数据和逻辑的框架，但我们通常希望专注于数据分析。换句话说，我们可以使用一个为处理数据而设计的编程环境，它不太关心编程。有几种这样的环境或软件包可用——SPSS、Stata 和 Matlab。但是对于一个免费的、开源的、但非常强大的数据分析平台来说，没有什么能打败 R。

不要仅仅因为 R 是免费的，就认为它是低等的。从简单的数学运算到高级可视化，R 可以做到一切。事实上，R 已经成为数据科学中最常用的工具之一，不仅仅是因为它是免费的。

本章将介绍 R 语言及其语法，一些例子，以及它如何与 Python 集成。Python 和 R 可能是数据科学中最重要的两个工具。

6.2 R 安装

R 是一个开源的统计计算软件，在各大平台上都是免费的。如果你用过或者听说过

Matlab，SPSS，SAS 等，R 可以做这些事情：统计、数据操作、可视化、运行数据挖掘和机器学习算法。但你无须付出任何代价就有一套惊人的工具可以使用，而且 R 还在不断扩展。还有一个积极的社区在建设和支持这些工具。R 为你提供了所有可以处理的统计和图形功能，因此它正在成为科学计算的行业标准也就不足为奇了。

你可以从 R 网站下载 R[1]。在那里你也可以阅读 R 和相关项目，加入邮件列表，并找到所有你需要的帮助来做惊奇的事情。如果你喜欢，附录 D 有更多下载和安装的细节。

下载并安装后，启动 R 程序，你将看到 R 控制台（如图 6.1 所示）。在这里，你可以运行我们将在 6.3 节中看到的 R 命令和程序。要退出程序，请输入 q ( )。

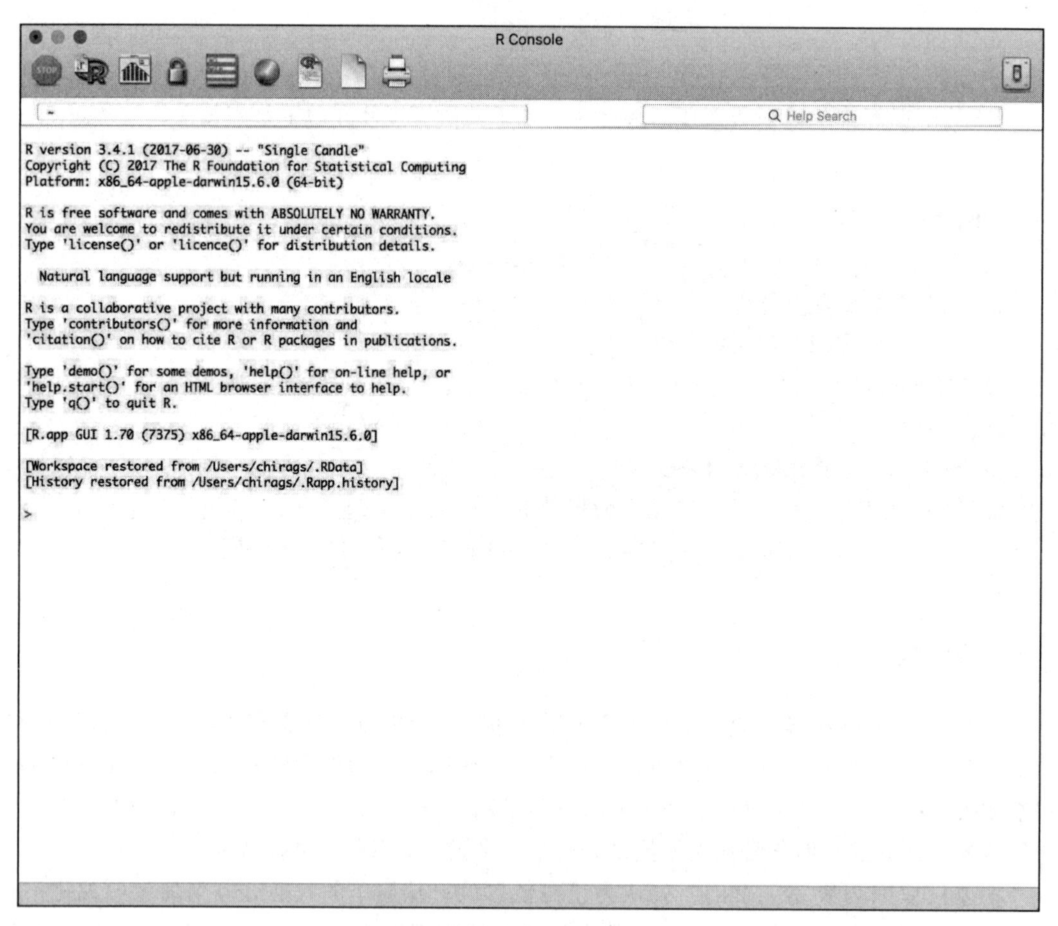

图 6.1 R 控制台截图

但是，和以前一样，我们将利用**集成开发环境**（IDE），而不是直接使用这个程序。这种情况下就是 RStudio。因此，请转到 RStudio[2] 并选择与你的操作系统相匹配的版本。

同样，一旦你下载并安装了 RStudio，请继续启动它，你应该会看到多个窗口或窗格（如图 6.2 所示），包括你熟悉的可以运行 R 命令的 R 控制台。和普通的 R 一样，你可以在 RStudio 控制台上输入 q ( )，然后退出。

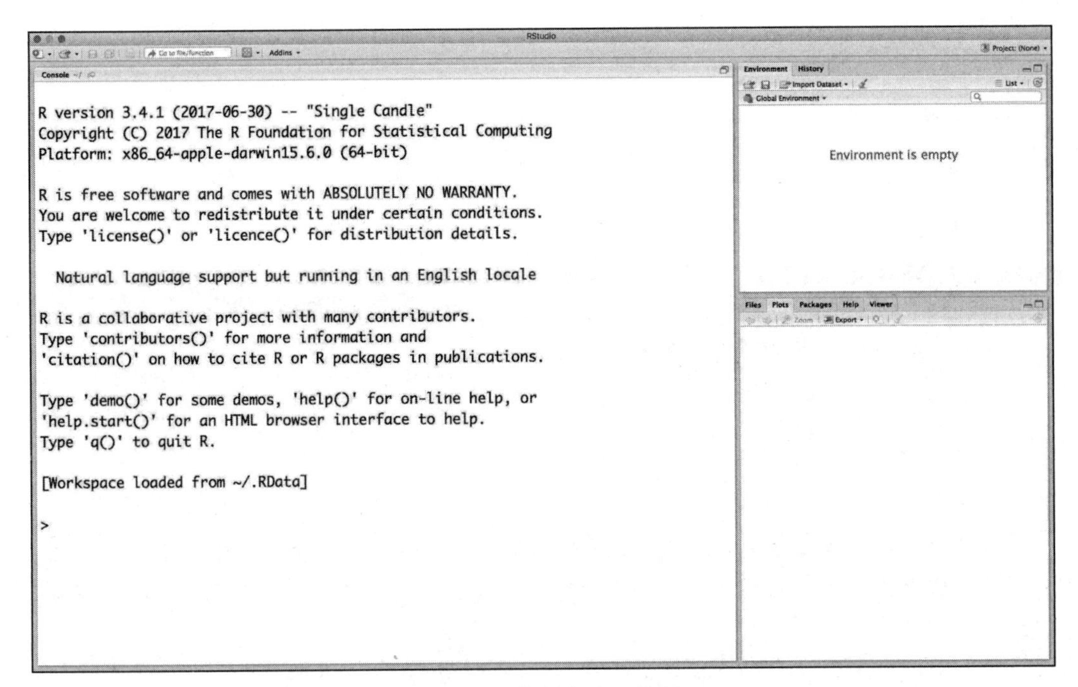

图 6.2　R 控制台窗口截图

6.3　R 入门

让我们现在就开始实际使用 R，我们将按照我们在本书中学习的方式来练习。

6.3.1　基础

让我们从类似于我们在 Python 控制台上所做的事情开始，下面用 > 显示的所有内容都是在命令提示符下输入的。带括号数字的行（例如 [1]）显示运行这些命令的输出。

```
> 2+2
[1] 4
> x=2
> y=2
> z=x+y
> z[1] 4
```

虽然这些可能不言自明，但让我继续解释它们。我们从简单地输入一个数学表达式（2+2）开始，R 执行它，给我们答案。接下来，我们为变量 x 和 y 定义并赋值。类似于 Python 等其他脚本语言，我们不需要担心变量的**数据类型**。就像我们可以给一个变量赋值一样（例如，x=2），我们也可以给一个变量赋值一个数学表达式（如上，z=x+y），在这种情况下，R 将计算那个表达式，并将结果存储在那个变量中。如果你想查看变量中的内容，只需在提示符下输入该变量的名称。

注意，你也可以使用 <- 为变量赋值，比如：>a<-7。
在本书中，你会看到我用这两种符号来赋值和写表达式。

接下来，让我们使用逻辑运算。最常见的逻辑运算符听起来应该很熟悉：“>”“<”“>=”

和“<=”。比较运算符（==）和否定运算符（! =)。让我们继续练习其中的一些：

```
> 2>3
[1] FALSE
> 2==2
[1] TRUE
```

如你所见，逻辑运算的结果是一个**布尔值**——“真”或“假”。

实践示例 6.1：基础

现在，让我们在 R 控制台上写一个小程序：

```
> year = 2020
> if (year%%4==0)
+ print ("Leap year")
[1] "Leap year"
```

在这里，我们为变量 year 赋值，并使用模数运算符（%%）检查它是否能被 4 整除。如果是，那么宣布该年为闰年。我们以前做过这个，但是现在我们看到了如何使用 R 解决同样的问题。

现在让我们把这段代码放在一个文件中。在 RStudio 中，选择“文件 > 新建文件 >R 脚本”。这将打开一个编辑器，你可以在其中键入代码。在那里，写下以下内容：

```
year = 2020
if (year%%4==0) {
    print ("Leap year")
} else {
   print ("Not a leap year")
}
```

保存文件。通常，R 脚本有一个“.r“扩展。你可以一次运行一行，方法是将光标放在该行上，然后单击编辑器工具栏中的“Run”(运行）按钮。如果你想运行整个脚本，只需选择它（PC 上的“Ctrl+A”或 Mac 上的“Cmd+A”）并单击“Run”，在控制台中就会显示输出。现在你知道如何把 R 代码放在一个文件中并运行它，你可以开始利用现有的 R 脚本，甚至创建你自己的 R 脚本。

自己试试 6.1：基础

1. 用 R 计算以下方程的值：$((2\times7)+12)^2$

2. 使用 if-else 结构检查上一个问题的值是否可被 3 整除。如果该数可被 3 整除，检查同一数是否也可被 4 整除。如果该数不能被 3 或 4 整除，则输出可被 3 和 4 整除的最大值。

6.3.2 控制结构

和 Python 一样，R 支持一些基本的控制结构。一般来说，控制结构有两种：决策控制结构和循环控制结构。顾名思义，如果你想根据某种条件来决定一条或一组语句是否可以执行，你需要一个决策控制结构，例如，“if-else”块。但是，如果只要决策条件保持为真，你需要迭代执行同一组语句，那么你就需要循环控制结构，例如“for 循环”“do-while”循环等。

让我们看几个例子。假设你想根据当前湿度的百分比来决定天气是否适合自行车旅行，并且你想为此编写代码。它可能看起来像：

```
humidity = 45

if (humidity<40) {
   print ("Perfect for a trip")
} else if (humidity>70) {
  print ("Not suitable for a trip")
} else {
  print ("May or may not be suitable for a trip")
}
```

如上面几行代码所示，做出决定所基于的三个条件在这里被定义为“湿度小于 40%”，或“湿度大于 70%”，或其他。

实践示例 6.2：控制结构

我们现在将研究一个扩展的例子来练习循环控制结构。如果你对未来七天的湿度有准确的预测呢。如果你能在七天内做出一些决定，那不是很好吗？以下是如何做到这一点：

```
# This is to store the humidity percentages in a vector
humidity <- c(20, 30, 60, 70, 65, 40, 35)

count <- 1
while (count <= 7) {
cat ("Weather for day ", count, ":")
if (humidity[count] < 40) {
print ("Perfect for a trip")
} else if (humidity[count] > 70) {
        print ("Not suitable for a trip!")
} else {
print ("May or may not be suitable for trip")
}
count = count + 1
}
```

同样的目标也可以通过“for 循环”来实现。这里有一个演示：

```
# This is to store the humidity percentages in a vector
humidity <- c(20, 30, 60, 70, 65, 40, 35)

for (count in 1:7) {
cat ("Weather for day ", count, ":")
if (humidity[count] < 40) {
print ("Perfect for a trip")
} else if (humidity[count] > 70) {
        print ("Not suitable for a trip!")
} else {
print ("May or may not be suitable for trip")
}
}
```

在这里停一会儿，确保上面的所有代码对你都有意义。当然，确保这一点的最好方法是亲自尝试，并做一些改变，看看你的逻辑是否正确。回想一下我们在本书第 1 章中对计算思维的讨论。这将是一个练习的好时机。

自己试试 6.2：控制结构

1. 使用“for 循环”输出 2008～2020 年之间的所有闰年。
2. 使用“while 循环”计算下面一行中的字符数：Today is a good day。

6.3.3 函数

如你所知，函数允许我们存储一个过程，或者一个可重用的计算块或逻辑块。这就像厨师预先制作好肉汤，然后可以一整天都在不同的菜肴中使用，而不必在每次菜谱需要的时候重做。

实践示例 6.3：函数

让我们从创建一个可以重复使用的函数开始。这里有一个名为“Square”（平方）的函数，它接受一个值（通常称为参数或输入）并返回其平方。

```
Square = function(x) {
    return (x*x)
}
```

将这段代码写在一个文件中并保存。现在运行整个脚本，什么都不会发生。但是现在当你去控制台运行一个类似 Square(4) 的命令，你应该会看到一个合适的答案。发生什么事了？你已经猜到了！我们刚刚创建了一个名为 Square 的函数，它可以在我们需要这种功能的任何时候使用。事实上，你可以在 RStudio 的“Environment”面板中看到，我们可以使用这个特定的功能。

自己试试 6.3：函数

编写一个函数，接受两个值作为输入，并返回其中较小的一个。通过编写调用该函数并输出结果的代码，演示如何使用该函数。

6.3.4 导入数据

现在我们来看 R 对数据科学最有用的部分，在没有一些数据可供我们使用的情况下，我们实际解决问题的方法几乎都不起作用。让我们看看如何将数据导入到 R 中。现在，我们将像以前一样使用 CSV 数据。R 有一个函数 file.choose()，它允许你从计算机中挑选出一个文件，还有一个 read.table() 函数，它可以将文件作为表格读取，这对于 csv 格式的数据非常有用。

对于这个例子，我们将使用 IQ 数据文件（iqsize.csv），可从 OA 6.7 获得。逐行键入以下代码，或者将其保存为 R 脚本，一次运行一行：

```
df = read.table(file.choose(),header=TRUE,sep=",")
brain = df["Brain"]
print(summary(brain))
```

运行第一行会弹出一个文件选择框，导航到存储 iqsize.csv 的目录并选择它，这是 file.choose() 函数的结果，它是第一行 read.table() 函数的第一个参数（参数，输入）。或者，你可以将文件名（带完整路径）放在第一个参数的引号中。第二个参数意味着我们希望在第一行（标题）看到列标签，第三个参数指示列是如何分隔的。

一旦我们将数据加载到 dataframe（df）变量中，我们就可以处理它了。在第二行，我们选择存储在 Brain 列中的数据。然后在第三行中，我们使用函数 summary()，这样我们就可以获得该数据框架的一些基本统计特征并将其输出出来，如下所示：

```
    Brain
Min.   : 79.06
1st Qu.: 85.48
Median : 90.54
Mean   : 90.68
3rd Qu.: 94.95
Max.   :107.95
```

这些统计量看起来眼熟吗？如果你知道你的基本统计数据，或者回顾过本书前面提到的描述性统计数据，那么你应该很熟悉它们！

6.4 图形和数据可视化

R 的一个核心优点是，由于它的内置支持，以及来自世界各地许多开发人员的大量库或包和函数，它不费吹灰之力就能提供数据可视化。让我们来探讨一下。

6.4.1 安装 ggplot2

在使用图形和绘图之前，让我们确保拥有适当的库。打开 RStudio，选择“工具 > 安装包”，在弹出的对话框中，确保为安装源选择了 CRAN 存储库。现在，在软件包的框中键入 ggplot2，确保选中“Install dependencies”（安装依赖项），单击“Install”，就可以下载并安装 ggplot2 包了。

参考资料：数据帧

我们在 Python 章节中看到了数据帧的概念，在某种程度上，R 也是如此，即数据帧就像一个包含行和列的数组或矩阵，然而，有几个关键的区别。

首先，在 R 中，数据帧本质上是可用的，而不必像我们对 Python 和 Pandas 那样加载任何外部包。第二大区别是数据帧中的元素是如何寻址的。让我们用一个例子来看这个。

我们将使用一种内置的数据帧，称为 mtcars。该数据框架以汽车模型为行，以汽车的各种属性为列。如果你想找到菲亚特 128 车型的 mpg，你可以输入：

```
> mtcars['Fiat 128','mpg']
```

如果你想要那辆车的全部记录，你可以输入：

```
> mtcars['Fiat 128',]
```

换句话说，你引用的是具有上述地址的一个特定的行和所有相应的列。当然，你也可以使用诸如 mtcars[12,1] 这样的索引来寻址数据帧中的元素，但是，正如你所看到的，通过名称来索引行、列或特定的元素会使数据变得更加可读。

如果你对探索 R 中的数据帧感兴趣，那么你可能想看看本章末尾的一些延伸阅读的指南。

6.4.2 加载数据

对于本节中的示例，我们将使用关于健康保险的客户数据。可从 OA 6.1 获得。数据在一个名为 custdata.tsv 的文件中，这里的 tsv 代表制表符分隔的值。也就是说，字段不是用逗号分隔，而是用制表符分隔。因此，我们的加载命令将变成：

```
custdata = read.table('custdata.tsv',header=T,sep='\t')
```

这里，'\t' 表示制表符。上面的命令假设 custdata.tsv 文件在当前目录中。如果你不想冒险，那么你可以用 file.choose() 函数替换文件名，这样当 read.table() 函数运行时，会弹出一个文件导航框，允许你从计算机中挑选数据文件。那一行看起来像：

```
custdata = read.table(file.choose(),header=T,sep='\t')
```

6.4.3 数据绘制

让我们从客户年龄的简单直方图开始。首先，我们需要加载 ggplot2 库并使用它的直方图函数，如下所示：

```
library(ggplot2)
ggplot(custdata) +geom_histogram(aes(x=age), binwidth=5,
fill="blue")
```

这将生成一个漂亮的直方图（如图 6.3 所示）。在代码中，binwidth 表示每个栏在 x 轴上覆盖的范围。在这里，我们将它设置为 5，这意味着它将查看诸如 0～5、6～10 等范围。然后，图上的每个条表示给定范围内的项目或成员的数量。所以，正如你所想象的，如果我们增加范围，每个条形图就会得到更多的项目，整个图就会变得“更平坦”。如果我们缩小范围，就会有更少的物品适合放在一个直方图中，那么这个图就会显得更加“参差不齐”。

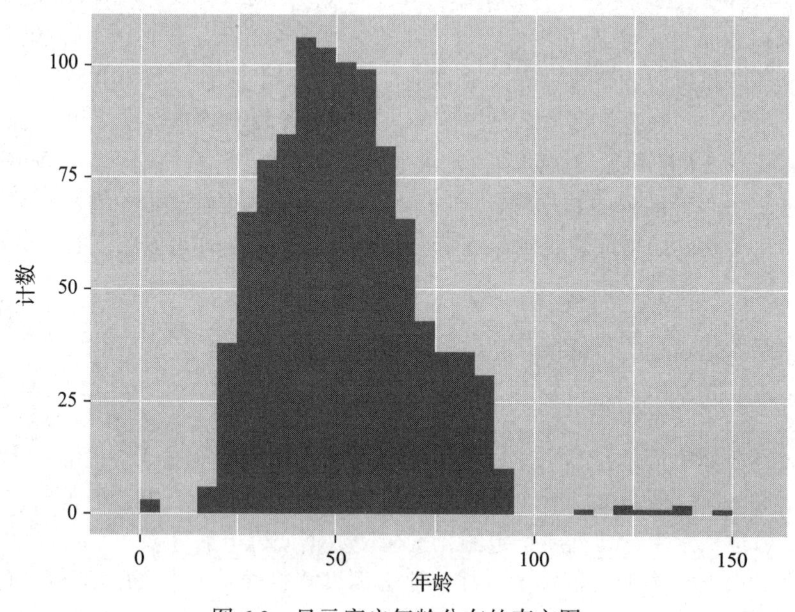

图 6.3 显示客户年龄分布的直方图

但你知道创造这样一个图表是多么容易吗？我们只输入了一行。现在，如果你以前从未使用过这样的统计软件包，而是依赖于电子表格程序来创建图表，那么你可能会认为使用这些程序时通过点击来创建图表很容易。但是在这里打出一行代码很难吗？此外，有了这行代码，我们可以更容易地控制图形的外观，而不是用那个点和点击。也许只有我这么认为，但我认为结果看起来比那些电子表格程序更“专业”！

在这里，你可以看到直方图函数的 x 轴将显示什么参数，以及每个箱子中有多少个数据点。

现在让我们来看看具有绝对价值的领域，数据 `marital.stat` 就是这样。我们可以使用直方图来绘制数据（如图 6.4 所示）。

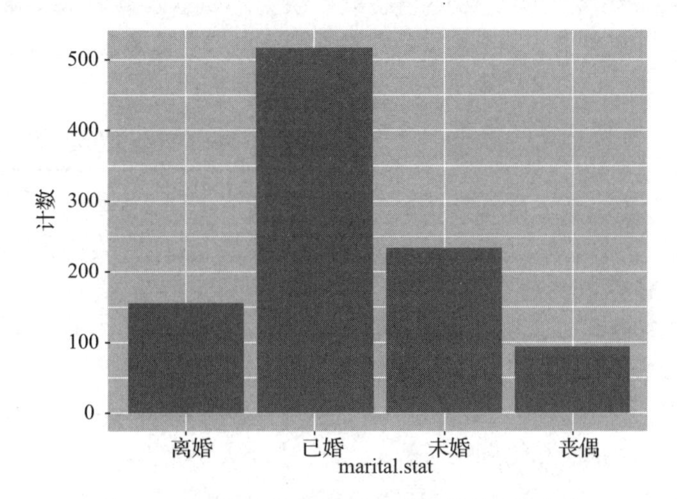

图 6.4　显示客户数据中婚姻状况分布的直方图

```
ggplot(custdata) + geom_bar(aes(x=marital.stat), fill="blue")
```

那么，直方图是 R 中唯一可用的图表类型吗？当然不是。人们可以画出许多其他类型的图表。例如，你可以画一个饼图来绘制房屋类型的分布，尽管饼图在标准的 R 研发文档中是不推荐的，而且可用的特性也有所不同。接下来介绍如何做到这一点。首先，你需要构建每个因素级别的计数的列联表。

```
contigencyTable <- table(custdata$housing.type)
```

现在，你可以使用 R 中的 `pie()` 函数来绘制住房类型的饼图（如图 6.5 所示）。

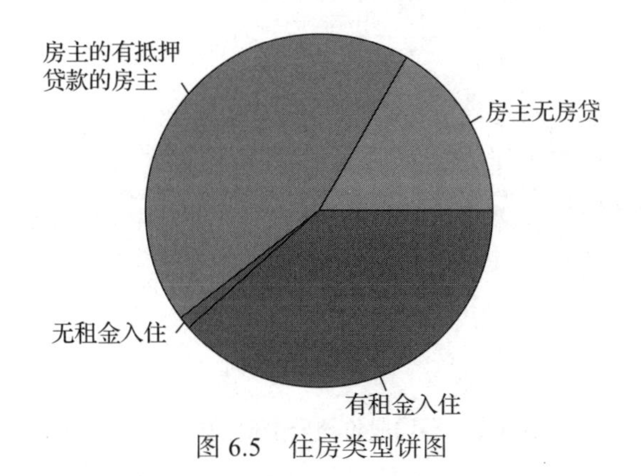

图 6.5　住房类型饼图

```
pie(contigencyTable, main="Pie Chart of Housing Types")
```

如果你不喜欢 R 中 pie() 的默认配色方案，你可以从可用的颜色中选择不同的颜色，根据图表中饼图切片的数量，你可能需要指定所需的颜色数量，下面是如何实现的代码。

```
pie(contigencyTable, main="Pie Chart of Housing Types", col =
rainbow(length(contigencyTable)))
```

实践示例 6.4：绘图

在最后两个可视化中，一个突出的相似之处是数据点的离散性。但是，如果所有数据点都属于一个序列，并且你希望在可视化中保留数据的序列特性，会怎么样呢？一种可能的解决方案是折线图。让我们举个例子。

表 6.1 包含一个关于一家公司在证券交易所交易的前五个小时的平均股价 X 的数据集，可以从 OA 6.2 获取。

如果你对公司股价的进展感兴趣，你可以用折线图来可视化情况。以下几行代码可以完成任务。

表 6.1 公司前五个交易小时的平均股价（美元）

运行时间	平均股价（美元）
1	12.04
2	12.80
3	13.39
4	13.20
5	13.23

```
stock <- read.csv('stocks.csv', header = TRUE, sep = ",")
plot(stock$Average.stock.price.in.USD., type = "o", col =
"red", xlab = "Hours of operation", ylab = "Average stock
price")
```

上面几行代码应该生成图 6.6 中的折线图。

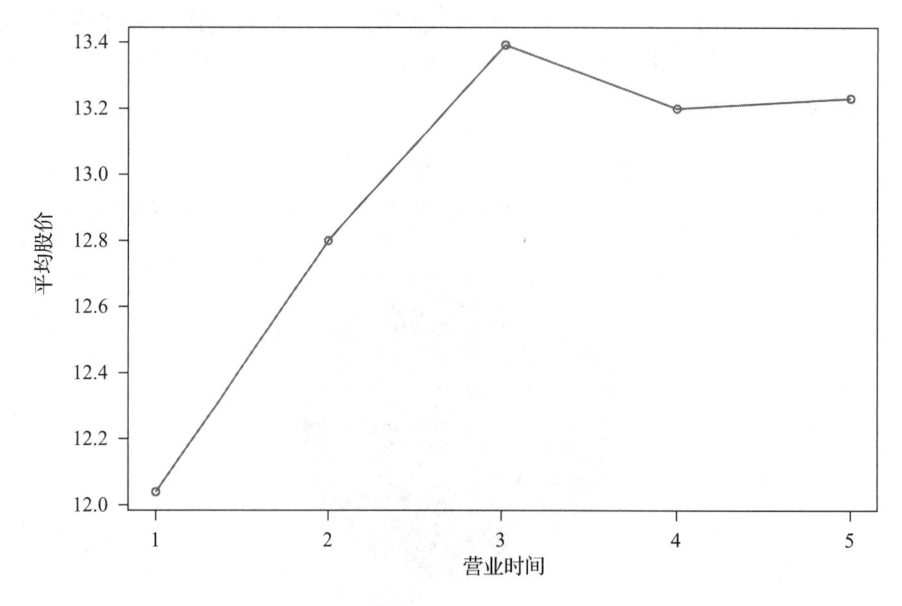

图 6.6 平均股价与营业时间的折线图

还有许多其他类型的图表和同一图表的不同变量，可以在R中绘制。但我们将在这四个地方停下来，看看我们可以做的其他事情，并用我们拥有的数据绘制图表。

我们将首先加载一个关于客户年龄和收入的数据集：

```
custdata <- read.csv('custdata.tsv', header = TRUE, sep = "\t")
```

让我们找到年龄和收入之间的**相关性**，这将告诉我们年龄和收入之间有多少关联，以及以何种方式关联。这是使用一个简单的命令完成的：

```
cor(custdata$age, custdata$income)
```

这给出了0.027的低相关性。这意味着这两个变量没有任何意义上的联系。但是等一下，对数据的仔细检查告诉我们，有一些空值，这意味着一些年龄和收入被报告为0。这不可能是真的，也许这是缺失值。因此，让我们重新进行关联，这次选择非零值。我们可以这样创建一个子集：

```
custdata2 <- subset(custdata, (custdata$age > 0 & custdata$age <
100 & custdata$income >0))
```

subset()函数允许我们根据指定的条件（在这种情况下，age大于0且小于100）对数据进行采样。现在让我们再次进行相关性计算：

```
cor(custdata2$age, custdata2$income)
```

这次我们得到-0.022。这仍然很低，但你看到标志已经改变了吗？当我们使用其他形式的数据分析（使用R或任何其他工具）时，请注意数据的性质。它并不总是干净或正确的，如果我们不小心，我们可能会得到不合理的结果，或者更糟糕的是，完全错误的结果。

自己试试6.4：相关性

在本练习中，你将使用OA 6.3提供的Cloth数据集。该数据集具有织物尺寸（x）和织物条数（y）的测量。使用该数据集来探索布料中的瑕疵数量与其尺寸之间的关系。这两个有关系吗？如果是的话，那么相关性的大小和方向如何？

6.5 统计和机器学习

我们在第3章回顾了统计概念，并在第5章中看到了如何利用Python来使用它们（以及更多）。现在，是时候用R来做同样或类似的事情了。因此，在开始本节之前，确保至少复习了统计概念。此外，我们将看到一些使用R的基本**机器学习**技术如何帮助我们解决数据问题。关于机器学习，我建议回顾一下5.6节。

6.5.1 基本统计

我们将从获取一些描述性统计数据开始。让我们来处理size.csv数据，你可以从OA 6.4下载。这个数据包含了38条不同人的身高体重大小的记录。使用下面代码加载它：

```
size = read.table('size.csv',header=T,sep=',')
```

同样，假设数据在当前目录中。或者，你可以将 size.csv 替换为 file.choose()，以便在运行此行时从硬盘中选取文件。此外，当你可以在控制台上一次运行一行，你也可以输入它们并保存为 .r 文件，这样不仅可以逐行运行，还可以存储脚本以备将来运行。

不管怎样，我现在假设你已经加载了数据。现在，我们可以通过运行 summary 命令让 R 给我们一些关于它的基本统计数据：

```
summary(size)
     Height          Weight
Min.   :62.00  Min.   :106.0
1st Qu.:66.00  1st Qu.:135.2
Median :68.00  Median :146.5
Mean   :68.42  Mean   :151.1
3rd Qu.:70.38  3rd Qu.:172.0
Max.   :77.00  Max.   :192.0
```

如上所示，输出显示了我们这里的两个变量或列的描述性统计信息：Height 和 Weight。我们以前见过这样的输出，所以我就不赘述了。

让我们在散点图上可视化这些数据。在下面代码中，ylim 用于指定 y 轴的最小值和最大值：

```
library(ggplot2)
ggplot(size, aes(x=Height,y=Weight)) + geom_point() + ylim
(100,200)
```

结果如图 6.7 所示，再一次，你必须意识到用 R 制作如此专业的可视化视图是多么容易。

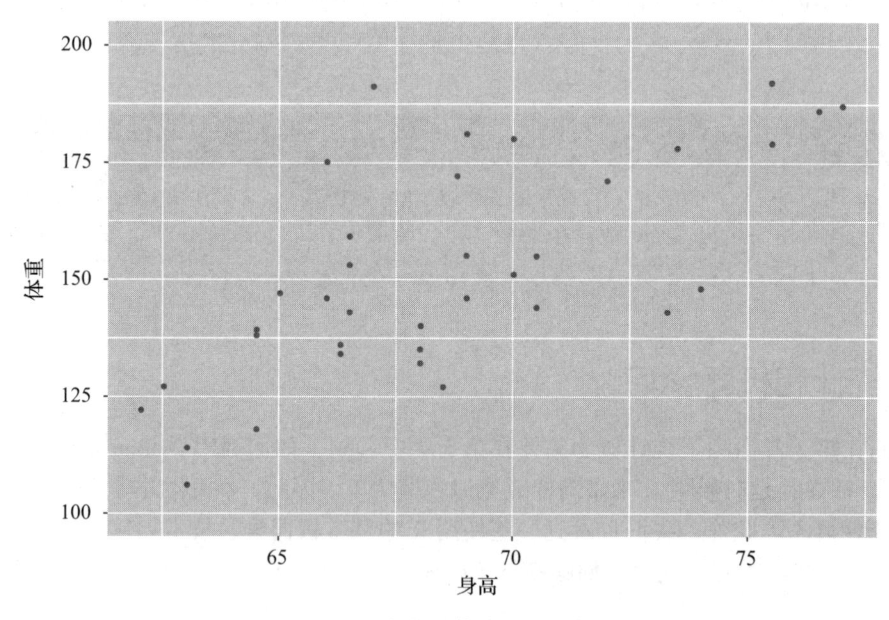

图 6.7 身高与体重的散点图

6.5.2 回归

现在有了散点图，我们就可以开始问一些问题了，一个简单的问题是：我们刚刚绘制的两个变量之间的关系是什么？很简单，使用 R，你可以保留现有的绘图信息，并添加一个函数来查找捕捉关系的线：

```
ggplot(size, aes(x=Height,y=Weight)) + geom_point()+
stat_smooth(method="lm") + ylim(100,200)
```

将该命令与我们在上面创建图 6.7 时使用的命令进行比较。你会注意到，我们保留了所有的内容，只是简单地在散点图的顶部添加了一个线段来覆盖一条线。这就是在 R 语言中进行基本的**线性回归**的简单程度，这是一种**监督学习**的形式。这里的“lm”方法指的是线性模型。输出如图 6.8 所示。

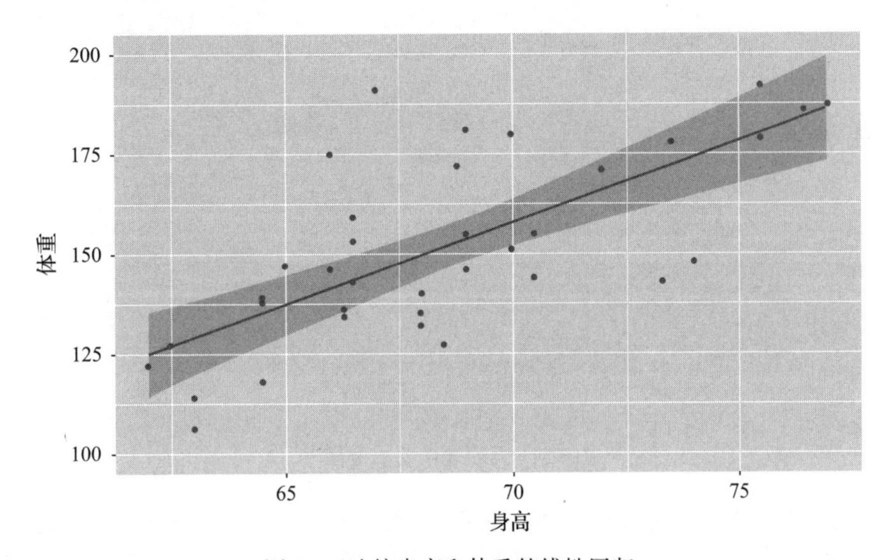

图 6.8 连接身高和体重的线性回归

你看到那条深灰色线了吗？那是回归线。也是展示“Height”和“Weight”变量之间联系的模型。这意味着，如果我们知道“Height”的值，我们就可以在这条线上的任何地方计算出“Weight”的值。

想看线性方程？使用“lm”命令提取系数：

```
lm(Weight ~ Height, size)
```

以下是输出。

```
Call:
lm(formula = Weight ~ Height, data = size)
Coefficients:
(Intercept)   Height
   -130.354    4.113
```

你可以看到，输出包含自变量或预测变量（身高）以及常数或截距的系数。线性方程变为：

```
Weight = -130.354 + 4.113*Height
```

试着在这个等式中插入不同的 Height 值，看看你得到的 Weight 值是多少，你的预测或估计值与现实有多接近。

通过线性回归，我们设法在数据中拟合出一条直线。但也许 Height 和 Weight 之间的关系并不那么直接。所以，让我们去掉线性模型限制：

```
ggplot(size, aes(x=Height,y=Weight)) + geom_point() + geom_
smooth() + ylim(100,200)
```

图 6.9 是输出。如你所见，我们的数据更适合曲线而不是直线。

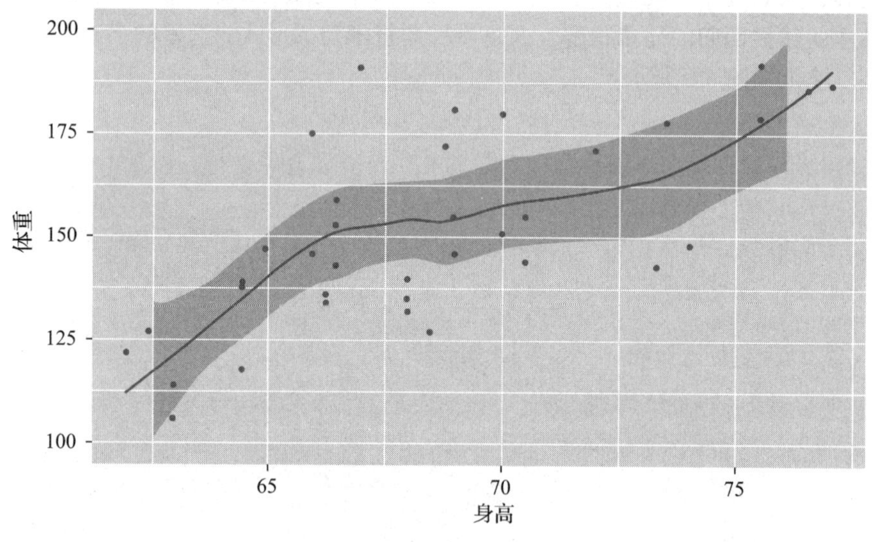

图 6.9 无须线性要求的回归

是的，这似乎是一个更好的主意，而不是试图通过数据画一条直线。然而，用曲线形状进行回归，我们可能会以过度拟合和过度学习而告终。这意味着我们能够很好地对现有数据进行建模，但在这个过程中，我们妥协了太多，以至于我们可能无法很好地处理新数据。暂时不要担心这个问题。我们将在机器学习章节中再回到这些概念。就目前而言，接受一条直线是做回归的好主意，每当我们谈论回归时，我们都会含蓄地指线性回归。

自己试试 6.5：回归

在本练习中，使用从 OA 6.3 中获得的布料数据，并建立回归模型，从布料的尺寸预测布料中的瑕疵数量。模型的准确性如何？

6.5.3 分类

我们现在将看到如何使用 Python 做一些同样的事情，让我们从使用 kNN 方法的**分类**开始。你可能还记得，用 kNN 分类是**监督学习**的一个例子，我们有一些带有真实标签的训练数据，我们建立一个模型（分类器），然后可以帮助我们对看不见的数据进行分类。

在我们使用分类之前，请确保有一个名为“class”的库或包可供我们使用。你可以在 RStudio 的“Packages”选项卡中找到可用的包（通常在右下角的窗口中，你也可以在那里看到图）。如果你在那里看到“class”，请确保它已被选中。如果不存在，你需要使用与安装 ggplot2 包相同的方法安装该包。

实践示例 6.5：分类

让我们从加载一些数据开始我们的工作。我们以前使用过葡萄酒数据进行分类，我们将在这里再次使用。在 R 中运行以下语句应该会弹出一个文件导航框，你可以使用它从计算机中选择“wine.csv”文件。

```
wine = read.table(file.choose(), header=T, sep=",")
```

在这里把 wine 想象成一个数据帧。从这个数据帧或表中，我们希望将所有的行和特定的列——密度、硫酸盐和残留糖——作为我们的自变量或 X。我们的响应/目标变量或类标签（y）保持不变——高质量。这可以通过以下代码获得：

```
X_wine <- wine[,c("density","sulfates","residual_sugar")]
y_wine <- wine[,c("high_quality")]
```

现在我们有了我们的 X 和 y，我们可以将数据分为训练和测试。为此，我们将使用软件包 caret，它代表“分类和回归训练”。如果你还没有安装插入符号包，你可以使用我们常用的方法，在 RStudio 中的“工具”>“安装包”，然后输入 caret。

假设事情进展顺利，并且你有插入符号包，让我们加载它，并使用它的 createDataPartition() 函数随机提取 70% 的数据（从而生成以下行中的随机种子）进行训练：

```
library(caret)
set.seed(123)
inTrain <- createDataPartition(y = y_wine, p = 0.7, list =
FALSE)
```

现在让我们为 X 和 y 提取训练和测试集：

```
X_train <- X_wine[inTrain,]
X_test <- X_wine[-inTrain,]
y_train <- y_wine[inTrain]
y_test <- y_wine[-inTrain]
```

这里 X_wine 包含所有行，但只包含部分列，它是一个带有[行，列]的表或矩阵，当我们输入 X_wine[inTrain,] 时，我们只挑选标有“inTrain”的行，带有 X_wine 的所有列。换句话说，我们正在生成练习用的数据。剩下的数据在 X_wine[-inTrain,] 中，给了我们测试数据。

另一方面，y_wine 是一个向量（多行，但一列）。我们可以类似地使用 y_wine[inTrain] 和 y_wine[-inTrain] 将该向量分成训练和测试。

我们现在准备在这些数据上运行 kNN。为此，我们需要加载“class”库。然后用 X_train 和 y_train 建立模型，用 X_test 找到我们对 y 的预测值：

```
library(class)
wine_pred <- knn(train=X_train, test=X_test, cl=y_train,k=3)
```

最后，我们想看看我们能多好地模拟这个模型，我们的预测有多准确。为此，让我们加载 gmodels 库[3]并使用它的 CrossTable() 函数：

```
library(gmodels)
CrossTable(x = y_test, y = wine_pred, prop.chisq=FALSE)
```

你应该会看到类似以下内容的输出：

```
Total Observations in Table: 1949
             | wine_pred
      y_test |         0 |         1 | Row Total |
-------------|-----------|-----------|-----------|
           0 |      1363 |       198 |      1561 |
             |     0.873 |     0.127 |     0.801 |
             |     0.836 |     0.623 |           |
             |     0.699 |     0.102 |           |
-------------|-----------|-----------|-----------|
           1 |       268 |       120 |       388 |
             |     0.691 |     0.309 |     0.199 |
             |     0.164 |     0.377 |           |
             |     0.138 |     0.062 |           |
-------------|-----------|-----------|-----------|
Column Total |      1631 |       318 |      1949 |
             |     0.837 |     0.163 |           |
-------------|-----------|-----------|-----------|
```

在这里，你可以看到在1949个测试实例（即30%的数据）中，我们预测0为0或预测1为1（成功）的次数，以及我们预测0为1或1为0（假阴性或假阳性）的频率。

请注意，最后一个参数prop.chisq表示是否包含每个单元格的卡方贡献。卡方统计量是每个单一单元格贡献的总和，用于确定观察值和期望值之间的差异是否显著。

自己试试6.6：分类

Reynolds[4]描述了某项研究的一部分，该研究测量了威斯康星州中北部美洲河狸的长期温度动态。每10分钟通过遥测记录体温。该数据集可以从OA 6.5下载，有四个属性，包括观察天数、时间、遥测记录的温度和栖息地外的活动指示器。使用此数据集构建一个分类器，该分类器将根据前三个属性预测活动。报告分类器的准确性。

6.5.4 聚类

现在我们将转向机器学习中的无监督学习分支。回想一下第5章，这涵盖了在我们的训练数据上没有标签的一类问题。换句话说，我们没有办法知道哪个数据点应该指向哪个类。相反，我们感兴趣的是以某种方式描述和解释我们遇到的数据。也许其中有一些类或模式。我们能识别和解释这些吗？这种过程本质上通常是探索性的。聚类是此类探索中最广泛使用的方法，我们将通过一个实践示例来了解它。

实践示例6.6：聚类

之前我们尝试用Iris数据进行聚类，我们将在这里也使用它。让我们从加载“数据集”库开始，查看“Iris”数据的一部分：

```
library(datasets)
head(iris)
```

让我们看看这些数据是什么样的。首先，我们将加载 ggplot2 库，然后生成散点图，其中数据点的颜色深浅表示物种：

```
library(ggplot2)
ggplot(iris, aes(Petal.Length, Petal.Width, color =
Species)) + geom_point()
```

结果如图 6.10 所示。

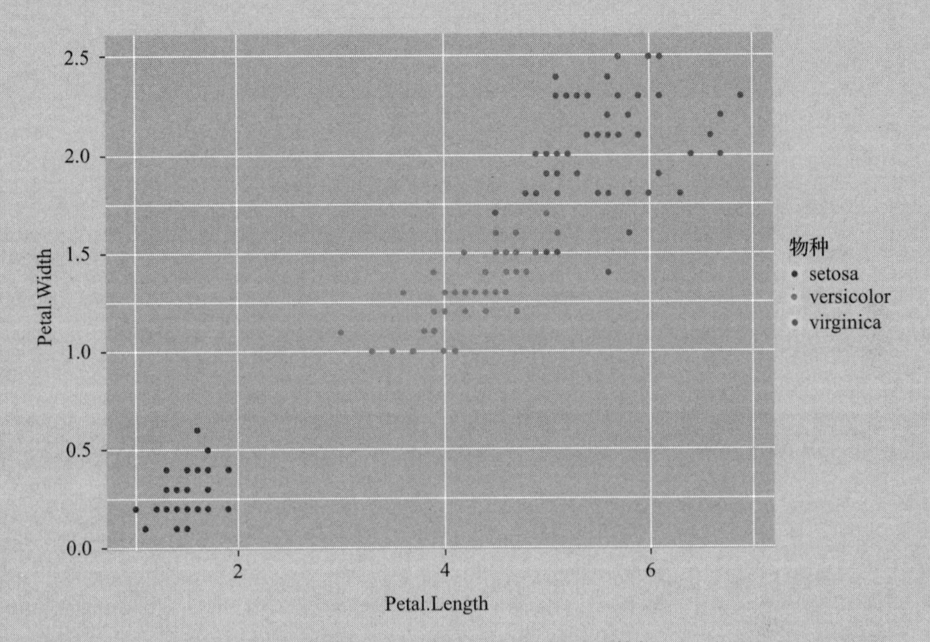

图 6.10　根据物种可视化 Iris 数据

现在我们准备开始做聚类。为此，我们将生成一个随机数种子，然后使用 kmeans 函数。请注意，在下面的代码中，我们要求三个聚类：

```
set.seed(20)
irisCluster <- kmeans(iris[, 3:4], 3, nstart = 20)
irisCluster
```

上面代码的最后一行应该提供一个输出，该输出对生成的聚类进行了很好的总结。我们可以看到，通过创建这样一个表，能够很好地聚类不同物种对应的数点：

```
table(irisCluster$cluster, iris$Species)
```

最后，让我们使用聚类信息重新创建散点图：

```
ggplot(iris, aes(Petal.Length, Petal.Width, color =
irisCluster$cluster)) + geom_point()
```

在图 6.11 中，你可以看到聚类信息几乎与数据点的实际类相匹配，但并不完全匹配。你可以看出来有几个点位于错误的类，看看这些信息是否与我们之前生成的表格一致。

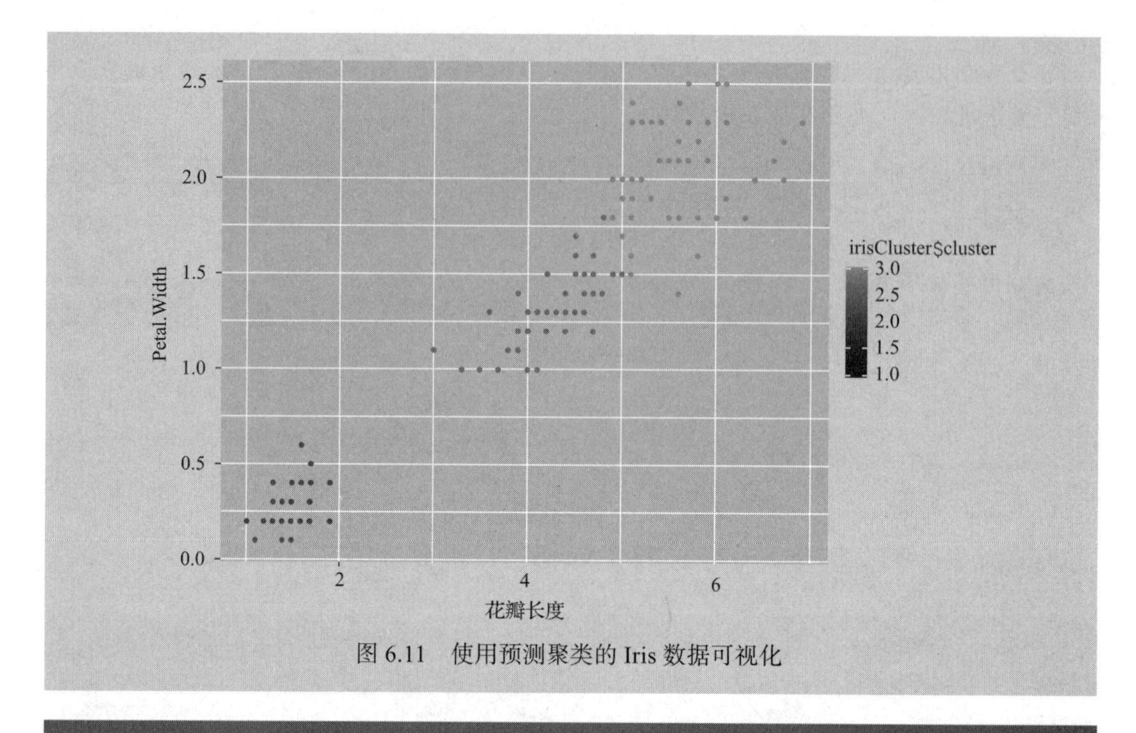

图 6.11 使用预测聚类的 Iris 数据可视化

自己试试 6.7：聚类

使用 OA 6.5 中提供的有关河狸的数据集，构建一个聚类模型（有两个聚类），该模型将考虑记录的温度以及记录的日期和时间。评估聚类模型是否是比你在上一次作业中建立的分类器能更好地预测河狸活动的方法。

总结

R 是一个很棒的编程环境。对我们来说更重要的是，它是一个解决数据问题的简单而强大的平台。在内部，R 有特定的规定来处理大量的数据，这些数据只受你计算机内存大小的限制，当你只处理几十条或几百条记录时，这个特性不会变得明显，但是当你开始处理“大数据”时，你会为选择了正确的平台而感到高兴。

像 Python 一样，R 也拥有许多专门为处理各种数据处理问题而开发的包。它们在基本的 R 环境上提供了增强的特性。在本章中，我们看到了一些这样的包，但是我们没有深入讨论很多细节。随着你对这些包（其中包含更多函数和每个函数的更多参数）了解得更多，以及探索其他包，你将意识到使用 R 是多么简单和令人惊叹。难怪许多数据科学家开始（并持续）使用 R 来满足他们的需求。

在这一点上，人们可能会问哪个更好——Python 还是 R？我不会回答这个问题；我将把它留给你。当然，它们之间有结构上的差异，在某种程度上就像比较苹果和橘子。但最终，选择往往归结为个人偏好，因为你会发现可以使用这些工具中的任何一个来解决手头的问题。

关键术语

- ❑ **数据帧**：数据帧通常指“表格”数据，这是一种表示案例（由行表示）的数据结构，每个案例都由许多观察或测量（由列表示）组成。在 R 中，这是列表的一种特殊情况，其中每个组件的长度相等。
- ❑ **包**：在 R 中，包是函数和编译代码的集合，格式定义良好。
- ❑ **库**：存储包的目录称为库。通常，“包”和“库”可以互换使用。
- ❑ **集成开发环境（IDE）**：这是一个包含用于编写、编译、调试和运行程序的各种工具的应用程序。例子包括 Eclipse、Spyder 和 Visual Studio。
- ❑ **相关性**：这表明两个变量的关系有多密切，范围从 –1（负相关）到 +1（正相关）。相关性为 0 表示变量之间没有关系。
- ❑ **线性回归**：线性回归是一种通过将线性方程拟合到观察数据来模拟结果变量和预测变量之间关系的方法。
- ❑ **机器学习**：这是一个探索使用算法的领域，这些算法可以从数据中学习，并使用这些知识对以前从未见过的数据进行预测。
- ❑ **监督学习**：这是机器学习的一个分支，包括可以使用数据和真实标签或值构建模型的问题。
- ❑ **无监督学习**：这是机器学习的一个分支，包括我们没有真正的数据标签来训练的问题。相反，目标是以某种方式将数据组织成一些有意义的集群或密度。
- ❑ **预测变量**：预测变量是用于衡量其他变量或结果的变量。在实验中，预测变量通常是独立变量，由研究人员操纵，而不仅仅是测量。
- ❑ **结果或响应变量**：结果或响应变量在大多数情况下是因变量，通过改变自变量进行观察和测量。
- ❑ **分类**：在我们的上下文中，分类任务表示根据一些共享的质量或特征将数据点系统地排列成组或类。这些组或类具有预定义的标签，称为类标签。
- ❑ **聚类**：聚类包括将相似的对象组合成一个集合，称为聚类。聚类任务类似于没有预定义类标签的分类。

概念性问题

1. R 和 RStudio 有什么区别？

2. 收入和退税这两个变量的相关值为 0.73。你会如何解释这个结果？

3. 列出三种你可以用 R 创建的图表，并举例说明你会为每种图表绘制什么样的变量 / 数量。

4. 直方图中的“ binwidth”表示什么？就可视化而言，你如何调整它以获得更多或更少的数据“分辨率”？

实践问题

问题 6.1

使用 `for` 循环或 `while` 循环编写乘法脚本。展示你的脚本。

问题 6.2

像直方图一样，你也可以画出一个变量的密度图。本章我们没有介绍，但是很容易做到。思考如何绘制收入密度图。在绘制图表的同时提供几句描述。

问题 6.3

使用客户数据（custdata.tsv，可从 OA 6.1 获得）为住房类型创建条形图。确保删除“不适用”类型。（提示：你可以在住房类型字段中使用带有适当条件的子集函数。）提供你的命令和图表。

问题 6.4

使用客户数据（custdata.tsv，可从 OA 6.1 获得），提取已婚且收入超过 50 000 美元的客户子集。这些客户中有多少比例拥有健康保险？这个百分比与整个数据集的百分比有什么不同？

问题 6.5

在客户数据（custdata.tsv，可从 OA 6.1 获得）中，你认为年龄、收入和车辆数量之间有什么相关性吗？报告你的相关数字和解释。（提示：一定要去掉无效的数据点，否则可能会得到不正确的答案！）

问题 6.6

在包含观测数据的数据文件（见 OA 6.6）中，有一个约会了 1000 人的人（!）记录了这个人旅行（Miles），玩游戏（Games），吃冰激凌（Icecream）的数据。有了这个，关于那个人（Like）的决定也会被注意到，使用这些数据用 R 回答以下问题：

a. 吃冰激凌和玩游戏有关系吗？旅行和玩游戏呢？报告这些的相关值并对其进行评论。

b. 让我们用 Miles 来预测 Games。使用 Miles 作为预测变量，Games 作为响应变量，进行回归。用回归线展示回归图，写出线性方程。

c. 现在让我们看看基于结果（Like）对数据进行聚类的效果如何。使用 Miles 和 Games 绘制数据并使用 Like 标记点。现在使用 *k* 均值对数据进行聚类，并使用聚类信息绘制相同的数据。展示图表，并与之前的图表进行比较。用 2～4 句话来表达你对你的聚类效用的想法。

延伸阅读及资源

如果你有兴趣学习更多关于 R 编程的知识，或者 RStudio 平台，以下是一些有用的链接：

- https://www.r-bloggers.com/how-to-learn-r-2/
- https://cran.r-project.org/doc/manuals/R-intro.pdf
- https://www.tutorialspoint.com/r/
- http：//www.cyclismo.org/tutorial/R/

R 数据框架教程：

- http://www.r-tutor.com/r-introduction/data-frame

注释

1. 下载网址：https://www.r-project.org

2. RStudio：https://www.rstudio.com/products/rstudio/download/

3. 我希望你现在对安装和使用库 / 包感到满意。如果在任何时候，你得到一个关于没有找到包的错误，继续并首先安装它。

4. Reynolds, P. S. (1994). Time-series analyses of beaver body temperatures. In *Case Studies in Biometry* (eds. Lange, N., Ryan, L., Billard, L., Brillinger, D., Conquest, L., & Greenhouse, J.). John Wiley & Sons, New York, ch. 11。

第 7 章
MySQL

"如果我们有数据，就让我们看看数据。如果我们只有意见，那就照我的去做吧。

——Jim Barksdale（网景公司前首席执行官）

你需要什么？

- ❑ 对网络环境中的客户端 - 服务器配置有一个大致的了解（参见第 4 章）。
- ❑ 基本了解结构化数据（电子表格、CSV 文件）。
- ❑（理想情况下）UNIX 入门经验——特别是能够在控制台上运行命令。

你会学到什么？

- ❑ 使用客户端软件连接 MySQL 服务器。
- ❑ 运行 SQL 查询从 MySQL 数据库检索数据。
- ❑ 使用 Python 和 R 连接 MySQL。

7.1 引言

到目前为止，我们已经看到了文件中的数据——无论是表格、CSV 还是 XML 格式。但是，当我们处理大量文本文件时，文本文件（包括 CSV）并不是存储或传输数据的最佳方式。我们需要更好的东西——它不仅能让我们更有效地存储数据，还能提供额外的工具来处理这些数据。这就是数据库的用武之地。目前使用的数据库有好几种，但 MySQL 在价格（免费）和开源方面是首屈一指的。由于 MySQL 强大的**结构化查询语言**（SQL），它提供了数据存储和处理的全面解决方案。

本章将介绍 MySQL，世界上最流行的开源数据库平台。我们将学习如何使用 MySQL 创建和访问结构化数据。到目前为止，因为我们已经了解了一些 Python 和 R，我们将看到如何将它们与 MySQL 集成。我应该再次强调——我们不是为了学习数据库而学习 SQL；相反，我们仍然使用 Python 或 R 作为我们的主要工具，并简单地将文本文件替换为 SQL 数据库。正因为如此，我们将不讨论 MySQL 介绍中所涉及的 SQL 的某些基本元素，包括创建数据库和记录，以及定义键和指针来表示各种实体之间的关系。相反，我们将假设数据已经以正确的格式存储，定义了不同字段和表之间的适当关系，我们将看到如何从这样的数据库检索和处理数据。

7.2　MySQL 入门

MySQL 是一款流行的免费开源数据库系统。大多数基于 UNIX 的系统都预先安装了服务器组件，但我们可以在几乎所有系统上安装它。

7.2.1　获得 MySQL

MySQL 有两个主要组件：服务器和客户端。这两者都是软件。如果你使用的是 UNIX 或 Linux 系统（而不是 Mac），那么你可能已经安装了 MySQL 服务器。如果没有，或者你使用的是非 UNIX 系统，如 Windows 或 Mac，没有预先安装，那么你可以从 MySQL 社区服务器下载 MySQL 服务器的社区版本 [1]。我不会详细说明，但如果你曾经在你的系统上安装过，这应该没有什么不同。我的建议是找到一个现有的 MySQL 服务器，也许是你的学校、你的组织，或者是第三方网站主机提供的，而不是试图自己安装和配置它。

对我们来说更重要的是客户端软件。同样，在大多数 UNIX 或 Linux 系统（但不是 Mac）上，你应该已经有了客户端，它是一个程序或实用程序，你可以直接从终端运行它。因此，如果你在 UNIX 系统上，只需键入“mysql”（稍后我们将看到确切的命令）。如果你在 Mac 或 Windows 上，你有两个选择：使用 SSH 登录到 UNIX 服务器并使用那里的 MySQL 客户端；在你的机器上安装这个客户端。实际上，你可以下载并安装基于图形用户界面（Graphical User Interface，GUI）的 MySQL 客户端。这类客户端的一个例子是 MySQL Workbench[2]，它几乎适用于所有平台。如果你用的是 Mac 电脑，我建议你使用 Sequel Pro[3]。这两款软件都是免费的，你可以在它们的网站上看到安装和使用的说明。

7.2.2　登录 MySQL

一旦你访问了 MySQL 服务器，就可以登录它了。根据你所拥有的 MySQL 客户端的类型，你登录 MySQL 服务器的方式会有所不同。但是无论你采用什么方法，你都至少需要以下信息：MySQL 用户名、MySQL 密码、服务器名或其 IP 地址。这类似于我们在第 4 章中看到的使用 SSH 连接。

方法 1：命令行方式

在安装 MySQL 客户端的命令行中运行以下命令：

```
mysql -h <servername> -u <username> -p
```

在这里，`<servername>` 是完整的地址（例如 example.organization.com）或服务器的 IP 地址。如果你已经登录到安装 MySQL 服务器的服务器，你可以使用“localhost”或“127.0.0.1”作为你的 `<servername>`。

运行该命令后，系统会要求你输入 MySQL 密码。记住——在密码提示符下，你可能看不到你输入的内容，甚至看不到“********”。只要输入你的密码，然后单击“enter”，成功完成这一步后，就会出现 MySQL 提示符，在这里可以运行 MySQL 命令。例如，你可以运行以下命令查看可用的数据库：

```
show databases;
```

记住在每个命令的末尾加一个分号。

要退出 MySQL 提示符，输入：

```
exit;
```

方法 2：使用 GUI 客户端

如果你正在使用前面提到的那些基于 GUI 的 MySQL 客户端，你将看到一个不同的界面，在其中输入相同的细节。在这里，根据服务器上的安全设置，有两种可能性。

如果没有为 MySQL 服务器启用特殊的安全设置，你可以使用标准方法连接它，该方法将会提供与使用命令行方法相同的三个细节，如图 7.1 所示。

图 7.1 使用客户端以标准的安全措施连接到 MySQL 服务器

这里的“Name”仅供参考。输入一些对你有意义的字符串，因为这个连接将被保存以备将来使用。其中“Host”与 `<servername>` 相同，“Username”与 `<username>` 相同，“Password”表示 MySQL 密码。其他参数为可选参数。

如果你的 MySQL 服务器不允许你直接连接到它的数据库服务器，那么你需要进行所谓的 SSH 隧道。这意味着你需要首先使用 SSH 登录到服务器，然后连接到它的 MySQL 服务器。大多数基于 GUI 的 MySQL 客户端允许你在一个屏幕上完成这两个步骤，如图 7.2 所示。

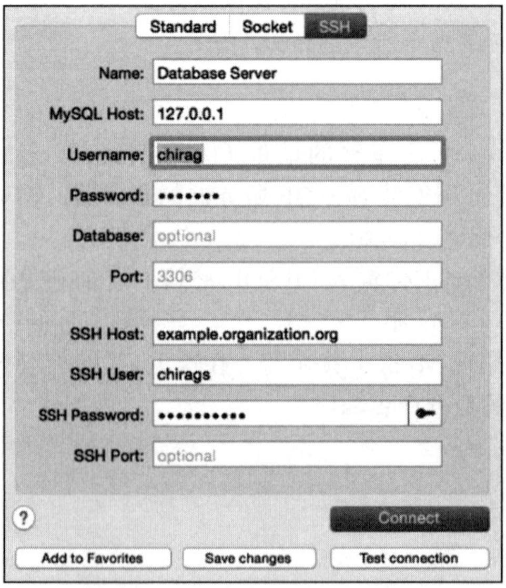

图 7.2 使用客户端通过 SSH 隧道方式连接到 MySQL 服务器

同样，“Name”只是供你参考，因此你应该保存此连接信息以备将来使用。“SSH Host”是服务器的完整地址，“SSH User”是该服务器的用户名，“SSH Password”是连接该服务器所需的密码。“MySQL Host”和“<servername>”相同，“Username”和“<username >”相同，“Password”是你的 MySQL 密码。注意，这张截图来自 Sequel Pro。如果你正在使用 MySQL Workbench 或其他客户端，这些名称可能略有不同。但是其思想是一样的——你需要输入两组凭据：一组用于通过 SSH 连接到服务器，另一组用于连接到 MySQL 数据库服务器。

连接后，你可以看到列有数据库的选项卡或下拉框。选择要使用的数据库后，你应该会看到该数据库中的表。

7.3 创建和插入记录

我们这里的重点是使用 MySQL 作为查询和处理数据的存储格式，所以我们不用担心如何构造表或数据集。相反，我们将从现有的数据集开始，或者直接将一些数据导入 MySQL 数据库，然后继续检索和分析这些数据。

7.3.1 导入数据

在进行任何检索之前，让我们先将一些数据导入数据库。如果你有权限在服务器上创建数据库，你可以在 MySQL 提示符中执行以下命令：

```
create database world;
```

这将创建一个名为 `world` 的数据库。

如果你不能创建数据库，那么就使用已经分配给你的数据库（可能是通过你学校的 IT 部门或你的指导老师）。如果数据库的名称不同也没关系，但是除非你至少有一个可用的数据库，否则你将无法在本章中继续讨论。

现在，让我们获取一些数据。MySQL 提供了几个示例数据集。我们感兴趣的是 `world` 数据集，可以从 MySQL 下载 [4]。下载完成后，解压缩文件得到 world.sql。这是一个带有 SQL 命令的文本文件。实际上，你可以在文本编辑器中打开它以查看其内容。

我们的服务器上需要这个文件。使用你最喜欢的 FTP 软件（详见第 4 章）连接到服务器，并将 `world.sql` 文件从你的机器传输到服务器。

我们假设你将该文件复制到你的主目录。现在，使用 SSH 登录到服务器。登录后，运行 `mysql` 命令（参见本章第一节）登录并启动 MySQL。在 MySQL 提示符下，先打开数据库。假设你的数据库名为 `world`，发出以下命令：

```
use world;
```

或者，如果你使用的是基于 GUI 的客户端，只需单击下拉框中的数据库名称或任何你看到现有数据库的地方，即可选择该数据库。现在你正在“`world`”数据库中工作。继续进入这个数据库中的 `world.sql` 文件。运行：

```
source world.sql;
```

你将在控制台中看到许多语句。希望一切都能顺利运行，并返回 MySQL 提示符。就是这样。你已经将大量数据导入到数据库中。

如果你使用的是基于 GUI 的 MySQL 客户端，那么只需点击几下就可以导入该数据。首先，确保在客户端中打开或选择了正确的数据库。然后在“文件”菜单中找到“Import...”选项。一旦你点击它，你将能够浏览你的本地目录找到 world.sql。一旦选中，你的 MySQL 客户端应该能够导入该文件。

7.3.2 创建表

如果你想知道如何手动创建相同的数据，这里有一些说明。

确保打开了正确的数据库。要做到这一点，请在 MySQL 提示符处输入：

```
use world;
```

如果我们想创建一个表 City 来存储关于城市的信息，下面是完整的命令：

```
CREATE TABLE 'City' (
  'ID' int(11) NOT NULL auto_increment,
  'Name' char(35) NOT NULL default '',
  'CountryCode' char(3) NOT NULL default '',
  'District' char(20) NOT NULL default '',
  'Population' int(11) NOT NULL default '0',
  PRIMARY KEY ('ID')
);
```

在这里，我们要创建一个名为 City 的表，其中包含五个字段：ID、Name、CountryCode、District 和 Population。每个字段都有不同的特征，包括将存储在该字段中的数据类型和默认值。例如，ID 字段将存储数字（int），不会有 null（不存在的）值，并且会在添加新记录时自动增加值。我们还声明了 ID 是我们的主键，这意味着无论何时我们想引用一条记录，我们都可以使用 ID 值，它将是唯一的和非空的。

7.3.3 插入记录

现在让我们继续向这个表添加一条记录。运行以下代码：

```
INSERT INTO City VALUES('','New York','USA','New
York','10000000');
```

这里，我们要在表 City 中插入一条新记录，并在不同的字段中指定值。注意，与第一个字段 ID 对应的第一个值是空的（''）。这是因为我们设置了 ID 字段来自动获取它的值（1，2，3，…）。有点儿记不清了？有件事可以让你放心：大多数工作都是如此，在数据科学中，你将从数据库中读取记录，而不是插入它们。即使你想插入或编辑一两个记录，你最好使用一个基于 GUI 的 MySQL 客户端。有了这样的客户端，你可以像在电子表格程序中那样输入记录或编辑现有记录。

7.4 检索记录

如上所述，从数据库中获取或读取记录是你经常要做的事情，这就是我们现在将要看到的细节。对于这里的示例，我们假设你使用的是基于终端的 MySQL 客户端。如果你正在使用 GUI，那么，事情将会变得更简单、更直接，我将把它留给你自己去尝试，看看你是否能够像下面描述的那样做同样的事情。

7.4.1　阅读表详细信息

要查看数据库中有哪些表可用，你可以在 MySQL 提示符中输入以下内容：

```
show tables;
```

如何基于 GUI 的 MySQL 客户端做同样的事情？通过简单地选择数据库。是的，一旦你选择了一个数据库，客户端就应该显示它包含的表。

要找出表的结构，可以在 MySQL 命令提示符中使用 describe 命令。例如，要了解 world 数据库中的 Country 表的结构，可以输入：

```
describe Country;
```

7.4.2　从表中检索信息

要从 MySQL 表中提取信息，你使用的主要命令是 select。这是一个非常多功能和有用的命令。让我们来看一些例子。

从 City 表中检索所有记录：

```
SELECT * FROM City;
```

看看 City 有多少记录：

```
SELECT count(*) FROM City;
```

要获取一组符合某些条件的记录：

```
SELECT * FROM City WHERE population>7000000;
```

这将获取 City 中 Population 值大于 7 000 000 的记录。

```
SELECT Name,Population FROM Country WHERE Region="Caribbean"
ORDER BY Population;
```

该命令将列出“Country”表中来自加勒比地区的记录的 Name 和 Population 字段。这些记录也将按其人口排序。缺省情况下，按升序排列。要颠倒顺序，在后面加上 desc：

```
SELECT Name,Population FROM Country WHERE Region="Caribbean"
ORDER BY Population desc;
```

如果遇到问题，请为你的字符串尝试不同的外壳。这些包括 `（反勾）、'（单引号）和 "（双引号）。这些框的有效性取决于你的操作系统平台和你正在使用的 MySQL 版本。

虽然所有这些示例都是在基于终端的 MySQL 客户端上完成的，但如果你使用的是基于 GUI 的客户端呢？当然，你可以进行简单的排序和过滤，但是你能运行更复杂的查询吗？当然可以，每个基于 GUI 的客户端还将提供一个查询控制台，你可以在其中自由运行 SQL 查询。图 7.3 展示了 Sequel Pro 是如何做到这一点的。

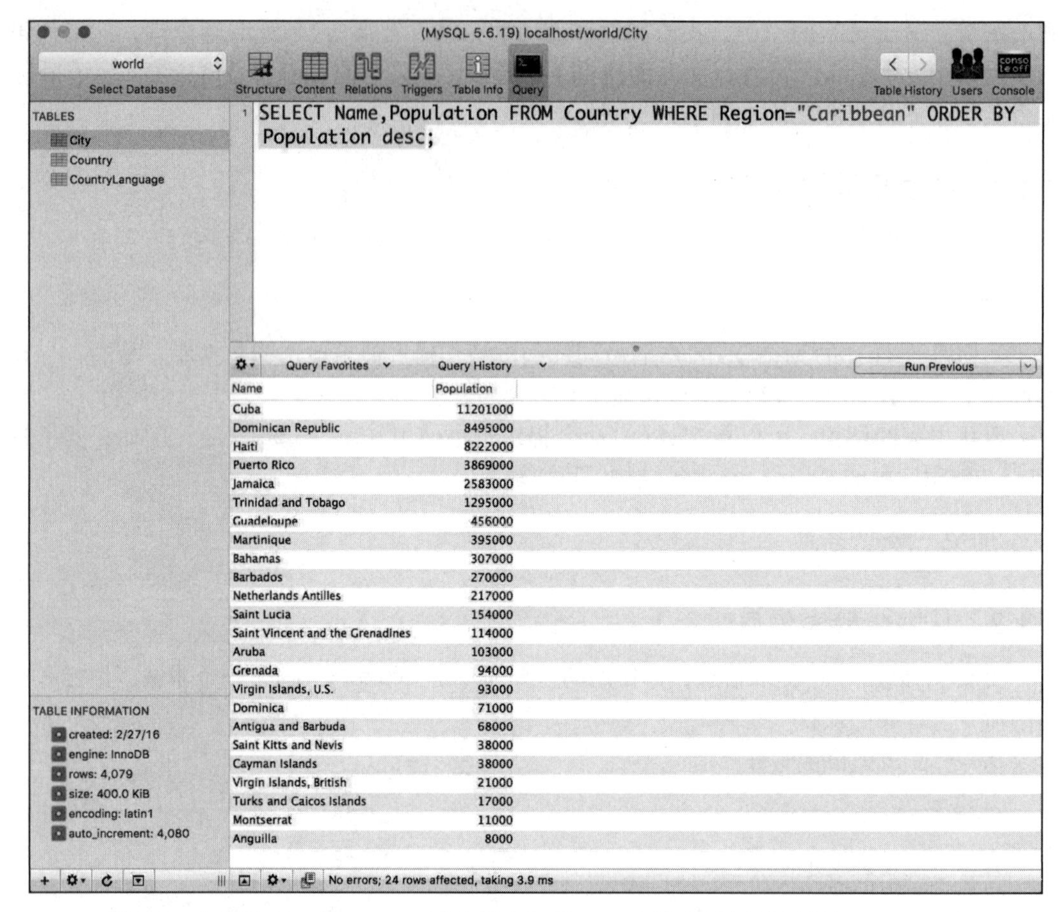

图 7.3 在基于 GUI 的 MySQL 客户端中运行 SQL 查询的示例（这里是 Sequel Pro）

自己试试 7.1：检索

让我们做更多的练习。

1. 使用上述数据集检索加勒比地区人口第三多的地方的名称。
2. 列出至少有 40 万人的地方中人口最少的两个地方的名字。

7.5 MySQL 搜索

在本节中，我们将看到如何在 MySQL 中进行搜索。有两种主要的方式：使用“LIKE”或使用“MA TCH..AGAINST”表达式。前者可以在不做任何额外工作的情况下使用，但在其工作的字段类型和搜索的方式方面有限制。后者要求我们构建一个全文索引。如果你有很多文本数据，那么选择后一种方法是一个好主意。

7.5.1 字段值搜索

即使没有做任何额外的事情，MySQL 数据库已经准备好为我们提供文本搜索功能。用 World 数据库来试试。尝试下面的查询和类似的查询，看看你得到了什么：

```
SELECT * FROM Country WHERE HeadOfState LIKE '%bush%';
SELECT * FROM Country WHERE HeadOfState LIKE '%elisa%';
SELECT * FROM Country WHERE HeadOfState LIKE '%II%';
```

你可能会注意到，在上面的表达式中，"%"充当**通配符**。因此，查找 `%elisa%` 会给出所有以 `elisa` 作为子字符串的记录。

7.5.2 带索引的全文检索

现在让我们更进一步，看看 MySQL 如何支持更复杂的全文搜索。通过发出以下命令向 `Country` 表添加索引：

```
ALTER TABLE 'Country' ADD FULLTEXT 'HeadOfState'
('HeadOfState');
```

这应该在 `Country` 表中创建一个**索引**（已被索引的字段的有效表示）。一旦创建了这个索引，我们就可以发出查询，例如：

```
SELECT * FROM Country WHERE MATCH(HeadOfState) AGAINST('elisa');
```

由于上面的查询不包含任何通配符，因此你应该获得以"`elisa`"作为完整单词的记录的结果。你可以使用 `LIKE` 表达式获得相同的结果集吗?

真正的问题是：如果可以使用 `LIKE` 表达式进行搜索，那么为什么还要创建索引？上述两种方法的比较见表 7.1。

表 7.1 LIKE 和 MATCH 数据库搜索方法比较

不需要创建索引	需要创建索引
搜索时串行扫描	使用复杂的数据结构进行高效搜索
没有改变写操作	写操作变得稍微昂贵
读取操作没有变化	阅读（搜索）变得非常昂贵
考虑所有的条件	忽视停止词

现在，为了回答上面的问题，虽然使用 MATCH 需要创建索引，并在编写记录时需要耗费一些时间（在处理能力和内存需求方面），但它在搜索过程中非常有用。如果没有索引，MySQL 将逐条记录查找表达式（串行扫描方法）。这对于大型数据集是低效和不切实际的。索引允许 MySQL 以更好的数据结构组织信息，这可以显著减少搜索时间。最重要的是，MySQL 还会在索引时从文本中删除停止词。**停止词**是对存储或匹配没有用处的词。通常，这些词包括一种语言中最常用的词（例如，在英语中，"to be"的冠词和形式，如 a、an、the、is、are 等）。除了这些单词，MySQL 还会对出现在超过 50% 的记录中或者少于 3 个字符的所有单词打折扣。注意 MySQL 停止词列表可以在 MySQL 全文停止词中找到这[5]。

自己试试 7.2：搜索

1. 在 Name 包含"US"的最后一个表中搜索 population。
2. 在国家表中搜索国家元首以"i"结尾，国家名称以"U"开头的记录。

7.6 使用 Python 访问 MySQL

我们现在将把 MySQL 整合到我们所知道的其他数据科学编程工具或环境中。这种方法不是检索和单独分析 MySQL 中的数据，而是创建一个工作流或管道，将数据连接到 MySQL，并使用 Python 或 R 进行数据分析。

你可以从 GitHub[6] 上下载 PyMySQL。安装说明也可以在这个页面上找到。

现在已经安装了 PyMySQL，让我们继续。我们将首先导入这个包，以及我们熟悉的 Pandas 包：

```
import pymysql.cursors
import pandas as pd
```

现在，让我们提供连接到数据库的 MySQL 连接参数：

```
# Connect to the database
connection - pymysql.conncct(host-‘localhost’,
                             user=‘bugs’,
                             password=‘bunny’,
                             db=‘world’,
                             charset=‘utf8mb4’,
            cursorclass=pymysql.cursors.DictCursor)
```

注意，我们假设 MySQL 服务器在你的本地机器（localhost）上，但是如果它在其他地方，请确保相应地更改下面代码中的 host 参数值。是的，还要更改 user password 和 db 的值。一旦连接上，我们可以尝试运行一个查询，一旦它完成，关闭数据库连接：

```
# Try running a query
try:
    with connection.cursor() as cursor:
        sql = “SELECT * FROM City WHERE population>7000000”
        cursor.execute(sql)
        # Extract the data in a dataframe
        df = pd.DataFrame(cursor.fetchall())
finally:
   connection.close()
```

结果数据框架（包含多行和多列的表或矩阵）可以在 df 变量中找到。现在你有了数据框架，你可以用我们之前用 Python 做的数据做所有事情。

实践示例 7.1：MySQL 与 Python

让我们以另一个数据库为例，看看如何从 Python 访问它。对于本练习，我们将使用 OA 7.1 提供的数据库。解压文件后，你将看到 mysqlsampledatabase.sql。是的，这是一个 SQL 文件，带有在数据库中创建数据记录的指令。首先，我们将创建一个新的数据库：

```
create database classicmodels;
```

当然，这是使用 SQL 查询控制台完成的，但是你也可以使用 GUI 客户端完成。现在，你需要提取数据库文件，并将其导入你正在使用的 GUI 客户端的 MySQL Workbench、SQL Pro 中。一旦数据集被加载，你应该能够在你的数据库中看到表的列表（例如，客户、雇员、办公室、订单细节等）。

现在，让我们尝试从 Python 访问一些表。假设你希望找到在波士顿办公室工作的所有员工，检索他们的 ID 和姓名。下面是演示如何执行的代码。出于本练习的目的，我们将假设 MySQL 服务器在本地机器（localhost）上，但是如果它在其他地方，请确保相应地更改下面代码中的 host 参数值。

```
import pymysql
# Connect to the database
connection = pymysql.connect(host='localhost',
                             user='root',
                             password='*******',
                             db='classicmodels',
                             charset='utf8mb4')

# Initiate cursor
conn = connection.cursor()

# Write the SQL query to be executed
sql = "select e.employeeNumber, e.firstName, e.lastName from
employees e
inner join offices o on e.officeCode = o.officeCode
and o.city like '%Boston%';"

output = conn.execute(sql)
while True:
    row = conn.fetchone()
    if row == None:
        break
    print(row)

# Close the connection
connection.close()
```

自己试试 7.3：Python 的 MySQL

使用在实践示例 7.1 中创建的数据库 classicmodels，编写一个 Python 代码片段，该代码片段将检索公司总裁的电话号码（办公室电话号码，后跟分机）。

7.7　使用 R 访问 MySQL

现在我们将看到如何使用 R 访问 MySQL。正如你可能已经猜到的，要通过 R 使用 MySQL，我们需要一个包。这一次是 RMySQL。如果你还没有这个包，则首先安装它，然后把它加载到环境中：

```
> install.packages("RMySQL")
> library(RMySQL)
```

现在，让我们连接到数据库服务器并选择数据库。这相当于在 MySQL 客户端中指定参数：

```
> mydb = dbConnect(MySQL(), user='bugs', password='bunny',
dbname='world', host='server.com')
```

在这个命令中，我们使用用户 bugs 和密码 bunny 连接到 MySQL 服务器 server.

com。我们也正在开放 world 数据库。

如果我们想要查看刚刚打开的数据库中可用的表，那么我们可以运行以下命令：

```
> dbListTables(mydb)
```

现在，让我们运行一个查询来检索一些结果。

```
> rs = dbSendQuery(mydb, "SELECT * FROM City WHERE
population>7000000")
```

这里，我们使用的是 mydb——我们刚刚打开的数据库。我们向它发送了之前尝试过的查询，结果集以 rs 的形式捕获。要从结果集中提取数据，可以使用 fetch() 函数：

```
> data = fetch(rs,n=-1)
```

这里，n 指定我们想要提取的记录数量；n=-1 意味着我们要提取所有的东西。

就是这样。现在，在 data 中有了你所要求的数据。一旦你有了数据，你就可以用你之前的 R 技能做所有的事情。

实践示例 7.2：MySQL with R

需要更多的练习吗？让我们举一个与上一节中使用的 Python 类似的例子。本练习将使用相同的“经典模型”数据库。假设你对直接向办公室总裁报告的员工记录（他们的名字、ID 和职位）的检索感兴趣。以下代码行可以完成这项工作：

```
# Load the package
library(RMySQL)

# Set the connection parameters
connection = dbConnect(MySQL(), user='root',
password='*******', dbname='classicmodels',
host='localhost')

# Check the connection
dbListTables(connection)

# Write the SQL query
query = dbSendQuery(connection, "SELECT e1.employeeNumber,
e1.firstName, e1.lastName, e1.jobTitle from employees e1
where e1.reportsTo = (select e2.employeeNumber from
employees e2 where e2.jobTitle like '%President');")

# Store the result
result = fetch(query, n= -1)

# View the result
View(result)

# Close the connection
dbDisconnect(connection)
```

自己试试 7.4：带 R 的 MySQL

使用在实践示例 7.2 中的数据库，编写一个 R 脚本，该脚本将检索所有名字为“Alexander”的客户的地址。

7.8 其他流行数据库介绍

正如我们在本章前面提到的，我们有一个很好的理由将本章专门用于 MySQL——它是最流行的开源免费数据库。但是还有很多其他的选择，你最终可能会在一个使用这些其他选择之一的组织工作。所以，在完成本章之前，我们先讨论几个问题。

7.8.1 NoSQL

NoSQL 是“not only SQL”的缩写，是一种数据库设计的新方法，它超越了像 MySQL 这样的关系数据库，可以容纳各种各样的数据模型，如键值、文档、柱状和图形格式。NoSQL 数据库对于处理分布式的大型数据集最有用。

“NoSQL”这个名称有时与关系数据库管理系统（RDBMS）出现之前的早期数据库设计有关。然而，一般来说，NoSQL 指的是在 21 世纪早期建立的数据库，这些数据库是特意为云和 Web 应用程序创建大型数据库聚类的，其性能和可伸缩性需求超过了 RDBMS 为事务性应用程序提供的严格数据一致性的需求。

基本的 NoSQL 数据库分类（键值、文档、宽列、图）只能作为指导方针。随着时间的推移，供应商已经混合和匹配了来自不同 NoSQL 数据库家族的元素，以创建更有用的系统。NoSQL 的流行实现包括 MongoDB、Redis、Google Bigtable 等。

7.8.2 MongoDB

MongoDB 是一个跨平台的 NoSQL 数据库程序，支持文档等非结构化数据的存储和检索。为了支持面向文档的数据库程序，MongoDB 依赖于具有模式的类似 JSON 的文档结构。MongoDB 中存储的数据记录称为 BSON 文件，实际上是 JSON 文件的一个小修改版本，因此支持所有 JavaScript 功能。MongoDB 文档由字段和值对组成，结构如下：

```
{
 field1: value1 [e.g., name: "Marie"]
 field2: value2 [e.g., sex: "Female"]
 ...
 fieldN: valueN [e.g., email: marie@abc.com]
}
```

MongoDB 相对于 MySQL 的一个显著优势是，与后者不同，MongoDB 对模式设计没有限制。MongoDB 中数据库的无模式实现消除了在 MySQL 中定义固定结构（如表和列）的先决条件。然而，MongoDB 中的无模式文档（可以存储任何信息）可能会导致数据一致性出现问题。

7.8.3 谷歌 BigQuery

BigQuery 是谷歌提供的一种基于云的 Web 服务，它支持对可与 MapReduce 互补使用的大型数据集进行交互分析。它是一个无服务器的平台即服务（PaaS）解决方案，与大多数其他数据库管理系统相比，它有两个显著的优点。

- 它是无服务器实现的平台，与谷歌存储协同工作。由于没有服务器需要管理，用户可以更多地关注数据分析部分。BigQuery 内置 BI 引擎（商业智能引擎）来支持用户的数据分析需求。

- 无服务器解决方案的实现可以使数据存储与计算部分分离，从而提供了数据存储的无缝扩展。

虽然 MySQL 拥有庞大的用户基础、与所有主流平台的兼容性以及作为开源平台的成本效益，但它无法像 BigQuery 那样支持大规模的实时分析，至少目前是这样。背后的原因在于它们的两种内部存储数据的方式。像 MySQL 这样的关系数据库以行形式存储数据，这意味着所有的数据行存储在一起，主键充当索引，使数据易于访问；而 BigQuery 使用列结构，这意味着数据存储在列中，而不是行。行形式非常适合用于事务目的（比如按 ID 读取行），但如果你希望从数据中获得分析性见解，那么它的效率就会很低，因为行形式存储要求你读取整个数据库，以及未使用的列来产生结果。

总结

数据库允许我们以有效和高效的方式存储、检索和处理数据。在所有的数据库中，MySQL 是最流行的开源数据库。它是免费且开放的，可以在各种平台上广泛使用。它有两个部分——服务器和客户端。虽然可以将服务器部分安装在你的机器上，但通常你将使用实际的服务器（你的组织提供的服务器），并将客户端安装在你的计算机上以访问该服务器。在本章中，我们看到了如何做到这一点。

我们还看到，获取一个数据库文件（扩展名为 .sql）并导入到 MySQL 数据库中，以及使用 SQL 或客户端软件插入记录是十分容易的。然而，我们这里的重点是检索和处理数据，所以我们本章花了大部分时间来做这些。

再次强调，我们对 MySQL 只了解了皮毛。你对 SQL 了解得越多，使用的数据问题越多，你就会变得越熟练。尽管如此，我们在这里所实践的应该允许你解决多种类型的数据问题。一定要做下面的练习来锻炼你的 SQL 技能。

关键术语

- **数据库**：数据库是易于访问、管理和更新的有组织的信息集合。
- **结构化查询语言（SQL）**：SQL 是一种用于关系数据库管理和数据操作的标准计算机语言。
- **客户端 - 服务器模型**：在分布式应用程序结构中，客户端 - 服务器模型是在服务或资源提供者（称为服务器）和服务请求者（称为客户端）之间划分任务或工作负载。
- **通配符**：在编程或脚本语言中，通配符（通常使用“*”或“%”等字符表示）用于在字符串中查找子字符串，而忽略该字符串的其他部分。
- **索引**：这是一种高效的信息表示，允许人们（通常）以更有效和高效的方式访问该信息。电话簿是使用字母编制索引的，这使得人们可以更方便地直接查找一个名字，而不必遍阅整个电话簿。
- **停止词**：它们是不适合存储或匹配的词。通常，这些词包括一种语言中最常用的词（例如，在英语中，“to be”的冠词和形式，如 a、an、the、is、are 等）。

概念性问题

1. 我们在本章中看到的“world”数据库示例被认为包含结构化数据。为什么？

2. 什么是 SSH 隧道？什么时候需要用到它？

3. 连接 MySQL 服务器需要哪些信息？如果该连接需要 SSH 隧道，还需要哪些附加信息？

4. 数据库搜索的“LIKE”和“MA TCH”表达式有何不同？

5. “IP”不是一个停止词，但你不能在 MySQL 数据库中搜索它，因为 MySQL 没有索引它。为什么 MySQL 没有索引它？

实践问题

问题 7.1

使用 `world` 数据库回答以下问题，可从 OA 7.2 下载。列出你用于得出答案的 SQL 查询和流程。

（1）有多少国家在 20 世纪获得独立？

（2）世界上有多少人预计能活到 75 岁或更久？

（3）列出世界上人口最多的 10 个国家以及其人口占世界人口的百分比。（提示：你可以首先找到世界人口，然后计算国家人口占世界人口的百分比）

（4）列出人口密度最高的 10 个国家。（提示：对于人口密度，你可以尝试这样做：选择一个国家的人口 / 国土面积）

问题 7.2

使用“auto”数据库回答以下问题，可从 OA 7.3 下载。

（1）让我们用 Python 来探究不同变量与英里每加仑（mpg）的关系。找出哪些变量与 mpg 有高相关性；报告这些值；建立一个回归模型，使用其中一个变量来预测 mpg；用其中两个变量做同样的事情；报告你的模型和回归线性方程。

（2）我们用 R 来了解马力和重量之间的关系。使用散点图和使用 mpg 的颜色的数据点。你看到什么有趣 / 有用的东西了吗？报告你在图中的观察。现在让我们将这个平面上的数据聚类为“合理”数量的组。显示你的图，图中的数据点现在是用聚类信息着色的，并提供你的解释。

问题 7.3

对于下面的练习，首先从 OA 7.4 下载 AIS 动态数据。该数据由美国海军军官学校接收器收集，可从“海上情报、监视和侦察的异构集成数据集”中获得。使用数据集，回答以下问题：

（1）数据集中有多少唯一的舰船可用？

（2）列出数据集中每艘舰船的可用记录数。

（3）在数据集中查找各舰船的空间（经纬度）和时间覆盖范围。

（4）我们用 R 来理解具有多艘记录的舰船相对地面上的速度与空间覆盖之间的关系。

延伸阅读及资源

如果你有兴趣了解更多关于 MySQL 的知识，以下是一些可能有用的资源：

1. https://www.w3schools.com/sql/default.asp
2. https://dev.mysql.com/doc/mysql-shell-excerpt/5.7/en/
3. https://dev.mysql.com/doc/refman/5.7/en/tutorial.html
4. https://www.tutorialspoint.com/mysql/
5. https://www.javatpoint.com/mysql-tutorial

注释

1. MySQL community server: http://dev.mysql.com/downloads/mysql/
2. MySQL Workbench: http://www.mysql.com/products/workbench/
3. Sequel Pro download: http://sequelpro.com/
4. MySQL downloads: http://downloads.mysql.com/docs/world.sql.zip
5. MySQL Full-Text Stopwords: http://dev.mysql.com/doc/refman/5.7/en/fulltext-stopwords.html
6. GitHub for PyMySQL download: https://github.com/PyMySQL/PyMySQL

第三部分

数据科学中的机器学习

机器学习是从事数据科学的一个非常重要的部分，为处理数据问题提供了几个关键的工具。例如，许多数据密集型问题需要我们进行回归或分类，以形成决策见解。这完全属于机器学习领域。然后是数据挖掘和数据组织的问题，需要各种各样的探索技术，例如聚类和密度估计。认识到这一需求，我们在本书中有一整部分是关于机器学习的。本部分共分三章。

第 8 章对机器学习进行了更正式的介绍，包括一些基本的和广泛适用的技术；第 9 章介绍了一些深度监督学习方法；第 10 章介绍了无监督学习。

值得注意的是，由于本书关注的是数据科学，而不是核心计算机科学或数学，我们跳过了许多基础数学和形式结构，而讨论和应用机器学习技术。然而，本部分的章节确实使用了适当的数学来呈现机器学习方法和技术，以便详细讨论背后的理论和直觉。

在开始本部分之前，请确保你熟悉计算思维（第 1 章）、统计基础（第 3 章）、偏导数（附录 A）、概率论（附录 B）和 R（第 6 章）。你还应该熟悉安装与配置软件和软件包，特别是与 R 相关的软件和软件包。

最后，因为我们不是用典型的计算机科学方法来研究机器学习，所以我们在理论方面做了深入研究，以真正掌握这里提出的概念，并计划做大量的实践。每一章都包含了许多章内练习、作业和章节实践的问题，通常使用现实生活中的数据。所以一定要充分利用这些技巧，尽可能多地练习。

第 8 章
机器学习和回归

"人们担心计算机会变得太聪明而统领世界，但真正的问题是它们太愚蠢了，而且它们已经接管了世界。"

——Pedro Domingos

你需要什么？

- 对统计概念有良好的理解，包括集中趋势、分布、相关性和回归的度量（参见第 3 章）。
- 微积分基础知识（一些简便的公式见附录 A）。
- 具备 R 语言的中级入门经验（参见第 6 章）。

你会学到什么？

- 机器学习的定义和示例应用。
- 使用线性建模和梯度下降方法求解线性回归。

8.1 引言

到目前为止，我们在数据科学问题上的主要工作涉及应用统计技术来分析数据，并得出一些结论或见解。但有些事情并没有那么简单。有时我们想从这些数据中学习一些东西，并使用这些学习内容或知识来解决当前以及未来的数据问题。我们可能想看看食品连锁店的购物数据，并结合农业和家禽数据，以了解供求关系。这将使我们能够为杂货店和食品行业的投资提出建议。此外，我们希望不断更新从数据分析中获得的知识——通常称为模型。幸运的是，有一个系统的方法来解决这些数据问题。事实上，我们在前面的章节已经看到了这一点：机器学习。

在本章中，我们将通过一些定义和例子来介绍机器学习。然后，我们将研究机器学习中称为回归的一大类问题。这不是我们第一次遇到回归。我们第一次提到它是在第 3 章讨论各种统计技术的时候。如果你之前阅读过关于 Python 或者 R 的章节，你会看到实际的回归。在这里，我们将回归作为一个学习问题，并通过应用线性模型和梯度下降来研究线性回归。

在随后的章节（第 9 章和第 10 章）中，我们将看到特定种类的学习——监督式学习和无监督式学习。但首先，让我们从机器学习开始。

8.2 什么是机器学习

机器学习是人工智能（AI）的副产品或子集，在本书中，它是数据科学技能的应用。根据 Arthur Samuel[1] 的说法，机器学习的目标是赋予"计算机无须明确编程就能学习的能力"。Tom Mitchell[2] 把它说得更正式一些："如果一个计算机程序在任务 T 中的表现（由 P 测量）随着经验 E 的增加而提高，则该计算机程序被称为从关于某类任务的经验 E 中学习。"

现在，原则上我们知道了什么是机器学习，让我们再看看它的用途和原理。首先，我们必须考虑以下问题 [3]：学习到底是什么？机器试图在这里学习什么？

这些都是深奥的哲学问题。但是我们不会太关注哲学，因为我们的重点坚定地放在机器学习的实践方面。然而，在卷起袖子研究实践中的机器学习之前，在基础问题上花一些时间是值得的，看看它们有多棘手。

有那么一会儿，让我们忘掉机器，从总体上思考学习。《新牛津美国英语词典》（第三版）[4] 将"学习"定义为："通过学习、经验或接受教育获得知识；通过信息或观察来了解情况；铭记；被告知或确定；接受指示。"

当它们与计算机或机器联系在一起时，所有这些含义都有局限性。有了前两种含义，实际上不可能测试学习是否已经实现。如何检查机器是否获得了某些知识？你可能不能问它问题；即使可以，你也不可能测试它的学习能力，而是测试它回答问题的能力。你怎么知道它是否意识到了什么？计算机是否能感知或有意识，这是一个亟待解决的哲学问题。

至于最后三种含义，尽管我们可以看到它们在人类语言中的含义，但仅限于记忆和接受指令，似乎与我们可能使用的机器学习的含义相距甚远。这些太被动了，我们知道这些任务对于如今的计算机来说都是微不足道的。相反，我们感兴趣的是性能的改进，或者至少在新情况下性能的潜力。你可以通过死记硬背来记忆一些东西，或者被告知一些事情，而不必将新的知识应用到新的情况中。换句话说，你可以接受指导，而完全不从中受益。

因此，在机器的环境中提出一个新的学习的操作定义是很重要的，我们可以将其表述为：

当事物以一种能让它们在未来表现得更好的方式改变自己的行为时，它们就会学习。

这将学习与表现挂钩，而不是与知识联系在一起。你可以通过观察现在的行为并与过去的行为进行比较来测试学习。这是一种更客观的定义，也更符合我们的目的。当然，Tom Mitchell 在先前提出了更全面、更正式的定义。

在这一定义的背景下，机器学习探索了算法的使用，这些算法可以从数据中学习，并使用这些知识对它们以前从未见过的数据进行预测——这些算法旨在通过从样本输入构建模型，作出数据驱动的预测或决策，从而克服严格的静态程序指令。虽然机器学习算法已经存在了很长时间，但将复杂的数学计算以有效的方式自动应用于大数据的能力是最近才开始兴起的。以下是一些你可能熟悉的广为宣传的机器学习应用示例。

首先是被大肆宣传的自动驾驶谷歌汽车（现在更名为 WAYMO）。如图 8.1 所示，这辆车正在拍摄道路的真实视图，以识别天空、路标和不同车道上的行驶车辆等物体和模式。这个过程本身对机器来说是相当复杂的。很多东西可能看起来像一辆车，它可能不容易识别道路标志在哪里。自动驾驶汽车不仅需要对这样的物体进行识别，还需要做出关于导航的决策。这里涉及的未知因素太多了，以至于我们不可能想出一个算法（一组指令）来让汽车执行。相反，汽车需要知道驾驶的规则，具有对物体和模式识别的能力，并将这些应用于实时决策。此外，还需要不断改进。这就是机器学习发挥作用的地方。

图 8.1 自动驾驶汽车背后的机器学习技术（来源：YouTube，深度学习，自动驾驶汽车背后的技术[5]）

机器学习的另一个经典例子是光学字符识别（OCR）。人类擅长识别手写字符，但计算机不行。为什么？因为任何一个可以书写的字符都有太多的变化，我们不可能教会电脑所有的变化。当然，这也可能会有噪声——一个未完成的字符、与另一个字符的结合、背景中一些不相关的东西、字符被阅读的角度等。所以，我们需要的是一套基本规则，告诉计算机什么是“A”“a”“5”等，通过向计算机展示一个字符的多个版本，让计算机学习这个字符，就像孩子重复学习一样，然后让计算机完成识别过程（如图 8.2 所示）。

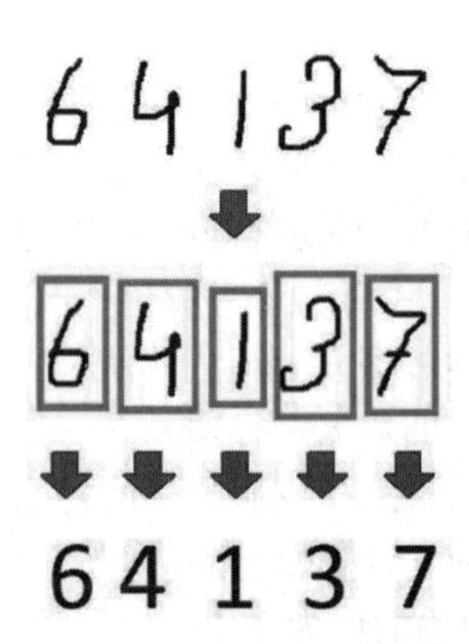

图 8.2 光学字符识别问题

让我们举一个可能与日常生活更相关的例子。如果你使用过任何在线服务，那么你很可能遇到产品推荐。以亚马逊和 Netflix 等服务为例，它们怎么知道该推荐什么产品？我们的理解是，它们正在监控我们的活动，它们有我们过去的记录，因此能够向我们提出建议。但具体怎么做呢？它们使用协同过滤（CF）。这是一种利用你过去的行为，并与该社区中其他用户的行为进行比较，以确定你将来可能喜欢什么行为的方法。

请看表 8.1、这里有四个人对不同电影的评分数据。这个系统的目标是，根据这些数据以及第 5 个人自己过去对电影的喜欢程度来判断他是否会喜欢某一部电影。换句话说，系统试图了解第 5 个人喜欢（和不喜欢）什么样的东西，与第 5 个人相似的其他人喜欢什么，并利用这些知识提出新的建议。最重要的是，当第 5 个人接受或拒绝其建议时，系统会扩展其学习范围，以学习关于第 5 个人如何响应其建议的内容，并进一步修正其模型。

表 8.1 基于机器学习的电影推荐协同过滤

		电影名称				
		Sherlock	Avengers	Titanic	La La Land	Wall-E
评分	第 1 个人	4	5	3	4	2
	第 2 个人	3	2	3	4	4
	第 3 个人	4	3	4	5	3
	第 4 个人	3	4	4	5	2
	第 5 个人	4	?	4	?	4

这里还有几个例子。Facebook 使用机器学习来向每个成员推送个性化新闻源；大多数金融机构使用机器学习算法来检测欺诈行为；情报机构使用机器学习来筛选成堆的信息，以寻找可信的恐怖主义威胁。

当机器学习以这样或那样的方式工作时，我们在日常生活中还会遇到许多其他应用。事实上，如果不使用机器学习驱动的东西，那么我们几乎不可能度过完整的一天。你今天上网浏览或搜索了吗？去杂货店了吗？在手机上使用社交媒体应用了吗？那么，你已经使用了机器学习应用程序。

那么，你是否确信机器学习是一个非常重要的研究领域呢？如果答案是“是”，并且你想知道创建一个好的机器学习系统需要什么，那么 SAS[6] 的以下标准列表可能会对你有所帮助：

（1）数据准备能力。

（2）算法——基本的和高级的。

（3）自动化和迭代过程。

（4）可扩展性。

（5）集合建模。

在本章中，我们将主要关注第二个标准：算法。更具体地说，我们将看到开发机器学习应用程序最重要的技术和算法。

在大多数情况下，机器学习的应用与统计分析的应用交织在一起。因此，厘清这两个领域在命名上的差异是很重要的。

- 在机器学习中，目标被称为标签。
- 在统计学中，目标被称为因变量。
- 统计学中的一个变量被称为机器学习中的一个特征。
- 统计学中的转换被称为机器学习中的特征创建。

机器学习算法根据算法的预期结果被组织到一个分类中。常见的算法类型包括：

（1）监督学习。当我们知道我们用来学习的训练示例上的标签时；

（2）无监督学习。当我们不知道用来学习的训练示例中的标签（甚至标签或类别的数量）时；

（3）强化学习。当我们想要根据系统如何使用训练示例来向系统提供反馈时。

让我们在接下来的章节中系统地讨论这些问题，使用示例并应用数据科学工具和技术。

参考资料：数据挖掘

在机器学习中，你经常听到的一个短语是数据挖掘。这是因为机器学习和数据挖掘在许多地方有很大的重叠。根据你的交谈对象，一个被视为另一个的前兆或切入点。最后，只要我们专注于理解上下文并从数据中得出一些意义，就没有关系。

数据挖掘在于理解数据的本质，以洞察生成数据集的问题，或未来可能出现的一些未识别的问题。以竞争激烈的电子商务市场中顾客的品牌忠诚度为例，所有的电子商务平台都存储了客户之前的购买记录和退货记录，以及客户档案。这种数据集不仅有助于企业了解现有客户的购买模式，如他们可能感兴趣的产品或衡量品牌忠诚度，还提供了关于潜在新客户的深入知识。

在当今高度竞争、以客户为中心、以服务为导向的经济中，数据是推动业务增长的原材料——只要它能被适当地挖掘出来。数据挖掘被定义为在数据中发现模式的过程。数据挖掘使用复杂的数学算法来分割数据和评估未来事件的概率，数据挖掘也被称为数据中的知识发现（KDD）[7]。事实上，有一个 KDD 社区举行年度会议，提供研究演示和著名的 KDD 杯挑战赛（http://www.kdd.org/kdd-cup）。

数据挖掘的关键属性是：

- ❑ 自动发现模式
- ❑ 预测可能的结果
- ❑ 创建可操作的信息
- ❑ 关注大型数据集和数据库

从这些属性来看，很明显，我们在本章开始讨论的机器学习算法可以用于数据挖掘。在这一点上，还必须提到人工智能，这是另一个经常与机器学习同义的术语。理论上，人工智能比机器学习或者数据挖掘都要宽泛得多。人工智能是一门研究如何构建像人类一样行动的智能体的学科。然而，在实践中，它一直局限于通过编程系统来智能地执行任务。这可能涉及学习或归纳，但不是开发人工智能代理的必要前提。因此，人工智能可以包括机器做的任何活动，只要它不做傻事。

然而，根据我们的经验，大多数智能任务都需要从过去的经验中归纳新知识的能力。

这种归纳知识是通过一套明确的规则或使用机器学习来实现的，机器学习可以自动提取某种形式的信息（即不需要任何持续的人为调节）。最近，我们看到机器学习变得如此成功，以至于当我们看到人工智能被提及时，它几乎总是指某种形式的机器学习。

相比之下，数据挖掘作为单独领域，其灵感和技术大多来自机器学习，有些来自统计学，但目标不同。数据挖掘可以由人类专家在特定数据集上执行，往往有一个明确的最终目标。通常，目标是利用机器学习和统计学等各种算法的能力来发现对知识有限的问题的见解。因此，数据挖掘可以使用除机器学习之外或在机器学习之上的其他技术。

让我们举个例子来厘清这两个密切相关的概念。每当你去 Yelp（一个评估当地企业的流行平台）时，你会看到一个基于你的定位、过去的评论、时间、天气和其他因素的推荐列表。任何这样的评论平台都在其后端使用机器学习算法，其目标是提供一个有效的推荐列表，以满足不同用户的需求。然而，在较低的层次上，平台正在运行一组数据挖掘应用程序，这些应用程序关于你过去与平台交互所积累的庞大数据集，并利用这些数据来预测你可能感兴趣的内容。因此，在比赛日，它可能会推荐附近的鸡翅和啤酒店；而在下雨天，它可能会推荐热汤外卖。

8.3 回归

第一步是回归。把它想象成一个更加复杂的外推版本。例如，如果你知道教育和收入之间的关系（某人受教育越多，他赚的钱越多），我们可以根据某人的教育程度预测他们的收入。简单来说，学习这样的关系就是回归。

用更专业的术语来说，回归涉及对感兴趣的变量之间的关系建模。这些关系使用预测中的一些误差度量来迭代地改进模型。换句话说，回归是一个过程 [8]。

我们可以了解两个变量之间的关系（例如，相关性），但如果存在某种关系，我们能弄清楚一个变量如何预测另一个变量吗？线性回归允许我们这样做。具体来说，我们想看看变量 X 如何影响变量 y。这里，X 被称为自变量或预测变量；y 被称为因变量或响应变量。请注意这里的符号。X 是横轴，因为它可以有多个特征向量，使它成为一个特征矩阵。如果我们只处理 X 的单个特征，那么我们可能会决定使用小写的 x。另一方面，y 是小写的，因为它是被预测的单个值或特征。

如前所述，线性回归将数据集拟合到直线（或平面，或超平面）。例如，在图 8.3 中，我们希望使用股票投资组合中股票超额收益率来预测年度收益率。这条线代表这两个变量之间的关系。在这里，它恰巧是相当线性的（大多数数据点靠近线），但情况并不总是这样。

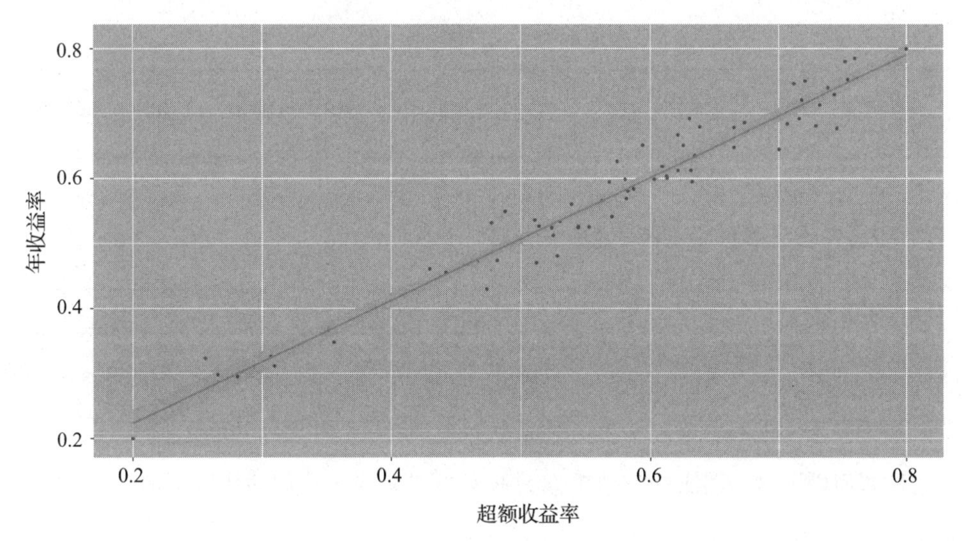

图 8.3 使用股票投资组合数据集中的线性回归显示股票年收益率和超额收益率之间关系的示例 [9]

一些流行的回归算法包括：

- ❑ 普通最小二乘回归（OLSR）
- ❑ 线性回归
- ❑ 逻辑回归
- ❑ 逐步回归多元自适应回归样条（MARS）
- ❑ 局部散点平滑估计散点图（LOESS）

由于线性回归在前面的章节中已经讨论过了，因此这里我们将转向一些更一般的、在机器学习中更有用的东西。为此，我们需要退一步思考线性回归是如何求解的。请看图 8.3，假设我们只有那些点（数据点），没有线。我们可以画一条随机线，看看它与数据的吻合程度。为此，我们可以计算每个数据点与该线的距离，并将其相加。这给出了一个数字，通常称为成本或误差。现在，让我们再画一条线，重复这个过程。我们得到了另一个成本数字。如果这个比上一个低，则说明新线更好。如果我们不断重复这个过程，直到找到一条给我们带来最低成本或误差的线，那么我们就找到了最拟合的线，解决了回归问题。

如何概括这个过程？假设我们有某些函数或程序来计算成本，给定我们已知的数据，通过选择不同的输入值或参数来不断调整函数的运行方式，看看我们是否可以降低成本。每当我们找到最低成本时，我们就停下来，记下该函数的参数值。这些参数值构成了最适合数据的模型。这个模型可以是一条线、一个平面，或者是一个函数。这就是梯度下降技术的本质。

实践示例 8.1：线性回归

在我们继续讨论梯度下降技术之前，让我们看看如何以上述方式解决线性回归问题。下面，在表 8.2 中，是一个完全虚构的数据集（可以从 OA 8.1 下载）regression.csv。属性 x 是输入变量，y 是我们试图预测的输出变量。

如果我们想要得到更多的数据（测试集），只有利用 x 值来预测 y 值。为了解决利用 x 预测 y 的问题，我们将从一个简单的 x 与 y 的散点图开始，如图 8.4 所示。

表 8.2 回归数据

x	y	x	y	x	y
1	3	8	12	15	49
2	4	9	15	16	59
3	8	10	26	17	60
4	4	11	35	18	62
5	6	12	40	19	63
6	9	13	45	20	68
7	8	14	54		

我们是如何创造这个图表的？想想你的 R 训练。首先，我们使用以下命令加载数据。

```
> regressionData = read.table(file.choose(),
header=TRUE,sep=",")
```

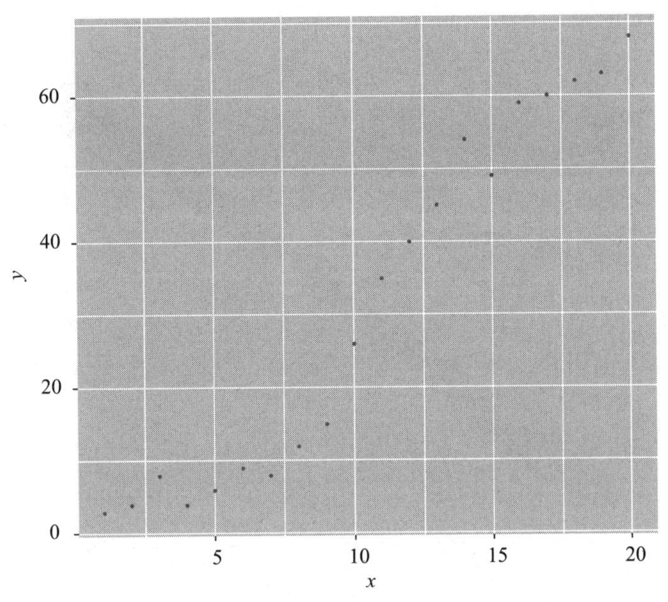

图 8.4　regression. csv 数据散点图（x 对 y）

请注意，这将打开一个对话框，你可以使用该对话框导航到 regression.csv 文件。加载后，你可以运行以下程序来生成绘图。第一个命令用于加载 ggplot 库，第二个命令用于创建散点图。

```
> library(ggplot2)
> ggplot(regressionData, aes(x=x, y=y)) + geom_point()
```

正如我们在图 8.4 中看到的，数据或多或少是线性的（可以用一条线来表示），从左下角到右上角。所以，通过使用线性回归，我们可以拟合一条线来表示数据。让我们假设这条线的方程式是：

$$y=mx+b$$

其中 m 是直线的斜率，b 是直线的 y 截距。为了在 R 中使用线性回归来解决这个问题，我们可以使用 lm（线性模型）函数：

```
> lm (y~x, regressionData)
Call:
lm(formula = y ~ x, data = regressionData)
Coefficients:
(Intercept)     x
    -10.263  3.977
```

lm 命令后面是输出，在这里我们可以看到 b（截距）和 m（x 的系数）的值，那很简单。但是 R 是怎么想出这个解决方案的呢？让我们深入挖掘。不过，在我们继续之前，让我们看看这个模型是什么样子的。在这种情况下，模型是一条线。让我们用数据来绘制它：

```
   > ggplot(regressionData, aes(x=x, y=y)) + geom_point() +
stat_smooth(method="lm")
```

如图 8.5 所示。

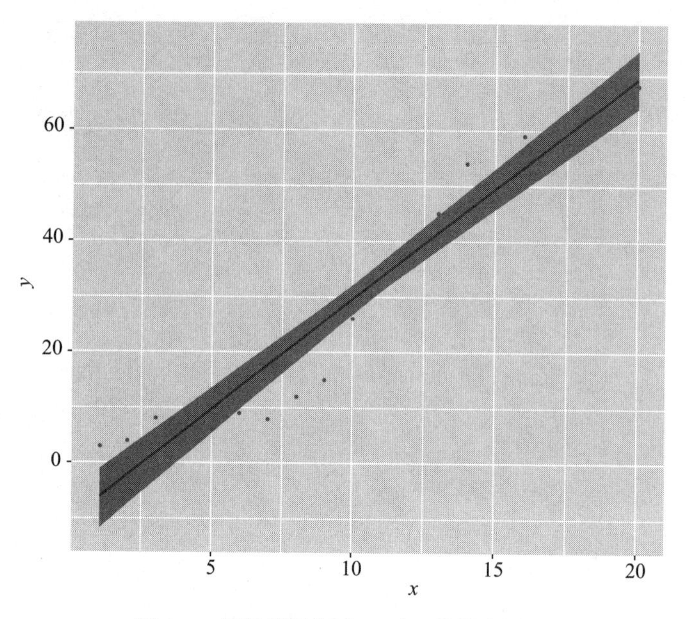

图 8.5 回归线绘制在 x 对 y 的散点图上

黑色的线是通过回归得到的线性方程的代表。请记住，我们寻求一个线性模型（即 lm 命令）。换句话说，我们在做线性回归。但是，如果我们对线性没有那么挑剔，那么我们可以要求任何最适合数据的曲线。为此，我们可以使用以下命令：

```
> ggplot(regressionData, aes(x=x, y=y)) + geom_point() +
geom_smooth()
```

具体如图 8.6 所示：

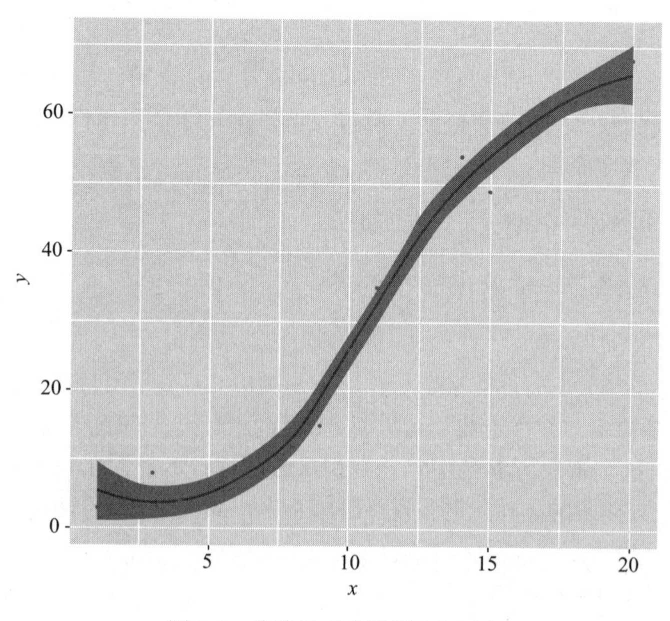

图 8.6 非线性（曲线拟合）回归

显然，这是一个更好的拟合，但也可能是过度拟合。这意味着模型已经很好地学习了现有的数据，以至于在解释这些数据时几乎没有错误，但是，它可能很难适应一种新的数据。你知道什么是刻板印象吗？刻板印象就是对数据或观察的过度拟合，虽然我们可能有理由对给定的现象形成刻板印象，但这阻止了我们轻易接受不符合我们先入为主的观念的数据。想想吧。

8.4 梯度下降法

现在，让我们回到那条线。可以将多条线拟合到同一数据集，每条线由相同的方程表示，但 m 和 b 值不同。我们的工作是找到最好的一条，它将比其他线更好地代表数据集。换句话说，我们需要找到 m 和 b 值的最佳集合。

解决这个问题的标准方法是定义一个误差函数（有时也称为成本函数），用来衡量给定的线的拟合程度。该函数将接受一个（m，b）对，并根据该线与我们的数据的吻合程度返回一个误差值。为了计算给定直线的这个误差，我们将遍历数据集中的每个（x，y）点，并对每个点的 y 值和候选线的 y 值（计算 $mx+b$）之间的平方距离求和。

从形式上看，这个误差函数类似于：

$$\varepsilon=\frac{1}{n}\sum_{i=1}^{n}((mx_i+b)-y_i)^2 \tag{8.1}$$

我们对距离进行了平方，以确保它为正并使我们的误差函数可微。请注意，通常我们用 m 来表示数据点的数量，但是这里我们用 m 来表示斜率，所以我们做了区分使用了 n。还要注意的是，线性方程的截距通常是用 c 表示的，而不是像我们所做的那样用 b 表示。

误差函数的定义方式是，那些更拟合我们数据的线将导致更低的误差值。如果我们最小化这个函数，我们将得到数据的最佳线。由于我们的误差函数包含两个参数（m 和 b），因此我们可以将其可视化为 3D 曲面。图 8.7 描述了我们的数据集的情况。

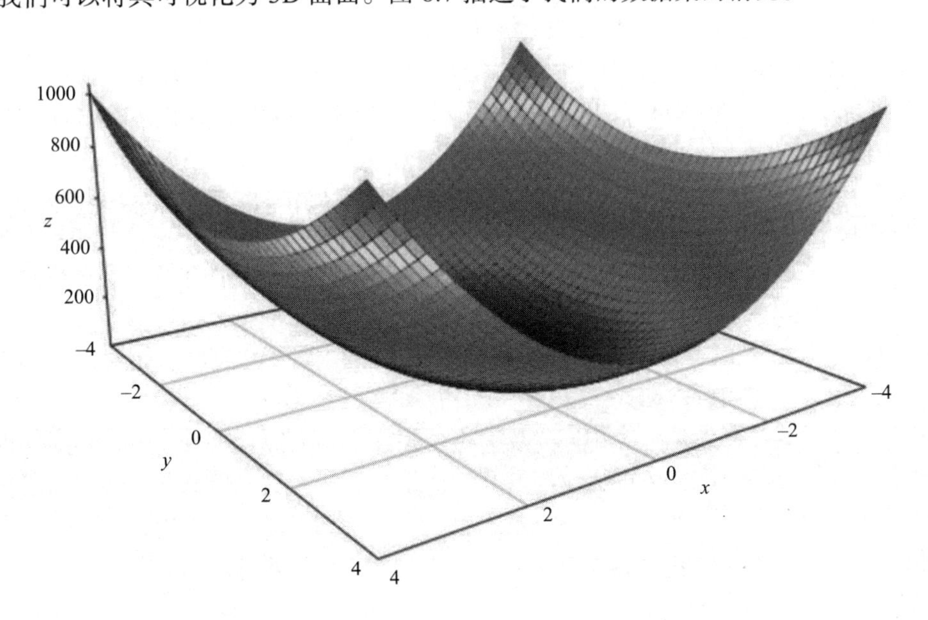

图 8.7　使用线性回归创建的各种线的误差表面（x 代表斜率，y 代表截距，z 代表误差值）

这个3D空间中的每个点代表一条线。你能看出是怎么回事吗？我们有三个维度：斜率（m）、截距（b）和误差。每个点都有这三个值，形成了不同的线（从技术上来说，只有m和b）。换句话说，这个三维图形展示了一系列可能的线，我们可以用它们来拟合表8.2中的数据，让我们可以看到哪条线是最好的。

函数在每个点的高度是该线的误差值。你可以看到，有些线产生的误差值比其他线小（即更好地拟合我们的数据）。黑色表示误差函数值越低，越符合我们的数据。我们可以用梯度下降法找到最小化成本函数的最优矩阵集。

梯度下降是一种寻找误差最小点的方法。当我们运行梯度下降搜索时，从这个表面上的某个位置开始，然后向下移动以找到误差最小的直线。

要对这个误差函数运行梯度下降，我们首先需要计算它的梯度或斜率。梯度会像指南针一样，总是指引我们下坡。为了计算它，我们需要区分我们的误差函数。因为我们的函数是由两个参数（m和b）定义的，所以我们需要计算每个参数的偏导数。这些导数是：

$$\begin{aligned}\frac{\partial \varepsilon}{\partial m} &= \frac{2}{n}\sum_{i=1}^{n}((mx_i+b)-y_i)\frac{\partial}{\partial m}((mx_i+b)-y_i)\\ &= \frac{2}{n}\sum_{i=1}^{n}((mx_i+b)-y_i)x_i\end{aligned} \tag{8.2}$$

$$\begin{aligned}\frac{\partial \varepsilon}{\partial b} &= \frac{2}{n}\sum_{i=1}^{n}((mx_i+b)-y_i)\frac{\partial}{\partial b}((mx_i+b)-y_i)\\ &= \frac{2}{n}\sum_{i=1}^{n}((mx_i+b)-y_i)\end{aligned} \tag{8.3}$$

现在我们知道如何运行梯度下降，并获得最小的误差。我们可以先进行初始化，从任意一对m和b值（即任意一条线）开始，并让梯度下降算法沿着我们的误差函数向最佳行移动。每次迭代都会将m和b更新到一条线上，其产生的误差比上一次迭代略低。每次迭代的移动方向是使用上述两个方程的两个偏导数来计算的。

现在让我们概括一下。在上面的例子中，m和b是我们试图估计的参数。但是，根据数据的维度或可用特征的数量，问题中可能存在许多参数。我们将这些参数称为θ值，学习算法的工作是估计θ的最佳可能值。

参考资料：数据科学和机器学习的数学

要成为一名优秀的数据科学家，你不必掌握数学。当然，很好地掌握统计概念、概率和线性代数可以让你更进一步，否则你可能无法走下去。但是，考虑到数据科学有这么多的方向，没有人能专注全部或大多数方向，你不用因为害怕数学而与数据科学隔绝，你还有更多的方向可以选择。

话虽如此，我还是给你一个中间立场：不要担心自己做数学推导，但也不要忽视它们。跟我（或你的讲师，或你可能使用的其他网站）一起一步一步地浏览它们。我经常发现学生们对这样的推导很关心，因为他们认为，既然他们自己不能想出这样的东西，不知何故，他们就不太擅长做数据科学，或者，具体来说，机器学习。我告诉你（和他们）这是一个很大的误解。

> 除非我把机器学习教给那些专注于算法本身（而不是它们的应用）的人，否则我将这些推导作为一种传达这些算法背后的直觉知识的方式。实际的数学没那么重要，数学只是一种以简洁的形式表达想法的方式。
>
> 所以，在这里我们把这些数学想象成一种速记，用来传达复杂但仍然直观的想法。在你的生活中，有没有一段时间你不知道“LOL”“ICYMI”和“IMHO”代表什么？但现在这些是人们一直使用的标准缩写——一点也不吓人。以同样的方式思考所有这些数学——你不必发明它；你只需要接受这种特殊的缩写语言，理解其背后的概念、思想和直觉。

之前我们定义了一个误差函数，使用了一个由两个参数（$mx_i + b$）构建的模型。现在，我们来概括一下。假设我们有一个模型，它可以由任意数量的参数构成。由于这个模型是用训练示例建立的，因此我们称之为假设函数，用 h 表示。它可以被定义为：

$$h(x) = \sum_{i=0}^{n} \theta_i x_i \tag{8.4}$$

如果我们考虑 $\theta_0=b$，$\theta_1=m$，并指定 $x_0=1$，我们可以使用上述假设函数推导出我们的线性方程。换句话说，线性方程是这个函数的特例。

现在，就像我们使用线性方程定义误差函数一样，我们可以使用上面的假设函数定义成本函数，如下所示：

$$J(\theta) = \frac{1}{2m}\sum_{i=1}^{m}(h(x^i) - y^i)^2 \tag{8.5}$$

将其与前面定义的误差函数进行比较。是的，我们现在又回到了用 m 来表示样本数或数据点的数量。我们还添加了 1/2 的比例因子，这纯粹出于方便，你很快就会看到。

就像我们以前做的那样，为我们的参数找到最佳值，这意味着为每个参数寻找斜率，并试图达到尽可能低的成本。换句话说，我们试图最小化 $J(\theta)$，并沿着每个参数的斜率来做到这一点。假设我们这样做是为了参数 θ_j，这意味着我们将对 $J(\theta)$ 相对于 θ_j 求偏导：

$$\begin{aligned}
\frac{\partial}{\partial\theta_j}J(\theta) &= \frac{1}{2m}\frac{\partial}{\partial\theta_j}\sum_{i=1}^{m}(h(x^i) - y^i)^2 \\
&= \frac{2}{2m}\sum_{i=1}^{m}(h(x^i) - y^i)\frac{\partial}{\partial\theta_j}(h(x^i) - y^i) \\
&= (h(x^i) - y^i)\frac{1}{m}\sum_{i=1}^{m}\frac{\partial}{\partial\theta_j}(\theta_0 x_0^i + \theta_1 x_0^i + \cdots + \theta_j x_j^i + \cdots + \theta_n x_n^i - y) \\
&= \frac{1}{m}\sum_{i=1}^{m}(h(x^i) - y^i)x_j^i
\end{aligned} \tag{8.6}$$

这就是学习算法或规则，称为梯度下降，如下所示：

$$\theta_j = \theta_j - \alpha\frac{1}{m}\sum_{i=1}^{m}(h(x^i) - y^i)x_j^i \tag{8.7}$$

这意味着我们通过减去加权斜率或梯度来更新 θ_j（覆盖其现有值）。换句话说，我们向斜率的方向移动了一步。这里，α 是学习率，取值范围为 0～1，它控制着我们在每次迭代中向下的幅度。如果我们迈出的一步太大，我们可能会越过最小值。然而，如果我们采取小步骤，将需要多次迭代才能达到最小值。

上述算法在计算斜率时考虑了所有的训练示例，因此也称为批量梯度下降。当样本量太大，计算函数代价又太昂贵的时候，我们可以一次取一个样本来规定上面的算法。这种方法被称为随机或增量梯度下降法。

实践示例 8.2：梯度下降

现在，让我们用 R 来练习梯度下降。首先，将回归数据集（参见 OA 8.1）导入数据帧中，并构建一个模型：

```
regressionData <- read.csv(file.choose(), header = TRUE,
sep = ",")
```

这是一个非常简单、非常小的数据集，只有 20 行和两列。可以在表 8.2 中看到。

我们想要做的是用 R 来学习或模拟 x 和 y 之间的关系。下面是我们如何使用 R 来建立这个模型：

```
# Build a linear model
model <- lm(y~x, data = regressionData)
summary(model)
# Visualize the model
attach(regressionData)
plot(x, y, col = rgb(0.2,0.4,0.6,0.4), main = "Linear
regression")
abline(model, col = "red")
```

以上几行应该会产生如图 8.8 所示的输出。

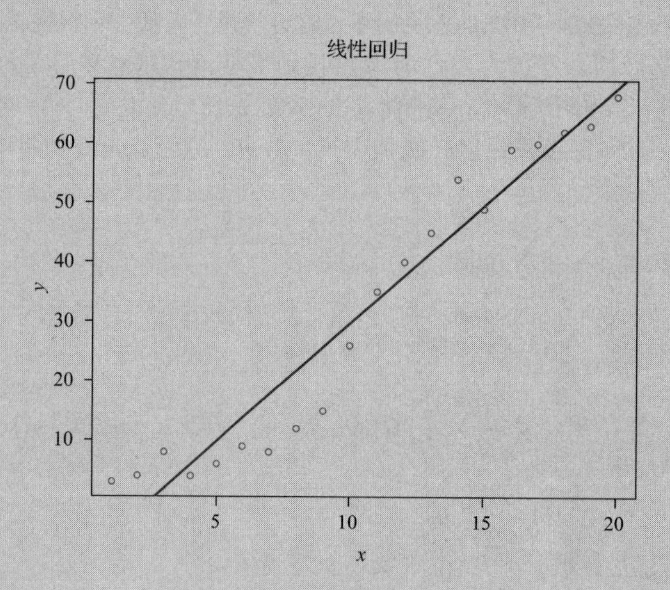

图 8.8 表 8.2 中数据的线性回归图

换句话说，我们得到了答案（黑色回归线）。但是让我们开始系统地做这件事——毕竟，我们是在学习这个过程，而不仅仅是得到答案。为此，我们将使用 R 实现梯度下降算法。让我们首先定义成本函数。

```
#cost function
cost <- function(X, y, theta){
  sum(X%*% theta - y)^2/(2*length(y))
}
```

我们将稍后回顾这个函数，因为我们要检查参数的各种可能性。现在，让我们继续用零初始化参数向量或矩阵。这里，我们有两个参数，m 和 b，因此我们需要一个称为 θ 的二维矢量：

```
theta <- matrix(c(0,0), nrow = 2)
num_iterations <- 300
alpha <- 0.01
```

这里，α 表示学习率，我们决定用一个非常小的值来表示它。现在，我们得到了开始梯度下降的所有初始值。但是在运行算法之前，让我们创建存储空间来存储每次迭代的成本或误差值和参数：

```
cost_history <- double(num_iterations)
theta_history <- list(num_iterations)
```

为了使用广义成本函数，我们希望我们的第一个参数 θ_0 不带任何特征，从而使 $x_0=1$：

```
X<-cbind(1, matrix(x))
```

现在我们可以将我们的算法实现为一个循环，通过一定次数的迭代：

```
for(i in 1:num_iterations){
  error <- (X %*% theta - y)
  delta <- t(X) %*% error/length(y)
  theta <- theta - alpha * delta
  cost_history[i] <- cost(X, y, theta)
  theta_history[[i]] <- theta
}
print(theta)
```

这将给出参数的最终值。如果你对这些参数的值以及我们每一步计算的成本感兴趣，你可以查看 θ 历史和成本历史变量。现在，让我们继续想象其中一些交互变量会是什么样子：

```
plot(x,y, main = "Gradient descent")
abline(coef = theta_history[[1]])
abline(coef = theta_history[[2]])
abline(coef = theta_history[[3]])
abline(coef = theta_history[[4]])
abline(coef = theta_history[[5]])
```

图 8.9 展示了输出的样子。

我们可以将这个画线部分放在一个循环中，看看整个过程是如何随着所有这些迭代而变化的（如图 8.10 所示）：

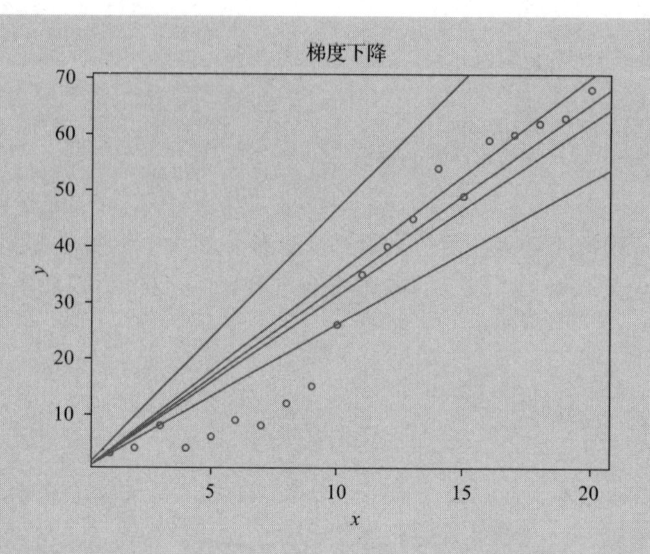

图 8.9 使用梯度下降算法生成的回归线

```
plot(x,y, main = "Gradient descent")
# Draw the first few lines and then draw every 10th line
for(i in c(1,2,3,4,5,seq(6,num_iterations, by = 10))){
  abline(coef = theta_history[[i]], col=rgb(0.8,0,0,0.3))
}
```

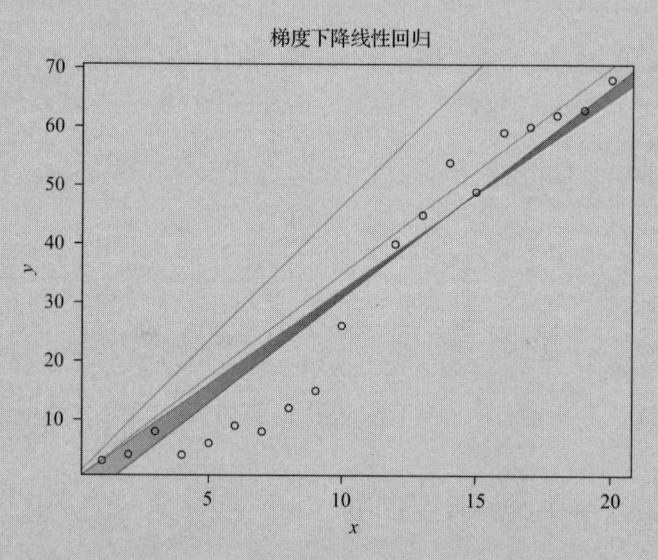

图 8.10 用梯度下降法寻找最佳回归线

我们还可以通过执行以下步骤来可视化成本函数在每次迭代中的变化：

```
plot(cost_history, type = 'line', col = 'blue', lwd=2, main =
'Cost function', ylab='cost', xlab = 'Iterations')
```

输出如图 8.11 所示。正如我们所看到的，只需几次迭代，成本就会迅速下降，从而给我们一个非常快速的收敛。当然，这是意料之中的，因为我们只有几个参数和非常小的样本量。试着用另一个数据集来练习这个（见下面的作业练习），运用迭代次数和学习率。如果你想尝试使用你的编码技巧，看看是否可以修改算法，以考虑成本函数的变化，和决定何时停止，而不是像我们在这里做的那样运行固定数量的步骤。

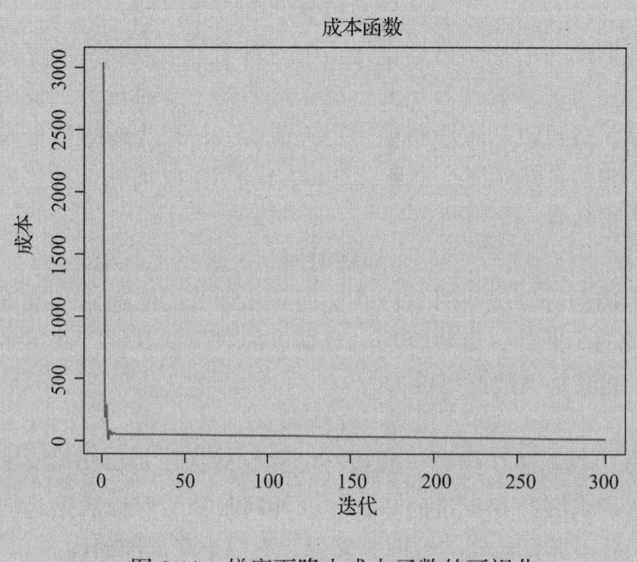

图 8.11 梯度下降中成本函数的可视化

自己试试：梯度下降

在这个练习中，你将使用袋鼠的鼻径数据（从 OA 8.2 下载）来构建一个线性回归模型，从鼻子宽度预测鼻子长度。接下来，使用梯度下降算法来预测该问题的最佳截距和梯度。

参考资料：机器学习偏差、伦理和医疗保健

我们处在人类进化的一个阶段，在某些领域，如医学，机器学习技术可能在临床环境中比人类医生更有效。例如，通过检查从单个患者取得的样本来诊断疾病。机器学习在检测癌症方面的准确性可能与人类同等或更好。但从宏观角度来看，整个医疗保健系统存在着微妙的系统性种族偏见，因此机器学习在预测整体癌症趋势方面可能还不到应有的水平。如果有一天 IBM 公司在这一领域胜过人类医生，那就太好了。一个哲学问题是：这是我们想要或需要的吗？

如果你对机器学习在健康中的作用及其伦理感兴趣，你可能想看看下面的阅读材料：Char，D. S.，Shah，N. H.，& Magnus，D. (2018). Implementing machine learning in health care-addressing ethical challenges.*New England Journal of Medicine*, 398(11), March 15。

总结

在本章中，我们开始探索一系列新的工具和技术，这些工具和技术被统称为机器学习，我们可以用它们来解决各种数据科学问题。虽然理解单个的工具和方法很容易，但是对于给定的问题，如何选择最好的工具和方法并不总是很清楚。在为一个问题选择正确的算法之前，需要考虑多种因素。下面讨论其中一些因素。

准确性

大多数时候，机器学习的初学者错误地认为，对于每个问题，最好的算法就是最准确的算法。然而，获得尽可能准确的答案并不总是必要的。有时近似是适当的，这取决于问题。如果是这样的话，你可以通过坚持使用更近似的方法来大幅缩短处理时间。更近似的方法的另一个优点是它们自然倾向于避免过度拟合。在第 12 章中，我们将重新讨论准确性和其他衡量模型好坏的标准。

训练时间

训练一个模型所需的分钟或小时数因算法而异。训练时间通常与准确性密切相关——两者通常是相辅相成的。此外，有些算法对数据点的数量比其他算法更敏感。时间限制可以驱动算法的选择，尤其是当数据集很大时。

线性

许多机器学习算法都利用了线性。线性分类算法假设类可以用一条直线（或它的高维模拟）分开。这包括逻辑回归和支持向量机。线性回归算法假设数据趋势是直线的。这些假设对某些问题来说并不坏，但对其他问题来说，它们会降低准确性。

参数数量

参数是数据科学家在设置算法时使用的旋钮。它们是影响算法行为的数字，例如容错性、迭代次数或算法行为的变量之间的选项。算法的训练时间和准确性有时对得到正确的设置非常敏感。通常具有大量参数的算法需要更多的试错来找到一个好的组合。

一些现成的应用程序或服务提供商可能包含用于参数调优的额外功能。例如，Microsoft Azure（见附录 F）提供了一个参数扫描模块，它可以根据用户设定的粒度自动尝试所有参数组合。虽然这是一个很好的方法，来确保已经尝试参数空间中的每一种可能组合，但训练模型所需的时间会随着参数的数量呈指数级增长。

好处是有许多参数通常表明算法有更大的灵活性。如果你找到正确的参数设置组合，它通常可以实现高精度。

特征数量

对于某些类型的数据，与数据点的数量相比，特征数量可能非常大，例如遗传学或文本数据。大量的特征会使一些学习算法陷入困境，使训练时间长得难以想象。但支持向量机特别适合这种情况（见第 9 章）。

选择正确的估计器

解决机器学习问题最困难的部分是找到合适的估计器。不同的估计器适合不同类型的数据和不同的问题。如何了解何时使用哪种估计器或技术？主要方法有两种：①对开发估计器或建立模型的不同方法进行全面的理论理解；②通过大量的实践经验。正如你可能已经猜到的，在本书中我们将采用后者。

如果你想对各种机器学习算法有一个全面的、理论上的处理，那就要用到其他的教材和资源。你可以在本章末尾找到其中的一些信息。但是，如果你愿意处理不同的数据问题，并以实践的方式尝试不同的技术，以便对这个问题有一个实际的理解，那么你就掌握了正确的方法。在接下来的两章中，我们会通过将机器学习技术应用于各种数据问题来学习它们。

关键术语

- **机器学习**：这是一个探索使用算法的领域，这些算法可以从数据中学习，并使用这些知识对它们以前从未见过的数据进行预测。
- **监督学习**：机器学习的分支，包括使用数据和真实标签或值构建模型的问题。
- **无监督学习**：机器学习的一个分支，包括未使用真正标签的数据来训练的问题。相反，目标是以某种方式将数据组织成一些有意义的聚类或密度。
- **协同过滤（CF）**：一种推荐系统的技术，它使用来自其他人过去行为的数据来估计向给定用户推荐的内容。
- **模型**：在机器学习中，模型是指在代表总体的数据集（通常称为训练集）上通过训练过程创建的工件。
- **线性模型**：线性模型描述了连续响应变量和一个或多个预测变量之间的关系。
- **参数**：参数是表征给定总体或其某一方面的任何数字量。
- **特征**：在机器学习中，特征是被观察现象或物体的个体可测量属性或特征。
- **自变量 / 预测变量**：被认为受其他变量控制或不受其影响的变量。
- **因变量 / 结果变量 / 反应变量**：依赖于其他变量（通常是其他自变量）的变量。
- **梯度下降法**：一种机器学习算法，计算一个沿误差面向下的斜率，以便找到最适合给定数据的模型。
- **批量梯度下降**：一种梯度下降算法，在计算梯度时考虑所有训练示例。
- **随机或增量梯度下降**：这是一种梯度下降算法，在计算梯度时一次考虑一个数据点。

概念性问题

1. 我们身边有很多东西是由某种形式的机器学习（ML）驱动的，但并不是全部。举一个不使用 ML 和使用 ML 的系统或服务的例子，对比后用自己的话来解释 ML。

2. 大多数 ML 模型是用参数来表示的，用这个思路来定义 ML。

3. 监督学习和无监督学习有什么区别？各举一例。

4. 批梯度下降和随机梯度下降的定义，比较它们的优缺点。

实践问题

问题 8.1（线性回归）

你可以从 OA 8.3 下载一个很受欢迎的餐馆评论网站发布的数据集。这里的每一行代表了先前顾客对餐厅不同方面的平均评分。该数据集包含使用以下属性的餐馆记录：环境、食物、服务和总体评级。前三个属性是预测变量，剩下的一个是结果。使用线性回归模型来预测预测属性如何影响餐厅的整体评分。

首先，用数学形式表示线性回归。然后，试着像我们在课堂上做的那样手工解决它。这里，你将有 4 个参数（1 个常数和 3 个属性），以及 1 个预测器。你不必用这些参数的所有可能值来实际解决这个问题。相反，用计算的预测值显示参数的几组可能的值。最后，使用 R 找到线性回归模型，并以适当的术语报告它（不要仅仅转储 R 的输出）。

问题 8.2（线性回归）

在下一个练习中，你可从 OA 8.4 下载的航空公司成本数据集。除其他属性外，数据集还具有以下属性：

1. 航空公司名称
2. 飞行长度以英里为单位
3. 以英里每小时为单位的飞机速度
4. 每架飞机每天的飞行时间（小时）
5. 客户数量（以千为单位）
6. 总运营成本（美分 / 收入吨英里）
7. 总资产（以 10 万美元为单位）
8. 投资和特别基金（以 10 万美元为单位）

使用线性回归模型，从每架飞机的飞行长度和每日飞行时间来预测每家航空公司服务的客户数量。接下来，建立另一个回归模型，根据航空公司服务的客户预测航空公司的总资产。最后，你对两个回归模型的数据有什么看法？

问题 8.3（梯度下降法）

从 OA 8.5 下载数据，该数据来自 BP 研究（图片分析由牛津大学 Ronit Katz 完成）。该数据集包含对来自石油储层的 48 个岩石样品的测量，在 4 个剖面上采集了 12 个油层岩心样品。测量每个岩心样品的渗透率，每个横截面都有孔的总面积、孔的总周长和形状。因此，数据集中的每一行都有以下 4 列：

1. 面积：孔隙空间的面积，以 256 × 256 的像素为单位
2. 周长：单位为像素
3. 形状：周长 / 平方根（面积）
4. 渗透：以毫达西为单位的渗透率

首先，创建一个线性模型，检查渗透率是否与其余 3 个属性有线性关系。接下来，使用梯度下降算法为数据集找到最佳截距和梯度。

问题 8.4（梯度下降法）

在本练习中，你将再次使用电影评论的数据集。该数据集收集了 YouTube、推特、IMDB 等社交媒体网站 2014 年和 2015 年上映的传统电影和社交媒体电影，以及热门电影的评分、预算和其他信息，聚合后的数据集可以从 OA 8.6 下载。使用这个数据集来回答以下问题：

（1）从一部电影的预算和社交媒体上的粉丝数量来看，你能告诉我们这部电影的评分是多少吗？

（2）如果你把这部电影在社交媒体渠道中收到的互动类型（点赞、不喜欢和评论的数量）结合起来，是否会促进你的预测？

（3）在你在最后两个模型中考虑的所有因素中，哪一个是电影评分的最佳预测因素？

使用最佳预测特征，使用梯度下降算法找到数据集的最佳截距和梯度。通常，解决机器学习问题最困难的部分是找到合适的估计器。不同的估计器适合不同类型的数据和不同的问题。

延伸阅读及资源

如果你有兴趣了解本章讨论的更多主题，以下是一些可能有用的链接：

1. http://rstatistics.net/linear-regression-advanced-modelling-algorithm-example-with-r/
2. https://www.analyticsvidhya.com/blog/2017/06/a-comprehensive-guide-for-linear-ridge-and-lasso-regression/
3. https://www.kdnuggets.com/2017/04/simple-understand-gradient-descent-algorithm.html
4. https://machinelearningmastery.com/gradient-descent-for-machine-learning/
5. http://ruder.io/optimizing-gradient-descent/

注释

1. Samuel, A. L. (1959). Some studies in machine learning using the game of checkers. *IBM Journal of Research and Development*, 44, 206–226.
2. Mitchell, T. M. (1997). *Machine Learning*. WCB/McGraw-Hill, Burr Ridge, IL.
3. Witten, I. H., Frank, E., Hall, M. A., & Pal, C. J. (2016). *Data Mining: Practical Machine Learning Tools and Techniques*. Morgan Kaufmann.
4. The *New Oxford American Dictionary*, defined on Wikipedia: https://en.wikipedia.org/wiki/New_Oxford_American_Dictionary
5. YouTube: Deep Learning: Technology behind self-driving car: https://www.youtube.com/watch?v=kMMbW96nMW8
6. SAS® list of machine learning insights: https://www.sas.com/en_us/insights/analytics/machine-learning.html
7. Knowledge Discovery in Data: https://docs.oracle.com/cd/B28359_01/datamine.111/b28129/process.htm#CHDFGCIJ
8. http://machinelearningmastery.com/a-tour-of-machine-learning-algorithms/
9. Stock portfolio dataset: https://archive.ics.uci.edu/ml/machine-learning-databases/00390/stock%20portfolio%20performance%20data%20set.xlsx

第 9 章

监督学习

“人工智能、深度学习、机器学习——不管你在做什么，如果你不理解它或学习它，那么 3 年内你就会落伍。”

——Mark Cuban

你需要什么？

- ❑ 对统计概念、概率论（见附录 B）和函数有很好的掌握。
- ❑ 微积分的基础（见附录 A 的一些简便的公式）。
- ❑ 对 R 中等水平的运用经验，包括安装包或数据库（详情参阅第 6 章）。
- ❑ 第 8 章涵盖的所有内容。

你会学到什么？

- ❑ 当训练真值可用时，用它来解决数据问题。
- ❑ 使用各种机器学习技术来执行分类。

9.1 引言

在前一章中，我们介绍了学习的概念——包括对人类和机器学习。无论哪种情况，学习的主要方法是首先知道给定数据点或行为的正确结果或标签是什么。事实上，我们有很多正确标签的训练案例。换句话说，我们有了知道正确结果值的数据。这组数据问题统称为监督学习。

监督学习算法使用一组以前记录的案例来预测未来。例如，现有的汽车价格可以用来预测未来的车价模型。用于测试这种算法的每个案例都标有兴趣值——在本例中就是汽车的价格。监督学习算法在训练集中寻找模式。它可以使用任何可能相关的信息——季节、汽车当前的销售记录、竞争对手提供的类似产品、消费者拥有的制造商品牌认知——每种算法都可以寻找不同的信息集，并找到不同类型的模式。一旦算法找到了它所能找到的最佳模式，它就使用该模式来预测未标记的测试数据——未来的价值。

机器学习中有几种类型的监督学习。其中最常用的三种算法是回归、分类和异常检测。在本章中，我们将集中讨论回归和分类。我们在第 8 章讨论过线性回归，但那是用于预测一个连续变量，如年龄和收入。当预测离散值时，我们需要使用另一种形式的回归——逻辑回归或 softmax 回归。这些本质上是分类的形式。然后我们将看到几种最流行和最有用的分类技术。在本章后面的参考资料框中，你还可以找到异常检测的快速介绍。

9.2 逻辑回归

关于线性回归，你应该注意到的一件事是，结果变量是数值的。那么问题来了：当结果变量不是数值的时候会发生什么？例如，假设你有一个包含湿度、温度和风速属性的天气数据集，每个属性都描述一天中天气的一个方面。基于这些属性，你想预测当天的天气是否适合打高尔夫球。在这种情况下，你想要预测的结果变量是绝对的（“是”或“否”）。幸运的是，我们有逻辑回归可以来处理这类问题。

让我们正式开始思考这个问题。在这之前，我们的结果变量是连续的。现在，它只能有两个可能的值（标签）。为简单起见，我们称这些标签为“1”和“0”（“是”和“否”）。也就是说：

$$y \in \{0,1\}$$

我们仍然会有连续的输入值，但是现在我们只需要有两个可能的输出值。我们该怎么做呢？有一个神奇的函数叫作 sigmoid，它被定义为：

$$g(z)=\frac{1}{1+e^{-z}} \tag{9.1}$$

如图 9.1 所示，对于任何输入，该函数的输出都在 0 和 1 之间。换句话说，如果把它作为假设函数，那么我们得到的输出范围是 0 到 1，其中包括 0 和 1：

$$h_\theta(x) \in [0,1] \tag{9.2}$$

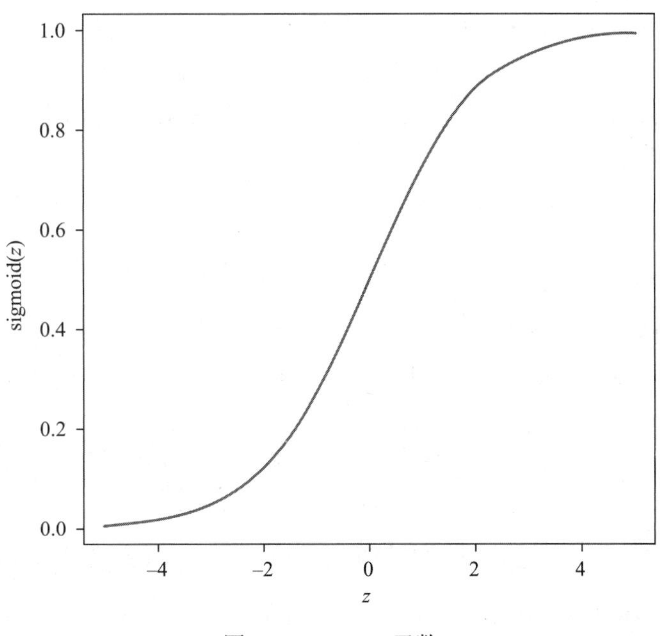

图 9.1 sigmoid 函数

这样做的好处是它符合概率分布的约束条件——它应该在 0 到 1 之间。如果我们能计算一个 0～1 范围内的概率，我们可以很容易地在 0.5 处画一个阈值，然后当我们从一个假

设函数 h 中得到一个大于这个值的结果值时，我们就把它归入“1”类中，否则就归入“0”类中。就像这样：

$$
\begin{aligned}
&P(y=1 \mid x;\theta)=h_\theta(x),\\
&P(y=0 \mid x;\theta)=1-h_\theta(x),\\
&P(y \mid x;\theta)=(h_\theta(x))^y(1-h_\theta(x))^{1-y}
\end{aligned}
\tag{9.3}
$$

最后一个公式是将前两行组合成一个表达式的结果。尝试把 y=1 和 y=0 代入这个表达式看看能不能得到前两行。

我们如何用这个来分类呢？本质上，我们希望将数据中的任何特征输入到假设函数中（这里是 sigmoid），然后求出 0 到 1 之间的值。根据它分布在 0.5 的哪一侧的结果，我们可以贴上一个适当的标签或类。但在进行测试之前，我们需要训练一个模型。为此我们需要一些数据。我们可以从这些数据建立一个模型的一种方法是假设一个模型，并探索这个模型是否可以解释或分类训练数据，以及模型效果如何。换句话说，我们问的是，在给定数据的情况下，我们的模型有多好。

为了理解模型的优点（由参数向量 θ 表示），我们可以问：我们拥有的数据由给定模型生成的可能性有多大。这被称为模型的**似然**，用 $L(\theta)$ 表示。让我们扩展这个似然函数：

$$
\begin{aligned}
L(\theta)&=P(y=1 \mid X;\theta)\\
&=\prod_{i=1}^{m}P(y^i \mid x^i;\theta)\\
&=\prod_{i=1}^{m}(h_\theta(x^i))^{y^i}(1-h_\theta(x^i))^{1-y^i}
\end{aligned}
\tag{9.4}
$$

为了得到比我们预测的更好的模型，我们需要增加 $L(\theta)$ 的值。但是，看看上面的函数。它包含复杂的乘法和指数。所以，为了让我们更容易使用这个函数，我们将它对数化。这是利用 log 的性质，即它是一个递增函数（当 x 向上，$\log(x)$ 也向上）。这将为我们提供如下的对数似然函数：

$$
\begin{aligned}
l(\theta)&=\log L(\theta)\\
&=\sum_{i=1}^{m}[y^i\log(h_\theta(x^i))+(1-y^i)\log(1-h_\theta(x^i))]
\end{aligned}
\tag{9.5}
$$

同样，为了得到最好的模型，我们需要最大化 log 似然。为此，我们做了已经学过的——求偏导，每次对一个参数求偏导。实际上，为了方便计算，每次只选取一组样本进行求导：

$$
\begin{aligned}
\frac{\partial}{\partial\theta_j}l(\theta)&=\left(y\frac{1}{h_\theta(x)}-(1-y)\frac{1}{1-h_\theta(X)}\right)\frac{\partial}{\partial\theta_j}h_\theta(x)\\
&=[y(1-h_\theta(x))-(1-y)h_\theta(x)]x_j\\
&=(y-h_\theta(x))x_j
\end{aligned}
\tag{9.6}
$$

其中第二行遵循这样一个事实，对于一个 sigmoid 函数 $g(z)$，导数可以表示为：$g'(z)=g(z)\times(1-g(z))$。

考虑所有的测试样本，得到：

$$
\frac{\partial}{\partial\theta_j}l(\theta)=\sum_{i=1}^{m}(y^i-h_\theta(x^i))\,x_j^i
\tag{9.7}
$$

这为我们提供了学习算法：

$$\theta_j = \theta_j + \alpha \sum_{i=1}^{m} (y^i - h_\theta(x^i))\, x_j^i \tag{9.8}$$

注意我们这次是如何更新 θ 的。我们在梯度上向上移动而不是向下移动。这就是为什么这叫作梯度上升。它看起来和梯度下降很相似，但区别在于假设函数的性质。之前，它是线性函数。现在是 sigmoid 或 logit 函数。因此，这种回归被称为**逻辑回归**。

实践示例 9.1：逻辑回归

让我们用一个例子来练习逻辑回归。我们将使用泰坦尼克号的数据集，不同版本可以在网上免费获得；然而，我建议使用来自 OA 9.1 中的数据集，因为它几乎已经可以直接使用，而且只需要简单的预处理。在这个练习中，我们试图预测泰坦尼克号上乘客的生存机会。

在获取数据集后，首先将训练数据集导入 R 中的一个数据框架：

```
> titanic.data <- read.csv("train.csv", header = TRUE,
sep = ",")
> View(titanic.data)
```

图 9.2 显示了来自 RStudio 的快照和数据示例。

在继续构建模型之前，我们需要检查缺失的值，并使用 sapply() 函数查找每个变量有多少唯一值，该函数将作为参数传递的函数应用于数据框架的每一列。下面是具体操作：

```
> sapply(titanic.data,function(x) sum(is.na(x)))
PassengerId Survived Pclass Name        Sex   Age   SibSp
        0         0      0      0         0  177       0
      Parch    Ticket    Fare Cabin   Embarked
        0         0        0      0         0

> sapply(titanic.data,function(x)length(unique(x)))
PassengerId Survived Pclass   Name         Sex   Age   SibSp
      891         2      3    891          2    89       7
      Parch    Ticket    Fare Cabin   Embarked
        7       681     248   148          4
```

估计缺失值的另一种方法是使用可视化包：Amelia 包有一个绘图功能 missmap() 来实现此目的。它将绘制数据集并突出显示缺失值：

```
> library(Amelia)
Loading required package: Rcpp
##
## Amelia II: Multiple Imputation
## (Version 1.7.4, built: 2015-12-05)
## Copyright (C) 2005-2017 James Honaker, Gary King and
Matthew Blackwell
## Refer to http://gking.harvard.edu/amelia/for more
information
##
  >missmap(titanic.data, main = "Missinq values vs observed")
```

	PassengerId	Survived	Pclass	Name	Sex	Age	SibSp	Parch	Ticket	Fare	Cabin	Embarked
1	1	0	3	Braund, Mr. Owen Harris	male	22.00	1	0	A/5 21171	7.2500		S
2	2	1	1	Cumings, Mrs. John Bradley (Florence Briggs Thayer)	female	38.00	1	0	PC 17599	71.2833	C85	C
3	3	1	3	Heikkinen, Miss. Laina	female	26.00	0	0	STON/o2. 3101282	7.9250		S
4	4	1	1	Futrelle, Mrs. Jacques Heath (Lily May Peel)	female	35.00	1	0	113803	53.1000	C123	S
5	5	0	3	Allen, Mr. William Henry	male	35.00	0	0	373450	8.0500		S
6	6	0	3	Moran, Mr. James	male	NA	0	0	330877	8.4583		Q
7	7	0	1	McCarthy, Mr. Timothy J	male	54.00	0	0	17463	51.8625	E46	S
8	8	0	3	Palsson, Master. Gosta Leonard	male	2.00	3	1	349909	21.0750		S
9	9	1	3	Johnson, Mrs. Oscar W (Elisabeth Vilhelmina Berg)	female	27.00	0	2	347742	11.1333		S
10	10	1	2	Nasser, Mrs. Nicholas (Adele Achem)	female	14.00	1	0	237736	30.0708		C
11	11	1	3	Sandstrom, Miss. Marguerite Rut	female	4.00	1	1	PP 9549	16.7000	G6	S
12	12	1	1	Bonnell, Miss. Elizabeth	female	58.00	0	0	113783	26.5500	C103	S
13	13	0	3	Saundercock, Mr. William Henry	male	20.00	0	0	A/5. 2151	8.0500		S
14	14	0	3	Andersson, Mr. Anders Johan	male	39.00	1	5	347082	31.2750		S
15	15	0	3	Vestrom, Miss. Hulda Amanda Adolfina	female	14.00	0	0	350406	7.8542		S

图 9.2 泰坦尼克号数据的样本

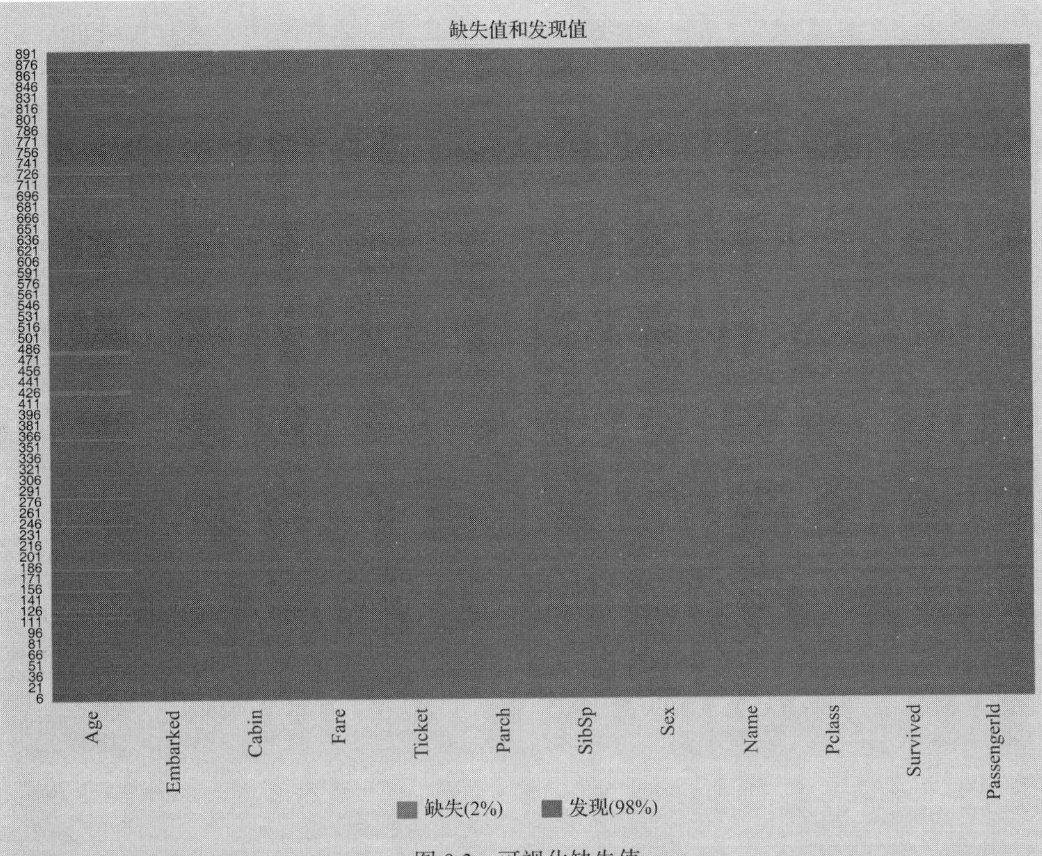

图 9.3 可视化缺失值

如图 9.3 所示，Age 列有多个缺失的值。因此，在继续下一步之前，必须清除缺失的值。在第 2 章中，我们看到了进行这种数据清理的多种方法。在本例中，我们将使用平均年龄值来替换这些缺失的值，具体操作如下：

```
> titanic.data$Age[is.na(titanic.data$Age)] <- mean
(titanic.data$Age,na.rm=T)
```

在这里，我们用其余人口的平均年龄替换了缺失值。如果任何列有大量缺失的值，你可能需要考虑将该列全部删除。在本练习中，我们将仅使用 Age、Embarked、Fare、Ticket、Parch、SibSp、Sex、Pclass 和 Survived 列来简化模型：

```
> titanic.data <- subset(titanic.data,select=c
(2,3,5,6,7,8,10,12))
```

对于数据集中的分类变量，默认情况下使用 read.table() 或 read.csv() 将分类变量编码为因子。其中一个因子是 R 如何处理分类变量。

我们可以使用 is.factor() 函数检查编码，对于所有分类变量，该函数应该返回“true”：

```
> is.factor(titanic.data$Sex)
[1] TRUE
```

现在，在构建模型之前，你需要将数据集分为训练集和测试集。我使用了前800个实例进行训练，剩下的91个作为测试实例。或者你可以选择其他不同的分离策略：

```
> train <- titanic.data[1:800,]
> test <- titanic.data[801:891,]
```

现在我们的数据集已经准备好构建模型了。我们将在glm()函数中使用family=binomial（两个类或标签）：

```
> model <- glm(Survived ~.,family=binomial(link='logit'),
data=train)
> summary(model)
```

上面几行代码应该会产生下面几行输出：

```
Call:
glm(formula = Survived ~ ., family = binomial(link = "logit"),
   data = train)
Deviance Residuals:
   Min       1Q    Median      3Q      Max
-2.6059  -0.5933  -0.4250  0.6215  2.4148
Coefficients:
              Estimate  Std. Error  z value     Pr(>|z|)
(Intercept) 15.947761  535.411378     0.030   0.9762
Pclass       -1.087576    0.151088    -7.198   6.10e-13***
Sexmale      -2.754348    0.212018   -12.991     <2e-16***
Age          -0.037244    0.008192    -4.547   5.45e-06***
SibSp        -0.293478    0.114660    -2.560   0.0105*
Parch        -0.116828    0.128113    -0.912   0.3618
Fare          0.001515    0.002352     0.644   0.5196
EmbarkedC  -10.810682  535.411254    -0.020   0.9839
EmbarkedQ  -10.812679  535.411320    -0.020   0.9839
EmbarkedS  -11.126837  535.411235    -0.021   0.9834
---------------------------------------------------------------
Signif. codes: ***, 0; **,0.001; *, 0.01.
Dispersion parameter for binomial family taken to be 1
  Null deviance: 1066.33 on 799 degrees of freedom.
Residual deviance: 708.93 on 790 degrees of freedom.
AIC: 728.93.
Number of Fisher scoring iterations: 12.
```

从结果来看，很明显，Fare（票价）和Embarked（船载）没有统计学意义。这意味着我们没有足够的信心相信这些因素会对整个模型产生如此大的影响。至于统计上显著的变量，性别具有最低的p值，表明乘客的性别与幸存的概率有很强的联系。该预测值的负系数表明，在所有其他变量相同的情况下，男性乘客存活的可能性较小。这个时候，我们应该停下来思考一下这个洞见。随着泰坦尼克号开始下沉，救生艇上挤满了获救的乘客，妇女和儿童被优先考虑。因此，男性乘客，尤其是男性成年人，存活的机会更少是有道理的。

现在，我们将看到我们的模型在预测测试实例的值方面有多优秀。通过设置参数type='response'，R将以$P(y=1|X)$的形式输出概率。我们的决策边界将是0.5。如果$P(y=1|X)>0.5$，则$y=1$，否则$y=0$。

```
>fitted.results <-
predict(model,newdata=subset(test,select=c
(2,3,4,5,6,7,8)), type='response')
>fitted.results <- ifelse(fitted.results > 0.5,1,0)
>
>misClasificError <- mean(fitted.results != test$Survived)
>print(paste('Accuracy',1-misClasificError))
[1] "Accuracy 0.842696629213483"
```

从上面的结果可以看出，我们的模型在预测测试实例标签方面的精度为 0.84，这表明该模型表现良好。

在最后一步，我们将绘制受试者工作特征（ROC）曲线并计算曲线下面积（AUC），这是二进制分类器的典型性能测量（如图 9.4 所示）。有关这些措施的详情，请参阅第 12 章。

```
>library(ROCR)
Loading required package: gplots
Attaching package: 'gplots'
The following object is masked from 'package:stats': lowess
>p <- predict(model, newdata=subset(test,select=c
(2,3,4,5,6,7,8)), type="response")
>pr <- prediction(p, test$Survived)
>prf <- performance(pr, measure = "tpr", x.measure = "fpr")
>plot(prf)
>auc <- performance(pr, measure = "auc")
>auc <- auc@y.values[[1]] > auc
[1] 0.866342
```

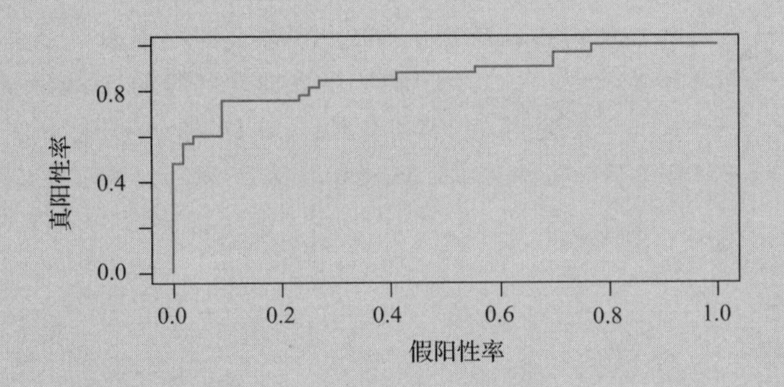

图 9.4 基于泰坦尼克号数据的分类器的受试者工作特征曲线

ROC 曲线是通过绘制不同阈值设置下的真阳性率（TPR）与假阳性率（FPR）来生成的，而 AUC 是 ROC 曲线下的面积。TPR 表示我们检测到的“1”中有多少确实是“1”，FPR 表示我们检测到的“1”中有多少实际上是“0”。通常，一个上升，另一个也会上升。想想看——如果你把所有的东西都标记为“1”，那么你的 TPR 就会很高，但是你也会错误地把所有东西都标记为“0”，从而导致高 FPR。根据经验，具有良好预测能力的模型的 AUC 应该接近 1 而不是 0.5。在图 9.4 中，我们可以看到曲线下的面积相当大——约占矩形的 87%。这是一个相当不错的数字，表明我们有一个良好和平衡的分类器。

自己试试 9.1：逻辑回归

首先从 OA 9.2 获取社交媒体广告数据。使用这些数据，构建一个基于逻辑回归的分类器，以确定社交媒体用户的人口统计数据特征是否可以用来预测购买广告产品的用户。报告你的模型的分类准确度以及 ROC 值。

9.3 softmax 回归

到目前为止，我们已经看到了数值结果变量的回归和二项式（“是”或“否”、“1”或“0”）分类结果的回归。但是如果我们有两个以上的类别，例如，你想根据一个学生在各科的成绩来评价他的表现为“优秀”“良好”“一般”或“低于平均水平”。为此我们需要多项式逻辑回归。因为多项式逻辑回归或 softmax 回归是常规逻辑回归的推广，用于处理多个（两个以上）类别。

在 softmax 回归中，我们用 softmax 函数代替逻辑回归中的 sigmoid 函数。该函数以一个 n 个实数的向量作为输入，将向量归一化为 n 个概率的分布。也就是说，该函数将所有 n 个分量从任何实数（正或负）转换为区间（0，1）中的值。它是如何做到这一点的超出了本书讨论范围。如果你感兴趣，你可以查看本章末尾的延伸阅读及资源。

实践示例 9.2：softmax 回归

我们将通过 R 中的一个例子看到 softmax 回归。在这个示例中，我们将使用 OA 9.3 中提供的 hsbdemo 数据集。该数据集关于进入高中的学生，他们在普通课程、职业课程和学术课程中进行选择。他们的选择可以用他们的写作成绩和社会经济地位来模拟。数据集包含 200 名学生的属性值。结果变量是由学生自主选择的 prog。预测变量是社会经济地位 ses，一个三级分类变量，以及写作成绩 write，一个连续变量。

让我们从获取一些有价值的变量的描述性统计数据开始。

```
>hsbdemo <- read.csv("hsbdemo.csv", header = TRUE, sep = ",")
>View(hsbdemo)
>with(hsbdemo, table(ses, prog))
       prog
ses    academic general vocation
 high       42       9        7
 low        19      16       12
 middle     44      20       31
>with(hsbdemo, do.call(rbind, tapply(write, prog, function
(x) c(M = mean(x), SD = sd(x)))))
                  M       SD
academic  56.257147.943343
general   51.333339.397775
vocation  46.760009.318754
```

R 中有多种方法和软件包可以执行多项逻辑回归。例如，你可以使用 mlogit 包进行多项逻辑回归。然而，对于本例，如果我们想使用 mlogit 包，那么我们必须首先重塑数据集。这个预处理步骤的一个可能的解决方案是使用来自 nnet 包的多项式函数来估计多项式逻辑回归模型，这并不需要对数据进行任何重塑。

在运行多项式回归之前，我们需要记住我们的结果变量不是序数的（例如，“好”“更好”和“最好”）。因此，为了创建我们的模型，我们需要选择我们希望用作基准的结果级别，并在相应级别函数中指定它。以下是具体操作：

```
> hsbdemo$prog2 <- relevel(hsbdemo$prog, ref = "academic")
```

这里，我们没有转换原始变量 prog，而是使用 relelevel 函数声明了另一个变量 prog2，其中级别 academic 被设定为基准：

```
> library(nnet)
> model1 <- multinom(prog2 ~ ses + write, data = hsbdemo)
# weights: 15 (8 variable)
initial value 219.722458
iter 10 value 179.983731
final value 179.981726
Converged
```

忽略所有警告消息。正如我们所看到的，我们已经建立了一个模型，其中的结果变量是 prog2。出于演示的目的，我们仅使用 ses 和 write 作为我们的预测因子，并忽略了其余的变量。正如我们所看到的，模型本身已经生成了一些输出，即使我们将模型分配给一个新的 R 对象。这个模型运行输出包括一些迭代历史，并包括最终的负对数似然值，179.981726。

接下来，要了解更多迄今为止我们构建的模型的更多细节，我们可以对模型发出一个摘要（summary）命令：

```
> summary(model1)
Call:
multinom(formula = prog2 ~ ses + write, data = hsbdemo)
Coefficients:
        (Intercept)   seslow  sesmiddle       write
general    1.689478 1.1628411 0.6295638 -0.05793086
vocation   4.235574 0.9827182 1.2740985 -0.11360389
Std. Errors:
        (Intercept)    seslow  sesmiddle       write
general    1.226939 0.5142211  0.4650289  0.02141101
vocation   1.204690 0.5955688  0.5111119  0.02222000
Residual Deviance: 359.9635
AIC: 375.9635
```

模型生成的输出摘要有一组系数和一组标准误差。每块都有一行对应于模型方程的值。我们将首先关注系数块。正如我们所看到的，第一行是将 prog=general 与基准 prog=academic 进行比较。同样，第二行是 prog=vacation 与基准之间的比较。

我们将第一行的系数列为“b_1”（b_{10} 表示截距，b_{11} 表示“seslow”，b_{12} 表示“sesmiddle”，b_{13} 表示“write”），将第二行的系数列为“b_2”（b_{20} 表示截距，b_{21} 表示“seslow”，b_{22} 表示“sesmiddle”，b_{23} 表示“write”）。利用这些，我们可以计算出对数概率，它将给定的模型与基准进行比较，并告诉我们自变量的一个单位变化将如何改变模型中的因变量，而不是它将如何改变基线中的相同变量。这些模型方程可以写成如下形式：

$$\ln\left(\frac{P(\text{prog2}=\text{general})}{P(\text{prog2}=\text{academic})}\right)=b_{10}+b_{11}(\text{ses}=2)+b_{12}(\text{ses}=3)+b_{13}(\text{write}) \quad (9.9)$$

$$\ln\left(\frac{P(\text{prog2}=\text{vocation})}{P(\text{prog2}=\text{academic})}\right)=b_{20}+b_{21}(\text{ses}=2)+b_{22}(\text{ses}=3)+b_{23}(\text{write}) \quad (9.10)$$

使用这些方程，我们可以发现变量write增加一个单位，与general项目对academic项目的对数概率减少相关，减少的数量为0.058。你可以从我们模型的总结中获得类似的见解。

在这种分析中，你经常会遇到一个术语——**相对风险**，即选择基准以外的任何结果类别（“vocation”“general”）的概率与选择基准类别的概率之比。为了找到相对风险，我们可以对模型中的系数求幂：

```
> exp(coef(model1))
        (Intercept)    seslow sesmiddle     write
general    5.416653  3.199009  1.876792 0.9437152
vocation  69.101326  2.671709  3.575477 0.8926115
```

正如我们所看到的，在general项目和academic项目中，变量write增加一个单位的相对风险比为0.9437。

你之前已经看到需要一些测试实例来检查模型的准确性。我们看到了在没有任何预先提供的测试实例的情况下，如何将整个数据集划分为训练和测试实例。我不打算在这里重复同样的内容；相反，我将让你来处理数据和分析模型的准确性。

自己试试 9.2：softmax 回归

从OA 9.4下载Car评估数据集。然后，建立softmax回归模型，将汽车可接受性等级与该等级的其他属性进行分类。

9.4 用kNN分类

9.1节和9.2节介绍了两种回归形式，它们完成了一个任务：分类。我们现在将继续讨论这个问题，并研究执行分类的其他技术。分类的任务是：给定一组数据点及其对应的标签，了解它们是如何分类的，这样，当一个新的数据点到来时，我们就可以把它放在正确的类中。

分类可以有监督，也可以无监督。前一种情况是当给图片指定一个标签时，例如“cat”或“dog”，可能选择的数量是预先确定的。当只有两种选择时，称为二类或二项式分类。当有更多的类别时，例如当预测NCAA疯狂三月锦标赛的获胜者时，它被称为多类别或多项分类。有许多方法和算法来建立分类器，其中k最近邻（kNN）是最流行的方法之一。

让我们通过列出算法的主要步骤来看看kNN是如何工作的。

1. 正如在一般的分类问题中一样，我们有一组数据点，我们知道这些数据点的正确的类标签。

2. 当我们得到一个新的数据点时，我们将它与我们现有的每个数据点进行比较，并找出相似之处。

3. 取最相似的 k 个数据点（k 个最近邻）。

4. 从这 k 个数据点中，取其标签的多数票。获胜标签是新数据点的标签 / 类别。

数字 k 通常很小，在 2 到 20 之间。可以想象，最近邻数越多（k 值），我们做处理的时间就越长。

实践示例 9.3：kNN

让我们举一个例子，尝试可视化如何用 R 中的 kNN 进行分类。对于这个例子，我们将使用鸢尾数据集。OA 9.5 提供了一个简短的描述以及数据集。

该数据集包括来自三种鸢尾（setosa、virginica 和 versicolor）的 50 朵花的样本。每个样品都测量了四个特征：萼片和花瓣的长度和宽度，单位为厘米。基于这四个属性的结合，我们需要区分鸢尾的种类。

鸢尾数据集内置于 R 中，因此我们可以通过在 R（或 RStudio）控制台中键入 `Iris` 来查看该数据集。

在我们进行分类之前，让我们来看看数据集中的值的分布。为了可视化，我们使用 R 中的 `ggvis` 程序包来实现，以下是具体操作：

```
# Load the library "ggvis"
library(ggvis)
# Iris scatterplot
iris %>% ggvis(~Sepal.Length, ~Sepal.Width, fill = ~Species)
```

如图 9.5 所示，我们可以看到在 setosa 中，萼片长度和萼片宽度之间有很高的相关性，而在 virginica 和 versicolor 中，这种相关性稍小。

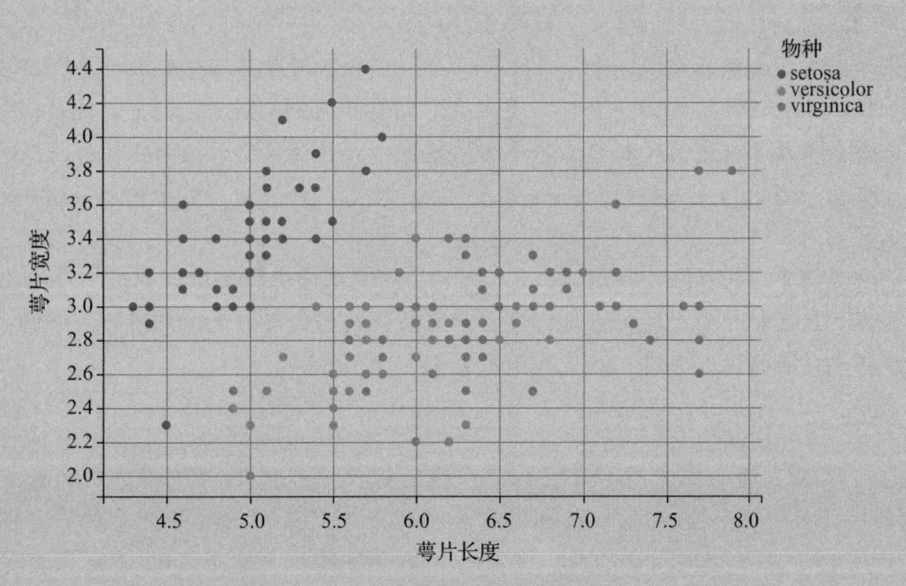

图 9.5　根据不同花的萼片长度和宽度绘制的鸢尾数据

如果我们研究花瓣长度和花瓣宽度之间的关系，会得到一个类似的结果，如图 9.6 所示。

```
iris %>% ggvis(~Petal.Length, ~Petal.Width, fill = ~Species)
```

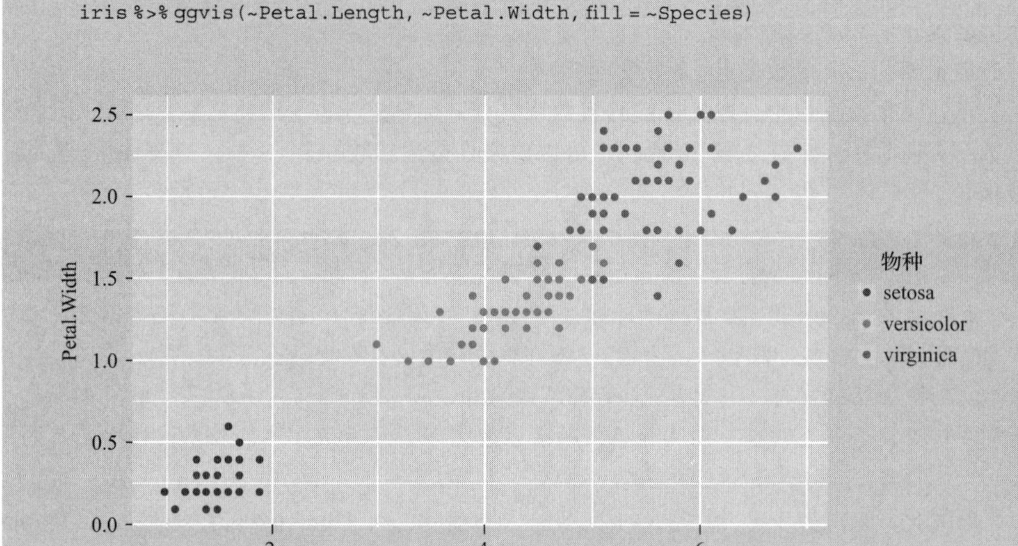

图 9.6 基于不同花朵花瓣长度和宽度的鸢尾数据绘图

图 9.6 显示了包含在虹膜数据集中的所有不同物种的花瓣长度和花瓣宽度之间的正相关性。

一旦我们至少对数据集的性质有了一些了解，我们将看到如何在 R 中进行 kNN 分类。

但是在我们继续进行分类任务之前，我们需要一个测试集来评估模型的性能。由于我们还没有这样做，我们需要将数据集分成两部分：一个训练集和一个测试集。我们将把整个数据集分成三分之二和三分之一。第一部分，即数据集的较大部分，将被保留用于训练，而数据集的其余部分将用于测试。我们可以任意分割它们，但是我们需要记住，训练集必须足够大，才能产生一个好的模型。此外，我们必须确保所有三类物种都存在于训练模型中。更重要的是，所有三个物种的实例数量需要尽量相等，这样你的预测就不会偏向某一类。

要将数据集分为训练集和测试集，我们应该首先设置一个种子。这是一个 R 的随机数发生器。设置种子的主要优点是，每当你在随机数生成器中提供相同的种子时，我们可以获得相同的随机数序列。以下是具体操作：

```
set.seed(1234)
```

你可以在上面的行中选择 1234 以外的任何数字。接下来，我们要确保我们的鸢尾数据集被打乱，并且在我们的训练和测试集中，每种物种的数量相等。确保这一点的一种方法是使用 `sample()` 函数获取一个样本，其大小设置为鸢尾数据集的行数（这里是 150）。我们以替换为例：我们从包含两个元素的向量中进行选择，并将“1”或“2”赋值给鸢尾数据集的 150 行。元素的分配取决于 0.67 和 0.33 的概率权重。这导致大约三分之二的数据被标记为“1”(训练)，其余的被标记为“2”(测试)。

```
ind <- sample(2, nrow(iris), replace=TRUE, prob=c
(0.67, 0.33))
```

然后，我们可以使用存储在变量“ind”中的样本来定义我们的训练和测试集，只从数据中获取前四列或属性。

```
iris.training <- iris[ind==1, 1:4]
iris.test <- iris[ind==2, 1:4]
```

此外，我们需要记住“Species”(物种)，这是类标签，是我们的目标变量，其余的属性是预测属性。因此，我们需要将类标签存储在因子向量中，并将其划分到训练集和测试集上，具体步骤如下：

```
iris.trainLabels <- iris[ind==1,5]
iris.testLabels <- iris[ind==2,5]
```

如果你不理解上面的步骤，那么也没有关系，因为这些步骤与 kNN 无关，但与如何将数据集准备成训练集和测试集有关。更重要的是接下来的工作。

完成所有这些准备步骤后，我们就可以在我们的训练数据集中使用 kNN 了。为此，我们需要使用在 R 中可用的 knn( ) 函数。knn( ) 函数使用欧几里得距离来找出 k 训练实例和测试实例之间的相似性。k 的值必须由用户提供。在本例中就是你。

我们可以通过执行以下步骤来构建基于 kNN 的模型：

```
library(class)
iris_pred <- knn(train = iris.training, test = iris.test, cl =
iris.trainLabels, k=3)
```

此时，输入 iris_pred 将输出我们预测的整个向量。或者，我们可以通过发出 summary(iris_pred) 来请求摘要，并获得以下输出：

```
setosa  versicolor  virginica
    12          13         15
```

既然我们已经建立了一个模型，并为我们的测试属性预测了类标签，那么让我们来评估这些预测的准确性。为此，我们将使用交叉列表。在 gmodels 库中可以找到这方面的函数。如果尚未安装，请继续安装该软件包，然后运行以下命令：

```
library(gmodels)
CrossTable(x=iris_pred, y=iris.testLabels, prop.chisq =
FALSE)
```

这为我们提供了如下所示的交叉列表。从这张表中，我们可以看到我们的预测(iris_pred)与事实(iris.testLabels)是如何匹配的。似乎只有一种情况会是我们错了——预测 Versicolor 是 Virginica。

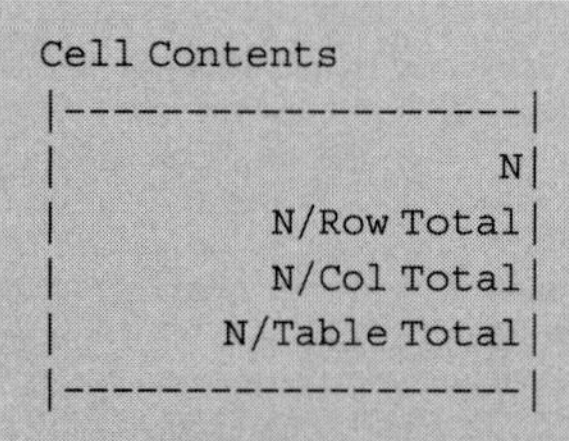

```
Cell Contents
|-------------------|
|                  N|
|        N/Row Total|
|        N/Col Total|
|      N/Table Total|
|-------------------|
```

```
Total Observations in Table: 40

             |iris.testLabels
   iris_pred|    setosa| versicolor| virginica| Row Total|
-----------|---------|-----------|----------|---------|
      setosa|        12|          0|         0|        12|
            |     1.000|      0.000|     0.000|     0.300|
            |     1.000|      0.000|     0.000|          |
            |     0.300|      0.000|     0.000|          |
-----------|---------|-----------|----------|---------|
  versicolor|         0|         12|         1|        13|
            |     0.000|      0.923|     0.077|     0.325|
            |     0.000|      1.000|     0.062|          |
            |     0.000|      0.300|     0.025|          |
-----------|---------|-----------|----------|---------|
   virginica|         0|          0|        15|        15|
            |     0.000|      0.000|     1.000|     0.375|
            |     0.000|      0.000|     0.938|          |
            |     0.000|      0.000|     0.375|          |
-----------|---------|-----------|----------|---------|
Column Total|        12|         12|        16|        40|
            |     0.300|      0.300|     0.400|          |
-----------|---------|-----------|----------|---------|
```

使用这个表格，你可以很容易地计算出我们的精确度。在 40 个预测中，我们只错了一次，所以准确度是 39/40=97.5%。

自己试试 9.3：kNN

从 OA 9.3 获取 hsbdemo 数据集。从高中生的阅读、写作、数学和科学成绩中创建一个基于 kNN 的分类器。评估分类器在预测学生将参加哪个学术项目时的准确度。

9.5 决策树分析

在机器学习中，决策树用于分类问题。在这类问题中，目标是创建一个模型，该模型基于几个输入变量来预测目标变量的值。决策树以树形结构的形式来构建分类或回归模型。它将数据集分解成越来越小的子集，同时相关决策树是增量开发的。最终结果是一棵具有决策节点和叶节点的树。

考虑如表 9.1 所示的气球数据集（从 OA 9.6 下载）。数据集有四个属性：颜色、大小、行为和年龄，以及一个类标签（T= 真或 F= 假）。我们将使用这个数据集来理解决策树算法是如何工作的。

目前有几种生成决策树的算法，如 ID3/4/5、CART、CLS 等，其中最流行的是由 J.R.Quinlan 开发的 ID3，它使用自顶向下的贪婪算法来搜索可能的分支空间，而不进行回溯。

ID3 利用熵和信息增益构造决策树。在我们讨论算法之前，让我们先了解一下这两个术语。

表 9.1 气球数据集

颜色	大小	行为	年龄	充气
黄色	小	拉长	成人	T
黄色	小	拉长	成人	T
黄色	小	拉长	儿童	F
黄色	小	下降	成人	F
黄色	小	下降	儿童	F
黄色	大	拉长	成人	T
黄色	大	拉长	成人	T
黄色	大	拉长	儿童	F
黄色	大	下降	成人	F
黄色	大	下降	儿童	F
粉色	小	拉长	成人	T
粉色	小	拉长	成人	T
粉色	小	拉长	儿童	F
粉色	小	下降	成人	F
粉色	小	下降	儿童	F
粉色	大	拉长	成人	T
粉色	大	拉长	成人	T
粉色	大	拉长	儿童	F
粉色	大	下降	成人	F
粉色	大	下降	儿童	F

熵：熵（E）是无序、不确定性或随机性的度量。如果我掷一枚均匀硬币，得到正面和反面的机会是一样的。换句话说，我们会对结果不确定，或者我们会有很大的熵。该测量公式为：

$$\text{Entropy}(E) = -\sum_{i=1}^{k} p_i \log_2(p_i) \tag{9.11}$$

这里，k 是可能的类值的数量，而 p_i 是类 i=1 在数据集中出现的次数。因此，在“气球”数据集中，可能的类值的数量是 2（T 或 F）。这个负号的原因是 p_1，p_2，…，p_n 均是负的，所以无序状态熵实际上是正的。通常对数是以 2 为基数表示的，而熵则以比特为单位——就是计算机常用的比特。

图 9.7 展示了与事件概率值相关的无序状态（熵）曲线。正如你所看到的，当两类结果事件的概率为 0.5 时，它处于最高值（1）。如果我们持有一枚均匀硬币，得到正面或反面的概率是 0.5。这枚硬币的熵在这一点上是最高的，这反映了我们对这枚硬币的结果的最大不确定性。如果我们的硬币是完全不均匀的，并且每次都是正面，那么这枚硬币得到正面的概率将是 1，相应的熵将是 0，这表明这个事件的结果不存在不确定性。

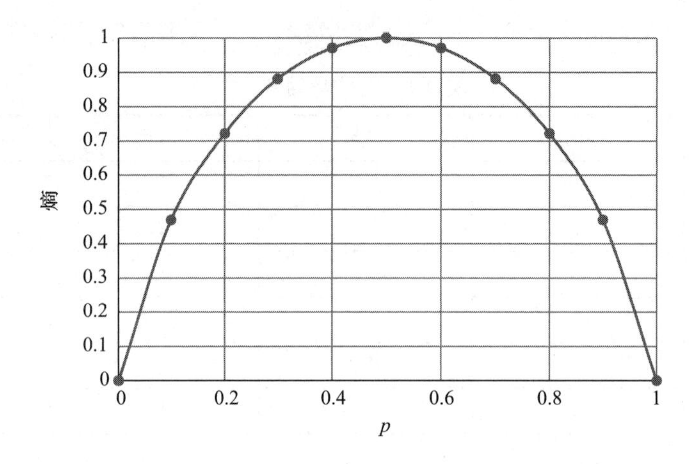

图 9.7 无序状态（熵）的描述

信息增益：如果你认为今天不会下雨，而我告诉你确实会下雨，你不会说你获得了一些信息吗？如果你已经知道要下雨了，那么我的预测不会真正影响你现有的知识。有一种数学方法可以衡量这种**信息增益**（IG）：

$$\mathrm{IG}(A, B) = \mathrm{Entropy}(A) - \mathrm{Entropy}(A, B) \tag{9.12}$$

在这里，信息增益是通过了解 A 和 B 的熵（不确定性）之间的差异而获得的。请记住这一点，我们将在下一个示例中再次讨论它。

但首先，让我们回到决策树算法。决策树是一种分层的、自顶向下的树，从根节点构建到叶节点，涉及将数据划分为较小的子集，这些子集包含具有相似值（同构）的实例。ID3 算法利用无序状态来计算样本的均匀性。如果样本是完全均匀的，则无序状态为 0；如果样本被等分，则无序状态为 1。换句话说，无序状态（熵）是对数据无序程度的测量。

现在，为了构建决策树，我们需要使用频率表计算两种类型的无序状态，如下所示：

a. 利用一个属性的频率表的熵：

充气	
真	假
8	12

因此：

$$\begin{aligned} E(\text{Inflated}) &= E(12,8) \\ &= E(0.6,0.4) \\ &= -(0.6\log_2 0.6) - (0.4\log_2 0.4) \\ &= 0.4422 + 0.5288 \\ &= 0.9710 \end{aligned}$$

b. 同样，熵使用两个属性的频率表：

$$E(A,B) = \sum_{k \in B} P(k)E(k) \tag{9.13}$$

下面是解释，让我们看一下表 9.2。

表 9.2　行动和充气频率表

		充气		
		正	假	
行动	下降	0	8	8
	拉长	8	4	12
总计		20		

因此：

$$
\begin{aligned}
E(\text{Inflated},\text{Act}) &= P(\text{Dip})\times E(8,0)+P(\text{Stretch})\times E(4,8)\\
&=\left(\frac{8}{20}\right)\times 0.0+\left(\frac{12}{20}\right)\times\{-(0.3\log_2 0.3)-(0.7\log_2 0.7)\}\\
&=\left(\frac{12}{20}\right)\times(0.5278+0.3813)\\
&=\left(\frac{12}{20}\right)\times 0.9090\\
&=0.5454
\end{aligned}
$$

如上值所示，与第一种情况相比，熵值有所减少。这种熵的减少称为信息增益。其中，信息增益为：

$$
\begin{aligned}
\text{IG} &= E(\text{Inflated})-E(\text{Inflated},\text{Act})\\
&=0.9710-0.5454\\
&=0.4256
\end{aligned}
$$

如果熵是无序的，那么信息增益是通过分割原始数据集来减少的无序的度量。构建决策树的关键在于找到一个返回最高信息增益的属性（即最同构的分支）。以下是创建基于熵和信息增益的决策树的步骤：

步骤 1：计算目标或类别变量的熵值，在本例中为 0.9710。

步骤 2：将数据集按不同的属性拆分成更小的子表，例如，充气和行为、充气和年龄、充气和大小以及充气和颜色。计算每个子表的熵。然后按比例相加，得到分裂的总熵。从分裂前的熵中减去所得到的总熵。其结果是信息增益或熵的减少。

步骤 3：选择信息增益最大的属性作为决策节点，将数据集按其分支进行划分，并在每个分支上重复相同的过程。

如果你一步一步地遵循上述指导方针，你最终应该得到图 9.8 所示的决策树。

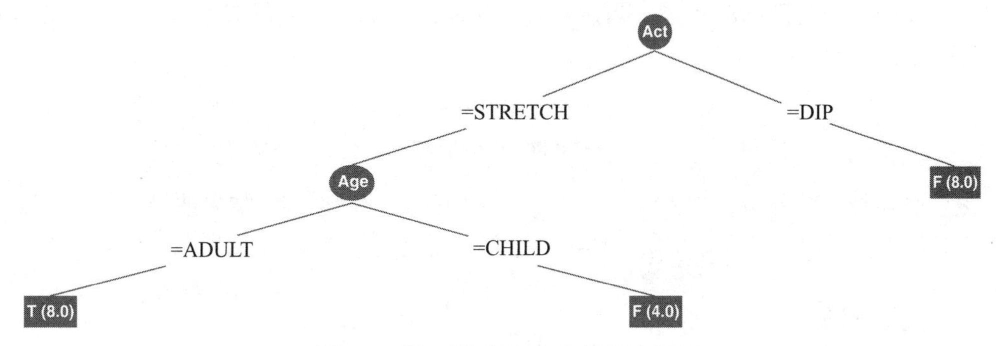

图 9.8　“气球”数据集的最终决策树

9.5.1 决策规则

规则是决策树的流行替代方法。规则通常采用{IF: THEN}表达式的形式（例如，{IF"condition"THEN"result"}）。通常对于任何数据集，单个规则本身都不是模型，因为当相关条件满足时可以应用此规则。因此，基于规则的机器学习方法通常识别一组规则，这些规则共同构成了预测模型或知识库。

为了适合任何数据集，通过沿着从根节点到叶节点的路径，可以很容易地从决策树派生出一组规则，每次一个。对于图 9.8 中的上述决策树，相应的决策规则显示在图 9.9 的左侧。

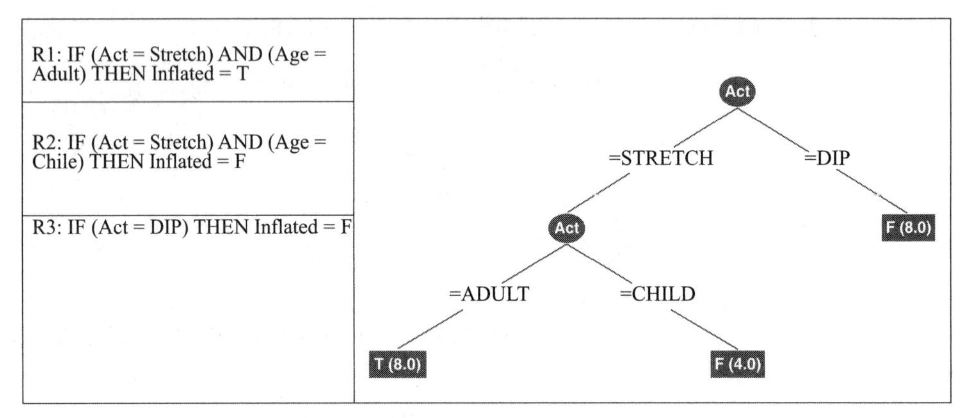

图 9.9 使用决策树派生决策规则

决策规则在 n 维空间中产生正交超平面。这意味着，对于每一个决策规则，我们都是在对应的维度下，观察一条垂直于坐标轴的线或平面。这个超平面（对高维线或平面的一种奇特的说法）分离该维度周围的数据点。你可以把它看作一种决策边界。它一边的任何东西都属于一个类，而另一边的那些数据点属于另一个类。

9.5.2 分类规则

直接从决策树中读取一组分类规则是很容易的。为每个叶子生成一个规则。该规则的前项包括从根到该叶子路径上的每个节点的一个条件，规则的后项是由叶子分配的类。这个过程产生的规则是明确的，因为它们的执行顺序是无关的。然而，通常情况下，直接从决策树中读取的规则要比必要的复杂得多，从决策树派生的规则通常会被修剪，以删除冗余测试。因为决策树不能很容易地表达集合中不同规则之间隐含的析取，所以将一组通用规则转换为树就不是那么简单了。当规则具有相同的结构但不同的属性时，就可以很好地说明这一点，例如：

If a and b then x
If c and d then x

然后必须打破对称性，为根节点选择一个单独的测试。例如，如果选择了“if a”，那么第二条规则实际上必须在树中重复两次。这就是所谓的复制子树问题。

9.5.3 关联规则

关联规则与分类规则没有什么不同，只是它们可以预测任何属性，而不仅仅是类，这也使它们能够自由地预测属性的组合。此外，关联规则不希望像分类规则那样作为一个集合一起使用。不同的关联规则表达不同的数据集规律，它们通常预测不同的事情。

因为即使是非常小的数据集也可以派生出如此多不同的关联规则，所以我们只关注那些应用于相当数量的实例并且对它们所应用的实例具有相当高的准确性的规则。关联规则的覆盖范围是它正确预测的实例数量，这通常被称为支持。它的准确性——通常称为置信度——是它正确预测的实例数量，用它所适用的所有实例的比例表示。

例如，考虑表9.3中的天气数据，这是一个天气训练数据集和相应的目标变量“Play”（建议打高尔夫的可能性）。图9.10给出了该数据集的决策树和派生的决策规则。

表9.3 天气数据

室外情况	温度	湿度	多风的	打高尔夫
晴天	热	高	假	否
晴天	热	高	真	否
阴天	热	高	假	是
雨天	温和	高	假	是
雨天	凉爽	正常	假	是
雨天	凉爽	正常	真	否
阴天	凉爽	正常	真	是
晴天	温和	高	假	否
晴天	凉爽	正常	假	是
雨天	温和	正常	假	是
晴天	温和	正常	真	是
阴天	温和	高	真	是
阴天	热	正常	假	是
雨天	温和	高	真	否

R1: IF (Outlook=Sunny) AND (Windy =False) Then Play=Yes

R2: IF (Outlook=Sunny) AND (Windy =True) Then Play=No

R3: IF (Outlook=Overcast) THEN Play =Yes

R4: IF (Outlook=Rainy) AND (Humidity=High) THEN Play=Yes

R5: IF (Outlook=Rainy) AND (Humidity=Normal) THEN Play=Yes

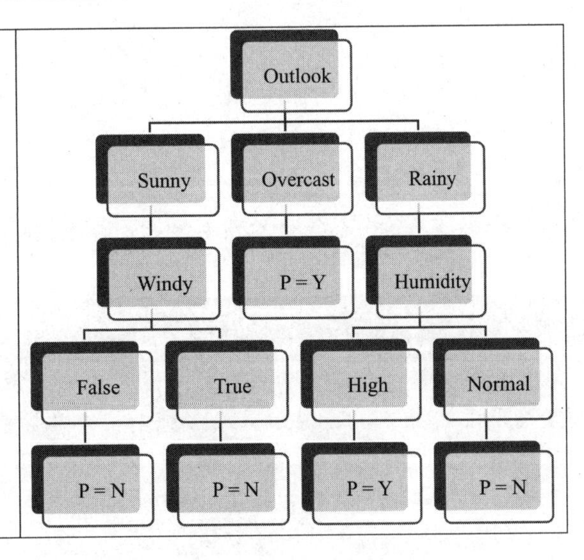

图9.10 天气数据的决策规则（左）和决策树（右）

让我们思考这个规则：

If *temperature* = *cool* then *humidity* = *normal*.

覆盖范围是凉爽和正常湿度的天数（在表 9.3 的数据中有 4 天），准确性是凉爽的天数有正常湿度的比例（本例为 100%）。图 9.10 中其他一些质量好的关联规则有：

If *humidity* = *normal* and *windy* = *false* then *play* = *yes*.
If *outlook* = *sunny* and *play* = *no* then *windy* = *true*.
If *windy* = *false* and *play* = *no* then *outlook* = *sunny* and *humidity* = *high*.

通过图 9.10 中的树，看看这些规则是否有意义，并从逻辑上质疑它们（例如，如果外面阳光明媚但风很大，我们会出去打高尔夫吗？）还可以尝试制定一些新的规则。

实践示例 9.4：决策树

让我们看看 R 如何实现基于决策树的分类器。在这个演示中，我们将使用其他的气球数据集，你可以从 OA 9.7 下载。这来自我们在前面的示例中使用的存储库（参见表 9.1）。

第一步是将数据导入 RStudio。通常建议在执行任何操作之前，首先检查所有属性的数据类型（这里展示了一个）。

```
> balloon <- read.csv("yellow-small.csv", sep = ',',
header = TRUE)
> View(balloon)
> is.factor(balloon$Size)
```

这里我们将使用 party 包。在进行下一步之前，必须安装这个包。

```
> install.packages("party")
> library(party)
```

在下一步中，我们将创建决策树：

```
> View(balloon)
> inflated.Tree<- ctree(Inflated~., data = balloon)
```

要绘制决策树，执行以下行：

```
> plot(inflated.Tree)
```

如果你已经正确地遵循了这些步骤，你应该会看到一个类似于图 9.11 的树。从这棵树可以得出结论，颜色是一个很好的预测气球是否充气的指标。

自己试试 9.4：决策树

让我们测试一下你对包含所有分类变量的决策树算法的理解。你将要使用的数据集是关于隐形眼镜的（从 OA 9.8 下载），它有三个类标签：

1. 医生应该给病人佩戴硬性隐形眼镜。
2. 医生应该给病人佩戴软性隐形眼镜。
3. 病人不应该佩戴隐形眼镜。

构建一个基于决策树的分类器，该分类器将基于数据集的其他属性推荐类标签。

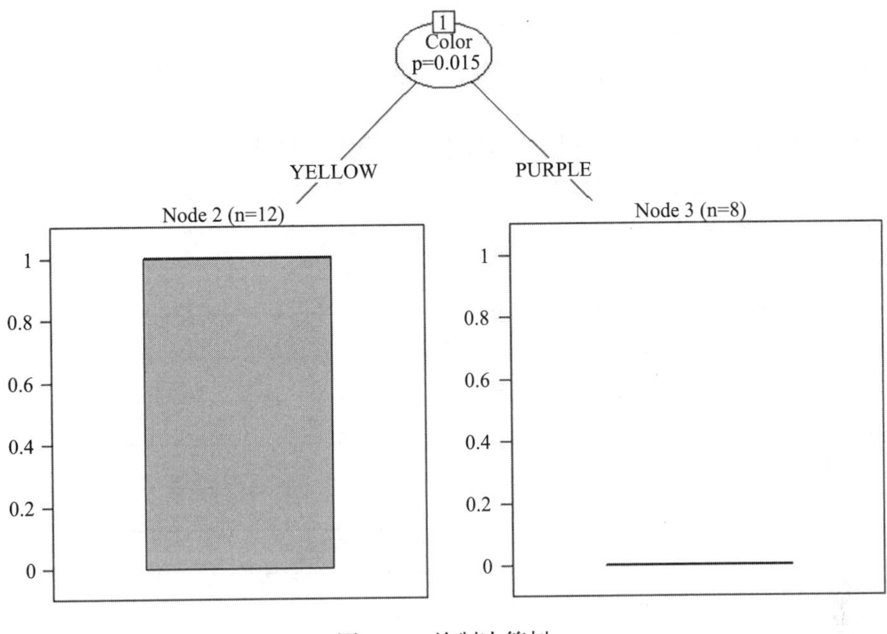

图 9.11　绘制决策树

9.6　随机森林

决策树似乎是一种很好的分类方法——它通常具有很高的准确性，更重要的是，它提供了人们可以理解的见解。但是决策树算法的一个大问题是它可能会过分拟合数据。这是什么意思？这意味着它可以尝试对给定的数据进行很好的建模，尽管该数据集的分类准确性很好，但在查看任何新数据时，该模型可能会发现自己陷入困境——它包含的数据太多了！

解决这个问题的一种方法是使用不止一棵，也不止两棵，而是许多决策树，每个决策树的创建方式略有不同。然后从这些树的决定和预测中取一些平均值。这种方法在很多情况下是非常有用和可取的，因为有一整套算法可以应用它们。它们被称为**集成方法**。

在机器学习中，集成方法依赖于多个学习算法来获得比任何一个组成学习算法更好的预测准确性。一般来说，集成算法由一个具体的有限的备选模型集组成，但在这些备选模型中包含一个更加灵活的结构。集成方法的一个例子是随机森林，它可以用于回归和分类任务。

随机森林的操作方法是在训练时构造大量的决策树，并选择类的模式作为最终的类标签，当用于回归任务时，用于单个树的分类或平均预测。与决策树相比，使用随机森林的优点是，随机森林会试图纠正决策树将数据过度拟合到其训练集的习惯。下面是它的工作原理。

对于 N 个训练集，每棵决策树都是按照如下方式创建的：

1. 从原始训练集中随机抽取样本并进行替换。此样本将用作训练集，以生成树。

2. 如果数据集有 M 个输入变量，则指定一个数字 m（m 比 M 小很多），以便在每个节点上，从 M 中随机选择 m 个变量。在这 m 个变量中，使用最佳分割来分割节点。当我们种植森林时，m 的值保持不变。

3. 按照上面的步骤，每棵树都尽可能地生长，不需要修剪。

4. 通过聚集 n 棵树的预测来预测新数据（即多数投票用于分类，平均投票用于回归）。

假设训练数据集 N 对三个预测变量 A、B、C 有四个观测值。训练数据如表 9.4 所示。

表 9.4 训练数据集

	自变量		
	A	B	C
训练实例	A_1	B_1	C_1
	A_2	B_2	C_2
	A_3	B_3	C_3
	A_4	B_4	C_4

现在我们将在这个小数据集上使用随机森林算法。

步骤 1：随机抽取 N 个训练案例。所以 N 的这些子集，例如 n_1，n_2，n_3，…，n_n（如图 9.12 所示）用于增加（训练）决策树的 n 个数。这些样本都是随机抽取的，可能存在重叠。例如，n_1 可能包含训练实例 1、1、1 和 4。类似地，n_2 可以由 2、3、3 和 4 等组成。

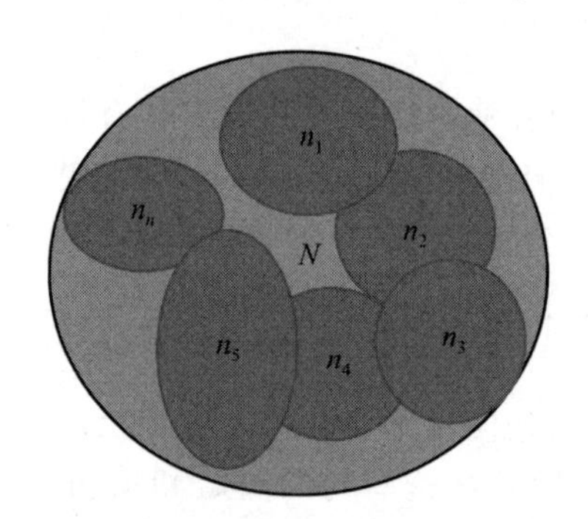

图 9.12 对训练集进行采样

步骤 2：在三个预测变量中，$m<<3$ 定义了一个数字，使得在每个节点上，从 M 中随机选择 m 个变量。在这里 $m=2$，所以，n_1 可以在 A，B 上训练；n_2 可以在 B、C 上训练；以此类推（如表 9.5 所示）。

表 9.5 树的属性选择

输入变量	训练集
A	n_1
	n_2
B	n_3
	.
C	.
	n_5

因此，得到的决策树可能如图 9.13 所示。

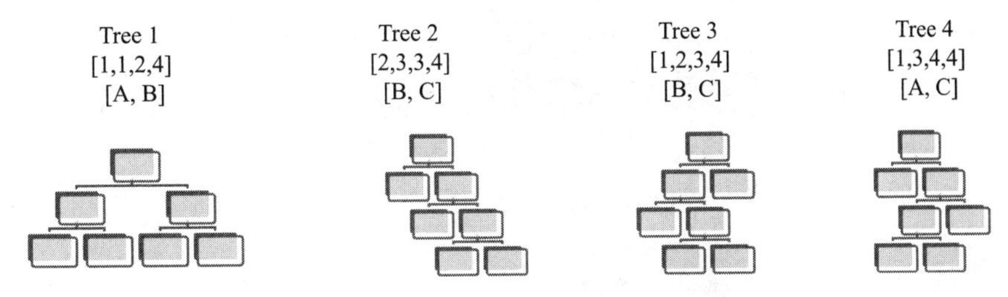

图 9.13 用于随机森林数据的各种决策树

随机森林使用一种自举抽样技术，它涉及输入数据的抽样与替换。在使用算法之前，不用于训练的部分数据（通常是三分之一）被留出用于测试。这些有时被称为袋外样本。对这个样本的误差估计，称为袋外误差，提供了证据，表明袋外估计可以与拥有与训练集相同大小的测试集一样准确。因此，使用袋外误差估计就不需要在这里设置测试集。

所以，最大的问题是为什么随机森林作为一个整体比单个决策树做得更好？虽然研究人员之间没有明确的共识，但这背后有两个主要的信念：

1. 俗话说，“没有人知道一切，但每个人都知道一些东西。”当涉及一片森林时，并不是所有的树都是完美的或最准确的。大多数树为大多数数据提供了正确的类别标签预测。所以，即使个别的决策树产生错误的预测，大多数的预测是正确的。因为我们使用的是输出预测模式来确定类，所以它不受那些错误实例的影响。直觉上，验证这种信念取决于抽样方法的随机性。样本的随机性越大，树木就越不相关，而树木受到其他树木错误预测影响的可能性就越小。

2. 更重要的是，不同的树在不同的地方出错，而不是所有的树都在同一个地方出错。同样，直觉上，这种信念取决于属性是如何随机选择的。它们越随机，这些树在相同的位置上出错的可能性就越小。

实践示例 9.5：随机森林

我们现在将举一个例子，看看如何在 R 中使用随机森林。为此，我们将使用来自加州大学尔湾分校的银行营销数据集，机器学习数据集，你可以从 OA 9.9 下载。给定数据集，目标是预测客户是否将订阅（是 / 否）定期存款（变量 y）。

让我们先将数据集导入到 RStudio。注意，在原始数据集中，列是用分号分隔的。如果你不熟悉如何处理以分号分隔的数据，你可能希望将其转换为 .csv 或 .tsv，或你最熟悉的格式。

```
> bank <- read.csv(file.choose(), header = TRUE, sep = ",")
> View(bank)
> barplot(table(bank$y))
```

上面的代码行生成了如图 9.14 所示的直方图。

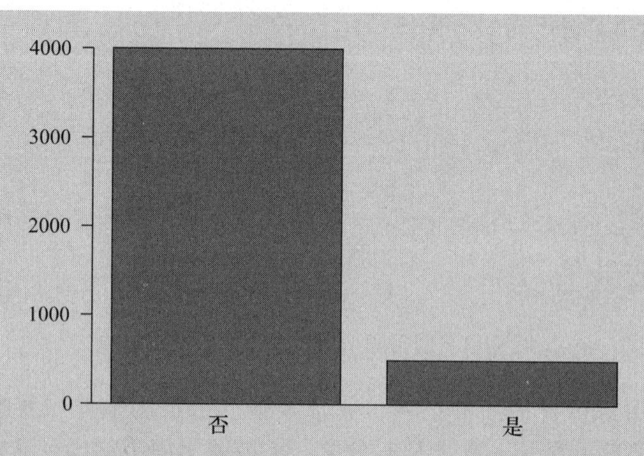

图 9.14 直方图描绘的数据点与“否”和“是”标签

正如直方图所描述的，此数据集中的大多数数据点具有类标签“no”。现在，在我们构建模型之前，让我们将数据集分离为训练集和测试集：

```
> set.seed(1234)
> population <- sample(nrow(bank), 0.75 * nrow(bank))
> train <- bank[population, ]
> test <- bank[-population, ]
```

可以看到，数据集分为两部分：75% 用于训练目的，其余用于评估我们的模型。要建立模型，需要使用 randomForest 库。如果你的系统没有这个包，请确保先安装它。接下来，使用训练实例来构建模型：

```
> install.packages("randomForest")
> library(randomForest)
> model <- randomForest(y ~ ., data = train)
> model
```

我们可以使用 ntree 和 mtry 分别指定要构建的树的总数（默认值为 500），以及在每次分割时要随机抽样的预测变量的数量。以上代码行应该产生以下结果：

```
Call:
 randomForest(formula = y ~ ., data = train)
               Type of random forest: classification
                     Number of trees: 500
No. of variables tried at each split: 4
        OOB estimate of error rate: 9.94%
Confusion matrix:
      no yes class.error
no  2901  97   0.0323549
yes  240 152   0.6122449
```

我们可以看到建立了 500 棵树，并且模型在每个分裂处随机抽样了四个预测变量。它还显示了包含预测与实际的混淆矩阵，以及每个类别的分类错误。让我们测试模型，看看它在测试数据集上是如何执行的：

```
> prediction <- predict(model, newdata = test)
> table(prediction, test$y)
```

输出结果如下：

```
prediction  no  yes
        no  964   84
       yes   38   45
```

我们可以进一步评价精度如下：

```
> (964 + 45)/nrow(test)
[1] 0.8921309
```

最终我们用一个非常简单的模型达到了89%的准确性。我们可以尝试通过特征选择来提高准确性，也可以尝试不同的ntree和mtry值。

随机森林被大多数数据科学实践者认为是解决所有数据科学问题的万灵药。有一种观点是，当你无法想到任何算法时，不管情况如何，使用随机森林。这有点不合理，因为没有一种算法在所有应用程序中严格占据主导地位（一种算法并不适用于所有应用程序）。尽管如此，人们还是有自己最喜欢的算法。对于很多数据科学家来说，随机森林最受欢迎的原因有很多：

1. 它可以解决这两种类型的问题，即分类和回归，并对这两种都进行了良好的估计。

2. 随机森林几乎不需要输入准备。它可以处理二进制特性、分类特性和数字特性，而不需要任何缩放。

3. 随机森林对所使用的特定参数集不是很敏感。因此，它不需要大量的调整和筛选就能获得一个像样的模型。只要使用大量的树，事情就不会变得非常糟糕。

4. 它是一种有效的估计缺失数据的方法，在大量数据缺失的情况下仍能保持准确性。

那么，随机森林是灵丹妙药吗？绝对不是。首先，它在分类方面做得很好，但在回归问题上做得不好，因为它不能给出精确的连续自然预测。其次，对于统计建模者来说，随机森林感觉就像一个黑箱方法，因为你几乎无法控制模型的功能。你至多可以尝试不同的参数和随机种子，并希望这将改变输出。

自己试试 9.5：随机森林

气球数据集如表9.1所示，可从OA 9.6下载。使用此数据集并创建一个随机森林模型来分类气球是否是充气的。将此模型的性能（例如，准确性）与使用决策树创建的模型进行比较。

9.7 朴素贝叶斯算法

现在我们来看一种非常流行且稳健的分类方法，它使用了贝叶斯定理。贝叶斯分类是一种监督学习方法，也是一种统计分类方法。简单地说，它是一种基于贝叶斯定理的分类技术，假设预测器之间是独立的。在这里，所有属性都平等且独立地对决策作出贡献。

简单地说，朴素贝叶斯分类器假设类中某个特性的存在与任何其他特性的存在无关。例如，如果一种水果是红色的，圆形的，直径约为3英寸，那么它就被认为是苹果。即使这些特征相互依赖或依赖于其他特征的存在，所有这些特征都独立地贡献了这个水果是苹果的概率，这就是为什么它被称为朴素贝叶斯。事实证明，在大多数情况下，虽然朴素贝叶斯假设是不正确的，但由此产生的分类模型表现得相当好。

让我们先看一看贝叶斯定理，它提供了一种从 $P(c),P(x)$ 计算后验概率 $P(x|c)$ 的方法。请看下面的公式：

$$P(c \mid x)=\frac{P(x \mid c)P(c)}{P(x)} \tag{9.14}$$

其中：

- ❑ $P(c \mid x)$ 是类（c,*target*）给定预测变量（x,*attribttles*）的后验概率。
- ❑ $P(c)$ 是类的先验概率。
- ❑ $P(x \mid c)$ 是似然，即给定类的预测变量的概率。
- ❑ $P(x)$ 是预测变量的先验概率。

这里是朴素贝叶斯假设：我们相信证据可以被分解成独立的部分，

$$P(c \mid x)=\frac{P(x_1 \mid c)P(x_2 \mid c)P(x_3 \mid c)P(x_4 \mid c)\cdots P(x_n \mid c)P(c)}{P(x)} \tag{9.15}$$

其中 x_1，x_2，x_3，…，x_n 是独立先验。

为了理解朴素贝叶斯算法的实际操作，让我们重温本章前面的高尔夫数据集，一步一步地了解这个算法是如何工作的。该数据集在表 9.6 中以重新排序的形式重复，可以从 OA 9.10 下载。

表 9.6 天气数据集

室外情况	温度	湿度	多风	打高尔夫
阴天	热	高	假	是
阴天	凉爽	正常	真	是
阴天	温和	高	真	是
阴天	热	正常	假	是
雨天	温和	高	假	是
雨天	凉爽	正常	假	是
雨天	凉爽	正常	真	否
雨天	温和	正常	假	是
雨天	温和	高	真	否
晴天	热	高	假	否
晴天	热	高	真	否
晴天	温和	高	假	否
晴天	凉爽	正常	假	是
晴天	温和	正常	真	是

如表 9.6 所示，该数据集有四个属性，即室外情况、温度、湿度和多风，它们都是天气条件的不同属性。基于这四个属性，我们的目标是预测结果变量的值，Play（是或否）——天气是否适合打高尔夫。下面是算法的步骤，通过这些步骤我们可以实现这个目标。

- ❑ 步骤 1：首先将数据集转换为频率表（如图 9.15 所示）。
- ❑ 步骤 2：通过查找概率创建一个可能性表，例如热的概率为 0.29，打高尔夫的概率为 0.64，如图 9.15 所示。

- 步骤 3：现在，使用朴素贝叶斯方程计算每个类的后验概率。后验概率最高的类是预测的结果。

温度	打高尔夫
热	否
热	否
热	是
温和	是
凉爽	是
凉爽	否
凉爽	是
温和	否
凉爽	是
温和	是
温和	是
温和	是
热	是
温和	否

频率表

温度	否	是
热	2	2
温和	2	4
凉爽	1	3
总计	5	9

似然表

温度	否	是		
热	2	2	4/14	0.29
温和	2	4	6/14	0.43
凉爽	1	3	4/14	0.29
总计	5	9		
	5/14	9/14		
	0.36	0.64		

图 9.15　将数据集转换为频率表和似然表

为了看到实际情况，让我们假设需要根据数据集来决定是否应该在天气温和的时候出去玩。我们可以用上面讨论的后验概率方法来求解。使用贝叶斯定理：

$$P(\text{Yes}|\text{Mild}) = \frac{P(\text{Mild} \mid \text{Yes}) \times P(\text{Yes})}{P(\text{Mild})}$$

我们有：

$P(\text{Mild}|\text{Yes}) = 4/9 = 0.44$,

$P(\text{Mild}) = 6/14 = 0.43$,

现在，

$P(\text{Yes}|\text{Mild}) = (0.44 \times 0.64)/0.43 = 0.65$

换句话说，我们已经推导出在天气温和的时候打高尔夫的概率是 65%，如果我们想把它变成“是或否”的决定，我们可以看到这个概率高于中间点，即 50%。因此，我们可以对我们的答案说“是”。

朴素贝叶斯使用类似的方法来预测基于不同属性的不同类别的概率。该算法主要用于文本分类，存在两个或两个以上的类的问题。一个突出的例子是垃圾邮件检测。使用朴素贝叶斯进行垃圾邮件过滤是一个两类问题，即确定消息或电子邮件是否是垃圾邮件。下面是它的工作原理。

让我们假设有某些特定的单词（例如，“富人”“朋友”）表明给定的消息是垃圾邮件。我们可以应用贝叶斯定理来计算邮件是垃圾邮件的概率，假设邮件的单词为：

$$\begin{aligned}P(\text{spam}|\text{words}) &= \frac{P(\text{words}|\text{spam}) \times P(\text{spam})}{P(\text{words})} \\ &= \frac{P(\text{spam}) \times P(\text{rich},\cdots,\text{friend}|\text{spam})}{P(\text{rich},\cdots,\text{friend})} \\ &\propto P(\text{spam}) \times P(\text{rich},\cdots,\text{friend}|\text{spam})\end{aligned}$$

这里，∝是比例符号。

根据朴素贝叶斯算法，单词事件是完全独立的。因此，用贝叶斯公式将上述公式简化为：

$$P\,(\text{spam}|\text{words}) \propto P\,(\text{rich}|\text{spam}) \times \cdots \times P\,(\text{friend}|\text{spam})$$

现在，我们可以分别计算 P（rich|spam）和 P（friend|spam），如果我们有一个相当大的训练数据集，其中包含先前分类的垃圾邮件以及这些单词在训练集中的出现次数。因此，可以根据这些值确定来自测试集的电子邮件为垃圾邮件的概率。

朴素贝叶斯算法即使明显违反了独立性假设，其工作也非常出色，因为分类不需要精确的概率估计，只要将最大的概率分配给正确的类。朴素贝叶斯算法提供快速的模型建立和评分，可以用于二分类和多分类问题。

实践示例 9.6：朴素贝叶斯算法

让我们使用表 9.6 中的高尔夫数据（可从 OA 9.10 下载）来探索如何在 R 中执行朴素贝叶斯分类。

你需要将数据集导入 RStudio：

```
> golf <- read.csv(file = "golf.csv", header = TRUE, sep = ",")
> View(golf)
```

R 中有很多包支持朴素贝叶斯分类。对于本例，你将使用包“e1071”。如果你的系统中没有，请确保先安装它。

```
> install.packages("e1071")
> library(e1071)
```

一旦这样做了，在 R 中构建朴素贝叶斯模型就简单而直接了。然而，在构建模型时，你将需要测试数据来评估你的模型。既然这里没有，让我们将训练和测试数据从原始数据集中分离出来。下面是具体操作：

```
> set.seed(123)
> id <- sample(2, nrow(golf), prob = c(0.7, 0.3), replace = T)
> golfTrain <- golf[id ==1,]
> golfTest <- golf[id ==2,]
```

检查刚刚建立的训练和测试集。原始数据中有 14 个数据点，保留 70% 用于训练；你应该确保在训练集中有 9 个数据点，其余的数据点在测试集中。哪些单独的数据点将被用于训练，哪些将被用于测试，这取决于你如何对数据进行抽样。你可以从控制台中了解更多关于这两个数据集的信息。

```
> View(golfTest)
> View(golfTrain)
```

接下来，让我们根据训练数据建立模型并进行评估。

```
> golfModel <- naiveBayes(PlayGolf~., data = golfTrain)
> print(golfModel)
```

这将生成类似于下面的输出。

```
Naive Bayes Classifier for Discrete Predictors
Call:
naiveBayes.default(x = X, y = Y, laplace = laplace)
A-priori probabilities:
Y
       No        Yes
0.3333333  0.6666667
Conditional probabilities:
     Outlook
Y      Overcast      Rainy      Sunny
  No  0.0000000  0.3333333  0.6666667
  Yes 0.6666667  0.1666667  0.1666667

     Temp
Y          Cool        Hot       Mild
No    0.3333333  0.3333333  0.3333333
Yes   0.3333333  0.3333333  0.3333333

     Humidity
Y          High     Normal
No    0.6666667  0.3333333
Yes   0.3333333  0.6666667

     Windy
Y         FALSE       TRUE
No    0.3333333  0.6666667
Yes   0.6666667  0.3333333
```

输出包含一个似然表以及一个先验概率。先验概率等价于贝叶斯定理中的先验概率。也就是说，每个级别的类在训练数据集中出现的频率。先验概率的基本原理是，如果一个级别在训练集中很少见，那么这样的级别不太可能出现在测试数据集中。换句话说，对结果的预测不仅受到预测变量的影响，还受到结果的普遍性的影响。

让我们继续评估这一模式。你必须为此使用测试集，测试算法在训练时没有看到的数据。

```
> prediction <- predict(golfModel, newdata = golfTest)
```

你可以检查你的模型已经为测试数据中的所有数据点预测了哪些类标签：

```
> print(prediction)
```

然而，如果我们能将这些预测的标签与实际的标签并排或在混淆矩阵中进行比较，将会更容易。幸运的是，在R中有一个用于此功能的包，名为caret。同样，如果没有，请确保先安装它。请记住，安装caret需要一些先决条件，类似监督学习包，如lattice和ggplot2。确保你先安装它们。一旦你有了它们，使用下面的命令：

```
> confusionMatrix(prediction, golfTest$PlayGolf)
```

你会得到一个很好的混淆矩阵，连同p值和所有其他的求值矩阵。

```
Confusion Matrix and Statistics

          Reference
Prediction   No  Yes
```

```
        No    2    2
        Yes   0    1

               Accuracy : 0.6
                 95% CI : (0.1466, 0.9473)
    No Information Rate : 0.6
    P-Value [Acc > NIR] : 0.6826

                  Kappa : 0.2857
 Mcnemar's Test P-Value : 0.4795

            Sensitivity : 1.0000
            Specificity : 0.3333
         Pos Pred Value : 0.5000
         Neg Pred Value : 1.0000
             Prevalence : 0.4000
         Detection Rate : 0.4000
   Detection Prevalence : 0.8000
      Balanced Accuracy : 0.6667

       'Positive' Class : No
```

正如你所看到的，准确性不是很高，60%，这是因为在你的训练集中只有9个例子。尽管如此，到目前为止，你应该对如何在R中使用朴素贝叶斯算法有一些了解了。

自己试试 9.6：朴素贝叶斯

使用自己试试9.4下决策树问题中的隐形眼镜数据集（OA 9.8），建立一个朴素贝叶斯分类器来预测类标签。比较朴素贝叶斯算法与决策树算法的准确性。

9.8 支持向量机

在本章中，到目前为止，我们看到的所有分类器模型都有一个共同点，那就是它们假设类是线性分离的。换句话说，他们试图找出一条线（或更高维度的超平面）作为判定边界。但是很多问题并不具有这样的线性特性。支持向量机（SVM）是一种对线性和非线性数据进行分类的方法。支持向量机被许多人认为是进行机器学习任务的最佳存量分类器。这里我们所说的存量是指基本形式的存量，没有经过修改。这意味着你可以使用分类器的基本形式并在数据上运行它，结果将具有较低的错误率。支持向量机可以对训练集之外的数据点做出良好的决策，简而言之，支持向量机是一种利用非线性映射将原始训练数据转换为高维数据的算法。在这个新的维度中，它搜索线性最优分离超平面（即将一个类的元组与另一个类的元组分离的决策边界）。通过适当的非线性映射到一个足够高的维数，来自两个类的数据总是可以被一个超平面隔开。SVM使用支持向量（“基本”训练元组）和边界（由支持向量定义）找到这个超平面。

为了理解这意味着什么，让我们看一个例子。我们从一个简单的问题开始，一个两类问题。

设数据集D为(X_1, y_1)，(X_2, y_2)，…，$(X_{|D|}, y_{|D|})$，其中X_i是训练元组的集合，关联的类

标签为 y_i。每一个 y_i 取两个值中的一个，或者 +1 或者 −1（即 $y_i \in \{+1, -1\}$），分别对应图 9.16 中空心方框和空心圆所代表的类（暂不考虑实心符号表示的数据点）。从图中，我们可以看到二维数据是线性可分的（或者简称为“线性”），因为可以画一条直线将类 +1 的所有元组与类 −1 的所有元组分开。

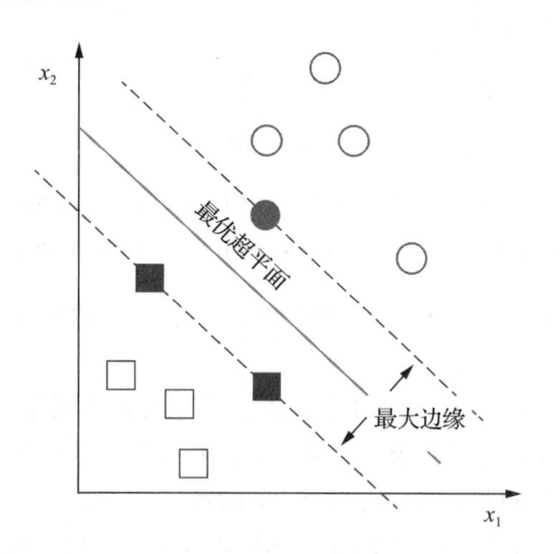

图 9.16 线性可分的数据

注意，如果我们的数据有三个属性（两个自变量和一个因变量），我们会希望找到最好的分离平面（线性不可分数据的演示如图 9.17 所示）。推广到 n 维，如果我们有 n 个属性，我们要找到最好的（n−1）维平面，称为超平面。通常，我们将使用术语超平面来表示我们正在搜索的决策边界，而不管输入属性的数量。换句话说，我们的问题是，如何找到最好的超平面？

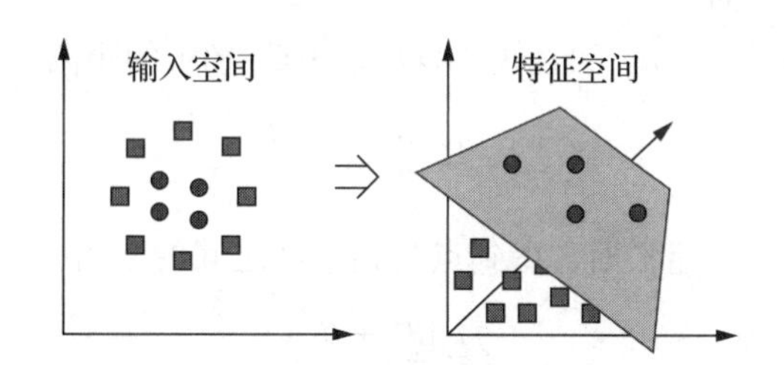

图 9.17 从直线到超平面（来源：Jiawei Han and Micheline Kamber.(2006).*Data Mining: Concepts and Techniques*.Morgan Kaufmann.）

我们可以画出无数条分隔线。但我们希望找到“最好”的一个，也就是（我们希望）在之前未看到的元组上分类误差最小的一个。我们怎样才能找到最好的线？

支持向量机通过搜索最大边缘超平面来解决这个问题。图 9.18 展示了两个可能的超平面及其相关边缘。在讨论边缘的定义之前，让我们直观地看一下图 9.18。这两个超平面都能正确对所有给定的数据元组进行分类。

然而，直觉上，我们期望具有较大边缘的超平面在分类未来数据元组时比具有较小边缘的超平面更准确。这就是为什么（在学习或训练阶段）SVM 搜索具有最大边缘的超平面，即最大边缘超平面（MMH）。相关的边缘给出了最大的类间距。

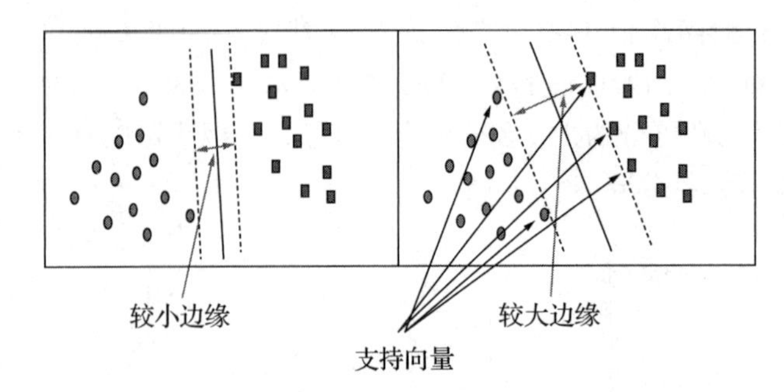

图 9.18 可能的超平面及其边缘（来源：Jiawei Han and Micheline Kamber. (2006). *Data Mining: Concepts and Techniques*. Morgan Kaufmann.）

粗略地说，我们想要找到距离分离超平面最近的点，并确保它距离分离线尽可能远。这就是所谓的“边缘”。

最接近分离超平面的点称为支持向量。我们希望有最大可能的边缘，因为如果我们在有限的数据上犯了错误或训练了分类器，我们希望它尽可能地稳健。既然我们知道正在试图最大化从分离线到支持向量的距离，就需要找到一种方法来优化这个问题。也就是说，我们要知道如何找到有 MMH 和支持向量的 SVM。考虑这个：分离超平面可以表述成：

$$f(x)=\beta_0+\beta^T x \tag{9.16}$$

$\boldsymbol{T}$ 为权向量，即 $\boldsymbol{T}=\{1, 2, \cdots, n\}$，$n$ 是属性的数量，β_0 是一个标量，通常被称为偏差。通过 β 和 β_0 的标度可以用无限多种不同的方式表示最优超平面。按照惯例，在所有超平面的可能表示中，选择是

$$\beta_0+\beta^T x=1 \tag{9.17}$$

其中 x 表示最接近超平面的训练示例。一般来说，最接近超平面的训练示例称为支持向量。这种表示被称为标准超平面。

从几何上我们知道点（m, n）到直线（$Ax+By+C=0$）的距离 d 为

$$d=\frac{|Am+Bn+C|}{\sqrt{A^2+B^2}} \tag{9.18}$$

因此，将同样的方程推广到超平面，得到点与超平面之间的距离：

$$d=\frac{|\beta_0+\beta^T x|}{|\beta|} \tag{9.19}$$

特别地，对于标准超平面，分子等于 1 到支持向量的距离是：

$$d_{\text{support vectors}}=\frac{|\beta_0+\beta^T x|}{|\beta|} \tag{9.20}$$

M 是到最近的例子距离的两倍。所以：

$$M=\frac{2}{|\beta|} \tag{9.21}$$

最后，最大化 M 的问题等同于在某些约束条件下最小化函数 $L()$ 的问题。约束条件为超平面正确分类所有训练示例 x_i 的要求建模。形式为，

$$\min_{\beta,\beta_0} L(\beta)=\frac{1}{2}|\beta|^2 \text{ subject to } y_i(\beta^T x_i+\beta_0)\geqslant 1\forall i \tag{9.22}$$

其中，y_i 表示训练示例的每个标签。这是一个拉格朗日优化问题，可以利用拉格朗日乘数来求解最优超平面的权重向量和偏差 β_0。

简单地说，这就是 SVM 理论，此处给出的主要目的是对支持向量机和这种最大边缘分类器的工作原理有直观的认识。但本书是一本涵盖实际数据科学的书，所以让我们看看如何使用 SVM 进行分类或回归问题。

实践示例 9.7：SVM

考虑一个简单的分类问题，使用 regression.csv 数据（如图 9.19 所示，从 OA 9.11 下载），只有两个属性 X 和 Y。

我们现在可以使用 R 来显示数据并拟合一行：

```
# Load the data from the csv file
data <- read.csv('regression.csv', header = TRUE, sep=",")
# Plot the data
plot(data, pch=16)
# Create a linear regression model
```

```
1	X, Y
2	1, 3
3	2, 4
4	3, 8
5	4, 4
6	5, 6
7	6, 9
8	7, 8
9	8, 12
10	9, 15
11	10, 26
12	11, 35
13	12, 40
14	13, 45
15	14, 54
16	15, 49
17	16, 59
18	17,60
19	18,62
20	19, 63
21	20, 68
```

图 9.19 regression.csv 文件

```
model <- lm(y ~ x, data)
# Add the fitted line
abline(model)
```

这里，我们尝试使用线性回归模型来对数据分类，如图 9.20 所示。为了能够比较线性回归和支持向量机，我们需要一种方法来衡量它的表现。

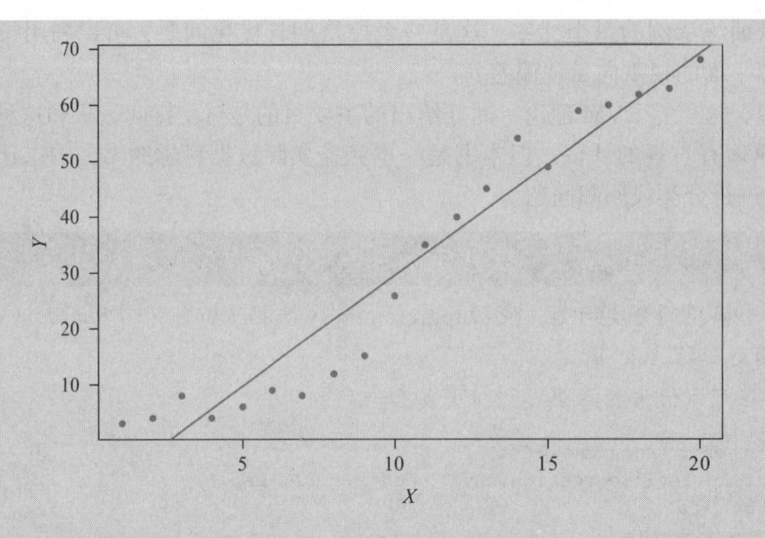

图 9.20 回归曲线拟合数据

为了做到这一点，我们将稍微修改代码，使我们的模型的每个预测可视化：

```
# re-plot the original data points
plot(data, pch=16)
# make a prediction for each X
predictedY <- predict(model, data)
# display the predictions
points(data$x, predictedY, col = "blue", pch=4)
```

这将产生如图 9.21 所示的图表。

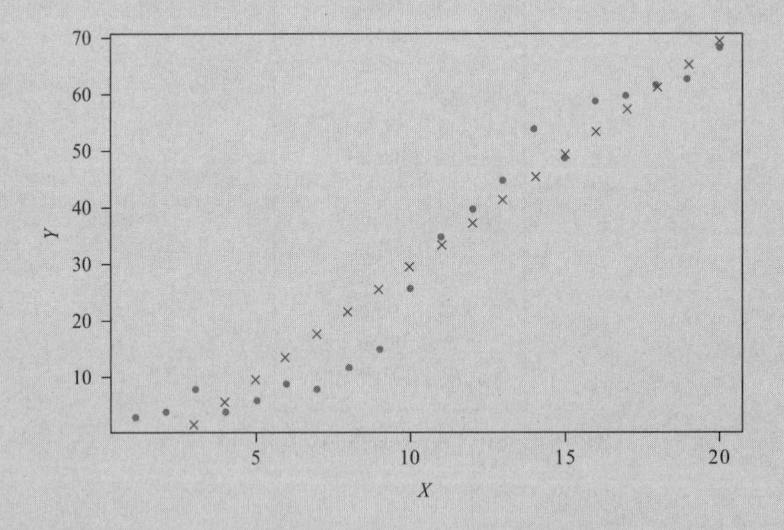

图 9.21 使用线性回归绘制原始数据的预测结果

对于每个数据点 x_i，模型做出一个预测，在图上用叉号表示。唯一不同的是，这些点并没有相互连接。为了衡量模型的表现，我们将计算它产生了多少误差，这可以通过计算均方根误差（RMSE）来完成。在 R 中计算均方根误差的方法为：

```
rmse <- function(error)
{
  sqrt(mean(error^2))
}
error <- model$residuals # same as data$Y - predictedY
lrPredictionRMSE <- rmse(error)
```

我们从R得到的线性回归模型的RMSE值是5.70。让我们尝试用SVM来改进它。

前提条件：为了使用R创建一个SVM模型，你将需要包“e1071”。所以在执行以下步骤之前，请确保安装它并将其添加到文件开头的库中[⊖]。

下面是在R中使用SVM创建模型的代码，一旦“e1071”包被安装并加载到当前会话中：

```
model2 <- svm(y ~ x, data)
predictedY <- predict(model2, data)
points(data$x, predictedY, col = "red", pch=4)
```

该代码绘制如图9.22所示的图形。

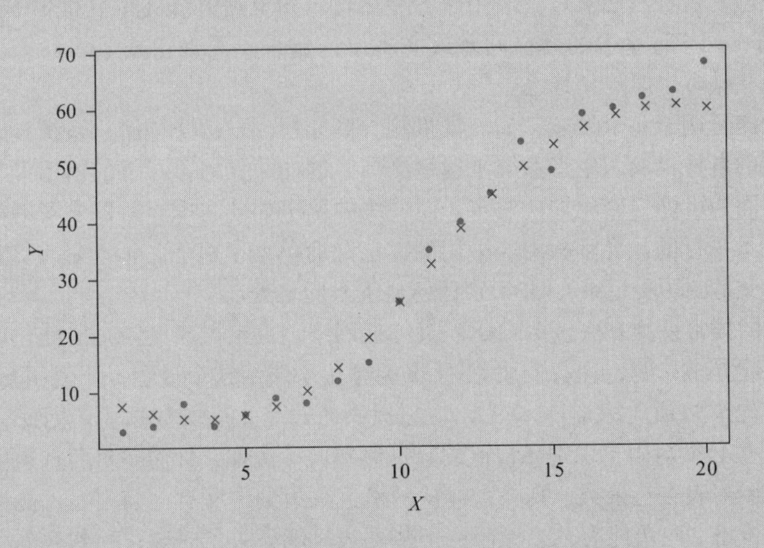

图9.22 使用支持向量机绘制原始数据的预测结果

这一次的预测值更接近实际值。让我们计算支持向量回归模型的均方根误差。

```
# /!\ this time svmModel$residuals is not the same as data$y -
predictedY in linear regression example, so we compute the
error like this:
error <- data$y - predictedY
svmPredictionRMSE <- rmse(error) # 3.157061
```

我们可以看到，与线性回归的5.70相比，SVM给出更好（更低）的RMSE——3.15。

⊖ SVM教程，带R的SVM：https://www.svm-tutorial.com/2014/10/support-vector-regression-r/。

自己试试 9.7：SVM

你将使用的数据集来自一个联合循环电厂，电厂记录了 6 年（2006~2011 年）的用电度量。你可以从 OA 9.12 下载。该数据集中的特征包括每小时平均环境变量以及：

- 温度（AT）：1.81~37.11° C
- 环境压力（AP）：992.89~1033.30 百帕
- 相对湿度（RH）：25.56~100.16%
- 排气真空（V）：25.36~81.56cmHg
- 净小时电能输出（PE）：420.26~495.76MW

创建一个基于 SVM 的模型，并利用其他四个属性预测 PE。注意，在这个数据集中没有一个特征是标准化的。

参考资料：异常检测

在机器学习中，异常检测（也称为离群检测）用于识别数据集中与其他类似项不一致的项目、事件或观察。通常，异常项将不符合数据集的某些预期模式，因此转化为某种类型的问题。这种算法被广泛应用于各种场合，如识别银行交易中的欺诈行为、合金的结构缺陷、医疗记录中的潜在问题或文本中的错误。异常在其他学科也被称为异常值、新奇值、噪声、偏差和其他。

异常检测适用于多个领域，如入侵检测、欺诈检测、故障检测、系统健康监测、传感器网络中的事件检测、生态系统干扰检测等。例如，任何不寻常的信用卡消费模式都是可疑的。因为可能的变化如此之多，而训练的例子如此之少，所以要了解欺诈活动是什么状况是不可行的。异常检测所采用的方法是简单地了解正常活动是什么样子的（使用非欺诈性交易的历史记录），并识别任何显著不同之处。

有监督的异常检测方法包括 kNN、贝叶斯网络、决策树和支持向量机。

为了说明异常检测，让我们用 kNN 聚类算法来演示这个过程。要使用 kNN 来检测异常值，首先你必须训练 kNN 算法，为它提供已知是正确的数据簇。因此，用于训练 kNN 的数据集必须与用于识别异常值的数据集不同。例如，你希望对所选地区中价格范围相似的房屋列表进行聚类。现在，你从网络上收集到的所有当前列表可能都不能反映列表的正确价格。这可能有几个原因：一些列表可能失去了时效；一些列表可能有无意的错误价格；一些列表甚至可能包含故意降低价格来引诱消费者点击的陷阱。现在，你想要做一个 kNN 聚类，将这些异常从正确的清单中区分出来。一种方法是收集当前列表的所有先前正确的目录价格记录，并首先对该数据训练 kNN 聚类算法。因为我之前已经通过示例介绍了 kNN 聚类，所以我将把这一部分留给你。一旦生成了训练好的模型，就可以使用相同的模型来识别当前列表数据集中不适合任何聚类的数据点，因此应该被识别为异常。

总结

本章是这本书中最长的一章，这是有原因的。监督学习，特别是分类，涵盖了当今数据问题的很大一部分。我们在现实世界中遇到的许多问题都需要我们分析数据来提供决策见解。在我们应用程序的下一个版本中，哪些功能是我们的用户可以接受的？传入的消息是否为垃圾邮件？我们是否应该相信这个新闻报道？我们应该把即将开始销售的这款新葡萄酒放在哪里——“premium”（高质量），“great value”（中等质量），还是“great deal”（低质量）？

在本章中，我们从逻辑回归开始，它是一种做二元决策的流行技术，这种两类分类恰好涵盖了很大范围的可能性。但是，当然，有些情况需要我们考虑两个以上的类。对于它们，我们看到了几种技术：从 softmax 回归到 kNN 和决策树。通常，这些技术的一个问题是，它们可能会过度拟合数据，导致有偏差的模型。为了克服这个问题，我们可以使用随机森林，它使用大量决策树，每棵树都是有意地且随机地、不完美地创建的，然后将它们的输出组合起来产生一个单一的决策。这使得随机森林成为集成模型的一个例子。

然后我们看到朴素贝叶斯算法——解决二分决策问题的一种非常流行的技术，它基于一个非常朴素的假设，即类中特定特征的存在与任何其他特征的出现无关。这通常不是真的。例如，想想前一句话。它有一个结构。它有一个逻辑流程，一个特定的单词前面有一个特定的单词，后面跟着另一个单词。朴素贝叶斯假设这些单词的顺序并不重要，一个单词的出现与句子中任何其他单词的出现没有任何关系。令人惊讶的是，尽管这个假设简单且有缺陷，朴素贝叶斯技术却非常有效。这种独立性假设使复杂的计算变得非常简单和可行。因此，我们发现朴素贝叶斯用于许多商业应用，特别是信息过滤（例如，垃圾邮件检测）。

最后，我们尝试了 SVM。我之所以说“尝试”，是因为 SVM 可以比我们在本章中所能提供的更加复杂和强大。它的强大和复杂来自 SVM 使用不同内核的能力。把核函数看作是允许我们创建非线性决策边界的转换函数。有些情况下，数据似乎很难用直线或超平面来分离，但我们或许可以在更高维度上画一个线性边界，看起来像当前空间中的曲线。对这一过程的完整解释超出了本书的范围，但希望本章末尾提供的一些提示将帮助你探索和学习更多关于这个强大技术的知识。

关键术语

- **监督学习**：监督学习算法使用一组来自以前记录的例子，这些例子被标记为对未来做出预测。
- **梯度下降**：这是一种机器学习算法，它计算一个沿错误表面向下的斜率，以便找到一个模型，为给定的数据提供最佳拟合。
- **相对风险**：它是选择任何非基线结果类别的概率比基线类别。
- **异常检测**：异常检测是指识别数据点，或不符合给定种群的预期模式的观测值。
- **数据过度拟合**：当一个模型试图创建决策边界或曲线拟合，以牺牲简单性为代价，连接或分离尽可能多的点时。这样的过程通常会导致复杂的模型，这些模型对训练数据的误差很小，但可能没有能力概括，也不能很好地处理新数据。
- **训练 - 验证 - 测试数据**：训练集由数据点组成，这些数据点被标记并用于学习模型。验证集通常与训练集分开准备，由用于调整模型参数的观察数据组成，例如，用于测试过度拟合等。测试集用于评价模型的性能。
- **熵**：它是对无序、不确定性或随机性的衡量。当给定空间中每个事件发生的概率相同时，系统的熵值最高。当这些概率不平衡时，熵的绝对值就会下降。

- **信息增益**：它是无序状态的减少，通常用来衡量在知道另一个事件的概率的情况下，某一事件的熵（不确定性）减少了多少。
- **集成模型**：它包含具体的和有限的备选模型集合，每个模型可能都有自己的缺陷和偏见，它们一起用于产生一个单一的决策。
- **真阳性率（TPR）**：它表明我们检测到的“1”中有多少确实是“1”。
- **假阳性率（FPR）**：它表明我们检测到的“1”中有多少实际上是“0”。

概念性问题

1. 什么是监督学习？请给出两个使用监督学习的数据问题的例子。
2. 关联模型给定数据的可能性和给定模型的数据概率。这两个是一样的吗？为什么？
3. 随机森林如何解决偏差或过度拟合的问题？
4. 以下是新泽西州过去的 7 位州长，基于他们的党派（民主党，共和党）：R，D，D，D，D，R，D。使用朴素贝叶斯公式，计算下一任州长是共和党人的概率并列出计算过程。

实践问题

问题 9.1（逻辑回归）

数据集 `crash.csv` 是美国事故幸存者数据集门户网站（可以搜索各个州的事故数据），由 `data.gov` 托管。数据集可从 OA 9.13 下载，包含乘客（不一定是司机）的年龄，碰撞时的车速（mph）和事故发生后乘客的命运（1 代表幸存，0 代表没有幸存）。现在，用逻辑回归来判断年龄和速度是否可以预测乘客的生存能力。

问题 9.2（逻辑回归）

一个自动回答评分网站根据帖子的质量将社区论坛网站上的每一篇帖子标记为“好”或“坏”。你可以从 OA 9.14 下载 CSV 文件，包含各种类型的质量测量工具。以下是数据集包含的质量类型：

1. `num_words`：帖子中的单词数
2. `num_characters`：帖子中的字符数
3. `num_ misspelled`：拼错单词数
4. `bin_end_qmark`：如果帖子以问号结尾
5. `num_ interrogative`：帖子中的疑问词数
6. `bin_start_small`：如果答案以小写字母开头（“1”表示是，否则为否）
7. `num_sentences`：每篇文章的句子数
8. `num_punctuation`：帖子中标点符号的数量
9. `label`：标签（“G”为好，“B”为坏）由工具确定

创建一个逻辑模型，从问题集的前八个属性预测类别标签，并估你的模型的准确性。

问题 9.3（逻辑回归）

在本练习中，你将使用 OA 9.15 免疫治疗数据集，该数据集包含了 90 名使用免疫治疗的患者疣治疗结果的信息。对于每个患者，数据集包含患者性别（1 或 0）、年龄、疣的数

量、类型、面积、硬结直径和治疗结果（二进制变量）的信息。在这个练习中，你的目标是建立一个逻辑回归模型，从剩余的特征中预测治疗结果，并评估模型的准确性。

问题 9.4（softmax 回归）

鸢尾数据集或 Fisher’s Iris 数据集（内置到 R 或从 OA 9.16 下载）是由英国统计学家和生物学家 Ronald Fisher 在他 1936 年的论文中介绍的多元数据集[⊖]。在分类学问题中使用多重测量是线性判别分析的一个例子。该数据集包括 sentosa、virginica 和 versicolor 三种鸢尾的各 50 个样本。每个样本都测量了四个特征：萼片和花瓣的长度和宽度，单位是厘米。结合这四个特征，建立一个基于 softmax 回归的鸢尾花种类预测模型。

问题 9.5（softmax 回归）

对于 softmax 回归挑战，你将使用从 OA 9.17 中获得的马蹄蟹数据。该数据集收集了 173 个雌蟹的观测数据，包括以下特征：

1. 保卫者：雄蟹伴侣的数量加上雌蟹的主要伴侣
2. 是否：一个二元因子，表明雌蟹是否有保卫者
3. 宽度：雌蟹的宽度，单位为厘米
4. 体重：雌蟹的质量，单位为克
5. 颜色：一个范围为 1～4 的分类值，其中 1= 浅色，4= 深色
6. 脊柱：一个分类变量，值在 1～3，表示雌蟹脊柱的良好程度

利用 softmax 回归，基于数据集中剩余特征预测雌蟹脊椎状况，并报告预测的准确性。

问题 9.6（kNN）

从 OA 9.18 下载 weather.csv。这完全是虚构的，可能是关于适合玩某些未指明的游戏的天气条件。有四个预测变量：室外情况、温度、湿度和风。结果就是要不要玩（“是”“否”“可能”）。使用 kNN(或者，如果你喜欢，另一种分类算法）来构建一个分类器，学习各种预测变量如何与结果相关。报告模型的准确性。

问题 9.7（kNN）

以下数据来源于 Mosteller, F.& Tukey, J. W.（1977）的 16P5 项目。*Data Analysis and Regression:A Second Coures in Statistics.* Addison-Wesley, Reading, MA, pp.549-551（其来源为“Data used by permission of Franice van de Walle”）。你可以从 OA 9.19 下载。

该数据集代表了大约 1888 年瑞士 47 个法语省份的标准化生育措施和社会经济指标，如表 9.7 所示。1888 年，瑞士进入了人口转型时期；也就是说，它的生育率从不发达国家典型的高水平开始下降。该数据集对六个变量进行了观察，每个变量的百分比都是 [0,100]。

表 9.7　1888 年瑞士省份生育指标

	生育	农业	专试	教育	天主教	婴儿死亡率
Courtelary	80.2	17	15	12	9.96	22.2
Delemont	83.1	45.1	6	9	84.84	22.2
Franches-Mnt	92.5	39.7	5	5	93.4	20.2
Moutier	85.8	36.5	12	7	33.77	20.3

⊖ Fisher, R. A. (1936). The use of multiple measurements in taxonomic problems. Annals of Eugenics, 7(2), 179–188. doi: 10.1111/j.1469-1809.1936.tb02137.x。

（续）

	生育	农业	专试	教育	天主教	婴儿死亡率
Neuveville	76.9	43.5	17	15	5.16	20.6
Porrentruy	76.1	35.3	9	7	90.57	26.6
Broye	83.8	70.2	16	7	92.85	23.6
Glane	92.4	67.8	14	8	97.16	24.9
Gruyere	82.4	53.3	12	7	97.67	21
Sarine	82.9	45.2	16	13	91.38	24.4
Veveyse	87.1	64.5	14	6	98.61	24.5
Aigle	64.1	62	21	12	8.52	16.5
Aubonne	66.9	67.5	14	7	2.27	19.1
Avenches	68.9	60.7	19	12	4.43	22.7
Cossonay	61.7	69.3	22	5	2.82	18.7
Echallens	68.3	72.6	18	2	24.2	21.2
Grandson	71.7	34	17	8	3.3	20
Lausanne	55.7	19.4	26	28	12.11	20.2
La Vallee	54.3	15.2	31	20	2.15	10.8
Lavaux	65.1	73	19	9	2.84	20
Morges	65.5	59.8	22	10	5.23	18
Moudon	65	55.1	14	3	4.52	22.4
Nyone	56.6	50.9	22	12	15.14	16.7
Orbe	57.4	54.1	20	6	4.2	15.3
Oron	72.5	71.2	12	1	2.4	21
Payerne	74.2	58.1	14	8	5.23	23.8
Paysd’enhaut	72	63.5	6	3	2.56	18
Rolle	60.5	60.8	16	10	7.72	16.3
Vevey	58.3	26.8	25	19	18.46	20.9
Yverdon	65.4	49.5	15	8	6.1	22.5
Conthey	75.5	85.9	3	2	99.71	15.1
Entremont	69.3	84.9	7	6	99.68	19.8
Herens	77.3	89.7	5	2	100	18.3
Martigwy	70.5	78.2	12	6	98.96	19.4
Monthey	79.4	64.9	7	3	98.22	20.2
St Maurice	65	75.9	9	9	99.06	17.8
Sierre	92.2	84.6	3	3	99.46	16.3
Sion	79.3	63.1	13	13	96.83	18.1
Boudry	70.4	38.4	26	12	5.62	20.3
La Chauxdfnd	65.7	7.7	29	11	13.79	20.5
Le Locle	72.7	16.7	22	13	11.22	18.9

（续）

	生育	农业	专试	教育	天主教	婴儿死亡率
Neuchatel	64.4	17.6	35	32	16.92	23
Val de Ruz	77.6	37.6	15	7	4.97	20
ValdeTravers	67.6	18.7	25	7	8.65	19.5
V. De Geneve	35	1.2	37	53	42.34	18
Rive Droite	44.7	46.6	16	29	50.43	18.2
Rive Gauche	42.8	27.7	22	29	58.33	19.3

利用 kNN 算法找出具有相似生育指标的省份。

问题 9.8（kNN）

在本练习中，你将使用从 OA 9.20 中提供的 NFL2014 综合表现结果数据，该数据包含 2014 年 2 月印第安纳波利斯 NFL 大学橄榄球运动员的表现统计数据。该数据集包括以下属性：

1. 综合成绩：最低 4.5，最高 7.5
2. 身高：英寸
3. 手臂长度：英寸
4. 体重：磅
5. 40 码时间：秒
6. 卧推：重复 225 磅
7. 垂直跳跃：英寸
8. 跳远：英寸
9. 3 锥筒练习：秒
10. 20 码穿梭：秒

在这个数据集中使用 kNN 来找到具有类似性能统计的运动员。

问题 9.9（决策树）

从 OA 9.21 获取数据集，来自 Worthy, S. L., Jonkman, J. N., & Blinn-Pike, L. (2010). Sensation-seeking, risk-taking, and problematic financial behaviors of college students. *Journal of Family and Economic Issues*, 31(2), 161–170。

为获得数据，研究人员对密西西比州立大学或密西西比大学的 450 名本科生进行了调查。调查中有近 150 个问题，但只有 4 个变量包含在这个数据集中。（你可以参考论文来了解这四个变量之外的变量是如何影响分析的。）研究人员的主要兴趣是与学生是否曾经透支过支票账户有关的因素。

该数据集包含以下变量：

年龄	岁
性别	0 为男性，1 为女性
饮酒天数	饮酒天数（过去的 30 天）
透支	是否透支过支票账户？ 0 为否，1 为是

创建一个基于决策树的模型，根据年龄、性别和饮酒天数预测学生是否从支票账户透支。因为饮酒天数是一个数字变量，所以你可能需要把它转换成一个分类。对此的建议是：

if (no. of days of drinking alcohol > 7) = 0

(7 >= no. of days of drinking alcohol > 14) = 1

(no. of days of drinking alcohol >= 14) = 2

问题 9.10（决策树）

从 OA 9.22 下载练习数据集，它来自 Nicholas Gueaguen (2002). The effects of a joke on tipping when it is delivered at the same time as the bill. *Journal of Applied Social Psychology*, 32(9), 1955–1963。

讲一个笑话是否会影响到咖啡厅的服务生从顾客那里得到小费？

这项研究是在法国西海岸一个著名的度假胜地的咖啡馆里进行的。服务员随机将点咖啡的顾客分为三组：在收到账单时，一组还收到一张讲笑话的卡片，另一组收到一张当地餐馆广告的卡片，第三组根本没有收到卡片。他记录下每位顾客是否留下小费。

该数据集包含以下变量：

卡片	卡片类别：广告、笑话、无
小费	有小费为 1，无小费为 0
广告	广告卡片
笑话	笑话卡片
无	没有卡片

使用决策树从预测变量中确定服务员是否会从顾客那里得到小费。

问题 9.11（决策树）

下面的练习基于鲍鱼数据集，可以从 OA 9.23 下载。

其工作是通过物理测量来预测鲍鱼的年龄。通过将鲍鱼壳切开，对其染色，然后通过显微镜数圈来确定鲍鱼年龄——这是一项既无聊又耗时的任务。其他比较容易得到的测量方法被用来预测年龄。

表 9.8 是可用的属性列表的当前数据集：

原始数据示例中有几个缺失值，这些值已被删除（大部分预测值缺失），连续值的范围已被缩放以用于人工神经网络（除以 200）。

表 9.8 鲍鱼数据集

名称	数据类型	测量单位	描述
性别	名义	—	雄、雌、幼体
长度	连续	毫米	最长外壳尺寸
直径	连续	毫米	与长度垂直
高度	连续	毫米	壳中带肉
整重	连续	克	整个鲍鱼
剥壳重量	连续	克	肉重量
内脏重量	连续	克	内脏重量（出血后）
壳重量	连续	克	风干后
圈数	整数	—	+1.5 给出以年为单位的年龄

利用此数据集根据给定的属性预测鲍鱼的年龄。

问题 9.12（随机森林）

在这个练习中，你将使用蓝调吉他手的手姿势和拇指风格（按地区和出生时期）数据，可以从 OA 9.24 下载。这个数据集收录了 93 个出生于 1874～1940 年的各种蓝调吉他手的作品。除了吉他手的名字，该数据集还包含以下四个特征：

1. 地区：1 代表东部，2 代表德尔塔县，3 代表得克萨斯州
2. 年龄：1906 年以前出生的为 0 岁，其余为 1 岁
3. 手的姿势：1= 伸展，2= 堆叠，3= 月状
4. 拇指风格：介于 1 和 3 之间，1= 交叉，2= 普通，3= 呆板

在这个数据集中使用随机森林，你能从他们的手部姿势和拇指风格中准确地分辨出他们的出生年份吗？当你在训练模型中包含该地区时，它是如何影响评估的？

问题 9.13（朴素贝叶斯）

有一个 YouTube 垃圾邮件收集数据集，从 OA 9.25 下载。它是为垃圾邮件研究收集的一组公共评论。它有 5 个数据集，由从 5 个视频中提取的 1956 条真实信息组成。这 5 个视频都是流行歌曲，它们来自收集期间观看次数最多的 10 首歌曲。

这 5 个数据集都具有以下属性：

COMMENT_ID：代表评论的唯一 ID

AUTHOR：作者 ID

DATE：评论发布的日期

CONTENT：评论

TAG：是垃圾邮件为 1，否则为 0

在本练习中，使用这 5 个数据集中的任意 4 个来构建一个垃圾邮件过滤器，并使用该过滤器来检查剩余数据集的准确性。

问题 9.14（SVM）

在本练习中，我们从 NIST 的 AnthroKids 数据集中收集了 198 个案例的样本，该数据集可以从 OA 9.27 下载。数据来源于 1977 年的一项儿童人体测量研究：Foster, T. A ., Voors, A. W.，Webber, L. S.，Frerichs, R. R.& Berenson, G. S.（1977）（Anthropometric and maturation measurements of children, ages 5 to 14 years, in a biracial community – the Bogalusa Heart Study. *American Journal of Clinical Nutrition*, 30（4）, 582–591.）这个样本中的受试者年龄在 8～18 岁，是从原始研究的更大数据集中随机选择的。

使用支持向量机 SVM，看看我们是否可以使用身高、体重、年龄和性别（0 = 男性或 1 = 女性）来确定孩子的种族（0 = 白人或 1 = 其他）。

问题 9.15（SVM）

在这个练习中，你将使用来自 OA 9.28 的葡萄牙海战数据，其中包含了 1583～1663 年间葡萄牙和荷兰 / 英国舰船之间海战的结果。该数据集具有以下特征：

1. 战争：战争地点的名称
2. 年份：战争的年份
3. 葡萄牙舰船：葡萄牙舰船的数量
4. 荷兰舰船：荷兰舰船的数量
5. 英国舰船：来自英国方面的舰船数量

6. 葡萄牙舰船与荷兰 / 英国舰船的比例

7. 西班牙是否参与：1= 是，0= 否

8. 葡萄牙的结果：–1= 失败，0= 平局，+1= 胜利

使用基于支持向量机的模型，从参与各方的舰船数量和西班牙的参与来预测葡萄牙的战斗结果。

延伸阅读及资源

如果你有兴趣了解更多关于监督学习或上面讨论的任何主题，以下是一些可能有用的链接：

1. 高级回归模型：http://r-statistics.co/adv-regression-models.html

2. 关于逻辑回归的进一步主题：

https://onlinecourses.science.psu.edu/stat504/node/217/

3. 监督学习中的决策树，简化的：

https://blogs.oracle.com/bigdata/decision-trees-machine-learning

4. Softmax 回归：

http://deeplearning.stanford.edu/tutorial/supervised/Softmax Regression/

第 10 章

无监督学习

"如果你足够努力地挖掘数据，那么你能找到来自上帝的信息。" [Dogbert]

——Scott Adams, Dilbert

你需要什么?

- ❑ 较好掌握了统计概念、概率论（见附录 B）和函数。
- ❑ R 中级水平的入门经验（详情参阅第 6 章）。
- ❑ 第 8～9 章涵盖的所有内容。

你会学到什么?

- ❑ 当训练真值无法获取时，解决数据问题。
- ❑ 使用无监督聚类方法解释数据。
- ❑ 使用各种机器学习技术进行聚类。

10.1 引言

在第 9 章中，我们看到了当标签或与之相关的真值可用时，如何从数据中学习。换句话说，我们知道什么是对的，什么是错的，我们利用这些信息建立一个回归或分类模型，然后可以对新数据做出预测。这样的过程属于监督学习。现在，我们将考虑机器学习的另一个大领域，我们不知道给定数据的真正标签或值，但我们希望了解数据的底层结构，并能够解释它。这叫作**无监督学习**。

在无监督学习中，数据点没有与它们相关联的标签。相反，无监督学习算法的目标是以某种方式组织数据或描述其结构。这可能意味着将其分组到聚类中，或者找到查看复杂数据的不同方法，使其看起来更简单或更有组织。

聚类是将一组观测值分配到子集（称为簇）中，以便同一簇中的观测值在某种意义上是相似的。聚类是一种无监督学习方法，是统计数据分析的一种常用技术，应用于许多领域。

本章我们将讨论两种类型的聚类算法：凝聚（自底向上）和分裂（自顶向下）。此外，我们还将讨论一个非常重要的技术，称为期望最大化（EM），它用于我们有太多未知的情况，并且对如何使用模型来解释或解释数据没有足够的指导时。所有这些都是无监督学习的例子，因为我们没有数据的标签，但我们试图理解一些潜在的底层结构。

让我们首先回顾两种用于聚类数据的技术，以此来解释这种结构。

10.2 凝聚聚类

这是一种从单个数据点构建聚类或类似数据点组的自底向上的方法。以下是一个层次聚类算法如何运行的概要。

1. 使用任何可计算的聚类相似度度量，例如 sim（C_i，C_j）、欧几里得距离、余弦相似度等。

2. 对于 n 个对象 $v_1, \cdots, v_n$，将每个对象分配给一个单独的聚类 $C_i = \{v_i\}$。

3. 重复 {

—找出两个最相似的聚类 C_j 和 C_k

—删除 C_j 和 C_k，添加（$C_j \cup C_k$）到聚类集合

}，直到只剩下一个聚类。

4. 使用树状图来展示聚类合并的顺序。

实践示例 10.1：凝聚聚类 1

让我们举个例子，看看凝聚聚类是如何工作的。在这个例子中，我们将使用 5 个数据点。每对数据点之间的距离由表 10.1 的距离矩阵给出。不要担心这里的数据意味着什么。这个表格只是向你展示上面描述的算法是如何工作的。

表 10.1 距离矩阵的计算

	1	2	3	4	5
1	0				
2	8	0			
3	3	6	0		
4	5	5	8	0	
5	13	10	<u>2</u>	7	0

不出所料，距离矩阵是对称的，因为 x 和 y 与 y 和 x 之间的距离相等。它在对角线上为 0，因为每一项与自身的距离为 0。由于矩阵是对称的，表中只显示下三角形。上面的三角形是下面的三角形的反射。

由于我们对每一对点都有距离，所以让我们通过分组较小的距离来开始聚类。如表 10.1 所示，数据点 3 和 5 比其他数据点更接近，因为它们的距离 2（下划线所示）是所有数据对之间的最小距离。因此，我们首先将这一对合并到单个聚类“35”中。所以，在这一步结束时，聚类有 4 个数据点，例如，1、2、4 和 35。由于数据点发生了变化，现在我们必须重新计算距离矩阵。我们需要一个程序来确定 35 和其他每个数据点之间的距离。这可以通过分配一个项目和 3 之间的最大距离，以及这个项目和 5 之间的最大距离来实现。所以距离的计算方法是：

$$\text{dist}_{35,i} = \max(\text{dist}_{3,i}, \text{dist}_{5,i}) \tag{10.1}$$

利用式 10.1 中的公式，计算距离矩阵如表 10.2 所示。

表 10.2　距离矩阵的下一次迭代

	35	1	2	4
35	0			
1	13	0		
2	10	8	0	
4	9	5	5	0

如果我们使用上面的公式继续这一步，直到所有的数据点被分组到一个簇中，我们将得到图 10.1 所示的簇。在这张图上，它们的 y 轴表示簇高度，这是在它们聚类的时候物体之间的距离。

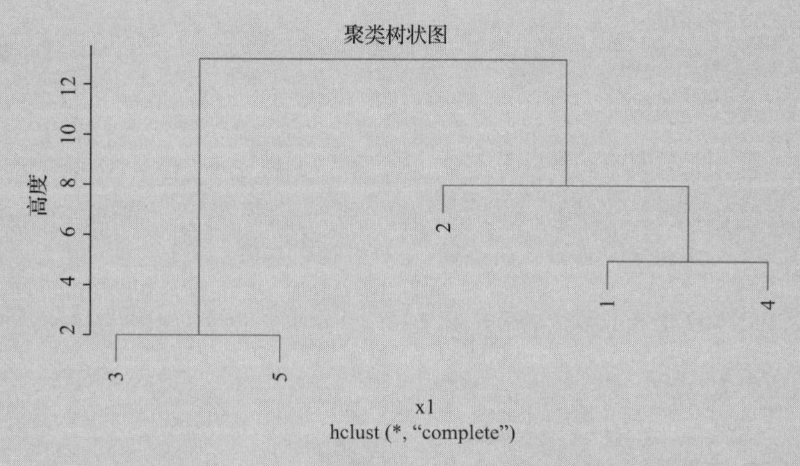

图 10.1　最大距离凝聚聚类的聚类树状图

重要提示：矩阵的距离计算公式可能因问题而异，根据选择的公式，我们可能会得到完全不同的聚类结果。例如，对于上述相同的数据集，如果我们计算的距离为：

$$\text{dist}_{35,i} = \min(\text{dist}_{3,i}, \text{dist}_{5,i}) \tag{10.2}$$

结果如图 10.2 所示。

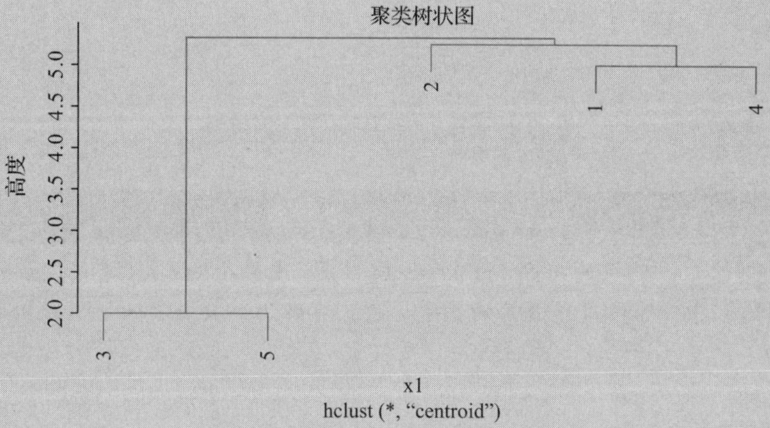

图 10.2　最小距离凝聚聚类的聚类树状图

层次聚类（如凝聚聚类）的一个常见问题是，没有一种通用的方法来表示有多少聚类。这取决于我们如何定义两个聚类之间的最小阈值距离。例如，在第一个单链接树中，如果我们将阈值设置为9，我们将把树切成两个聚类，如图10.3中间横线所示，我们将得到两个聚类（1，2，4）和（3，5）。

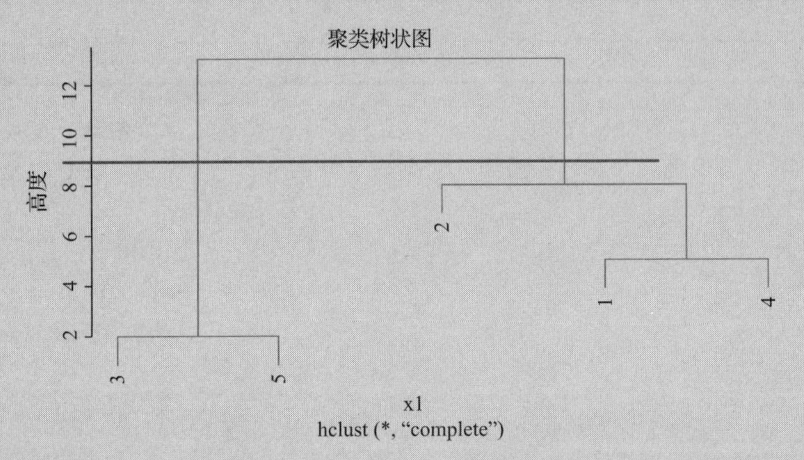

图 10.3 阈值为9时的聚类数量

然而，如果我们将阈值设置为6，聚类的数量将是3，如图10.4所示。

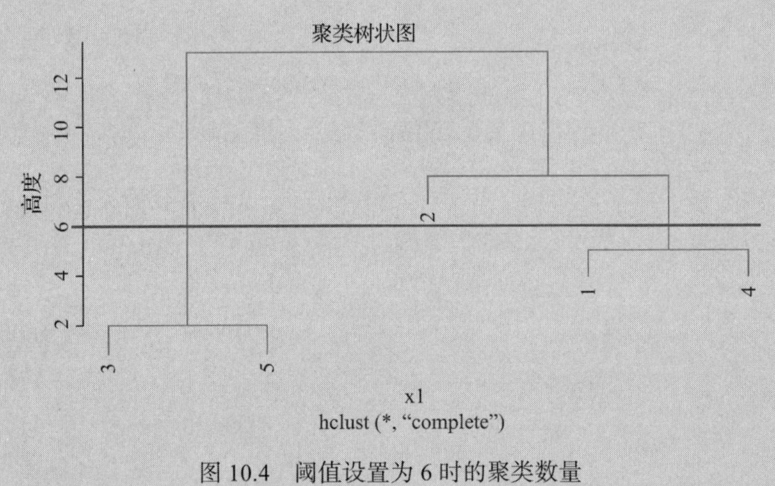

图 10.4 阈值设置为6时的聚类数量

实践示例 10.2：凝聚聚类 2

在这个例子中，你将使用StoneFlakes数据集（见OA 10.1），该数据集包含了史前人类在制作过程中产生的废料薄片的测量。我们将使用该数据集来使用凝聚方法对相似的数据点进行聚类。请注意，在RStudio中将文件导入为CSV之前，可能需要先格式化数据。

```
>StoneFlakes <- read.csv('StoneFlakes.csv', header = TRUE,
sep = ',')
>View(StoneFlakes)
```

数据集有一些缺失的实例（所有的 0 和？）。在此演示中，我们将删除缺失的实例，删除第一个属性，因为它是非数字的，并且在继续处理聚类之前，输出数据集将被标准化。注意，如果数据值是非数字的，那么在标准化之前可能需要先将其转换为数字，因为 scale() 函数只适用于数字数据。

```
> StoneFlakes[StoneFlakes == '?'] <- NA
> StoneFlakes <- na.omit(StoneFlakes)

# Converting the data entries into numbers
> StoneFlakes$LBI <- as.numeric(StoneFlakes$LBI)

# Standardizing the dataset
> StoneFlakes <- scale(StoneFlakes)
```

在下一步中，我们将使用 agnes() 函数在聚合方法中构建聚类。使用 agnes 函数如下所示：

```
> library(cluster)
> aclusters <- agnes(StoneFlakes, method = "complete")
```

你还可以从集群中检查凝聚系数：

```
> aclusters$ac
```

你还可以可视化集群以及凝聚系数，你的可视化应该如图 10.5 所示。

```
> plot(aclusters)
```

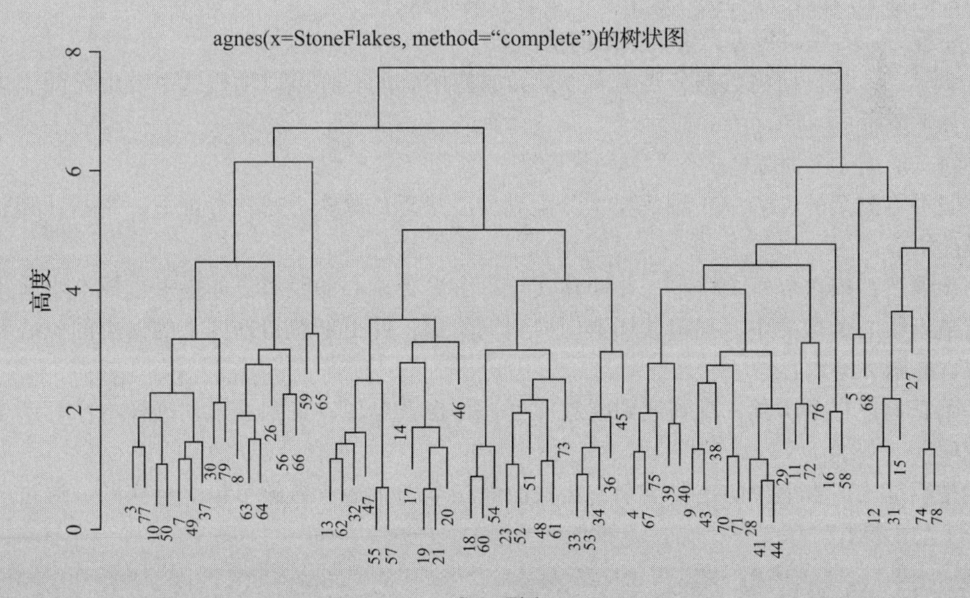

图 10.5 绘制凝聚聚类的结果

10.3 分裂聚类

与凝聚技术相反，分裂聚类以自顶向下的模式工作，其目标是将包含所有对象的聚类分解为更小的聚类。

以下是一般方法：

1. 将所有对象放在一个聚类中。

2. 重复以上步骤。直到所有的聚类都是单聚类 {

– 根据某些条件选择要拆分的聚类

– 用子聚类替换所选的聚类。

}

这看起来可能相当简单，但有一些问题需要解决，包括决定应该将数据分成多少个聚类，以及如何实现这种划分。

幸运的是，有一种简单而有效的算法可以实现上述一般方法：*k* 均值。最常用的聚类算法之一，*k* 均值聚类是一种基于属性或特征对对象进行分类或分组的算法，其中 *k* 是一个正整数。

分组是通过最小化数据和相应的聚类中心之间的距离平方和来完成的。因此，*k* 均值聚类的目的是对数据进行分类。

下面是它的工作原理。

1. *k* 均值聚类的基本步骤很简单。一开始，我们确定我们想要的聚类的数量（*k*），并假设这些聚类的质心或中心。我们可以取任意随机的物体作为初始质心，或者序列的前 *k* 个物体也可以作为初始质心。

2. 然后 *k* 均值算法将执行以下三个步骤直到收敛：

步骤一：首先决定 *k* 为聚类数量的值。

步骤二：将任何将数据分类为 *k* 个聚类的初始分区。你可以随机或系统地分配训练样本，如下所示：

（1）取前 *k* 个训练样本作为单元素聚类。

（2）将剩余的（*N*—*K*）训练样本分配到质心最近的聚类。每次分配后，重新计算获得聚类的质心。

步骤三：依次取每个样本，并计算其与每个聚类质心的距离。如果一个样本当前不在具有最近质心的聚类中，则将该样本切换到该聚类，并更新获得新样本的聚类的质心和丢失样本的聚类的质心。

重复上述三个步骤，直到达到收敛即可——也就是说，直到通过训练样本没有产生新的赋值。

是不是比广告上说的还要复杂？让我们做在本书中通常做的事情——实践，通过一个例子来动手操作。

实践实例 10.3：分裂聚类

考虑表 10.3 中的数据集，它代表了正在研究的 7 个个体中每个个体的两个变量的分数。

目前，所有的 7 个个体被归为一个聚类。现在让我们将数据集划分为两个聚类。一个合理的分离方法是将相距最远的两个个体的 A 和 B 值分成两组。让我们在二维平面上画出这七个点。

表 10.3　*k* 均值算法的示例数据集

个体	A	B
1	1.0	1.0
2	1.5	2.0
3	3.0	4.0
4	5.0	7.0
5	3.5	5.0
6	4.5	5.0
7	3.5	4.5

从图 10.6 中可以看到，个体 1 和 4 是距离最远的，这使它们成为划分的理想候选。因此，我们称它们为两个不同聚类的中心，如表 10.4 所示。

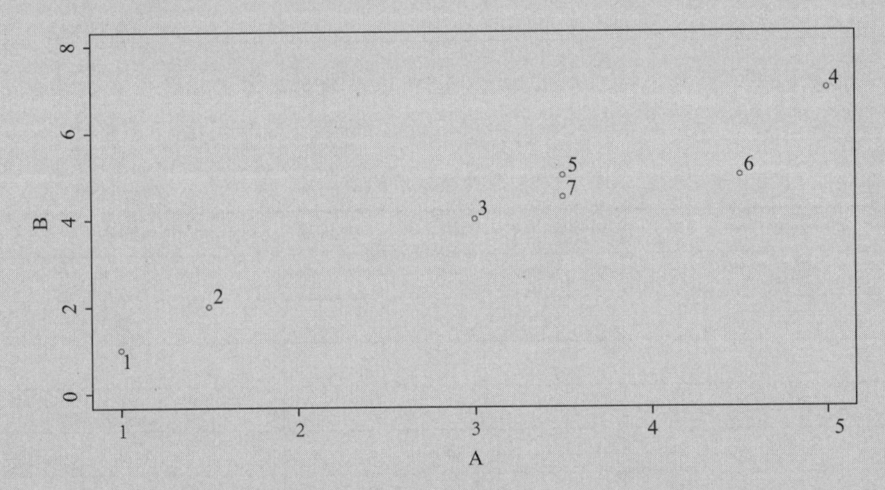

图 10.6　A 对 B 绘制成二维图

表 10.4　两个聚类的初始化

	个体	平均向量（质心）
聚类 1	1	（1.0，1.0）
聚类 2	4	（5.0，7.0）

在下一步，剩余的个体被依次检查，并根据到聚类均值的欧氏距离被分配到它们最接近的聚类中。聚类的平均向量必须在每次添加新成员时重新计算。重复这一步骤，直到不再有要添加的个体。表 10.5 显示了这是如何逐步完成的。

表 10.5 *k* 均值算法的第一步

步骤	聚类 1		聚类 2	
	个体	平均向量（质心）	个体	平均向量（质心）
1	1	（1.0，1.0）	4	（5.0，7.0）
2	1，2	（1.2，1.5）	4	（5.0，7.0）
3	1，2，3	（1.8，2.3）	4	（5.0，7.0）
4	1，2，3	（1.8，2.3）	4，5	（4.2，6.0）
5	1，2，3	（1.8，2.3）	4，5，6	（4.3，5.7）
6	1，2，3	（1.8，2.3）	4，5，6，7	（4.1，5.4）

现在，初始分区已经更改，上一步结束时的两个聚类变成了我们在表 10.6 中所看到的聚类。

表 10.6 *k* 均值算法第一步的结果

	个体	平均向量（质心）
聚类 1	1，2，3	（1.8，2.3）
聚类 2	4，5，6，7	（4.1，5.4）

然而，我们还不能确定每个个体都被分配到了正确的聚类。因此，我们将每个个体的距离与其自身的聚类均值和相反聚类的均值进行比较。结果如表 10.7 所示。

表 10.7 *k* 均值算法的第二步

个体	到聚类 1 的平均值（质心）的距离	到聚类 2 的平均值（质心）的距离
1	1.5	5.4
2	0.4	4.3
3	2.1	1.8
4	5.7	1.8
5	3.2	0.7
6	3.8	0.6
7	2.8	1.1

如表 10.7 所示，个体 3 是聚类 1 的一部分，但它最接近聚类 2。因此，将个体 3 重新定位到聚类 2 是有意义的。新分区如表 10.8 所示。

表 10.8 *k* 均值算法第二步的结果

	个体	平均向量（质心）
聚类 1	1，2	（1.3，1.5）
聚类 2	3，4，5，6，7	（3.9，5.1）

这个迭代重定位将从这个新分区继续，直到不再需要重定位为止。

自己试试 10.1：聚类

为了在聚类方面进行更多的实践，获取用户知识建模数据集（可从 OA 10.2 获得），该数据集包含五个数值预测属性和一个分类目标属性，即类标签。在此数据集上使用分裂聚类和凝聚聚类，并比较它们在根据预测属性预测类别标签时的准确性。你将创建多少个聚类？为什么？解释你所做的各种设计决策。

10.4　期望最大化

到目前为止，我们已经看到了聚类、分类算法和概率模型，这些都是基于来自观测的有效和稳健的学习参数的程序的存在。然而，通常情况下，用于训练模型的唯一数据是不完整的。例如，在医疗诊断中可能会出现缺失值，因为患者的病史通常包括有限的一系列测试的结果。不完整的数据来自概率模型中有意遗漏的基因 - 集群分配。期望最大化（EM）算法是解决这个问题的一个极好的方法。EM 算法允许在不完全数据的概率模型中进行参数估计。

以投掷硬币为例。假设我们有一对偏差未知的硬币 A 和 B（即在任何给定的投掷中，硬币 A 的正面向上概率为 θ_A，背面向上概率为 $1-\theta_A$），偏差分别为 θ_A 和 θ_B。同样，对于硬币 B，概率分别为 θ_B 和 $1-\theta_B$。本实验的目标是重复以下步骤 5 次，估计 $\theta = (\theta_A, \theta_B)$：随机选择两枚硬币中的一枚（等概率），用选中的硬币进行 10 次独立抛掷。因此，整个过程总共涉及 50 次抛硬币。

在这个实验中，我们计算两个向量，例如，$\boldsymbol{x} = (x_1, x_2, \cdots, x_5)$，其中 $x_i \in \{0, 1, \cdots, 10\}$ 是在第 i 轮抛硬币中观察到的正面的数量。在我们的模型中所有相关随机变量的值（即每次硬币抛掷的结果和每次抛掷使用的硬币类型）在已知的情况下，该实验的参数估计被称为完整数据情况。

一种简单的估算 θ_A 和 θ_B 的方法是返回观察到的每枚硬币的正面概率：

$$\theta_A = \frac{\text{硬币A正面向上的次数}}{\text{硬币A总抛掷次数}} \tag{10.3}$$

$$\theta_B = \frac{\text{硬币B正面向上的次数}}{\text{硬币B总抛掷次数}} \tag{10.4}$$

事实上，这种直观的猜测在统计文献中被称为**极大似然估计**（MLE）。粗略地说，MLE 根据统计模型赋予观测数据的概率来评估统计模型的质量。如果 $\log P(x, y)$ 是获得观察到的正面计数和硬币类型的任何特定向量的联合概率（或**对数似然**）的对数，则式 10.3 和式 10.4 得出使 $\log P(x, y)$ 最大化的参数（= A, B）。

在不能直接求解方程的情况下，我们利用期望最大化算法求解统计模型的（局部）极大似然估计参数。通常，这些模型除了包含未知参数和已知数据观测，还包含潜在变量。也就是说，要么数据中存在缺失值，要么可以通过假设存在更多未观察到的数据点来更简单地构建模型。

实践示例 10.4：期望最大化

现在，让我们看一个例子，了解 EM 在 R 中的工作原理。在这个实验中，我们将使用软件包 mclust（MCLUST，5.3 版；输入 `'citation("mclust")'` 在出版物中引用该R包)。

```
> library(mclust)
> data("diabetes")
> summary(diabetes)
      class        glucose        insulin          sspg
 Chemical:36   Min.   : 70   Min.   : 45.0   Min.   : 10.0
 Normal  :76   1st Qu.: 90   1st Qu.: 352.0  1st Qu.:118.0
 Overt   :33   Median : 97   Median : 403.0  Median :156.0
               Mean   :122   Mean   : 540.8  Mean   :186.1
               3rd Qu.:112   3rd Qu.: 558.0  3rd Qu.:221.0
               Max.   :353   Max.   :1568.0  Max.   :748.0
```

为了应用EM算法，我们将使用相同的mclust包。使用mclust对象的summary命令会生成：

log.likelihood：贝叶斯信息准则（BIC）值的对数似然值，表示模型的优度

n：*X*点的数量

df：自由度

BIC：贝叶斯信息准则，数字越低越好

ICL：集成的完整的*X*似然——BIC的分类版本。

首先，我们需要提取适当的数据，然后才能对其使用EM算法。

```
> data("diabetes")
> head(diabetes)
  class glucose insulin sspg
1 Normal     80     356  124
2 Normal     97     289  117
3 Normal    105     319  143
4 Normal     90     356  199
5 Normal     90     323  240
6 Normal     86     381  157

> class.dia = diabetes$class
> table(class.dia)
class.dia
Chemical  Normal  Overt
      36      76     33

> X = diabetes[,-1]
> head(X)

  glucose insulin sspg
1      80     356  124
2      97     289  117
3     105     319  143
4      90     356  199
5      90     323  240
6      86     381  157

> clPairs(X, class.dia)
```

以上步骤生成如图10.7所示的输出。在这里，clPairs是一个用于生成显示分类的成对散点图的函数。它是两种形式的数据类别（在本例中为糖尿病类别和葡萄糖、胰岛素、稳态血糖）如何相关的图形表示。

现在我们将使用Mclust函数来拟合（密度估计）模型。

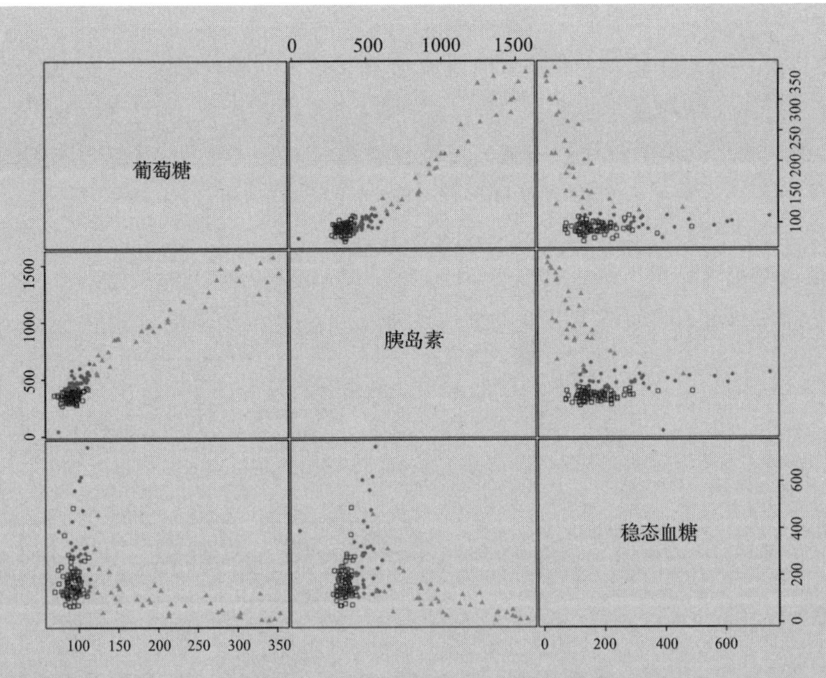

图 10.7 显示分类的成对散点图

```
> fit <- Mclust(X)
fitting ...
|=================================================| 100%
> fit
'Mclust' model object:
best model: ellipsoidal, varying volume, shape, and orien-
tation (VVV) with 3 components

> summary(fit)
----------------------------------------------
Gaussian finite mixture model fitted by EM algorithm
----------------------------------------------
Mclust VVV (ellipsoidal, varying volume, shape, and orienta-
tion) model with 3 components:
log.likelihood    n   df       BIC       ICL
     -2307.883  145   29 -4760.091 -4776.086

Clustering table:
1   2   3
82  33  30
```

刚才发生了什么？我们创建了一个模型，试图用 EM 算法来拟合数据。现在我们已经为数据集创建了一个模型，我们需要评估模型的良好性。有几个评价标准，如**赤池信息量准则**（AIC），**贝叶斯信息准则**（BIC）和**对数似然**等。AIC 提供了给定模型在表示生成数据的过程时相对信息损失的估计值。假设给定一些数据，已经生成了一个模型，其中 k 是估计参数的数量。若 $\hat{L}$ 为模型似然函数的最大值，则 AIC 值计算为：

$$\mathrm{AIC} = 2k - 2\ln(\hat{L}) \tag{10.5}$$

BIC 则根据某个贝叶斯设置来估计一个模型正确的后验概率。较低的 BIC 意味着一个模型更有可能被认为是一个更好的模型。BIC 的公式是

$$\mathrm{BIC} = (\ln n)k - 2\ln(\hat{L}) \tag{10.6}$$

AIC 和 BIC 都是惩罚似然标准。这意味着数字越高，模型越差。AIC 和 BIC 之间唯一显著的区别是选择对数 n 还是 2。

因此，让我们用以下组件来可视化这个模型：

- 用于选择集群 / 组件数量的 BIC 值（如图 10.8 所示）
- 聚类图
- 分类不确定性图（如图 10.9 所示）
- 集群的轨道图（如图 10.10 所示）

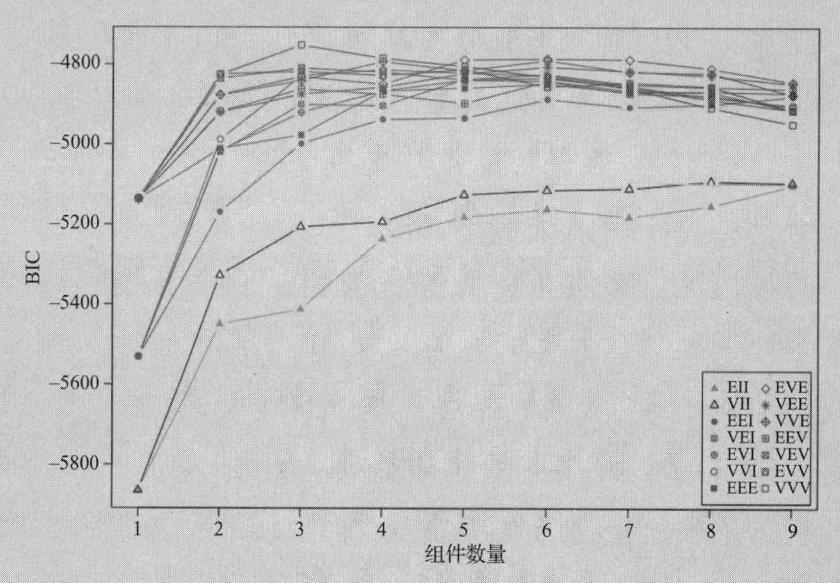

图 10.8　显示组件数量和相应 BIC

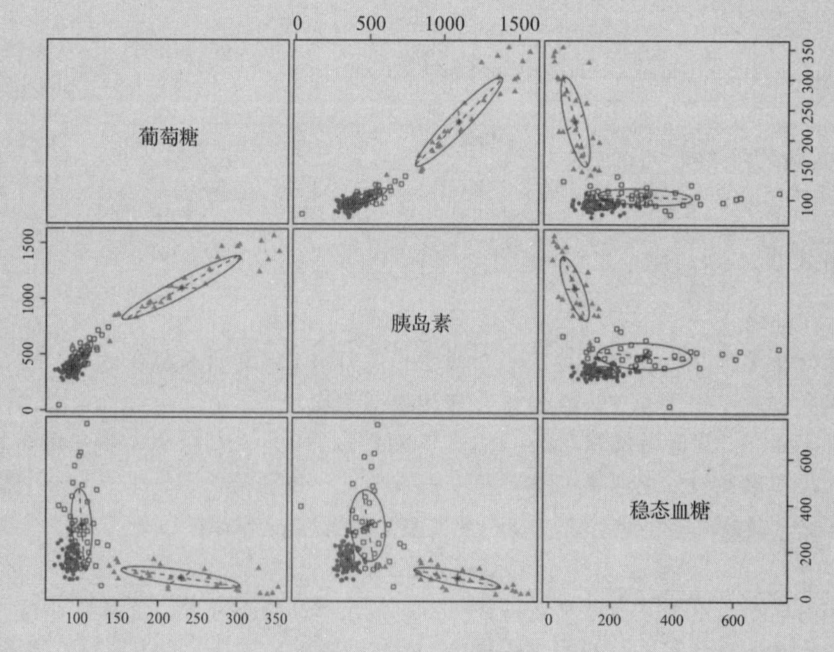

图 10.9　分类不确定性图

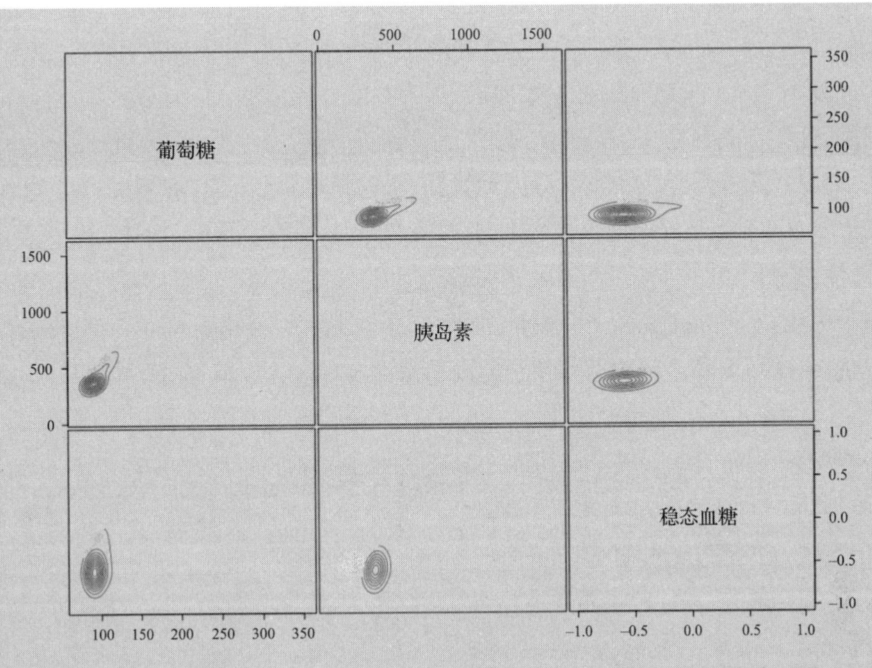

图 10.10　轨道图

```
> plot(fit, what = "BIC")
> #table(class, fit$BIC)
> #2: classification
> plot(fit, what = "classification")
> plot(fit, what = "density")
```

你可以尝试用同样的方法画出分类不确定性。mclust 包中的 mclustBIC 函数使用基于模型的分层聚类对参数化的高斯混合模型进行 EM 初始化（如图 10.11 所示）。

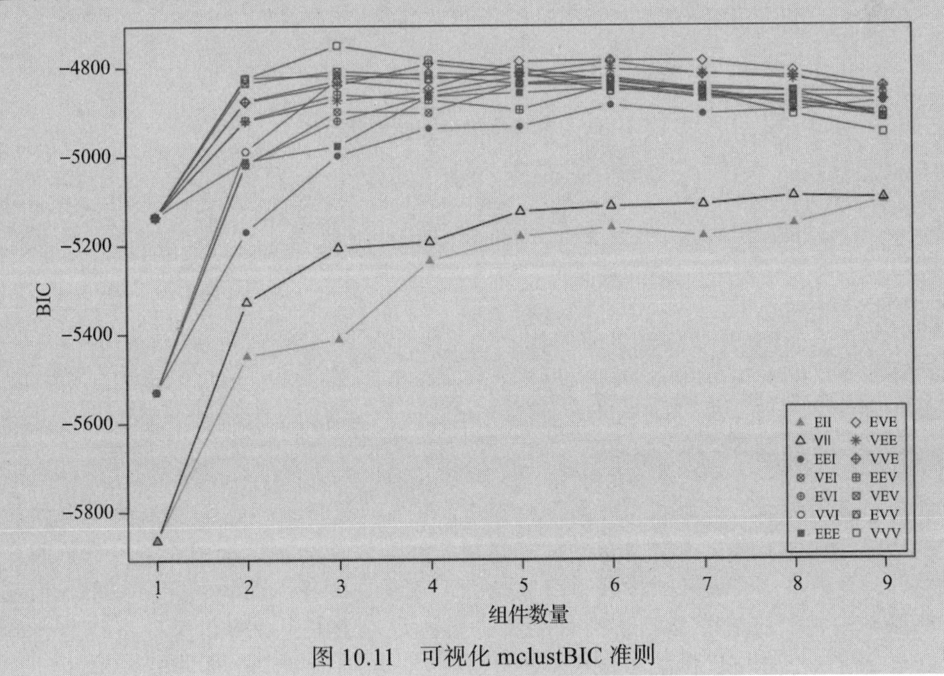

图 10.11　可视化 mclustBIC 准则

```
> BIC = mclustBIC(X)
fitting ...
 |==================================================| 100%

> summary(BIC)
Best BIC values:
             VVV,3        VVE,3         EVE,4
BIC    -4760.091 -4775.53693 -4793.26143
BIC diff   0.000   -15.44628   -33.17079

> plot(BIC)
```

来自 mclust 的 mclustICL 使用由 EM 算法拟合的参数化高斯混合模型的 ICL（综合完全数据似然），EM 算法由基于模型的分层聚类初始化（如图 10.12 所示）。

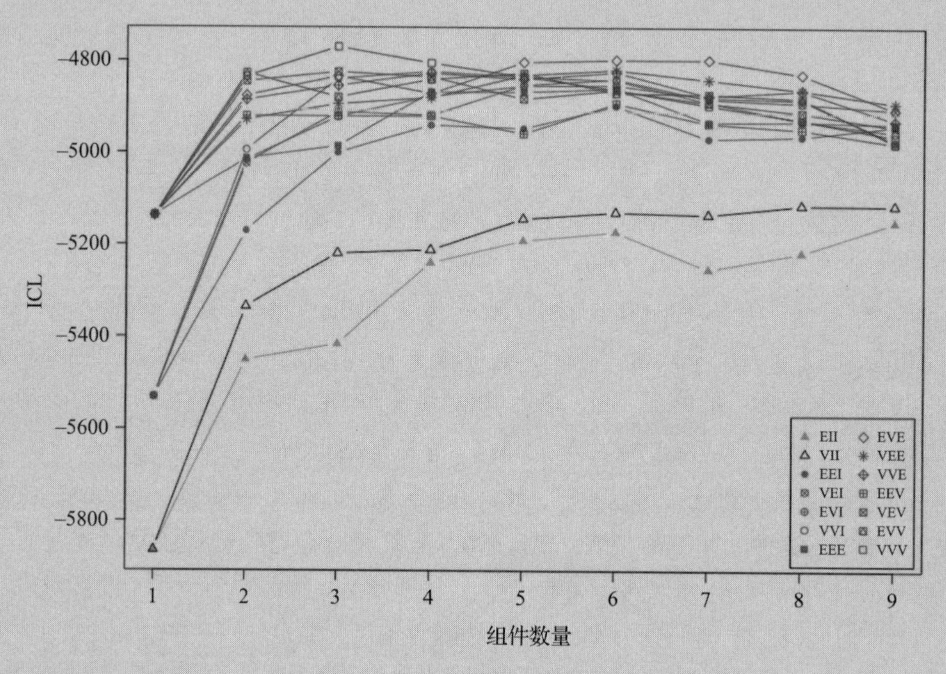

图 10.12 可视化综合完全似然准则

```
> ICL = mclustICL(X)
fitting ...
 |==================================================|
100%

> summary(ICL)
Best ICL values:
             VVV,3        VVE,3         EVE,4
ICL      -4776.086 -4793.27143 -4809.16868
ICL diff     0.000   -17.18553   -33.08278

> plot(ICL) # Only ICL plot
```

许多这样的构造（如密度图、ICL）超出了本书的范围，但我仍然想要吸引你的注意力来证明，由于 EM 没有一个明确的评估模型建立的方法，像我们能够做我们的分类模型那样，因此我们需要几种方法来研究模型的质量。撇开上面的解释中超出我们范围的一些指标和图，我希望你至少明白对数似然 AIC 和 BIC，你可以为一个模型计算他们，以便说明这个模型捕获底层数据的能力。

自己试试 10.2：EM

使用 OA 10.2 中的用户知识建模数据集。利用 EM 算法求出模型的 MLE 参数。报告 AIC 和 BIC 值。

参考资料：偏见和公平

在本书的几个地方，我们讨论了不同背景下的偏见和公平问题。在我们结束机器学习的内容时，我们将继续这个话题。

偏见来自哪里?

数据科学中的偏见可能来自源数据、算法或系统偏见和认知偏见。假设你正在分析两个地区的犯罪记录。记录中 A 区居民 1 万人，B 区居民 1000 人，其中 A 区居民中的 100 人，B 区居民中的 50 人在过去一年中犯罪。你会得出结论，A 区的人比 B 区的人更有可能犯罪吗？如果仅仅比较过去一年的罪犯数量，你很可能会得出这个结论。但是如果你看犯罪率，你会发现 A 区的犯罪率是 1%，比 b 区的犯罪率（5%）要低。根据这个分析，之前的结论对 A 区的居民是有偏见的。这种类型的偏见是由分析方法产生的，因此，我们称之为**算法偏见**或**系统偏见**。

基于犯罪的分析能保证得出公正的结论吗？答案是否定的。两个区都有可能有 1 万人口。这表明犯罪记录有 A 区的完整统计数据，但只有 B 区的部分统计数据。根据报告数据的收集方式，5% 可能是也可能不是 B 区的真实犯罪率。因此，我们仍然可能得出一个有偏见的结论。这种类型的偏见是我们正在检查的数据中固有的；因此，我们称之为**数据偏见**。

第三种偏见是**认知偏见**，它源于我们对所呈现数据的感知。一个例子是，给你两个犯罪分析机构的结论。你倾向于相信一个而不是另一个，因为前者有更高的声誉，即使前者可能有偏见的结论。

在现实中，由于数据分布、收集过程、不同的分析方法、测量标准等多种因素的影响，很容易得出有偏见的数据集和数据结论。在处理数据和用于数据分析的技术时，我们需要小心。

偏见无处不在

随着数据和技术的爆炸式发展，我们沉浸在各种数据应用中。想想你每天在互联网上读到的新闻，通过服务提供商听的音乐，浏览网页时显示的广告，网上购物时推荐给你的产品，通过搜索引擎找到的信息，等等。偏见可以在人们没有意识到的情况下变得无处不在。像“你吃什么就是什么”一样，你所消费的数据可以影响你的观点、偏好、判断，甚至你生活中许多方面的决定。

比如你想知道某些食物对健康是好是坏，搜索引擎会返回 10 页的结果。第一个结果和第 1 页上的大部分结果都表明食物是健康的。你在多大程度上相信搜索结果？在浏览了第 1 页的结果后，你会得出这样的结论：这种食物是有益的，或者至少利大于弊？你是否有可能继续查看第 2 页的结果？你是否意识到第 2 页可能包含关于食物危害的结果，所以第 1 页的结果是有偏见的？作为一名数据科学家，重要的是要小心避免有偏见的结果。但作为一个生活在数据世界中的人，更重要的是要意识到日常数据消费中可能存在的偏见。

偏见与公平

偏见有可能导致不公平，但是否能既有偏见还有公平？答案是肯定的。将偏见视为受保护群体的偏见：公平是对数据或数据处理方式的主观衡量。换句话说，偏见和公平并不一定是相互矛盾的。考虑一家美国公司的员工多样性。除一名员工外，所有员工都是美国公民。就业结构是否偏向于美国公民？是的，如果这是美国公民在招聘过程中受到优待的结果，那么这是一个公平的结构吗？是，也不是。根据鲁尼规则，这是公平的，因为该公司至少雇佣了一名少数族裔。但根据统计对等，这是不公平的，因为美国公民和非公民的数量是不平等的。一般来说，偏见是容易且直接衡量的，但由于各种主观考虑，公平是微妙的。有太多不同的公平定义可供选择，更不用说一些相互矛盾的定义了。

10.5 强化学习简介

强化学习（RL）诞生于近一个世纪前的行为主义心理学实验，它试图模拟软件智能体应该如何在一个可以最大化某种形式的累积奖励的环境中采取行动。

让我们举个例子，想象一下，你想训练一台电脑和一个人下棋。在这种情况下，决定最佳行动取决于许多因素。游戏中可能存在的状态数量通常非常多。要使用基于标准规则的方法来覆盖这些状态，意味着要指定大量的硬编码规则。RL 省去了手动指定规则的需要，RL 智能体只需通过玩游戏来学习。对于双人游戏，如双陆棋，可以通过和其他人类玩家甚至其他 RL 智能体对战来训练智能体。

在 RL 中，算法一旦看到一个新的数据点，就决定选择下一步的行动。根据行动的适合程度，学习算法在短时间后也会得到一些激励。算法总是修改它的行动过程，以获得最高的奖励。强化学习在机器人技术中很常见，其中某一时刻的传感器读数是一个数据点，算法必须选择机器人的下一步行动。它也非常适合物联网（IoT）应用。

基本的强化学习（RL）模型由以下组成（如图 10.13 所示）：

1. 一组环境和智能体状态 S
2. 智能体的一组行动 A
3. 从状态向行动过渡的策略
4. 决定过渡的标量即时奖励的规则
5. 描述智能体所遵守的规则

RL 智能体以离散的时间步骤和特定的顺序与其环境交互。

1. 在每一个时间 t，代理收到一个观察值 o_t，这通常包括奖励 r_t。
2. 然后，它从可用行动集中选择一个行动，该行动随后被发送到环境中。
3. 环境移动到一个新的状态 s_{t+1}，与转换 s_t，a_t，s_{t+1} 相关联的奖励 r_{t+1} 被确定。
4. 强化学习智能体的目标是收集尽可能多的奖励。智能体可以根据历史选择任何行动，甚至可以随机选择行动。

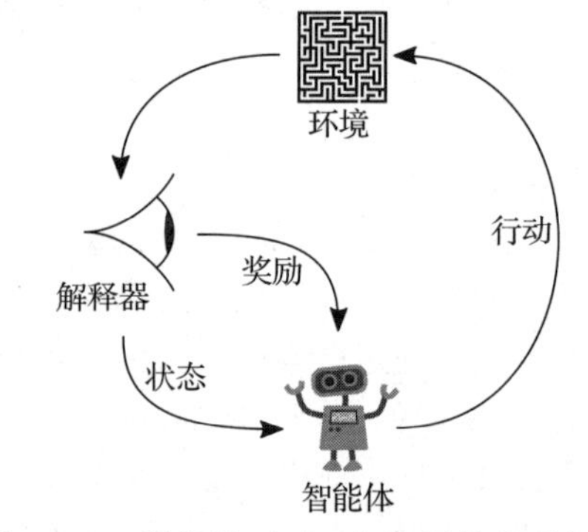

图 10.13 强化学习（RL）场景的典型框架（智能体在环境中采取的行动会被解释为奖励和状态的表现，并反馈给智能体。来源：维基百科）

让我们举一个现实生活中的例子，看看强化学习是如何工作的。接下来，我们将通过一个简单的过程来创建一个在 R 中使用强化学习的模型。

首先，退一步想想我们是如何学习的，特别是在传统的课堂或教育环境中。如果你是出于教育目的而使用这本书，那么你可以把我当作老师，而你自己当作学生。我遵循的做法是先解释一个给定的概念，然后用一些后续的例子来强化这些概念。学生一旦浏览了主题并跟随示例，就应该自己解决章末练习部分的类似问题。RL 算法试图模拟这个精确的过程。

那么，如何教机器学习新概念呢？为了理解这一点，你需要把学习过程分解成更小的任务，并循序渐进完成它们。对于每一个步骤，你都应该有一组机器要遵循的“策略”。这些策略定义了一套奖励和惩罚规则，机器用这些规则来评估自已的表现。训练极限指定机器用于训练自身的试错经验。在这个限度内，机器通过连续采取每一个可能的行动来学习计算每次行动后奖励的变化。这个计算遵循“马尔可夫过程”，这意味着机器在任何给定状态下做出的决策独立于机器在任何先前状态下做出的决策。随着时间的推移，它开始寻求最大的奖励，并避免惩罚。

实践示例 10.5：强化学习

既然你已经了解了 RL 是如何工作的，那么是时候用 R 来做一个实际的示例来强化这个概念了。你必须下载所需的包。R 中的 RL 包在这个阶段还处于试验阶段，因此是开发工具的一部分，你需要先安装它。下面是获得 RL 包的方法：

```
install.packages("devtools")
library(devtools)
install_github("nproellochs/ReinforcementLearning")
library(ReinforcementLearning)
```

幸运的是，该包还附带了一个叫作井字棋的游戏，在它的预构建库中生成数据。该数据集包含超过 400 000 行井字棋游戏步骤。我们将在此演示中使用相同的数据集。你可以通过执行以下步骤来构建增强的模型。让我们从加载数据集开始：

```
# Load the dataset
data("tictactoe")
# View the dataset
View(tictactoe)
```

正如你所看到的，数据集包含了游戏中的各种状态，需要采取的行动以及相应奖励的信息。这就像你在教孩子在一场井字棋游戏的特定情境中该做什么和不该做什么。利用这些信息，我们可以训练一个模型：

```
# Perform reinforcement learning on tictactoe data
tic_tac_toe_model <- ReinforcementLearning(tictactoe,
s = "State", a = "Action", r = "Reward", s_new = "NextState",
iter = 1)
```

这一行使用提供的数据集进行基于强化学习方法的模型训练。由于数据集非常大，完成训练需要几分钟。培训结束后，你可以查询该模型学习到的策略和相关奖励。要查询最优策略，输入：

```
tic_tac_toe_model$Policy
```

你在这个输出中看到的是模型学习的一长组规则/策略，它已经计算出给定游戏状态下的最佳行动（用 c1，c2 等表示）。请注意，每次运行可能会有所不同，期间它都会输出该状态下所有可能步骤的大型矩阵。要找到这次运行的奖励，执行以下代码行：

```
tic_tac_toe_model$Reward
[1] 5449
```

在这种情况下，奖励计算为 5449，但这可能会随着每次运行而变化。

你必须承认这很容易运行！但是我们从这个例子中得到了什么呢？在未来，如果你发现需要使用某种形式的强化学习，可以构造一个数据集，如用在这里，包含状态、动作、这些动作导致的位置（下一个状态）和相应的奖励，然后可以使用类似于上面所示的过程来构建一个模型。

总结

如果到目前为止你还不明白，那么让我来概述一下——数据科学通常既是一门艺术，也是一门科学。这意味着，有时，我们没有一个明确和系统的方法来解决问题，我们必须发挥创造性。本章中我们在无监督学习中看到的几种技术都属于这个范畴。本质上，你得到一些没有明确标签或真实值的数据或观察结果，你需要理解、组织或解释这些数据。这样的场景使你不得不做出设计选择。

例如，当使用 StoneFlakes 数据时，我们必须选择在哪里为聚类绘制不同的阈值。这还不是全部。通常，我们甚至不知道聚类是解决给定问题的正确技术。使用机器学习解决数据问题远不止在数据集上简单地运行分类器或聚类算法；它首先需要对手头的问题有一个理解，并利用我们的直觉和关于各种机器学习技术的知识来决定应用哪一种。这需要练习，但是我希望书中这部分的内容，以及许多实际的示例和练习题，给了你一个良好的开端。

参考资料：深度学习

现在我们有了海量的存储空间和计算能力，以及在分布式系统中存储、访问和分析大数据的架构，我们需要新一代的算法通过充分利用这些巨大的资源，从数据中挖掘见解。幸运的是，最近有一种传统神经网络的衍生产品可以做到这一点。这些新型的神经网络被称为深度神经网络或深度学习模型。

简单地说，深度学习是机器学习技术的一个新分支，它使计算机能够遵循人类的学习过程，即通过实例学习。在深度学习技术中，模型是由大量的标记数据和包含许多隐藏层的神经网络架构训练的。该模型学习直接从图像、文本或声音执行分类任务。深度学习模型可以达到最先进的准确性，有时甚至超过人类水平的表现。深度学习是目前无人驾驶汽车研究背后的关键技术，能够让无人驾驶汽车区分行人和路灯，识别交通标志等。深度学习最近受到了很多关注，这是有原因的。到目前为止，它已经取得了以前不可能的成果，特别是图像分类或相关任务。

所以，问题是，深度学习是如何生成如此令人印象深刻的结果的？尽管深度学习在 20 世纪 80 年代首次被提出，但直到最近才获得成功，原因有二：

- 深度学习需要大量的标签数据。由于我们在日常生活中使用大量传感器和电子产品，以及这些传感器经常产生的大量数据，如今这些标签数据已经变得可用。例如，开发无人驾驶汽车需要数以百万计的图像和数千小时的视频。
- 深度学习需要强大的计算能力，包括具有并行架构的高性能图形处理器，能够高效深度学习。当与云计算或分布式计算相结合时，深度学习网络的训练时间可以从通常的几周减少到几小时甚至更少。

深度学习是如何工作的？深度学习中的术语“深度”通常是指神经网络中隐含的层数，它定义了任何深度学习框架的底层架构。我们在第 9 章中看到的传统神经网络只包含两到三个隐藏层，而深层网络可以多达 150 个。

最流行的一种深度神经网络被称为卷积神经网络（CNN 或 ConvNet）。CNN 将学习到的特征与输入数据进行卷积，并使用 2D 卷积层，使该种架构非常适合处理 2D 数据，比如图像。

关键术语

- **无监督学习**：无监督学习是指测试用例的结果基于对训练样本的分析，而这些样本没有明确的类别标签。
- **聚类**：聚类是将一组观察结果分配到子集（称为集群）中，以便同一集群中的观察值在某种意义上是相似的。
- **树状图**：树状图是树结构的表示。
- **极大似然估计（MLE）**：这是一种基于模型分配给观测数据的概率来评估统计模型质量的方法。生成数据概率最高的模型是最好的模型。
- **对数似然性**：这是一种度量方法，用来估计给定模型生成我们观察到的数据的可能性（或概率）。换句话说，它是衡量一个模型好坏的标准。
- **阿卡克信息准则（AIC）**：类似于对数似然，不同之处在于 AIC 会惩罚具有较多参数的模型。
- **贝叶斯信息准则（BIC）**：类似于 AIC，BIC 还包括与模型使用的样本量相关的惩罚。
- **强化学习**：这是机器学习的一个分支，它试图模拟代理如何在环境中采取行动，以最大化某种形式的累积奖励。

概念性问题

1. 什么是无监督学习？请给出两个使用无监督学习的数据问题的例子。

2. 分裂聚类与凝聚聚类有何不同？

3.EM 似乎是一种典型的聚类方法，但并非如此。用 EM 进行无监督学习有什么特别之处？（提示：考虑数据和问题的本质。）

实践问题

问题 10.1（聚类）

根据 Franco Modigliani 提出的生命周期储蓄假说，储蓄比率（个人总储蓄除以可支配收入）可以用人均可支配收入、人均可支配收入变动的百分比变化率和两个人口统计变量来解释：15 岁以下人口的百分比和 75 岁以上人口的百分比。这些数据是 1960～1970 年十年的平均值，以剔除商业周期或其他短期波动。

以下数据来自 Belsley, D. A. Kuh, E.，&Welsch,R. E.（1980）*Regression Diagnostics*. John Wiley & Sons, New York。他们又从 Sterling, A.（1977）Unpublished BS Thesis. Massachusetts Institute of Technology 获得了数据。你可以从 OA 10.3 下载。

该数据集包含 5 个变量的 50 个观测数据。

1. Sr：数字，累计的个人储蓄
2. pop15：数字，15 岁以下人口的百分比
3. pop75：数字，75 岁以上人口的百分比
4. dpi：数字，实际的人均可支配收入
5. ddpi：数字，实际的人均可支配收入的增长率

使用聚类算法（凝聚或分裂）来识别相似的国家。

问题 10.2（聚类）

对于这个聚类练习，你将使用女性职业高尔夫球手在 2008 年 LPGA 巡回赛上的表现数据。该数据集可以从 OA 10.4 中获取，具有以下属性：

1. 高尔夫球手：球手的名字
2. 平均驱动距离
3. 球道百分比
4. 上果岭：以百分比计算
5. 每轮平均推杆数
6. 每轮沙杆次数
7. 沙坑救球：按百分比计算
8. 每轮总奖金
9. 日志：计算为（总胜场 / 回合）
10. 总轮数
11. Id：代表每个球手的唯一 ID

在这个数据集中使用聚类（凝聚或分裂）来找出哪些球手在同一赛季有相似的表现。

问题 10.3（EM）

从 OA 10.5 中获取可用的坍落度数据集。数据集的原始所有者是 I-Cheng Yeh（icyeh@chu.edu.tw；Yeh，I-C.（2007）。“Modeling slump flow of concrete using second-order regressions and artificial neural networks”, *Cement and Concrete Composites*,29(6), 474–480)。

这个数据集是关于混凝土坍落度测试的。混凝土是一种高度复杂的材料。混凝土的坍落流不仅受含水量的影响，还受其他成分配料的影响。

数据集中有 7 个属性和 3 个结果变量［每立方米（$1m^3$）混凝土中的构件（kg)］：

水泥

矿渣
粉煤灰
水
SP
粗骨料
细骨料
坍落度（cm）
流量（cm）
28 天抗压强度（MPa）

该任务是根据配料的数量预测最大坍落度、流动性和抗压强度（分别计算）。使用 Mclust 算法对这些数据运行 EM，并评论你如何能够使用这 7 个属性解释这 3 个结果变量。

问题 10.4（EM）

对于这个问题，要使用的数据集基于 SGEMM GPU 内核性能（从 OA 10.6 下载），它是根据矩阵 - 矩阵的运行时间来测量的，通过矩阵乘积 **A*B=C**。其中所有矩阵的维数为 2048×2048，在一个可参数化的 SGEMM GPU 内核中，有 241 600 种可能的参数组合。实验是在一台运行 Ubuntu 16.04 Linux 的台式机上进行的，该台式机使用 Intel Core i5（3.5 GHz）、16 GB RAM 和 NVidia Geforce GTX 680 4 GB GF580 GTX-1.5 GB GPU。对于每个测试组合，台式机执行了 4 次运行，并报告了每次运行的结果。所有 4 个运行时间都以毫秒为单位进行测量。除了这 4 个输出性能测量，数据集还包含以下描述参数组合的 14 个特征：

1. 输入特征 1 和 2：MWG、NWG。在工作组块层面每矩阵 2D 平铺。
2. 输入特征 3：KWG。工作组层面的 2D 平铺的内部尺寸。
3. 输入特征 4 和 5：MDIMC、NDIMC。本地工作组大小。
4. 输入特征 6 和 7：MDIMA、NDIMB。本地存储器形状。
5. 输入特征 8：KWI。内核循环展开因子。
6. 输入特征 9 和 10：VWM、VWN。用于加载和存储的每矩阵向量宽度。
7. 输入特征 11 和 12、STRM、STRN。在单个线程中允许跨步访问芯片外存储器：{0,1}（分类）。
8. 输入特征 13 和 14：SA、SB。2D 工作组平铺的每矩阵手动缓存：{0,1}（分类）。

首先，在这 4 个运行时中，在测试 GPU 内核性能时，哪个运行时看起来比其他运行时更准确？接下来，对此数据集使用 EM，根据输入参数组合预测运行时间。

延伸阅读及资源

如果你有兴趣了解更多关于非指导性学习方法的知识，以下是一些可能有用的链接：

1. An advanced clustering algorithm（ACA）for clustering large data set to achieve high dimensionality：

https: //www.omicsonline.org/open-access/an-advanced-clusteringalgorithm-aca-for-clustering-large-data-jcsb.1000115.pdf

2. Expectation-maximization algorithm for clustering multidimensional numerical data：

https: //engineering.purdue.edu/kak/Tutorials/Expectation Maximization.pdf

第四部分

应用、评估和方法

我们终于来到了本书的最后一部分，本书的设计有两个目的：巩固和应用我们已经知道的工具和技术，并通过提供更细致的数据收集方法和模型评估的描述来扩展我们对数据科学的概念和实践理解。这一部分采用了第一部分中的技术，以及第二和第三部分中的工具，开始将它们应用到有现实意义的问题。

在第 11 章中，我们将利用这个机会，将各种数据科学技术应用于几个现实生活中的问题，包括那些涉及社交媒体、金融和社会公益的问题。除了练习我们在前面章节中学习的各种统计和机器学习技术之外，本章还将介绍使用应用程序编程接口（API）提取数据的方法。

第 12 章将提供数据收集、实验和评估的附加内容。本章有两个主要部分。其中一部分将概述收集 / 征集数据的一些最常见的方法，另一部分将提供关于如何使用广泛的方法处理数据分析问题的信息和想法，后一部分还将对评估和实验进行评论。

第 11 章

动手解决数据问题

“除非你是上帝，否则任何人都必须以数据说话。”

——W. Edwards Deming

你需要什么？

- 对 Python 的中级水平理解和实践（参见第 5 章）。
- 对 R 的中级水平理解和实践（参见第 6 章）。
- R 的机器学习实践（参见第 8～10 章）。

你会学到什么？

- 将数据科学和机器学习的技能应用于现实生活中的问题。
- 使用 API 访问社交媒体服务数据。

11.1 引言

到目前为止，在本书中，我们一次只讨论一个主题或工具，并着眼于如何解决一个给定的数据问题。现在，是时候开始将它们聚集在一起，以加深对数据问题和方法的本质的理解，并扩大我们的覆盖面和技能，以解决可能出现的新问题。当然，这些不可能涵盖你在现实生活中遇到的所有情况，但我们可以尝试通过一些例子来了解你能将数据科学技能运用到哪些方面。

本章将根据本书前面的部分提供一些应用。具体来说，我们将着眼于四个不同的问题：第一个问题关于探索一些临床数据；第二个和第三个问题与流行的社交媒体服务推特和 YouTube 有关；第四个问题与在线评级和评论服务 Yelp 有关。我的希望是，除了应用解决问题的技能，我们还能学习一些新东西，包括社交媒体数据收集（推特、YouTube）和大数据分析（Yelp）。

这里需要注意的一件重要的事情是，在这一点上，我们几乎是工具不可知论者。这意味着我们不会担心解决这些问题的最佳工具或编程语言是什么。虽然这里几乎所有的事情都可以使用 Python 或 R（或者可能是另一种语言）来完成，但对于给定的问题，我做了一些设计选择，使用其中一种或另一种语言。这意味着，如果你只接触了 Python 或 R 中的一种，而没有接触另一种，那么你可能无法理解本章中的一半内容。在这种情况下，为了充分利用这一章，我建议以数据和问题为例，不使用你最喜欢的编程语言，而是尝试使用你熟悉的语言解决问题。把这当成你自己尝试的任务吧！此外，在本书的这一点上，我们都是关于探索和实验的。让我们开始吧。

实践示例 11.1：探索临床数据

我们将从一个数据集开始，通过这个数据集我们可以尝试到目前为止所学到的几种技术。继续并下载 OA 11.1 提供的皮肤科研究中创建的数据集。其属性如表 11.1 所示。

该数据库包含 35 个属性，其中 33 个是线性值，1 个（年龄）是名义值。第 35 个属性是类标签，即疾病名称。患者的姓名和身份证号码已从数据库中删除。

表 11.1　临床数据集各属性说明

临床属性（取值 0、1、2、3，除非另有说明）	
1	红斑
2	鳞屑
3	白癜风
4	瘙痒
5	科布内现象
6	多边形丘疹
7	滤泡性丘疹
8	口腔黏膜受累
9	膝盖和肘部受累
10	头皮受累
11	家族史（0 或 1）
34	年龄
组织病理学属性（取值 0、1、2、3）	
12	黑色素失禁
13	嗜酸性粒细胞浸润
14	PNL 渗透
15	乳头状真皮纤维化
16	胞外分泌
17	棘皮症
18	角化过度
19	角化不全
20	表皮网棍状突起
21	表皮网伸长
22	乳头上表皮变薄
23	海绵状脓疱
24	芒罗微脓肿
25	局灶性超颗粒症
26	颗粒层消失

（续）

组织病理学属性（取值 0、1、2、3）	
27	基底细胞空泡化及破碎
28	海绵样水肿
29	表皮网锯齿状外观
30	毛囊角质栓
31	毛囊周围角化不全
32	炎性单核细胞浸润
33	带状渗透

红斑鳞屑性疾病的鉴别诊断是皮肤科的一个现实问题。它们都有红斑和鳞屑的临床特征，但差别很小。这一类疾病为银屑病、脂溢性皮炎、扁平苔藓、玫瑰糠疹、慢性皮炎和毛发红糠疹。通常活检是必要的诊断，但不幸的是，这些疾病也有许多共同的组织病理学特征。鉴别诊断的另一个难点是，一种疾病可能在发病初期表现出另一种疾病的特征，并可能在随后的各阶段具有该疾病的特征。

首先对患者进行 12 项临床评估。然后，采集皮肤样本以评估 22 种组织病理学特征。组织病理学特征的值是通过在显微镜下的样品分析来确定的。

在为该领域构建的数据集中，如果在家族中观察到这些疾病中的任何一种，则家族史特征的值为 1，否则为 0。年龄特征简单地表示了患者的年龄。所有其他特征（临床和组织病理学）在 0～3 的范围内被给予了一个等级。在这里，0 表示特征不存在，3 表示最大可能的程度，1、2 表示相对中间值。

假设这组疾病的列表是完整的（总共 6 种），让我们探索这个数据集，进行各种分析，从而得出不同的见解。

步骤 1：加载数据

我们将使用 R 进行分析。此时，你必须对 R 有足够的了解，以便轻松地尝试下面的命令，而不需要任何解释。（如有必要，请参阅第 6 章。）让我们从加载数据开始。

```
derm <- read.csv(file.choose(), header=T, sep='\t')
```

变量 Age（年龄）和 Disease（疾病）应该分别是数字变量和分类变量，如果我们把它们转换成它们期望的类型，那么事情会更容易。使用以下代码。

```
derm$Age <- as.integer(derm$Age)
derm$Disease <- as.factor(derm$Disease)
```

本质上，我们已经用这些代码覆盖了 Age 和 Disease 变量，将它们的类别标签变成了数字。

步骤 2：数据的可视化探索

现在让我们做一些视觉探索。为了进一步简化我们的代码，我们首先将数据集附加到我们当前环境中，然后要求绘图。

```
attach(derm)
plot(derm$Disease, derm$Age, col = rgb(0.2,0.4,0.6,0.4),
xlab="Disease", ylab="Age", main = "Disease and Age")
```

结果如图 11.1 所示。该图表明，就疾病而言，年龄不是一个很好的指标。类型 6 多出现在年龄范围的低端和高端；类型 1 和 5 出现在整个年龄范围内；类型 2、3 和 4 在年龄范围的较高端出现的频率较低，但仍然跨越很大的年龄范围。因此，我们可以预期疾病与年龄有某种关系，即使这种关系不是强相关。

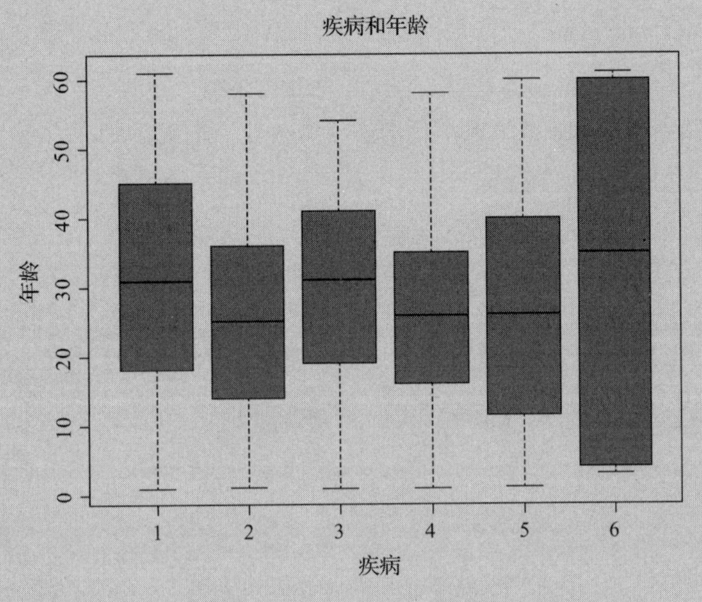

图 11.1 每种疾病的年龄分布

步骤 3：梯度下降回归

我们现在将试图了解年龄和疾病之间的关系。记住，这里有六种不同的疾病。为了简化问题，我们只讨论其中一种疾病。我们仅提取与疾病 1 有关的数据。

```
derm$Disease1 <- ifelse(Disease==1,1,0)
```

这一行查看数据集，只提取那些 Disease=1 的记录，在新创建的 Disease1 列中将这些行赋值为 1，其余的标记为 0。为了使用这个稍微修改过的数据集，让我们分离旧的数据集并重新连接新的数据集，新的数据集仍被称为 derm。

```
detach(derm)
attach(derm)
```

我们可以使用 lm（线性模型）函数的简单线性回归，但我们可以做一些更复杂的事情。让我们用梯度下降法来解决回归问题。首先，我们需要成本函数。

```
cost1 <- function(X, Disease1, theta) {
        sum(X%*%theta - Disease1)^2/(2*length(Age))
}
```

接下来，我们需要初始化模型参数（theta）、迭代次数（让它们保持在 200 以下）和学习率（0.01 是一个很好的选择）。我们还将在迭代梯度下降过程中存储 cost 和 theta 值。

```
theta <- matrix(as.double((c(0,0)), nrow=2))
num_iterations <- 200
alpha <- .01
cost_history <- double(num_iterations) # number with total
error at each iteration [will want to find minimum]
theta_history <- list(num_iterations) # matrix with values
per above at each iteration
X <- cbind(1,matrix(Age))
```

如果你需要复习所有这些元素，你可以参考第 8 章。现在我们可以开始这个过程了。下面是运行梯度并试图找到最小成本值的代码：

```
for (i in 1:num_iterations) {
    error <- (X %*% theta - Disease1)
    delta <- t(X) %*% error/length(Disease1)
    theta <- theta - alpha*delta # delta essentially is slope
    cost_history[i] <- cost1(X, Disease1, theta)
    theta_history[[i]] <- theta
}
```

学习过的模型储存在 theta 中，输出：

```
print(theta)

                  [,1]
[1,] -3.519192e+290
[2,] -1.294364e+292
```

这就得到了我们的回归方程：

```
Disease1 = -3.519192e+290 - 1.294364e+292*Age
```

应该注意，我们在这里所做的（线性回归）并不是我们应该做的最理想的处理，因为 Disease1 是一个分类变量，即使用数值来代表这些类别。回想一下，当你的结果有分类或离散变量时，哪种分析更有意义？如果你想出了“分类”，说明你训练有素！让我们继续做下去。

步骤 4：随机森林分类

在这种情况下，使用不同的特征来预测一个人被诊断患有哪种疾病，我们有几种方法可以进行分类。但我们将尝试其中一种方法——随机森林。确保在开始下面的代码块之前安装了 randomForest 包。

首先，我们将数据随机分成训练（70%）和测试（30%）。

```
set.seed(123)
dermsample <- sample(2, nrow(derm), prob = c(0.7,0.3),
replace = T)
dermTrain <- derm [dermsample == 1,]
dermTest <- derm [dermsample == 2,]
```

现在，我们可以继续运行随机森林算法并输出结果。

```
dermForest <- randomForest(Disease ~ ., data = dermTrain)
print(dermForest)

Call:
```

```
randomForest(formula = Disease ~ ., data = dermTrain)
               Type of random forest: classification
                     Number of trees  : 500
No. of variables tried at each split  : 6

     OOB estimate of error rate       : 0%
Confusion matrix:

   1  2  3  4  5  6 class.error
1 71  0  0  0  0  0           0
2  0 40  0  0  0  0           0
3  0  0 51  0  0  0           0
4  0  0  0 37  0  0           0
5  0  0  0  0 38  0           0
6  0  0  0  0  0 13           0
```

结果令人震惊。我们对这个分类有一个完美的分数（误差 0%）。你的分数可能略有不同，因为这里涉及随机化。但是，你仍然有可能获得相当高的分类准确性。这并不总是一件好事。虽然随机森林旨在解决数据过度拟合的问题，但可能还有其他因素（包括我们数据的性质）会导致数据过度拟合和过度学习。这可能会导致给定数据的高分类精度，但对于未来看不到的数据可能不会如此有效。

步骤 5：用 *k* 均值聚类

最后，让我们假装不知道疾病的标签，并试图组织或解释数据。这样的目标完全适合聚类。正如我们在第 10 章中所知道的，我们有几个用于聚类的选项。这里，我们将使用最流行的选项之一——*k* 均值。

我们这里有 34 个属性。这是怎么回事？在原始数据中，我们有 35 列，最后一列是一种疾病的真正标签。为了实现聚类（这是一种无监督学习技术），我们将忽略第 35 列。

在 R 上使用 *k* 均值非常简单。我们只需调用 kmeans 函数，向它提供数据，并告诉它我们希望看到多少个聚类。现在，通常情况下，我们可能需要以某种迭代的方式确定聚类的数量，或者我们可能有一些想法或直觉来决定一个好的数量。但是在这里，我们已经知道有 6 种不同的疾病，所以我们将继续并要求 6 个聚类。

```
clusters <- kmeans(derm[,1:34], 6)
```

你可以查看这些聚类（只需在 R 控制台输入 clusters），查看如何将不同的数据点分配给 6 个聚类中的 1 个。输出的其中一行如图所示：

```
Within cluster sum of squares by cluster:
[1] 1224.242 2962.476 1061.943 2390.171 2878.805 2098.899
 (between_SS / total_SS = 86.6%)
```

这表明这是一种表达我们聚类优点的方式。就其本身而言，这一信息（86.6%）还不足以全面得出任何结论，但你可以尝试使用不同的技术，甚至使用相同的技术，使用不同的参数进行聚类（例如，在 *k* 均值中为聚类数量设置不同的值），并比较该值。良好的聚类具有较低的聚类内平方和（SS），所以越低越好。

我们看到的只是冰山一角。还有更多的分析可以做，更多的见解可以发展。但我们会把这个留在这里。如果你有兴趣或想要更多实践，我建议你继续使用该数据集，并尝试以下方法：

- 为各种变量或因素生成更多描述性统计数据。

- ❑ 在临床属性和组织病理学属性上使用 kNN 和决策树对疾病类型分类并报告你的准确性。
- ❑ 尝试其他聚类方法，看看不同属性在多大程度上有助于确定疾病类型。

自己试试 11.1：临床数据

在实践示例 11.1 中，我们使用梯度下降法进行了线性回归。使用不同的技术（如线性模型）重新进行回归。

类似地，使用随机森林之外的方法（如 kNN、决策树）重新进行分类，并使用其他方法（如凝聚法、EM）进行聚类。

将你的回归和分类结果与实践示例 11.1 中的结果进行比较。

11.2 收集和分析推特数据

现在我们来看看几个涉及社交媒体服务的应用。当我们完成这些过程时，我们不仅要练习我们已经知道的东西，还将学习一些关于数据收集和分析的新概念。

我假设你现在对 Python 已经了解得足够多（已经阅读了第 5 章），并且熟悉社交媒体服务。为了从推特上收集数据，我们需要友好地询问它！具体来说，我们必须在推特上注册，并使用它们的语言。这种语言被称为应用程序接口（API）。

步骤 1：注册使用推特应用程序接口

使用应用程序接口是从各种网络服务中访问数据的一种常见方式。由于社交媒体在内的大多数服务都提供自己的应用程序接口，因此开发人员可以调用它的服务和数据。为此，首先你需要注册一个账号。让我们继续做吧。

首先，要了解推特应用程序接口，你可以去推特文档。在那里，你将看到针对不同类别的应用程序接口，可以开发不同类型的应用程序。我们将使用搜索类应用程序接口，但现在，这并不重要。

确保你有一个推特开发者账号。如果你没有，则你可以从开发者平台注册。你可以将你的开发者账号和你的常规免费推特账号关联起来。一旦你申请了开发者账号，推特通常需要几天时间来批准。你可以在图 11.2 和图 11.3 中看到我在申请该账号时选择的选项。

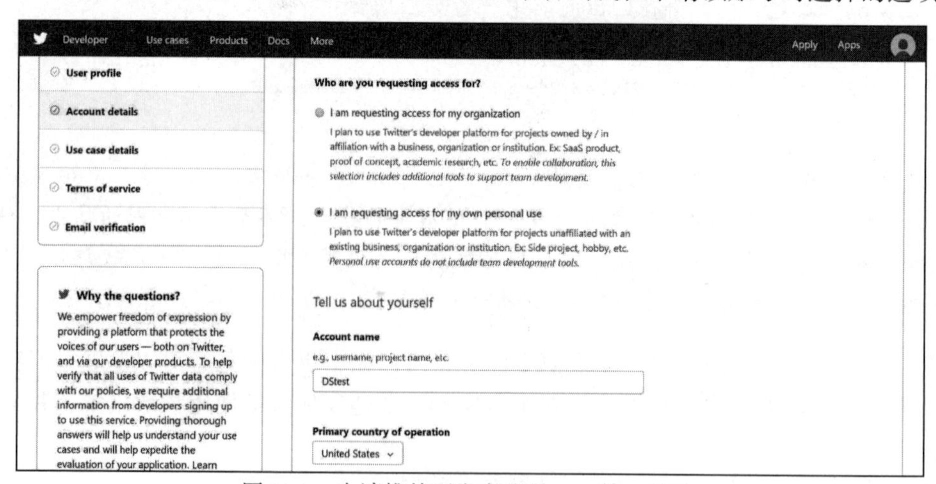

图 11.2 申请推特开发者账号——第 1 部分

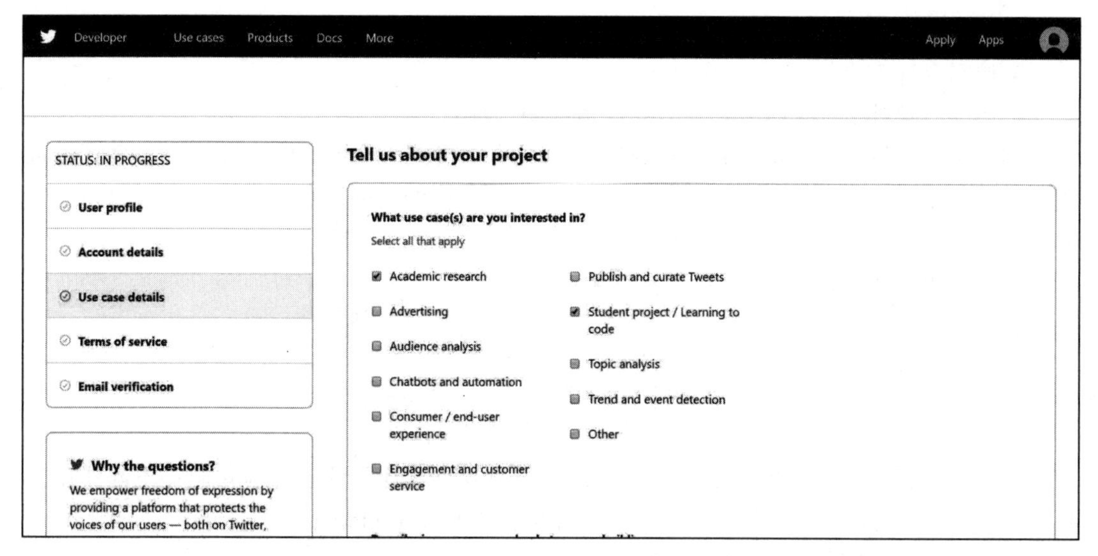

图 11.3　申请推特开发者账号——第 2 部分

在“用例详细信息”(Use case details）部分，你还需要详细描述你计划使用 API 的容量和目的。

一旦你的开发者账号获得批准，就可以进入推特应用程序。在这里你可以看到使用推特应用程序接口的现有应用程序。如果这是你第一次登入应用程序，那么很可能什么也看不到！但是我们可以创造一些东西。请单击“创建应用”（Create an app)，应该会弹出一个表单，在这里你可以输入任何东西。因此，无须过多考虑应用程序的名字和网站，只需在表单中添加一些合理的条目（如图 11.4 所示)。

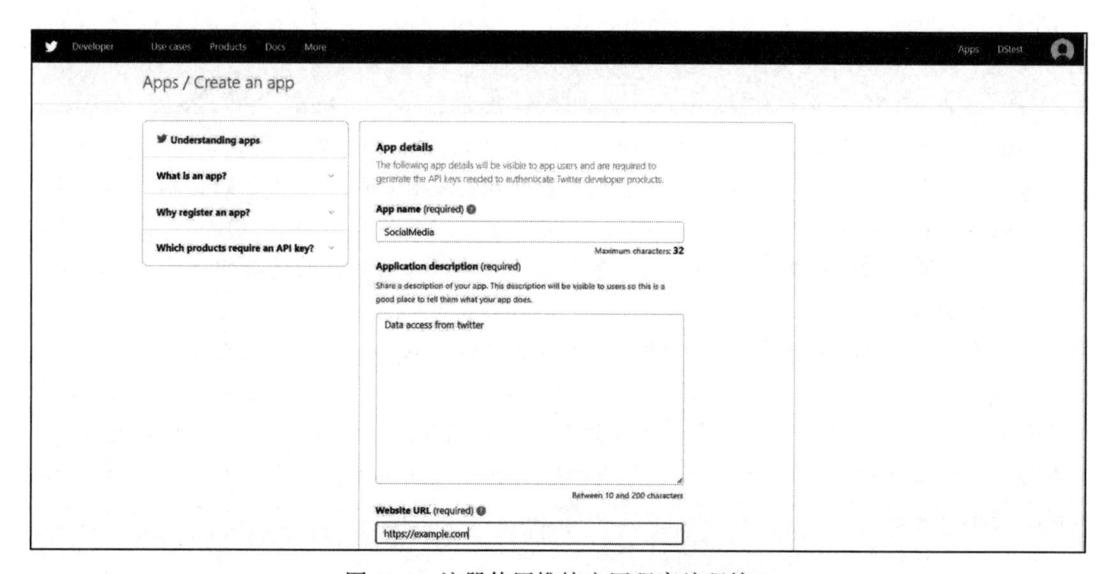

图 11.4　注册使用推特应用程序编程接口

步骤 2：获得密钥和令牌

一旦你完成了图 11.4 中的表单，推特将为你生成 4 条重要的信息。它们是：

1. 用户密钥（`Consumer_key`)

2. 用户机密（Consumer_secret）

3. 访问令牌（Access_tocken）

4. 访问令牌机密（Access_tocken_secret）

用户密钥可以在你的应用程序的详细信息页面上找到，该页面位于推特的“OAuth 设置”（OAuth Settings）中。访问口令可以在你的应用程序的详细信息“你的访问口令”（your access token）页面上找到。将这四个长字符串复制到一个简单的文本文件中，一次一行，并将其称为 auth.k。作为参考，以下是该文件的形式。

```
A2hLb3UTk6OZ1TwGCNOmgw
NCo8TyH13GQ0BCYt2revG3y8v8IHG3Ki3UrHTe1KJ8
51000978-si9zmRyZ4a9scK91nAuMUOZhUdYewMpepmLbPv02g
Dl6v15svy2uUI55idMAkU9GRwABoQ9ZQCv7cNhq5Fs
```

没错，四行乱码字符串！请确保不要简单复制这些特定的字符串（它们将不起作用）。相反，检索你自己的唯一字符串，并将它们存储在该文件（auth.k）中。

步骤 3：获取推特搜索 Python 脚本

现在，我们可以用 Python 编写一个脚本，使用这些认证码或密钥来调用推特并获取一些数据，但这将涉及许多我们在本书中没有学习的内容。不用担心，已经有人开发了这样的脚本。这是作弊吗？是但也不是。大多数情况下是不行的，但为了学术目的而重用他人代码是可以的，只要你不将代码的功劳占为己有！事实上，在现实项目中，大多数情况下，你会发现自己使用了一些现有的代码，或将它们拼接在一起，或仅仅修改足够多的代码来完成你的任务。这本身就是一项非常重要的技能。因此，虽然我们不是从头开始编写这个脚本（到目前为止，我们在本书中已经完成了解决数据问题的实践），但对我们来说，理解如何将现有的模块插入到我们的应用程序中，以创建更多的、不同的或更好的东西是很重要的。

实践示例 11.2：推特

继续从 OA 11.2 中获取脚本 twitter_search.py。如果你喜欢，你可以打开它。很有可能你至少会认出一些代码。看看你是否能找到关于 auth.k 文件的信息。你还会发现脚本正在将输出存储在一个名为 results.csv 的文件中。当然，你可以更改这些设置。但是要小心，如果你把 auth.k 字符串改为其他字符串，则需要用这四个字符串为文件指定该名称。

现在我们准备运行脚本。有两种方法可以做到这一点——使用控制台或终端，以及通过 Spyder。首先，让我们确保 auth.k 和 twitter_search.py 在同一个位置。打开你的终端窗口，导航到该位置。如果你在 UNIX、Linux 或 Mac 系统上，这可以通过在你的终端上使用适当的 cd 命令来完成。在 Windows 机器上，你需要做一些不同的事情。详见第 4 章。

到达正确位置后，你可以发出以下命令：

```
python ./twitter_search.py brexit -c 100
```

这里，第一项是 python，它让人想起 Python 解释器。当然，我们假设你已经安装了 Python。第二项是对当前目录中的 Python 脚本的引用（确保 ./ 是当前目录）。第三项是我们想在推特上运行的搜索词 / 短语。最后，-c 100 表示我们想检索 100 条推文。

当运行上面的命令时，脚本将收集 100 条包含“brexit”（英国退出欧盟）的推文，并将这些推文录入名为 result.csv 的文件中，其中包含 6 列——创建时间、文本、转发数量、标签、关注者数量和好友数量。该文件应该在当前目录中。继续，打开它，确保你得到了一些数据。现在，尝试使用不同的搜索参数（关键字、结果数量）运行上述命令。请注意，我们一次只能从推特获得最多 180 个结果。因此，请求任何超过 180 条的内容将只得到 180 条推文。我们有办法克服这个问题，但不会走到那一步。

还有另一种方式来运行这个脚本，那就是通过 Spyder。首先，在 Spyder 中打开 Python 脚本 twitter_search.py。然后在你的菜单栏执行 Run Configuration per file…。请注意，根据使用 Spyder 的版本和系统的不同，这个选项的显示方式可能略有不同，如图 11.5 所示。在这里，确保你的脚本（twitter_search.py）被选中，然后勾选“Command line options”（命令行选项），并在其后输入字符串 brexit -c 180。单击“Run”。这将导致相同的结果（当前工作目录中的 result.csv）。

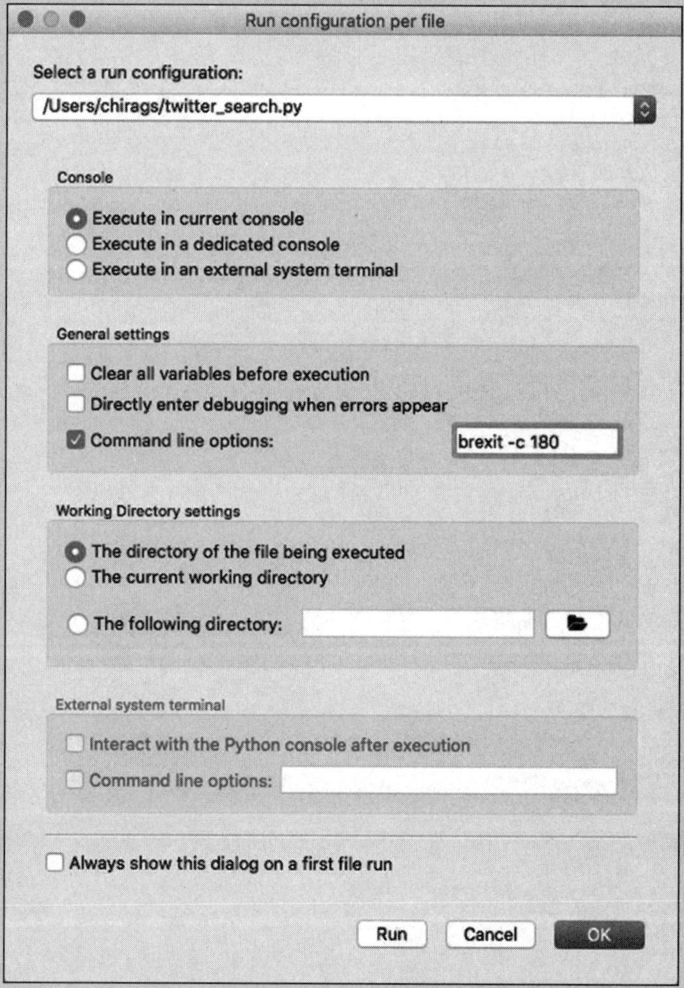

图 11.5　使用运行参数运行 Python 脚本

既然我们知道了如何从推特中提取数据，那么就让我们将其集成到一个收集和分析此类数据的更大项目中。本质上，我们可以有两个独立的部分：一个收集数据，另一个分析数据。我们已经看过第一部分了。现在，让我们添加第二部分。在添加前，我们要考虑是否真的希望这两个部分在一个脚本中，还是应该将它们分开，这一点很重要。让我们先看看后一种选择。

鉴于我们已经能够从推特上下载数据，现在让我们来探索一下。请记住，数据存储在 result.csv 文件中。我们将在 Python 脚本中打开它，然后执行各种探索。例如，我们可能想看看关注者数量、好友数量和转发数量之间是否有任何关系。

当我将收集到的数据（180 条与“brexit”相关的推文）进行相关性分析时，我得到的好友数量和关注者数量之间的相关性为 0.55。这表明中等水平的正相关。另外，我的关注者数量和转发数量之间的相关性是 –0.08。这非常接近于零，表明这两个变量之间几乎没有关系。所以，让我们继续探索关注者数量和好友数量之间的联系。这包括创建回归模型。由于这是我们以前做了很多的事情，因此我就不赘述了。但是下面是执行这个分析的完整代码。有一些内嵌的注释可以帮助你理解代码。

```
# Load numpy and pandas for data manipulation
import numpy as np
import pandas as pd
import matplotlib.pyplot as plt

# Load statsmodels as alias "sm"
import statsmodels.api as sm

# Load the data downloaded from Twitter
df = pd.read_csv('result.csv', index_col=0)

# Let us look at some correlations
print("Correlation coefficient =",
np.corrcoef(df.followers,df.friends)[0,1])
print("Correlation coefficient =",
np.corrcoef(df.followers,df.retwc)[0,1])

# Create a scatterplot of followers vs. friends
plt.scatter(df.followers, df.friends)

# Use regression analysis for predicting number of fol-
lowers (y)
# using number of friends (X)
y = df.followers # response
X = df.friends # predictor
X = sm.add_constant(X) # Adds a constant term to the pre-
dictor

lr_model = sm.OLS(y, X).fit()

print(lr_model.summary())

# We pick 100 hundred points equally spaced from the min to
the max
X_prime = np.linspace(X.friends.min(), X.friends.max(),
100)
X_prime = sm.add_constant(X_prime) # add constant as we did
before
# Now we calculate the predicted values
y_hat = lr_model.predict(X_prime)

plt.figure(1)

plt.subplot(211)
plt.scatter(df.followers, df.friends)
```

```
    plt.subplot(212)
    plt.scatter(X.friends, y) # Plot the raw data
    plt.xlabel("Friends")
    plt.ylabel("Followers")
    plt.plot(X_prime[:, 1], y_hat, 'red') # Add the regression
line, colored in red
```

图 11.6 展示了散点图和回归线的结果。当然，你的情况可能与此大不相同，因为你与我在不同的时间进行数据收集。

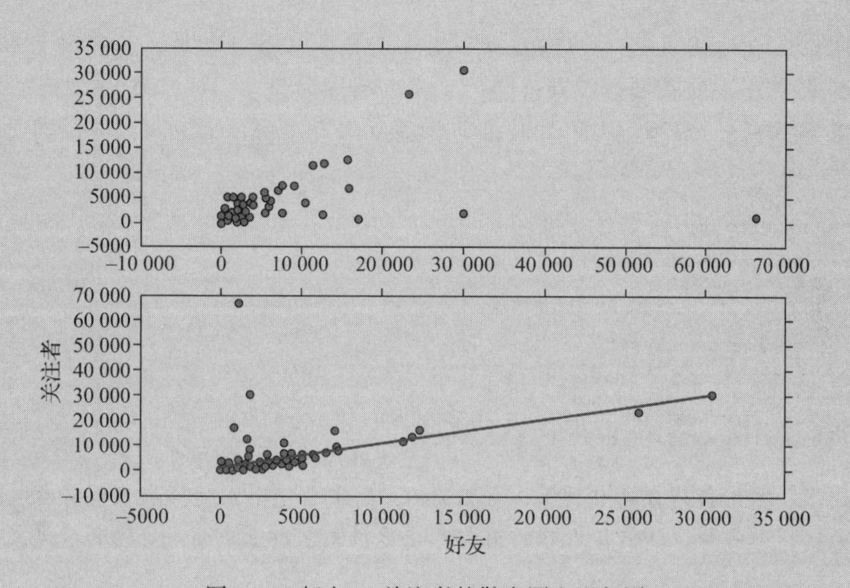

图 11.6　好友 vs 关注者的散点图和回归图

现在，我们把这两个部分结合起来——收集数据并进行分析。当然，我们可以将两个脚本都复制到一个文件中。但是有一个更简单的方法。在运行第二部分的代码之前，我们可以调用第二个文件中的第一个脚本。事实上，使用 os 包可以在 Python 中调用任何外部命令。以下是具体操作：

```
import os
os.system("python twitter_search.py brexit -c 180")
```

你看到我们做了什么了吗（这有多简单）？第一行导入包 os。第二行使用它的函数 system 来运行一个我们通常在控制台上运行的命令。当然，你必须确保脚本（twitter_search.py）的路径是正确的。这里，我们假设这个脚本位于当前目录中。因此，在前一个脚本的顶部添加这两行代码将确保在运行该分析脚本时，你还会获得一批新的数据。缺点是现在你将这两个过程结合在一起，因此即使你想使用相同的数据来运行不同的分析，你最终会在每次运行分析脚本时获得新的数据。这是教训吗？不，这是明智的选择！

现在让我们看看我们可以对推文做的另一种分析。如果你是推特用户，或者只是关注新闻，你就会知道人们在推特上表达各种观点和情绪。那么如何分析这些情绪呢？为此，我们将使用一个名为 TexBlob 的包，它具有许多用于处理文本数据的非常有用的函数。要使用这些函数，我们需要将字符串（文本）转换为 TextBlob 类型的对象，然后就很简单了。

像之前一样收集一些数据：

现在，我们将打开数据框架中的数据：

```
import pandas as pd

# Load the data downloaded from Twitter
df = pd.read_csv('result.csv', index_col=0)
```

接下来，我们使用 TextBlob 包一次一行地遍历数据框架，并找到文本——在本例中，文本是存储在名为“text”的变量或列中的推文。一旦我们有了这条推文，之后将其转换成一个 TextBlob 对象，然后我们可以要求它分析该字符串的主观性和极性。

```
from textblob import TextBlob

for index,row in df.iterrows():
    tweet = row["text"]
    text = TextBlob(tweet)

    # Sentiment analysis
    subjectivity = text.sentiment.subjectivity # Runs
    from 0 to 1
    polarity = text.sentiment.polarity # Runs from -1 to 1
    print (tweet,subjectivity,polarity)
```

在这里，主观性得分从 0 到 1；如果是 0，则文本完全客观。极性得分从 −1 到 +1，就像相关性得分一样。任何接近 0 的值都意味着推文中缺少正面或负面的意见或情绪。

自己试试 11.2：推特

在实践示例 11.2 中，我们探讨了推特用户的好友数量和关注者数量之间的关系，但是可能还有其他重要或者有趣的关系，并形成一个包含数值的新假设（例如，“一个人发帖越多，他的关注者也越多”）。通过使用 API 查询推特并提取合适的数据，然后创建适当的可视化（例如散点图），并执行适当的统计测试（例如相关性）来检验你的假设。用几句话来表达你对结果的想法，并用代码的各种结果来支持。

11.3 收集和分析 YouTube 数据

现在让我们看看另一个流行的社交媒体服务——YouTube。同样，我们需要注册这个服务，并使用它的 API 来访问数据。

步骤 1：使用 YouTube 的 API 注册

和以前一样，让我们从注册一个 YouTube 开发者账户开始。由于 YouTube 是谷歌的服务，实际上你是在注册使用谷歌 API。

首先前往谷歌 API 客户端库。在这里，你会看到 3 个主要步骤：①注册一个谷歌账户，如果你没有的话；②在谷歌 API 控制台中创建一个项目（如图 11.7 所示）；③安装一个 Python 包。

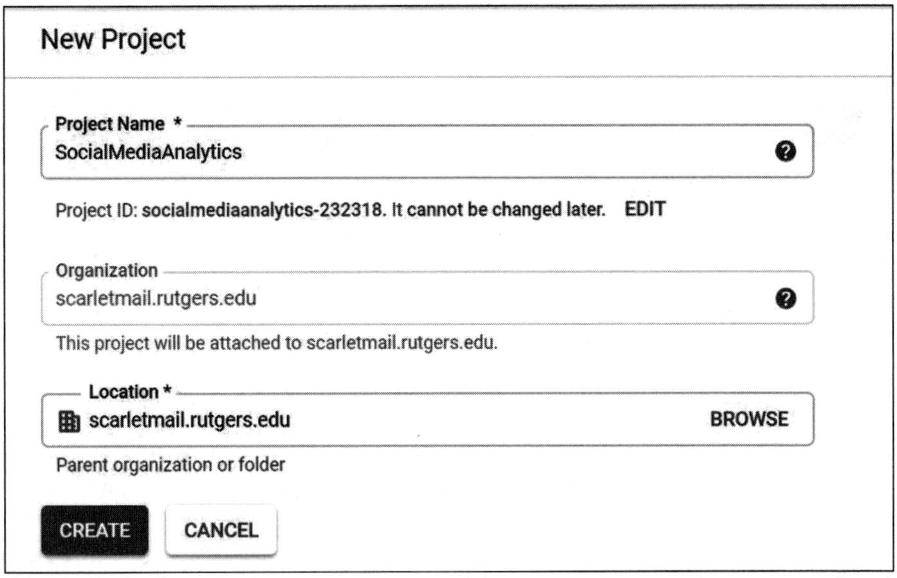

图 11.7 在谷歌 API 控制台中创建一个项目

步骤 2：选择正确的 API，并获取 API 密钥

一旦创建了你的项目，你将看到类似如图 11.8 所示的内容。你可以从应用程序编程接口和服务下的库选项中看到各种可用的谷歌 API。选择“ YouTube Data API v3”继续并单击“ Enable”，让这些特定的 API 可用于你的项目。之后将弹出一个屏幕，如图 11.9 所示。单击“MANAGE”，你会看到如图 11.10 所示的屏幕。

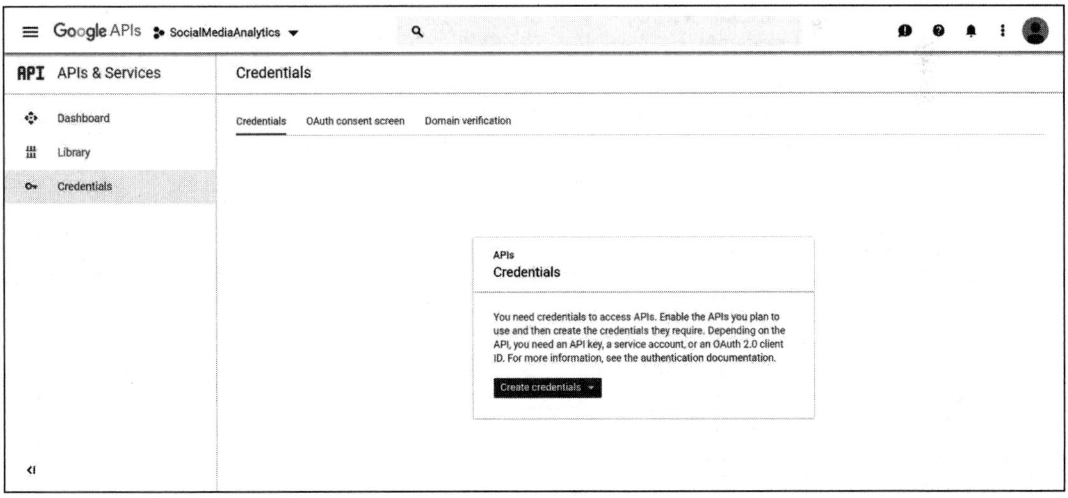

图 11.8 谷歌项目可用的 API 库

在这一步，你需要在使用该 API 之前创建认证信息。继续单击“CREATE CREDENTIALS”按钮，并从选项列表中选择 YouTube Data API v3。在这里，你可以根据项目或目的创建认证信息。你可以在图 11.11 和图 11.12 中看到我选择了哪些选项。

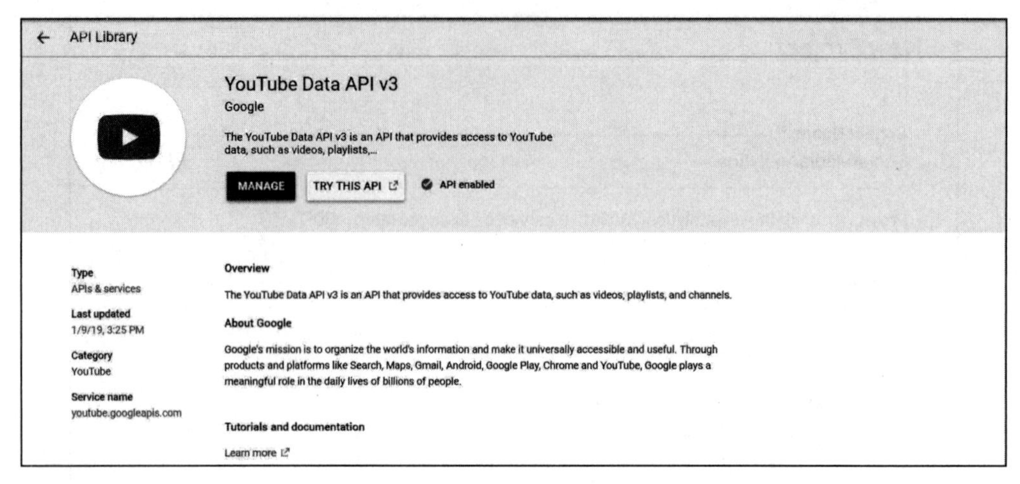

图 11.9 启用 YouTube 数据 API

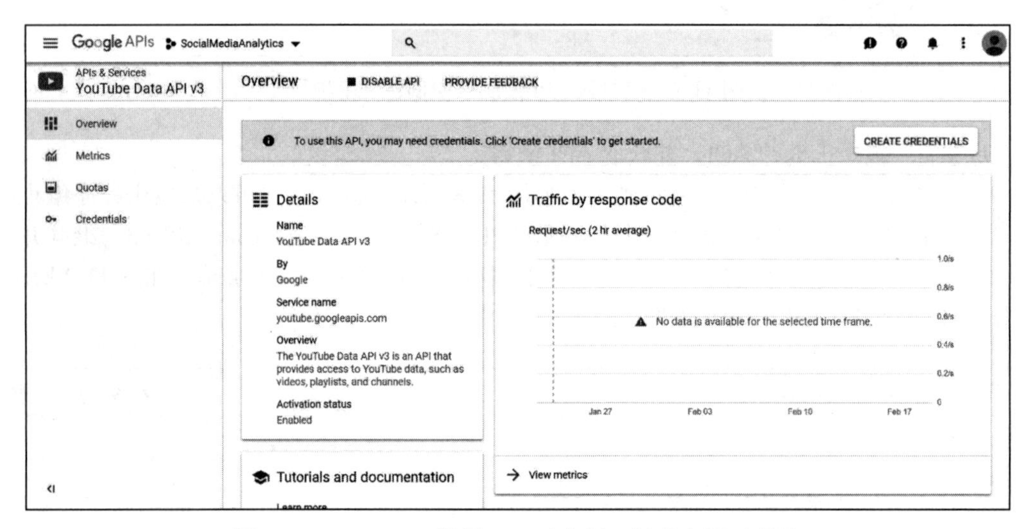

图 11.10 YouTube 数据 API 已启用，但尚未用于项目

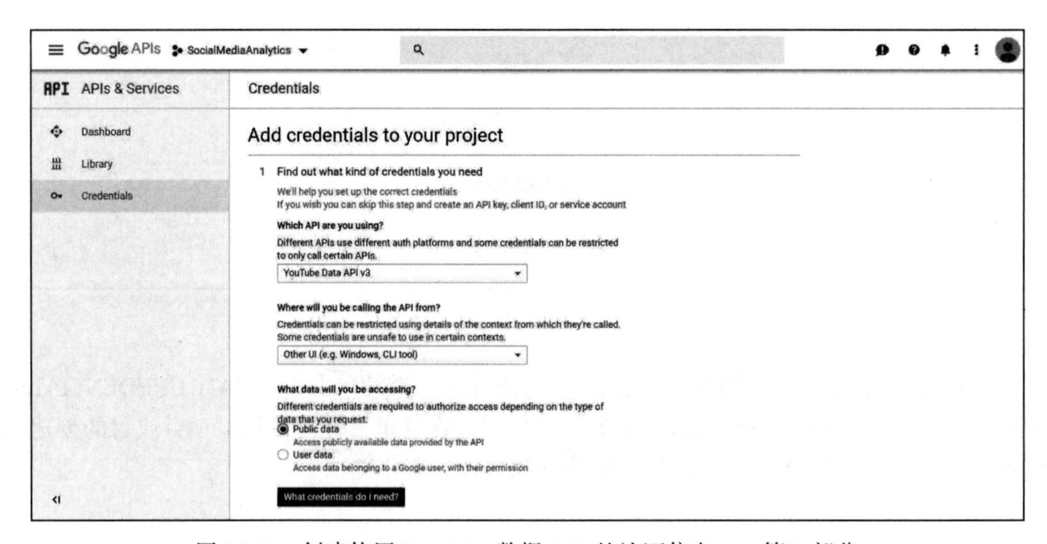

图 11.11 创建使用 YouTube 数据 API 的认证信息——第 1 部分

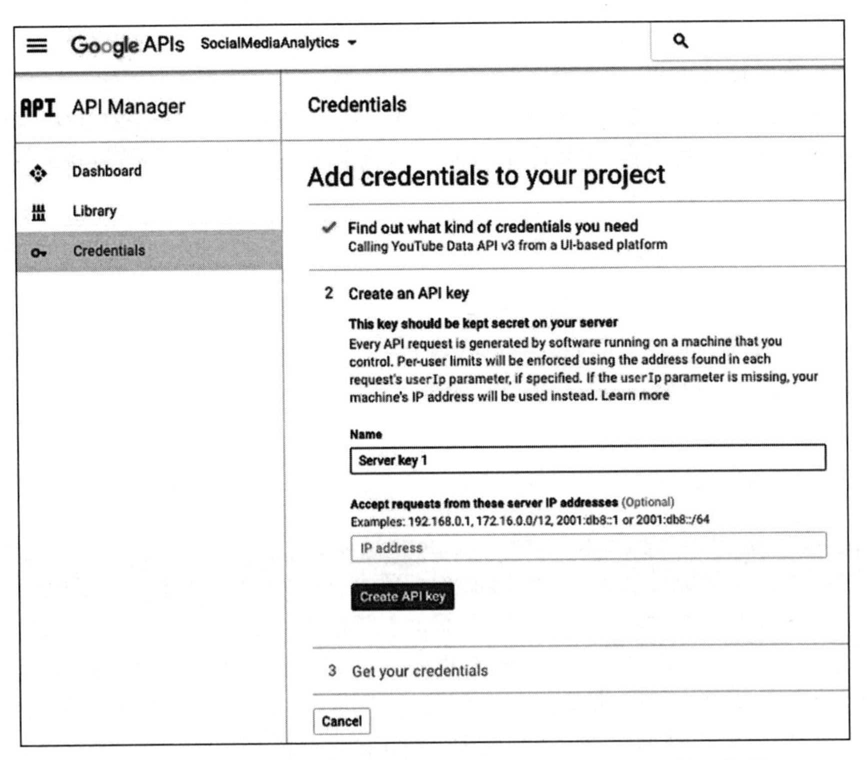

图 11.12　创建使用 YouTube 数据 API 的认证信息——第 2 部分

一旦你完成了这些步骤，你现在应该有了应用程序的 API 密钥（图 11.13）。看起来是这样的：

```
PIzaQyCsNBE34ffoYhN9WTk9mqMqexhYmO0LuRz
```

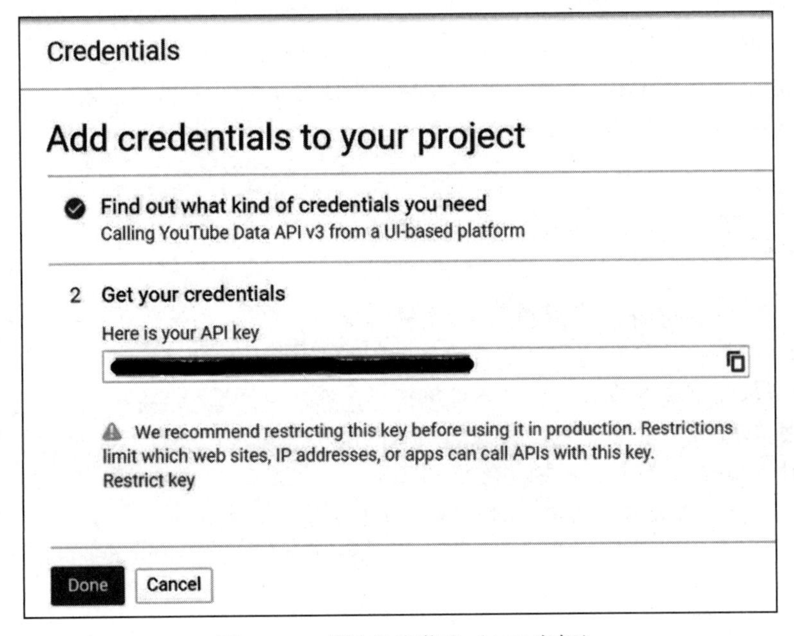

图 11.13　获取认证信息（API 密钥）

请将此信息保存在某个地方。

步骤 3：安装软件包

除了我们通常的需求之外，我们还需要两个包：google-api-python-client 和 unidecode[⊖]。你可以像以前一样使用 Anaconda 安装它们。或者，你可以在终端或命令行上使用“pip”(在 Mac 或 UNIX 系统上)：

```
$ pip install --upgrade google-api-python-client
$ pip install unidecode
```

如果以上操作没有反应（例如，你在电脑上），你可以在你的 Spyder 控制台（右上角显示“IPython 控制台”的窗口）中发出以下命令：

```
!pip install --upgrade google-api-python-client
!pip install unidecode
```

实践示例 11.3：YouTube

我们不需要从头编写代码来使用 YouTube API 和获得一些数据。相反，使用 OA 11.3 提供的 youtube_search.py 脚本并在 Spyder 或任何你喜欢的编辑器或 IDE 中打开它。我们需要输入 API 密钥，然后找到具有 DEVELOPER_KEY 变量的行，并将你的 API 密钥赋值到 DEVELOPER_KEY 变量，如下所示：

```
DEVELOPER_KEY =
"PIzaQyCsNBE34ffoYhN9WTk9mqMqexhYmO0LuRz"
```

你可能想要更改数据存储的位置。在脚本中找到以下几行：

```
csvFile = open('youtube_results.csv','w')
csvWriter = csv.writer(csvFile)
```

如你所见，这些代码告诉脚本生成一个 youtube_results.csv 文件，并将获得的数据转储到其中。如果你愿意，可以在这里更改这个文件的名称。那么，文件中到底写了什么呢？在你的代码中找到以下一行：

```
csvWriter.writerow(["title","videoId","viewCount",
"likeCount","dislikeCount","commentCount",
"favoriteCount"])
```

这一行告诉我们脚本正在转储关于 title、videoId、viewCount、likeCount、dislikeCount、commentCount 和 favoriteCount 的信息。换句话说，如果你想更改在 CSV 文件中写入的列，可以通过该步骤实现。

当你对 Python 脚本中的这些参数感到满意时，就让我们运行它。正如之前看到的，我们有三种方法可以做到这一点。

第一种方法是进入控制台或终端，运行以下命令：

⊖ https://pypi.python.org/pypi/Unidecode。

```
$ python youtube_search.py --q superbowl
```

正如你所看到的，该命令将使用 -q 表示的一个参数运行脚本，这就是查询（这里是 superbowl）。

或者，你可以转到 Spyder 运行配置选项并输入你的命令行选项（如图 11.14 所示）。

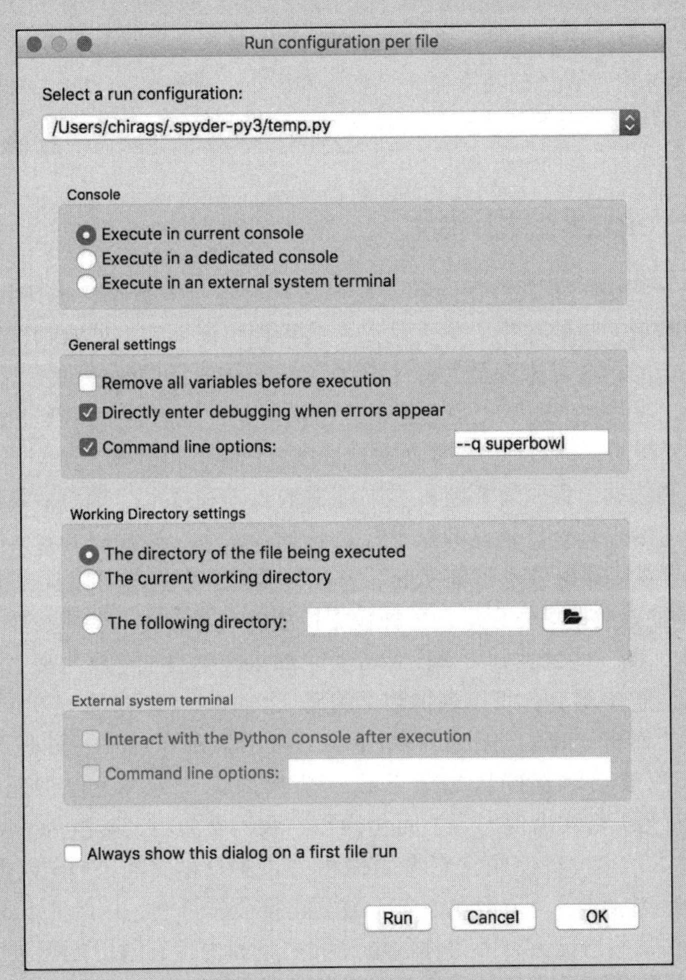

图 11.14 在 Spyder 中运行配置窗口（这是你可以输入命令行选项 / 要求 / 参数的地方）

最后，如果你正在使用这些数据做进一步分析，并且想要在分析脚本中集成数据收集，你可以使用脚本顶部的以下代码：

```
import os
os.system("python youtube_search.py --q superbowl")
```

这将获取数据并将其存储在当前目录中的 CSV 文件中。确保在接下来的代码中打开相同的文件进行进一步处理，就像我们之前对推特数据分析所做的那样。

自己试试 11.3：YouTube

我们通过简单地获取 YouTube 数据来完成实践示例 11.3，因为一旦你有了熟悉的 CSV 格式的数据，你就可以对其进行各种分析。好吧，让我们开始吧。

生成一些关于数据的假设。例如，一种假设可能是“看视频的人越多，喜欢和不喜欢的人就越多。”另一种假设是：“如果我们知道一个视频的浏览量和评论量，我们就可以合理准确地预测这个视频会被喜欢多少次。”

运行适当的统计测试来支持你的分析。(提示：在上面第一个假设中，你可以做相关性检验；对于第二个，你可以建立一个回归模型。)

根据你的项目结果报告你的发现，以及你的解释和结论。

11.4 分析 Yelp 评论和评级

现在让我们来解决一个大数据问题。我们之前讨论过大数据，但让我们再强调一遍。顾名思义，这指的是大量的数据。什么是大？这得视情况而定。通常情况下，它是不容易放入内存（RAM）的，这意味着至少有几千兆字节（GB），可能是万亿字节（TB），或者更多。除了量之外，这些数据通常也是动态的——随时间、地点、人以及环境的变化而变化。而且，它可能是复杂的，有多种类型（文本、音频、图像）和格式。

为了处理这些数据，我们需要超出本书范围的工具和技术。然而，我们肯定能感受到使用我们已经知道的工具处理这些数据是什么感觉。那么，让我们看看另一个真实的数据集——这一次来自在线评论分享服务 Yelp。有几种类型的数据集可以从 Yelp 的数据集网站获得[⊖]。Yelp 提供这些数据集作为运行各种数据挑战的一部分。一些挑战要求创建一个新的 / 更好的推荐技术，而一些挑战则要求图像分类。如果你解决了这些挑战中的一个，并且你的解决方案进入了前 10 名，你可以赢得数千美元！

就我们的目的而言，我们将限于一些不那么吸引人的东西——处理数据集来从中获得有趣的见解。我鼓励你直接从 Yelp 下载一个数据集。更有可能的是，它将以 JSON（JavaScript 对象符号）格式出现。为了简化操作，我们希望将其转换为 CSV。我向你提供了两个 Python 脚本，你可以使用它们将用户相关和业务相关的 JSON 数据集转换为 CSV（从 OA 11.4 和 11.5 中获取）。请记住，由于数据集将会非常大，你的 Python 脚本可能需要很长时间，并且在某些情况下，因为你的电脑的功率和内存有限可能无法完成处理。除非你是一个了解如何在高性能聚类上工作的精明程序员，否则你可能不得不就此打住。这可不太好！因此，我鼓励你使用我已经转换成 CSV 格式的两个数据集（可从 OA 11.6 和 11.7 获得）。当然，它们没有那么大，但它们仍然是迄今为止我们使用过的最大的数据集——以几十兆字节（MB）为单位。

实践示例 11.4：Yelp

让我们用 R（RStudio）来做这个项目。首先，我们将加载 Yelp 的业务数据集，如下所示：

⊖ https://www.yelp.com/dataset/download。

```
library(ggplot2)
business_data <- read.csv(file='yelp_academic_dataset_
  business.json.csv')
ggplot(business_data) + geom_bar(aes(x=state),
fill="gray")
```

这将生成一个直方图，如图 11.15 所示。请注意，运行上述过程可能需要几秒钟——这可能是以前从未发生过的。请保持耐心。

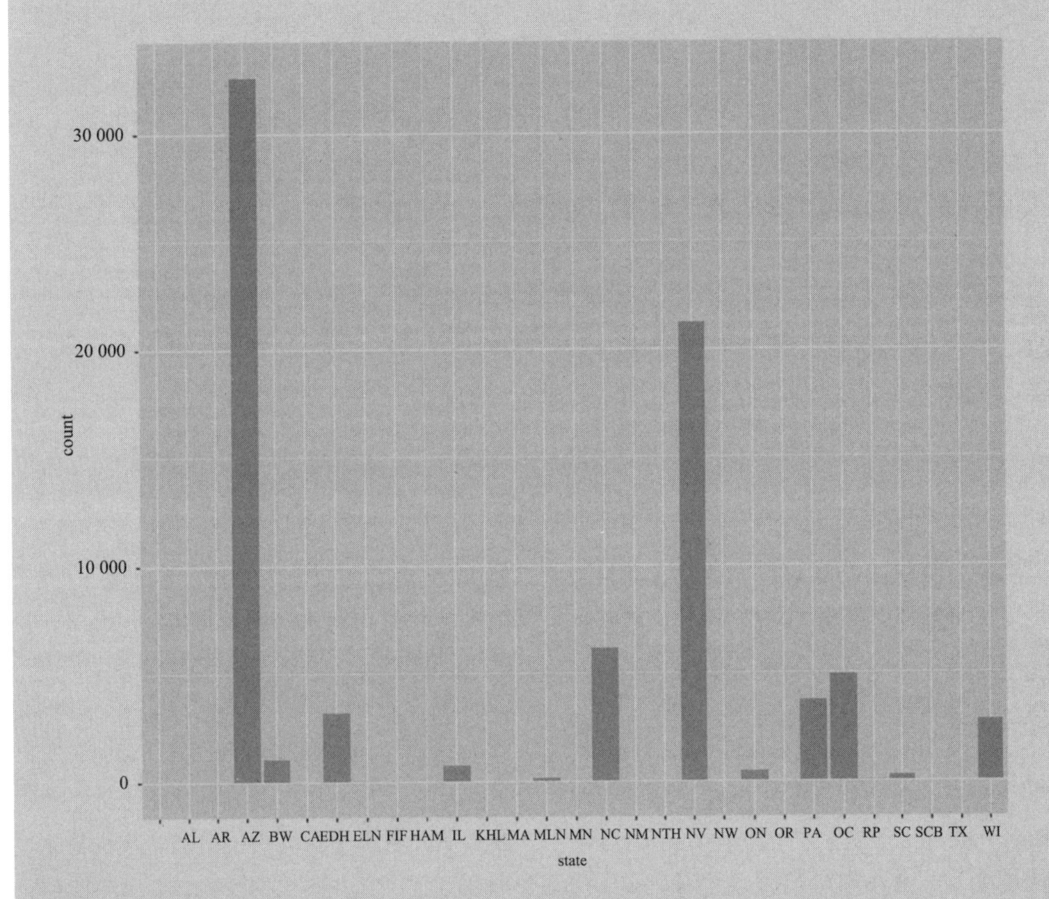

图 11.15　不同州（state）的 Yelp 商业数据

直方图显示了这些业务在各州的分布情况。如你所见，大部分在亚利桑那州（AZ）和内华达州（NV）。通过设计，Yelp 有意提供了这两个州的大部分数据。但从这张图中看到的好消息是，我们有来自成千上万家企业的真实数据。有了这样的数据，我们可以做各种各样的事情，但我将把这种探索留给你。现在，让我们看看他们从评论者那里得到的平均评级。运行以下命令并创建饼图：

```
ggplot(data=business_data, aes(x=factor(1),fill = factor
(stars))) + geom_bar(width=1) + coord_polar(theta="y")
```

最终得到如图 11.16 所示的饼图。用它们的访问者的评级来表示不同的企业是如何分布在“质量”上的，这是一种很好且简单的方法。

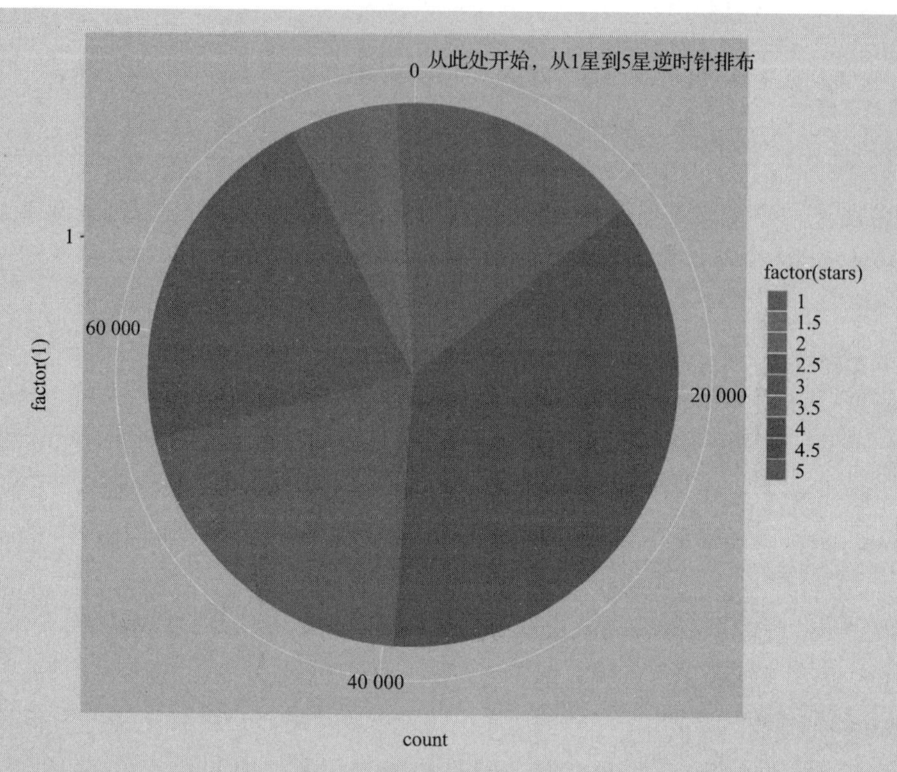

图 11.16　表示不同的企业如何在 Yelp 上运作的饼图

我们将把业务数据留在这里，将注意力转向用户数据，后者更有趣。在这里，“用户”是指那些在 Yelp 上为企业提供评论或评级的人。让我们加载这个数据集：

```
user_data <- read.csv(file='yelp_academic_dataset_user.
json.csv')
```

你会注意到 user_data 数据帧有 50 多万条记录和 11 列（变量或属性）。这当然是一个很好的数据量。如果你有兴趣，你可以在 RStudio 中打开这个数据帧（单击右上角 Environments 选项卡中的 user_data）。这里有几个数字变量供我们使用。让我们看看投票结果。具体来说，有三个名为 cool_votes、funny_votes 和 useful_votes 的列或变量，我们可以使用以下命令提取这些列：

```
user_votes
<-user_data[,c("cool_votes","funny_votes",
"useful_votes")]
```

我们通过相关性分析来看看这三个变量之间是否存在关系：

```
cor(user_votes)
```

这将产生以下结果：

```
             cool_votes  funny_votes useful_votes
cool_votes    1.0000000   0.9764113    0.9832708
funny_votes   0.9764113   1.0000000    0.9546541
useful_votes  0.9832708   0.9546541    1.0000000
```

我们可以忽略对角线，因为它表示自我关系，且总是一个完美的 1.0。但是如果我们看看其他数字，我们会发现这三个变量之间有很强的正相关性。换句话说，一个人的评论因为“有趣”(funny) 而获得的投票越多，他们获得的“酷”(cool) 和“有用”(useful) 的投票就越多。如果你想知道有趣是不是很酷或有用，这就是你的证据！

既然三个变量有如此高的相关性，建立一个良好的回归模型应该很容易，你可以使用其中一个或两个变量，来预测第三个。我把这个留给你去探索。

让我们继续探索其他形式。写更多评论能给我带来更多粉丝吗？让我们做一个相关分析：

```
cor(user_data$review_count, user_data$fans)
```

结果是 0.58，这是中等到强的相关性。虽然没有投票之间的相关性好，但也不算太坏。让我们通过创建散点图来可视化这两个变量：

```
ggplot(user_data, aes(x=review_count,y=fans)) + geom_
  point()
```

结果如图 11.17 所示。同样，可能需要一点时间才能得到这个图，因为你的机器试图在这个图形平面上渲染 50 多万个点。

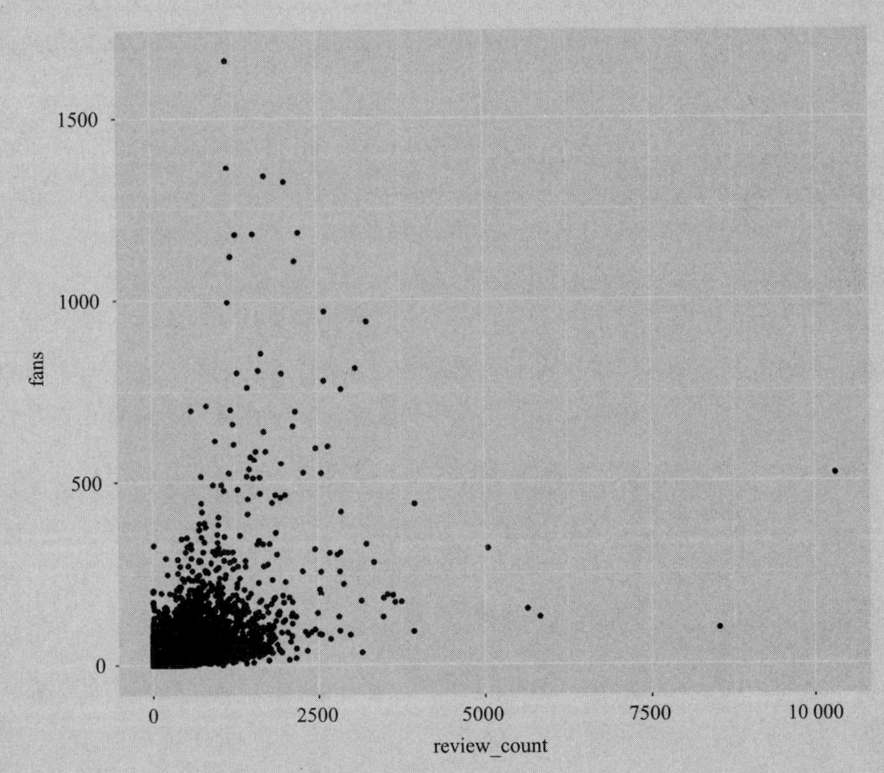

图 11.17　关于评论数量（reriew_count）和粉丝数量（fans）的散点图

类似地，如果我们看看“有用投票”（useful-votes）和“评论数量”之间的相关性，我们会得到 0.66，而“有用投票”和“粉丝数量”之间的相关性是 0.79。这些很高的数字使我们有信心用变量“评论数量”和“粉丝数量”来预测“有用投票”。让我们继续做回归。

```
my.lm = lm(useful_votes ~ review_count + fans, data =
  user_data)
```

回归模型在哪里？让我们提取系数并输出结果：

```
coeffs = coefficients (my.lm)
coeffs
 (Intercept)  review_count       fans
 -18.259629       1.419287  22.686274
```

由此得到以下回归方程：

```
useful_votes = -18.26 + 1.42*review_count + 22.69*fans
```

如果你愿意，你可以继续将一些“评论数量”和“粉丝数量”的值代入以上回归方程，求得“有用投票”的预测值，看它与数据集中的实际值有多大差别。在大多数情况下，结果还不算太坏。换句话说，根据一个人的评论数量和粉丝数量，我们可以预测他们会得到多少“有用的”评论票。但是，就像我们之前看到的，“评论数量”和“粉丝数量”也有相当不错的相关性，这意味着它们并不是完全相互独立的，可能会进行一些交互作用。值得庆幸的是，R 让我们可以轻松捕捉到这一点。我们只需改变线性回归方程，并加入这种相互作用效应——表示为：

```
review_count*fans:

 my.lm = lm(useful_votes ~ review_count + fans + review_-
count*fans, data = user_data)
 coeffs = coefficients (my.lm)
 coeffs
 (Intercept)    review_count fans      review_count:fans
 -13.377752509  1.387775538  18.060456934    0.003634949
```

现在，我们有了一个新的回归模型的交互作用系数。幸运的是，这个系数很小，表明虽然“评论数量”和“粉丝数量”有一定的相关性，但如果我们忽略这个因素，不会有太大问题。

最后，让我们看看能否将这一大群用户组织成一些有意义的聚类。我们有几件事要看，但仅限于他们的评论数量和粉丝数量。本质上，我们可以看到一些人在 Yelp 上是如何更加活跃或受欢迎的。我们将使用之前使用过的 kmeans 聚类算法：

```
userCluster <- kmeans(user_data[, c(3,11)], 3, nstart = 20)
```

这里，我们使用 review_count（列 #3）和 fans（列 #11）作为属性来表示数据点并执行聚类。

聚类过程完成后，我们可以使用以下命令输出聚类中心 / 质心及其大小：

```
userCluster["centers"]
$centers
 review_count        fans
1     14.35739   0.5011401
2    998.91922  84.9894403
```

```
3   268.16072 14.3641892
userCluster["size"]
$size
[1] 528904 1894 21541
```

最后，让我们用这个聚类信息重新绘制图 11.17 中的散点图：

```
  ggplot(user_data, aes(review_count,fans,color =
userCluster$cluster)) + geom_point()
```

结果如图 11.18 所示。你看到三个不同的类别了吗？也许是围绕着低、中、高水平的活动和受欢迎程度？也许有五个聚类而不是三个。继续并尝试重新运行你的聚类分析，看看这是否为你提供了更有意义的组织。毕竟，我们在这里是为了探索和提供我们的解释！

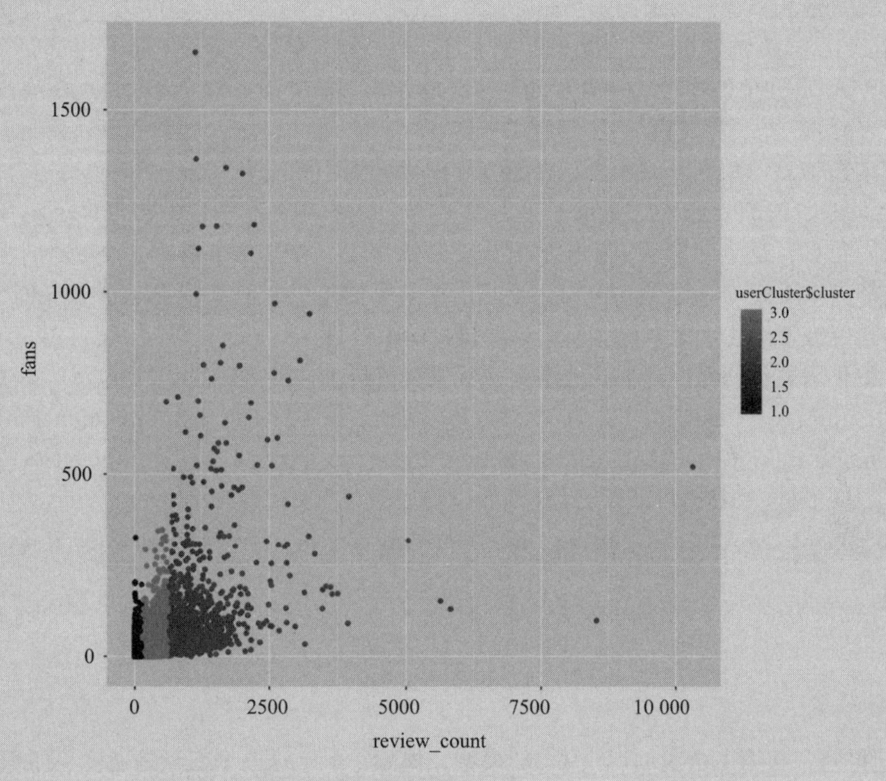

图 11.18 根据评论和粉丝数量对 Yelp 上个体的聚类结果

自己试试 11.4：Yelp

在实践示例 11.4 中，我们使用给定用户的评论数量和粉丝数量来研究数据。找出一对不同的关系来探索。例如，你可以查看评论数量和有用投票的数量。

首先找到这两个数值变量之间的相关性。接下来，使用散点图沿着这两个变量绘制用户。

最后，执行聚类（你决定有多少个聚类），并报告是否有任何有意义的模式。这是不是比我们上面做得更好？

参考资料：数据中的道德和隐私

你可能听说过 Bernard Madoff，他在纽约市实施了一个“庞氏骗局”。许多人将毕生的积蓄投入了这个骗局，然后在 2008 年的经济危机中失去所有。也许你听说过 Elizabeth Holmes，她于 2003 年在加州帕洛阿托创立了一家名为 Theranos 的公司。她是一个神童，从斯坦福大学辍学，因为她认为自己正在开发的血液检测技术有着确定的未来。“信徒”投资了数亿美元，媒体对该设备给予了大量关注，结果这被证明是一场骗局。Bernard 和 Elizabeth 因凌驾于法律之上、伤害许多人而臭名昭著。不是每个人都按照同样的道德标准行事，但我们的社会最终会淘汰这些“违法者”。

我们的价值观、伦理和道德从何而来？许多人会说，它们根植于我们的良知之中，还有一些人会说，它们来自宗教。如果没有一套规范我们行为和不当行为后果的法律，社会就无法运转。我们知道，贪婪是持续存在的。

自 2016 年美国总统大选以来，我们对滥用个人数据的行为有了更多的认识。George Orwell 在他的小说《一九八四》（1949 年出版）中预言的“老大哥正在注视着”，似乎已经变成了现实。当我们注册使用社交媒体平台时，很多人没有意识到我们正在放弃如何使用信息的权利。一些人正在研究如何保护人们的隐私和信息免受身份盗窃和其他滥用。比如 Facebook 和谷歌等企业。这些努力几乎都是有争议的。谁来决定什么正确的或道德的？这个问题从苏格拉底时代就开始争论，并且在未来的一段时间内可能会继续有争议。对这个话题的更全面讨论超出了本书的范围，但我希望当你在数据科学领域从事研究或职业生涯时，你要牢记道德挑战的重要性。

如果你对这类问题感兴趣，这里有一些阅读材料供你参考。

Olteanu, A., Castillo, C., Diaz, F., Kiciman, E.（2018）. Social data：biases, methodological pitfalls, and ethical boundaries. *Frontiers in Big Data*, 11 July. https：//doi.org/10.3389/fdata.2019.00013

Spielkamp, M.（2017）. Inspecting algorithms for bias. *MIT Technology Review*. 12 June.

总结

还记得吗，在第 1 章我们讨论了 3V 模型。提醒一下，这三个变量是速度、体积和多样性。正是由于如今数据的这些特点，我们在访问、存储和处理数据的方式上不断创新。此外，人们还经常会产生关于道德和隐私（参见上面的参考资料）的担忧（这是应该有的）。所有这些都使得我们找到有效的方法来访问和共享数据变得至关重要。在本章中，我们看到了当今各种服务的主要实现方式——使用应用程序接口（API）。这种方法允许数据提供者控制谁能访问数据、访问什么类型的数据以及访问者被提供了多少数据。当然，他们为数据访问过程定价，创造了一项有利可图的业务，即从他们在用户那里收集的大量数据中获利。MoviePass 服务的首席执行官 Mitch Lowe 曾脱口而出关于如何将从用户那里收集的数据链接起来，以建立更深入的用户档案，从而潜在地推荐（或销售）服务。收集大量数据的公司具有这样的特征并不罕见。

但是，基于 API 的服务当然也有优势。它允许开发人员和数据科学家高效地创建应用程序和数据分析渠道。由于不同的接口、平台和数据渠道都可以使用相同的 API，因此尽管出于不同的目的，开发人员和数据科学家获得了访问和使用数据的稳健方式。API 的这种特点还允许他们以成本效益高效的方式链接各种服务。

由于 API 的使用不断变化，以及从各种服务中获取数据的需求不断增加，每个服务都经历了 API 的升级。这通常意味着新版本的某一服务的 API 提供了更有效的数据访问方式、对隐私问题的更好保护，以及更多样化的数据来满足新应用和分析的需求。与此同时，我们已经看到许多服务限制了对 API 的使用，至少对免费访问是这样的，并且如果用户想要更多的数据或更大的访问权限，就需要付费。所以，虽然我们在本章中所涵盖的内容应该暂时有效，但如果有些事情开始对你产生影响，不要感到惊讶。你所使用的服务可能改变了它的 API 结构或访问限制。我可以从我多年使用 API 的个人经验告诉你——这种情况发生的频率比我们希望看到的要高。因此，要准备好适应这种不断变化的数据 API 环境的准备。我希望本章至少给了你足够的帮助，并让你知道如果事情没有如你所愿，可以去哪里寻求帮助。

关键术语

- **应用程序接口（API）**：为开发人员定义了一组函数或过程，供开发人员编写从操作系统或其他应用程序请求服务的程序。
- **高性能聚类（HPC）**：一组紧密集成的计算机处理器的集合，通过将工作负载分配到这些处理器上，并结合结果创建一个解决方案。这些处理器可以解决复杂的问题，通常涉及大量数据。

概念性问题

1. 在 R 中，如何将带有类别标签的变量转换为带有数字标签的变量？

2. 聚类技术 A 给出的聚类内平方和占总平方和的比重为 78.4%，而聚类技术 B 的是 67.3%。哪一种是更好的聚类技术？为什么？

3. 什么是 API ？从本章未提及的站点 / 来源找到至少两个可用的 API 示例。

4. 你将如何运行需要命令行参数的 Python 脚本？描述两种不同的方式。

实践问题

问题 11.1

因为我们生活在一个充满政治色彩的环境中，让我们从 Twitter 的视角来探讨一些政治观点和政治家。

挑三个话题或者政客（可能是有争议的！）并为他们每个人收集 180 条推文。给出一个总结（你收集了什么，你是怎么做的。）不要放实际数据。

使用 Python 进行探索性分析，以检测任何趋势并形成假设。展示：①探索的变量之间的可视化关系；②基于这些关系的假设。

一个好的假设是可以用我们这里的方法和其他参数来检验的。举个例子：“一个人的关注者越多，他们在推特上表达的积极情绪就越多。”你可以使用散点图将其可视化，找到相关性，甚至进行回归（使用“关注者数量”作为独立变量来预测“情绪”）。

问题 11.2

在本练习中，我们将更多地关注问题，而不是数据的数量和性质。在此基础上，我们将进行跨数据和跨平台分析。

假设你正在为即将到来的选举做候选人的助手或顾问。你正在为候选人准备一场公开辩论或市政厅会议，并希望确保他了解一些当前问题上的公众意见。从下面的列表中选择两个问题进行调查：枪支管制；堕胎；战争；移民；不平等。

对于这些主题，使用 Python 从推特和 YouTube 收集数据。多少数据由你决定！也许是 100 条评论，也许是 500 条推文，或者这些的组合。你要做的是提供一个关于人们在谈论什么、谈论了多少的总结，如果可能的话，总结一下这些人是谁。例如，你会发现那些主观的人说得很多，或者他们有很多好友或关注者。这可能是有趣的或重要的，因为这些人可能比普通用户更广泛地传播他们的理解和观点。所以，知道这些潜在的有影响力的人是支持还是反对这个问题会对你的竞选很有帮助。

创建一份报告，描述：①你的数据收集方法；②你的数据分析方法；③你的发现。

问题 11.3

借助 R 和 Yelp 数据集的“业务”和“用户”，用我们在本章中讨论的数据的不同视角创建可视化。换句话说，除了示例中使用的变量之外，你要尝试不同的可视化变量。

通过 Yelp 数据集的数据可视化实践，你是否发现了本章中我们没有涉及的有趣内容？例如，你可能已经创建了一个图表，该图表展示了关于一个变量的一些有趣模式，或不同变量之间的一些有趣关系。正是这些观察产生了新的想法和创新。使用适当的图表（除非你有用于问题 11.2 的图表）和简短的描述来报告这个问题。

问题 11.4

从 OA 11.8 中获取 2016 年美国大选 10 天内发生的仇恨犯罪统计数据集。在此期间，南方贫困法律中心收到近 900 起仇恨事件的报告，平均每天 90 起。相比之下，在 2010～2015 年间，联邦调查局（FBI）收到的仇恨犯罪报告约为 3.6 万起，平均每天 16 起。

我们这里的数字很棘手。这些数据受到收集方式的限制，所以无法确切地告诉我们在选举后的日子里仇恨事件是否比一般情况下更多。然而，我们能做的是在数字范围内寻找趋势，例如仇恨犯罪在不同州之间的变化，以及这些州内哪些因素可能与仇恨犯罪率有关。

数据集的一部分变量的描述如表 11.2 所示。

表 11.2 OA11.8 数据集

主题	释义
州	州名
median_household_income	2016 年中等家庭收入
share_unemployed_seasonal	2016 年 9 月失业人口比例（经季节性调整）
share_population_in_metro_areas	2015 年居住在大都市地区的人口比例
share_population_with_high_school_degree	2009 年，拥有高中学历的 25 岁及以上成年人的比例
share_non_citizen	2015 年非美国公民占总人口的比例
share_white_poverty	2015 年生活贫困的白人居民比例

（续）

主题	释义
gini_index	2015 年基尼指数
share_non_white	2015 年非白人人口比例
share_voters_voted_trump	2016 年美国总统大选投票给特朗普的选民比例
hate_crimes_per_100k_splc	每 10 万人口中的仇恨犯罪（南方贫困法律中心 2016 年 11 月 9 日至 18 日的数据）
avg_hatecrimes_per_100k_fbi	联邦调查局提供的 2010～2015 年每 10 万人平均每年的仇恨犯罪数

使用这些数据来回答以下问题。使用适当的机器学习技术或算法。

（1）收入不平等与仇恨犯罪和仇恨事件的数量有何关系？

（2）如何从人口的种族或性质来预测仇恨犯罪和仇恨事件的数量？

（3）各州仇恨犯罪的数量有何不同？根据南方贫困法律中心在选举后与联邦调查局选举前的数据显示，某些州的仇恨事件数量（每 10 万人中）与其他州有相似之处吗？

注意，对于前两个问题：

- 选择你认为与预测因素相关的变量（收入不平等、种族和人口性质）来建立你的模型。证明你的选择。
- 迭代完善你的模型。

（提示：你可以使用梯度下降法，以及添加或移除变量的方式。）

第 12 章

数据收集、实验和评估

“如果你的实验需要统计数据，那么你应该做一个更好的实验。”

——Ernest Rutherford

你需要什么？

- 对数据收集和存储有一定的理解。
- 掌握基本的统计分析方法知识。
- 在机器学习的背景下构建模型并测试它们的概念。

你会学到什么？

- 收集以人为中心的数据的不同方法。
- 定量和定性分析数据方法。
- 各种评估数据系统和模型的常用方法。

12.1 引言

本书一开始介绍了数据和数据科学的基本内容，接下来在本书的第二部分和第三部分，我们学习了各种工具和技术来解决不同种类的数据问题。我们处理这一切的方法是实践教学。现在我们已经学完了以上内容。当我们总结时，重要的是看看这些数据来自哪里，以及我们应该如何广泛地思考分析它。因此，正如你将在接下来的两节中看到的那样，本章将致力于这两个目标。其中 12.2 节将概述一些收集 / 征求数据最常见的方法；12.3 节将提供如何用广泛的方法处理数据分析问题的信息和想法；12.4 节将提供对评估和实验的评论。

请注意，由于我们范围的限制，对数据收集、评估或实验方法的描述并不全面。换句话说，如果你发现自己需要设计和执行一项调查，尤其是如果你以前从未做过调查的话，那么本章介绍的内容对你来说是不够的。但这应该作为一个起点。有时候，知道该问什么和去哪里找就成功了一半！

12.2 数据收集方法

在本书的大部分内容中，我们假设已具备适当的数据，我们可以继续解决数据问题。

然而，我们可能并不总是那么幸运。更实际的情况是，我们可能在先前数据不可用的领域或问题领域工作，或者可用的数据对于给定的应用程序并不有用。在本节中，我们将了解如何着手设计新的实验，并进行各种定量和定性分析，来解决新出现的问题。

12.2.1　调查

假设你想收集特定于一个问题或疑问的数据，而这个问题或疑问是关于人们如何思考某件事的，而数据却不存在。收集这些数据的一个好方法是进行调查。我相信你以前遇到过这种方法，即使你自己从来没有实践过。当你在选举之夜听到人口普查、尼尔森收视率或出口民调等术语时，这些都是调查的变体。调查可以当面进行，也可以以书面形式进行，也可以通过网络进行。

Snap Surveys ltd.[1] 表示，进行调查有四个原因：

1. 发现答案
2. 引发讨论
3. 根据客观信息做出决定
4. 比较结果

一项调查会给你有针对性的结果——一个潜在的信息金矿。首先，你必须知道你要解决的问题是什么，以便为这些问题制定策略。你想怎么处理结果呢？如果你需要数字（有多少人认为是“ABC”或“XYZ”），创建封闭式的多项选择题、或必答题可能是有效的。如果你想了解某个问题的公众意见，为受访者提供开放式的免费文本可能是更好的选择。

12.2.2　调查问题类型

让我们看看你可能会问的调查问题。

选择题是回答者最容易快速完成的问题，但如果你的选择题不能真正定义他们的答案，那该怎么办？你可能想在提问之前，让受访者选择最接近他们的答案。一方面，你可能会认为提供的选择越多越好，但另一方面，这可能会让受访者感到厌烦，他们可能会失去耐心。

一些基本的人口统计问题通常是多项选择题。思考与性别（男性 / 女性）相关的问题，年龄组别（例如 18～25 岁、26～30 岁、31～40 岁、41～50 岁、>51 岁）和就业情况（已就业、未就业、自营职业）。请注意，为这些问题提供一个“不愿意回答”的答案通常是个好主意。

但是多项选择题也被用来获得其他更复杂问题的回答。在获取各种可用性度量（包括有效性、满意度、易学性和参与度）的信息时，经常会出现这样的问题。例如，你可以通过一个有 5 个可能答案的多项选择题来询问客户 / 用户对一个新服务 / 界面最不满意的地方是什么：①输入对话；②交易确认界面；③交互速度；④每次交互的听觉和视觉反馈；⑤信息的可读性。我们可以设计这样一种调查，即受访者选择一个选项时，他会得到一个基于该选项的后续问题，以引出更多信息。

等级排序型问题要求受访者优先选择一件事而不是另一个件事。这些通常是成对比较的结果，如价格与质量。这些问题很容易回答，但可能不是很有用，除非你是在测试一个假设。例如，如果你认为人们可能更喜欢一种东西而不是另一种，你可以用一个排序问题来表达这个想法，你的假设可能会得到证实。你可能希望在调查中只包含一个按等级排序的问题，因为人们可能没有耐心仔细回答多个问题。

下面是一个等级顺序问题的例子，它可能揭示更多的感知方式，而不是真相。

请将下列五项按从多到少的顺序排列，1代表最多，5代表最少。请把这五项按顺序排列。

在你的脑海中，你认为两个人从迈阿密到纽约，从最注重环保（1）到最不注重环保（5）的排序是：

开丰田普锐斯汽车；乘坐满载的美铁；乘坐满载的大型喷气式飞机；乘坐满载的灰狗巴士；或者骑双人摩托车。（你可以用简写来填空，比如“普锐斯”“美铁”“喷气式”“巴士”和“摩托车”。）

1.

2.

3.

4.

5.

评分或开放式问题可能适合你的调查目的。利克特量表（1至5）广泛用于问卷调查的问答，它给受访者五种陈述，让他们从非常同意（1）非常不同意（5）之间选择最接近他们感觉的一种。受访者通常被要求选择一项陈述。这比“是/否”问题更精确，但没有给出选择背后的原因。

以下是一个克特量表问题的例子：

请在最能表达你对以下问题的看法或感受的方框内打勾。

1. 从用户的角度来看，网站的组织是有意义的。

[]	[]	[]	[]	[]
非常同意	同意	中立	不同意	非常不同意

开放式问题是指受访者不能简单地回答“是”或“不是”，必须提供更多的信息。如果你是在摄像机前采访别人，并且你需要一个好的“录音片段”，那么开放式问问题很有用。在一份调查中，你需要给被调查者留出一些空间来写一两句话。这可能会给你一个答案，你可以在你的论文中引用。开放式问题的例子有：

“你们昨晚做了什么？”或者“你认为怎样才能让这个网站对用户更友好？”

开放式的问题更难以量化，因为它有更多的细微差别，但它可能是最富有成效的，因为它可以告诉你答案背后的原因。比如说，你需要知道某人在多米尼加共和国的度假经历。如果你问：“你的经历怎么样？”他们会说：“太好了！”但这能告诉你什么呢？并不多。相反，如果你问：“告诉我你最喜欢多米尼加共和国的什么？”你可能会得到一些有趣的答案。你可以接着问：“是什么会让你的假期体验变得更好？”来获得一些有价值的见解。

二分法（封闭式）问题要求“是”或“否”，或“真”或“假”的答案。例如：

“在过去的30天里，你是否在Facebook看到了任何关于鞋子的广告？”

_____ 是 _____ 否

或者

“五加三等于八。” _____ 真 _____ 假

你可以根据答案来设计你的调查，从而跳到另一个问题。如果有人看到鞋子广告回答“是”，那么你可以问他们是否记得这个品牌。如果他们说“否”，那么你可以在他们面前放

一些品牌名称，看看是否有一个可能是答案。不过，这可能并不准确，因为对品牌名称的熟悉程度可能会影响人们的反应。

12.2.3 调查受众

正如弄清楚该问什么样的问题很重要一样，你也必须考虑到将要接受你的调查的人。如果你正在使用在线调查服务（见 12.2.4 节）并广泛传播这份调查，你可能无法控制谁查看和回复你的调查。因为你没有亲眼见到这些人，所以很难评估你收到的回复是否来自正确的受众。事实上，弄清楚是否有人参与了你的调查可能并不容易，因为现在有很多在线机器人在滥发调查邮件。如果同一个人多次回复你的调查，你是否也能追踪到？或者，他们只是在你的多项选择题上随机点击？这些都不是容易回答的问题，但却是你应该思考和计划的问题。例如，你可以使用验证码 [2] 之类的服务来验证是否确实有人类在接受你的调查。你也可以在真实的问题之间插入一两个问题，以测试受访者是否注意。例如“1+1 等于几？”

你也要记住，你是在问人问题，而人通常喜欢谈论自己或者给出自己的看法。你想问谁？你打算如何让他们参与进来？你在 Facebook 或推特上有社区吗？你在谷歌文档上通过学校与某个社区建立了联系吗？一封有针对性的电子邮件可能更容易收到你想要的人的信息吗？或者说，你是想撒一张更大的网来寻找陌生人的回复吗？

12.2.4 调查服务

你可以使用手机社交媒体或老式的电子邮件来做调查，或者更传统的方式，在活动结束时分发一张纸，让人们当场回答。（“你认为电影的结局怎么样？”）一些公司仍然使用美国邮政服务来邮寄纸质的调查问卷。这取决于你想联系谁。

在写这篇文章的时候，你可以尝试更多的在线免费调查服务，这里有一些行之有效的选择。当然，也有一些非常昂贵的方法，如果你有补助金或公司的支持，可以用不同的语言进行多平台调查。

微软的 Office 365 提供了一个仅适用于移动设备的选项，可以使用 Excel 进行调查 [3]。如果你是订阅者，那么你可以下载该应用并查看它。

Smart Survey[4] 走出了英国并提供免费计划，但如果你想要使用更多的功能，可以使用学生折扣。你可以免费创建自己的新调查或使用调查模板，它们有超过 50 个种类的问题，涉及领域范围广泛，如客户服务、教育经验、酒店招待和市场营销。你可以通过社交网络定制并发布到网站上，从访问者那里收集信息。

如果你对谷歌感兴趣，你可能知道可以通过 Google Forms 进行调查。只需使用“ Google Forms”，你就会看到可以为个人、工作或教育相关的调查和评估量身定制的模板库，它们是免费的、简单的、有趣的，看起来也很漂亮。你可以在你的朋友身上尝试一个简短的调查。如果你创建并使用它，调查和结果会根据你的时长要求在你的谷歌文档中保留，所以你可以很方便地重新访问它或再次使用它。使用谷歌进行调查的另一个优势是，谷歌还提供了一套不错的数据分析和可视化工具。

如果你有能力支付服务费用，或者如果你的学校或公司已经有了订阅服务，你可以从 Survey Monkey[5] 和 Qualtrics[6] 那里寻找更精细、更复杂的工具。

如今，许多社交媒体服务也允许创建即时投票。例如，如果你是一个推特用户或想从你的推特社区得到一些简单的回答，你可以创建一个简单的投票。当然，如果你正在寻找高级选项、比选择题更多的问题类型，或者想在你的投票中使用图片，这是不够的。

12.2.5 分析调查数据

很有可能你已经知道并且有一个喜欢的电子表格程序，比如 Excel 或者 Google Sheet。你可以轻松地将你的调查数据（大多数工具都允许这样）导入其中一个程序。如果你已经使用 Google Forms 进行了调查，则数据已经在 Google Sheet 中。此类数据的示例见表 12.1。或者，你可以写一份总结你的结果的报告，也许可以包括一个图表，以可视化的范围的回答，参见图 12.1。有很多方法可以做到这一点，谷歌搜索将为你的结果提供一系列选项。

表 12.1 如何在 Excel 中组织调查结果的示例

行标签		对“我觉得这个网站是用户友好的。”的看法
既不同意也不反对	4	请注意，“有点”和“非常”的值是相同的
有点同意	2	
有点不同意	2	
非常同意	1	
非常不同意	1	
总计	10	

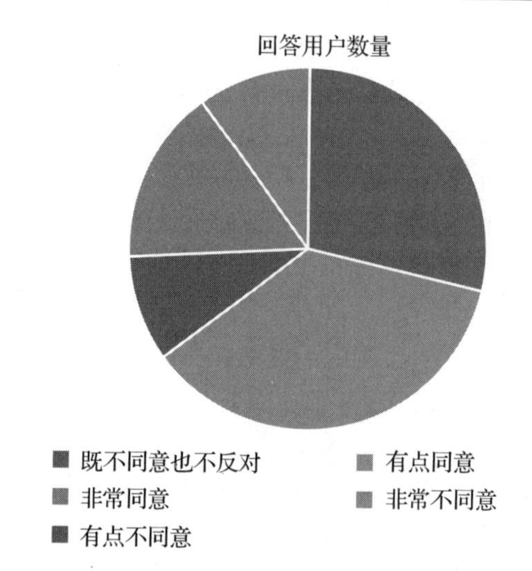

图 12.1 利克特类型问题结果的简单可视化

12.2.6 调查的利弊

调查为你的研究提供了另一个角度。你可能不想把你的整个论文建立在调查结果的基础上，因为调查结果可能会因受访者的情绪影响而有偏差，但调查结果可以为你指明前进的方向。

如果你得到了意想不到的结果呢？你可能想再做一次调查，看看结果是否具有指示性。被调查者可能不会诚实地回答问题。你可以要求他们诚实，但不能要求他们发誓是诚实的。你可以告诉他们没人知道谁回答了什么，这样可以提高他们诚实的概率——这是一项盲测，并且所有的回答将被汇总。有些问题可能没有触及答案背后的“为什么”。

也许把它混在一起比较好，这会给予受访者多种回答方式。如果你真的需要知道一些具体的事情，试着用不同的方式、从不同的角度，或多或少地问一些相同的问题或几个问题。在进行“官方”调查之前，你可能想先测试一些问题，看看结果是否令人满意。

12.2.7 访谈和焦点小组

受益于受访者准确的语言，访谈和焦点小组可以提供丰富的、有针对性的信息。受访者可能会当面或用他们自己的话语提供一些你从调查中得不到的宝贵意见。如果一篇论文能支持你的发现，直接引用可以是一种很有说服力的总结方式。访谈通常是一对一进行的，焦点小组就是他们听起来那样——一群人对重点问题或刺激做出回应。面对面交流可能更适合回答更私密的问题，焦点小组可能是测试一些容易在公共场合谈论的问题的理想选择。每种方法都有理由，也有利弊。

12.2.8 为什么要进行访谈

当你想到一个优秀的采访者时，你会想到谁？你想象的是一个电视名人还是一个电台的声音？是什么让他们善于揭示真相或故事？大多数人都有过面试工作或申请学校的经历。当然，作为一个受访者，你要做好准备，把最好的一面展现出来。当你准备采访另一个人的时候，你也需要准备。如果你有一篇关于你希望回答、确认或探索的论文，你应该准备一些以不同方式询问答案的问题。不仅要提出各种类型的问题，还要从另一个角度提出同样的问题。你不希望采访你的人事后猜测你的目标，这样他们就会给出可预测的答案——他们认为你想要什么。为了保持新鲜感，也许你的一些问题是“填充”，而有些问题是你真正想要受访者回答的。

如果你想知道别人的真实想法，你可能需要去寻找有意义的细节或者更深入地挖掘。正如我们在调查部分所了解到的，有些问题是开放式的，允许一些人脱口而出自己的想法或写几个句子，而对于其他问题，你需要的是“是 / 否”或一个答案。

12.2.9 为什么选择焦点小组

假设你是一名品牌经理，你需要测试一款仍在开发中的新麦片，它背后是一个成熟的品牌。为了让味道和口感恰到好处，你有很大的压力。研发部门已经推出了其认为成功的配方，而试验厨房已经创造了它。你可以根据自己的喜好选择不同种类的牛奶和牛奶替代品。现在你要做的就是在焦点小组中对一群有意愿的人进行试验。你想知道到底是什么让麦片变得很棒，而不仅仅是好吃。你要问它是否让他们想起了其他麦片。你想知道他们是否喜欢它，是否会购买它，或者他们认为什么可以让它更好。

焦点小组也可以用于头脑风暴。如果你需要关于一个新品牌或品牌更新的标志的反馈，你可以展示变化并获得反馈。你想要一个令人难忘的图像，而不是一个将被忽视的图像。

就像在访谈中，你会希望人们签署一份协议，允许你使用他们的思想和语言，但要保护他们的隐私。如果他们事先不同意，就不会来了。你也会想要提供某种形式的报酬。

你可以邀请 100 人，让测试进行一整天，但小组可能应该以 8～10min 为增量进行安排，这样你就可以减少一些人在别人面前说话的自我意识。告诉他们你将对会议进行录音，以及会议将持续多长时间。

12.2.10 访谈或焦点小组程序

比方说，你想知道在单亲家庭长大是什么感觉。或者说，一个人对高中数学有什么感觉。这些问题可能非常适合访谈。

你会想要吸引那些符合条件并且愿意谈论这个话题的人来访谈。

一旦你精心设计了问题，你可能会在一两个朋友身上进行测试，看看这些问题是否会生成你可以使用的答案。

一旦你让人们同意接受访谈，你就可以用以下内容开头了：

1. **同意**。让他们在一份声明中写下并签署他们的姓名、日期和联系信息，声明他们有能力并愿意在今天的访谈中透露他们的想法 / 意见。你应该补充说，他们的身份和隐私将受到保护。（如果是严肃或非常私人的问题，你可以使用一些正式的法律语言。）此外，如果你有人员帮忙，这也可能是在访谈室外由另一个人完成的步骤。

2. **打破僵局的人**。帮助你的受访者放松，给他们水喝，问他们的旅行怎么样；与他们分享一些对你同等重要的东西；给他们一张桌子，让他们坐到一张桌子旁，这样双方的权力都是平等的（而不是坐在桌子后面进行数据收集方法的面试，这样他们会觉得你是老板）；确保阳光没有照进他们的眼睛，等等。你希望他们感到安全和放松。

3. **诚实的意见**。直接告诉他们，你希望他们说实话。询问是否可以对访谈进行录音。提醒他们，他们的身份将受到保护，并且如果他们发表了有用的声明，你将请求他们允许在访谈结束后匿名引用他们的话。

4. **计划**。告诉他们你将会问一些准备好的问题，他们可以慢慢回答，但是整个访谈不会超过（不管你最初提出访谈的时候告诉他们什么），比如半个小时。如果你超时是因为进行了一次有意义的谈话，那么请求允许继续下去。（他们可能需要离开。）

完成后，感谢他们，并给他们某种形式的报酬。也许是现金——每个人的待遇都一样——或者是星巴克的礼品卡。

12.2.11 分析访谈数据

一旦你完成了访谈或焦点小组，希望你现在有一个记录格式的丰富资源。为了说明下一步的工作，让我们考虑一下法庭书记员的工作。如果你是一名法庭书记员，你的工作就是在法庭程序中坐下来，在速记机器上记录律师、证人、被告、法官的措辞。然后你回到家，把这张纸从速记符号转录回文字。你可以坐在电脑前打字，这样一份有文字的文件就可以通过电子邮件发送或打印出来。本质上，这个过程需要在你的访谈录音中进行，你的采访不会出现在速记纸上，但你可以系统地听录音，然后自己打字，虽然这很耗时。（顺便说一下，法庭书记员的生活不错。）你可以请学生或朋友（并付钱）听录音并把它打出来。或者，你可以使用专业的转录服务，可以在数小时内将你的工作转化为书面文字。他们会按分钟收费，但从节省的时间和对细节的关注来看，这是值得的。一旦你有了转录（你的内容），你就可以分析它。你可以摘录你正在调查或试图定义的确切的单词、句子或互动。你是否需要用另一种不同的方式来提问，还是说你搞定了？有很多转录服务，它们很有竞争力（他们想得到你的业务），所以要货比三家，以找到最好的交易。

12.2.12 访谈和焦点小组的利弊

访谈是最诚实的对话吗？也许不是。就像我们第一次约会时可能会做的那样，我们通常会展示出最好的自己。大多数人都希望别人喜欢他们。那么，你怎样才能从为研究项目访谈的人那里得到诚实的回答呢？你可以为最好的镜头做好准备。你并不是要和那个人建立关系，而是想表现出你对对方的回答真的很感兴趣。在开始前你可以在你的同学或朋友身上练习。在最初的几次访谈中，你会了解到哪些做法是有效的，哪些做法似乎不能引导出你需要的内容。

在焦点小组中，你会自然而然地看到一些人在主导，而另一些人则更被动。有些人可能会试图借用别人说过的话。但是，随着对话的展开，会出现一些有趣的事情，有时人们会一起思考并积极表达（有时称为头脑风暴），这会为你的项目带来丰富的素材。

你可能会发现使用一组访谈或焦点小组是一个很好的方法，用于帮助你的研究获得一个更清晰的工作论文或数据。

12.2.13 日志和日记数据

你的研究参与者的体验最好记录在日志或日记中，因为它为用户参与者提供了灵活性。也许你的用户参与者是学生或全职工作的工人，他们需要在方便的时候给你时间。那么他们可以在智能手机的应用程序上登录，或者在家里的笔记本电脑上写日记。而且，或许有规律间隔的结构最适合你想要收集的数据类型。

日志和日记的功能区别是什么？实际上，它们的目的是一样的，都是定期采集数据。日志的一个传统用途是由船长在一天中可预测的时间记录天气、地理空间坐标和任何异常情况，这样他或其他人就可以回头查看记录，了解他们撞击冰山的原因；或者运动员可以在为奥运会训练时用日志记录他 / 她的进步。对于研究性学习，你可以使用活动日志来获取定期登记的特定数据，以评估一段时间内的质量。

或者，如果你想知道某个人在一段时间内每天的经历或感受，你可以写日记。你可以要求在每天结束时，或在你的学习或实验过程中，每天记一次日记。你可以用这个人自己的话建议几个句子或一段文字。日志数据收集的示例模板见表 12.2，通用日记模板见表 12.3。

表 12.2 通用活动日志模板

<table>
<tr><th colspan="4">姓名</th></tr>
<tr><th colspan="4">日期</th></tr>
<tr><th>时间</th><th>活动 / 任务</th><th>感觉 / 观察</th><th>持续时间 / 测量</th></tr>
<tr><td>10：00am</td><td></td><td></td><td></td></tr>
<tr><td>1：00pm</td><td></td><td></td><td></td></tr>
<tr><td>4：00pm</td><td></td><td></td><td></td></tr>
<tr><td>8：00pm</td><td></td><td></td><td></td></tr>
</table>

表 12.3 通用日记模板

每日思考（姓名）：
（日期）：/ /
你今天做“XYZ”是什么体验？
如果非要用一个词来概括，会是什么？
如果你做些不同的事情，它会如何工作得更有效率？分享其他想法。谢谢你！

日记数据也可以以结构化的方式捕获。你可以创建一个日志或日记模板，其中包括你想要跟踪的任何时段。

现在，让我们看看如何分析这些数据。正如你在访谈或焦点小组中所做的那样，你可以通过在课堂上发布公告、学生报纸通知、使用社交媒体或电子邮件、分发传单、在公告板上张贴通知，或打电话来招募参与者。你需要找到愿意参与的人，并应该给他们一些报酬。你需要为你的日志或日记记录准备仔细考虑过的问题或活动（或创建一个应用程序）。

你将如何量化和分析结果？你可以为期望收集的响应（或单词）范围指定数值，这些数字成为你的数据点。

12.2.14 实验室和现场用户研究

谁是用户？用户就是你和我！真实的人将会使用一个产品，例如手机、冰箱、汽车。什么是用户界面（UI）？它是用户和产品之间设计好的关系——本质上是用户与系统交互的一种机制。当产品或实验涉及测试用户界面的好坏时，我们会问这样的问题：这是直观的吗？它缓慢或低效吗？它是否美观？用户界面既是一种物理设计，也是一种交互设计。如果你希望用户喜欢你设计的产品，并将其推荐给其他人，你将怎么做？

测试！测试！测试！如果你想测试一辆新车或一个网站的性能，你需要一些有意愿的参与者或者用户。用户研究可以在实验室环境中进行，在那里你有最多的控制和观察机会；也可以在“野外”进行，在那里较少的控制可能是对产品更真现实的衡量。

你可能想要一个以实验室为基础的环境，用于需要监督或需要保密的事情。当一个用户与一个仍在测试中的新产品进行交互时，这种新产品可能会发现一些缺陷，但可能会在受控的情况下得到缓解，所以你可以经历这种体验。当然，也有跟踪用户体验的计算机程序，所以你不一定需要在场，除非亲身经历互动的场景是你信息收集的一部分。实验室设置的人为性是产生自然互动的障碍吗？有可能，但如果你追求严格的规范，这可能并不重要。

在这类研究中，通常会使用眼球追踪器等硬件设备来收集用户看屏幕的位置数据，用心率监测器、电导监测器来测量情绪反应，以及脑电图监测器来收集关于大脑活动的数据。所有这些都变得相当复杂，变得比过去更强大、更紧凑，并且能够收集更高分辨率的数据。

通常，这些东西都自带软件，你可以用来分析。或者，它们允许你以其他分析软件可以理解的格式（如 XML 和 CSV）导出数据。图 12.2 展示了一个热图的例子，它是通过处理眼球追踪器的原始数据而生成的。

除了这些硬件之外，你可能还需要软件工具来记录系统（计算机、移动设备等）上的各种活动。有几个可用的记录器，其中一些是免费的，我的实验室使用的一个这样的例子是 Coagmento[8]。（完全披露：这本书的作者也是 Coagmento 的创造者。）Coagmento 可以从一个网络浏览器收集日志数据（网站访问，查询运行等）。

实地研究是一种更“自然”的情况，用户在日常生活中与产品（如应用程序）互动，并给出自我报告的反馈，当你寻找更大的体验时，这可能是有用的。（当然，如果你正在测试一辆跑车的碰撞结果，你会想要使用假人！）

无论是在实验室环境中还是在现场进行的用户研究，都可能产生关于用户体验质量的反馈，而不是数字数据。你是否在寻找关于你的产品的态度或相关行为？在让用户参与之前，先让你的朋友或同事参与你的测试。

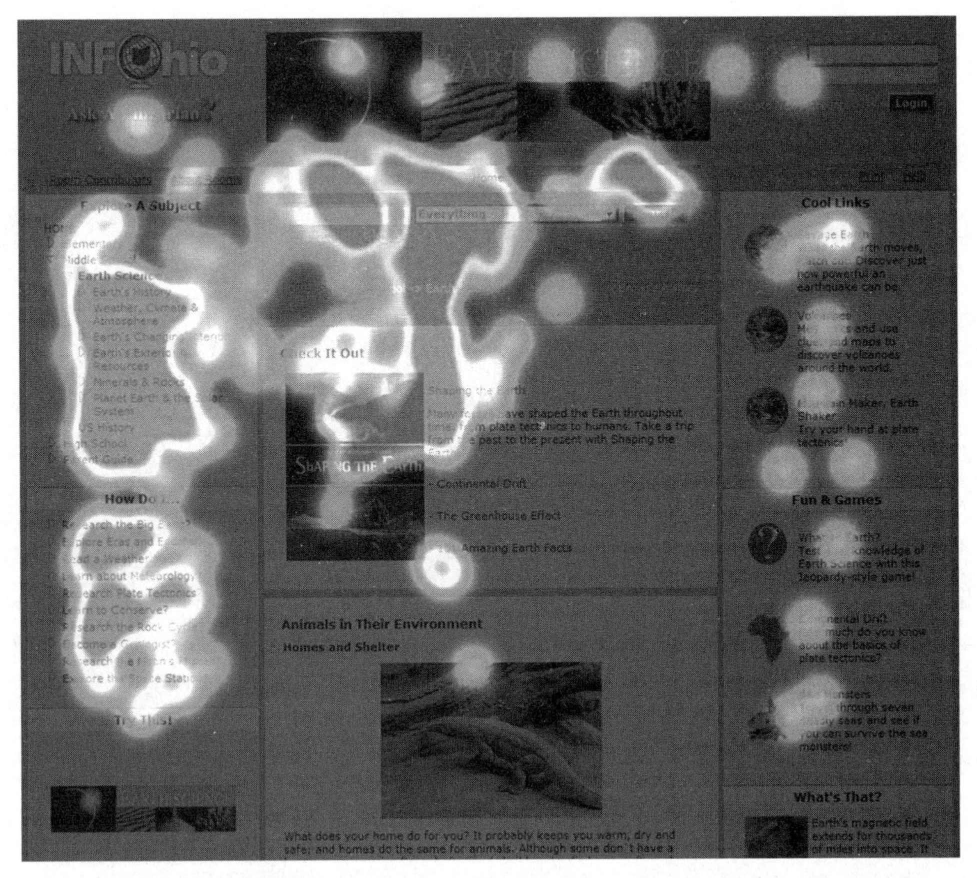

图 12.2　使用眼球追踪数据生成的热图示例 [7]（来源：Johnny Holland“UX: An art in search of a methodology”）

12.3　选取数据收集和分析方法

现在我们将把注意力转向分析数据。但是等等，这不是我们整本书都在做的吗？是的，我们是在分析数据，但是我们经常把自己局限在特定的问题中，从而不需要真正思考分析需要什么样的方法。

在这里，我们将后退一步，更全面地思考数据分析方法。它们大致可分为定量方法和定性方法。我们在本书中遇到最多的是定量方法（除了一些访谈、焦点小组和日记数据收集设置），但如果你认真地想要能够解决各种数据问题，那么至少了解一些定性方法是很重要的。

这两个类别都有自己的专著，但我将用几页的篇幅介绍它们！所以，我希望你明白，我们不可能做到全面。但是让我们稍微了解一下。

12.3.1　定量方法简介

我们现在将讨论两大类用于数据分析的方法。定量方法使用的是产生数字或数据的测量技术。定性方法涉及对行为、态度或观点的观察，从而产生对品质的评估。

理论的形成通常从观察开始，再从观察引出假设。这是定性研究中的归纳过程，将在

12.3.2 节中介绍。或者，在定量分析中，你测试假设并收集数字、信息或数据，分析这些数据以推断另一个可能更接近准确的假设，并继续将工作理论发展为模型。这就是演绎过程。你需要定量和定性的方法来接近一个工作理论。你认为 Albert Einstein 是如何得出他二十世纪早期的相对论的？经过多年的观察、计算和演绎，他完善了自己的理论。

参考资料：《通用数据保护条例》

在美国，我们在社交媒体上分享的个人数据被收集并用于营销目的，这已经成为常识。这些数据被直接用于向我们营销，并添加到营销趋势的数据收集、实验和评估汇总中。它可以被用来将商品和服务反馈给我们，或者支持政治议程。虽然这可能是营销人员最大限度地利用眼前数据的明智之举，但对于那些在 X、Y 或 Z 社交媒体平台上注册服务时阅读或没有阅读细则的消费者来说，这是一种冒犯。对个人用户来说，这可能感觉像是对隐私的侵犯，而且别无选择。虽然我们可能已经习惯了美国“老大哥在看着你”[9] 的观念，但在欧盟，这种违背信任的感觉并不是常态，也是不可接受的。在欧盟，这种文化为个人提供了更多的保护。据我们所知，这种程度的保护正迅速成为世界其他地区所希望的。

“更严格的数据保护规则意味着人们对自己的个人数据有更多的控制权，企业也能从一个公平的竞争环境中受益。”[10] 新规则（通用数据保护条例，GDPR）给予消费者对个人信息的保护和控制；这些规则于 2016 年获得批准和采用，但两年的过渡期过去了，这些规则于 2018 年 5 月 25 日正式启动。

如果你和欧盟做生意，那么你必须遵守 GDPR。“GDPR 不仅适用于位于欧盟内部的组织，还将适用于那些向欧盟数据主体提供商品或服务，或监督其行为的欧盟之外的组织。它适用于处理和持有居住在欧盟的数据主体的个人数据的所有公司，无论公司位于何处。”

这些规则旨在协调欧洲的隐私法，并赋予所有欧盟公民拥有数据隐私的权利。不遵守规定的组织可能面临巨额罚款；罚款包括 4% 的费用或最高 2000 万欧元的罚款。

一些组织（公共当局、从事大规模监测的组织，以及那些处理个人数据的公司）将需要任命一名员工——数据保护官（DPO），以掌握公司如何在规定范围内处理数据。看一看 IBM 都在做些什么来为它们的工作负责 [11]。

让我们再多看看定量方法。你可能已经使用了定量方法。例如，如果你用数学来确定一个物体的体积（假设你在高中学过几何），这就是一个应用定量方法的例子。在这种情况下，你需要知道对象的尺寸才能执行该计算。在实验室环境中，你可以使用定量方法来计算某件事发生的次数，或者甚至量化——给态度或行为赋予数值。在实验室中，正如我们在关于用户研究的章节中所讨论的，理论上你在获得你需要的测量值或数据时有更多的控制权和准确性。这些测量可以间接进行，也就是说，通过编程或结构化的问卷调查或在计算机上或纸上的调查。潜在地，你可以通过这种方式获得更大的数据池，你对它的分析（你的统计推断）可以产生支持你的理论的结果，或者挑战你去完善你的理论。

很多定量分析都是从描述数据开始的——报告数据是什么，而不是为什么或如何。这是通过描述性统计来实现的。这包括一些比如集中趋势（平均值、中位数、模态）和数据分布的性质（极差、方差、标准差）的测量。通常情况下，这本身就很能说明问题。看到这些描述性统计数据，人们可以形成假设或思考下一步应该做什么（或不应该做什么）。接下来会发生什么在很大程度上取决于问题、数据集和从描述性统计中获得的启示。我们就不细说了，因为这是我们在整本书中所做的——相关性、回归、分类等。

12.3.2　定性方法简介

"定性"一词意味着强调实体的性质以及过程和意义，这些过程和意义无法通过实验检验或测量（如果可以测量的话）量、数量、强度或频率。如果你做前沿研究，你会时不时地遇到这样的情况，即你不知道哪些变量对回答你的研究问题很重要，以及你如何衡量它们。有时候运气好的话，你可能会有预感，或者现有文献中可能会有一些线索。但是如果你没有呢？

一个好的开始是观察这一现象，并在不干涉的情况下尽可能多地记录细节。（正如动物行为领域的一些科学家所经历的那样，这可能需要数小时或数年时间。）无论如何，这需要很长时间。一种可能不太耗时的方法是询问其他人对这一现象的看法。民族志、调查和访谈是定性调查的类型。

现在我们已经定性地收集了一些数据，下一个问题是如何分析它们。一个简单、直接的答案是量化它们——例如，将调查参与者的回答转换为类别或数字（如利克特量表上的五种可能的回答）。但显然，你可以想象，量化田野记录和民族志记录说起来容易做起来难。通常，当你量化它们时，你会失去一些细节和数据的丰富性。

幸运的是，也有定性的方法来分析这些数据。你可以在你的现场记录中使用一种叫作持续比较的方法来查看数据中出现了什么模式。这里的想法是，当你比较和对比不同的数据点时，开发一组标签（在定性分析中通常称为"代码"）。

当你开始收集关于行为、态度和观点的定性反馈时，你可以应用的另一种方法叫作扎根理论，这个概念起源于 20 世纪 60 年代的社会科学。它是有根据的，因为它经过了系统的测试，并通过将你所收集的现实（数据）与最初的理论不断进行比较而慢慢显现出来。

正如我们所看到的，定性研究很重要，因为你开始探索你的理论模型。最初，你可能会询问人们（专家）的思想和观点，并发现一些你需要考虑的问题。你想回答的问题是什么？你可以组织一个小范围的现场实验，直接观察关于你最初理论的反应。接下来，你可以定性或定量地分析你的数据。通过深度分析为可行的理论打下基础。这个仔细的过程有助于缩小定量数据和初始假设之间的差距。本质上，这就是 Albert Einstein 所做的。

请注意，从上面的叙述来看，定性方法的作用似乎有些有限，更多的是数据科学专业人员的备份选项；但对于一个更关心解释建立新理论的模型的研究者来说，定性方法可以是一个强有力的武器。

12.3.3　混合方法研究

在 12.3.1 和 12.3.2 节中，我们讨论了定量和定性研究方法。然而，必须注意的是，定性和定量方法都有各自的弱点。

- 定量方法在理解收集数据的背景或环境方面往往很薄弱，结果也不太容易解释。
- 定性研究很费时间，而且由于样本量小，可能会有数据偏见，无法进行统计分析，也无法推广到更多人群。

混合方法策略可以通过允许在同一研究中进行探索和分析来弥补这些弱点，将定量和定性方法结合到一个研究设计中，以便提供更广阔的视角。混合方法强调研究问题，并使用所有可用的方法来产生更全面的理解，而不是偏爱一种方法。在混合方法研究设计中，收集的定量数据通常包括经过统计分析和比较得出数字表示的封闭式信息。定性数据通常更加主观和开放。这样的数据让参与者的“声音”被听到，观察结果变得更容易解释。下面是一个例子，说明如何将这些方法混合起来，以提供对研究问题的更彻底的理解。

把自己想象成一个初露头角的信息检索（Information Retrieval，IR）研究员，你想要找出人们参与更长时间搜索的意图和他们的网络搜索行为之间的关系。你可以设计一项用户研究，使用定量数据工具收集数据，如查询日志、每个查询段所花费的时间、查询重构策略等。根据你收集的数据，你可以对参与者的相似搜索行为进行聚类，假设每个集群代表一个独特的信息搜索意图，不同的搜索意图会导致不同的搜索行为。然而，你仍然不知道哪个集群代表什么意图类型。如果你幸运的话，那么你可能会从以前的文献中找到一些线索，但最新的研究并不能这样。在这种情况下，作为一名研究人员，你可以通过采访一部分参与者来跟踪研究，以了解他们在执行搜索任务时的策略和意图。因此，将定量结果与定性数据相结合，可能会对你的研究问题给出更全面的答案。

12.4 评估

在本节中，我们将重温之前在分析数据时讨论过的一些概念。数据分析的主要目的通常是做出决策或发展洞见。为了实现这些目标，重要的是要知道我们能在多大程度上真正相信这些数据。更具体地说，我们在多大程度上相信我们执行的分析或我们构建的模型足够坚实，足以接受从中得出的结论或建议？例如，如果我们正在构建一个分类器，我们应该知道它的准确性。我们之前讨论分类问题时，已经研究过这个问题。但是准确性的衡量标准是否足够？如果给定的分类器模型过度学习了数据会怎么样？在这种情况下，它可以为我们的训练数据提供一个很好的精度值，但可能在新的（测试）数据上表现不佳。同样，我们可以创建一个非常复杂的模型，即使它表现良好，也很难推广或解释。

当评估技术或模型的质量时，我们需要考虑成功和有效性的多种衡量标准。当我们试图比较各种模型时也是如此。在这里，我们将看到实现这些目标的一些方法。

12.4.1 比较模型

在前面的章节中，你已经看到了用于解释多种机器学习算法的相同天气数据集。你现在可能已经意识到，相同的数据集可以被不同的算法用不同的方式来回答同一组问题。因此，你可能会想象，当你遇到涉及数百个变量和数百万个实例的现实问题时，你会想在选择最合适的模型之前尝试多个模型。那么，问题变成了：你如何比较不同的模型来为手头的问题选择合适的模型？（并不是说你可以直接把神经网络的权重和决策树的规则进行比较，就能得出正确答案，尤其是在数据集很大的情况下。）显然，必须要有某种机制来测试模型的优劣，以说明它能多好地解释数据。幸运的是，有许多指标可以评估模型的优劣。以下是一些指标。

精确率：在任何分类问题中，精确率（也称为正预测值）是所有分类实例中正确分类实例的分数。假设你设计了一个事实检查器，它可以读取任何语句并判断该语句是真还是假。在这种情况下，可能会发生四种分类情况。真正正确的陈述可以归类为真（也称为真阳性，TP）；正确的陈述可能被误分类为假（假阴性，FN）；不正确的陈述可能被误分类为真（假阳性，FP)；不正确的陈述会被归类为假（真阴性，TN)。在这种情况下，精确率（Precision）定义为：

$$\text{Precision}=\frac{\text{TP}}{\text{TP+FP}} \tag{12.1}$$

精确率可以用来衡量模型的准确性或质量。

召回率：现在，如果你有一个 100% 精确的模型，那么就没有 FP。然而，并不能保证最小化 FP 会导致低 FN。通常，如果你决定创建一个严格的事实检查器，它可能会倾向于将大多数实例预测为阴性（假设大多数陈述实际上是真的)，因此具有较低的 FP，但代价是较高的 FN。为了在这些场景中有所帮助，你可以使用另一个评估方案来测试模型的完整性，这称为召回率（Recall)。对于任何分类方案，召回率可计算为

$$\text{Recall}=\frac{\text{TP}}{\text{TP+FN}} \tag{12.2}$$

理想情况下，人们希望模型具有高精确率和高召回率。然而，精确率和召回率通常是互补的。当模型设计为高精确率时，其召回率通常较低；精确率低的模型召回率高。那么，如何保持平衡呢？取它们的调和平均值，也就是 F 值（F-measure)，计算方法如下

$$F-\text{measure}=2\times\frac{\text{precision}\times\text{recall}}{\text{precision+recall}} \tag{12.3}$$

这里需要注意的是，并不是所有的问题都需要高精确率的解决方案。在某些情况下，即使以低召回率为代价，你也可能想要非常高的精确率。例如，一家银行希望利用他们的数据设计一种算法来预测可能成为故意违约者的贷款申请人。在这种情况下，更重要的是你的算法要有高精确率，即使代价是拒绝向一些可能不是故意违约者的客户提供贷款。考虑到这一点，如果某个指标能告诉我们在模型的不同设置下，真阳性和假阳性的比率是如何变化的，那么它可能会有所帮助。

幸运的是，你可以使用受试者操作特征（ROC）曲线。在 ROC 曲线中，真阳性率（TPR）在不同阈值下与假阳性率（FPR）相比较。曲线下的区域面积代表模型的良好程度。为了可视化这一点，请考虑图 12.3。

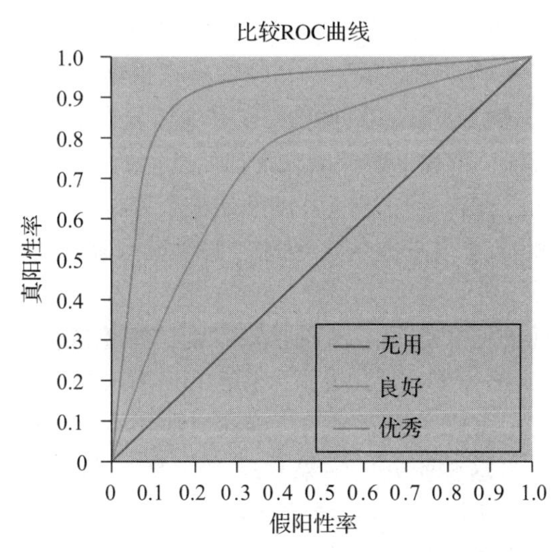

图 12.3 ROC 曲线（来源：内布拉斯加大学医学中心 [12])

图 12.3 中的曲线图展示了在同一曲线图上绘制的代表优秀、良好和无用模型的三条 ROC 曲线。测试的准确性取决于测试对被测试群体的区分程度。左侧曲线（优秀）在曲线下的面积最大，因此是该问题最希望得到的一条。

AIC（赤池信息量准则）：还有其他的准则来比较不同模型的准确性。例如，简单模型的成本更低，更容易解释，计算强度更小；而复杂模型的构建更需要资源，解释性力更弱，但通常提供更好的性能。因此，根据问题的不同，你可能需要平衡它的简单性和拟合性。借用信息论的 AIC，是对解释生成数据的过程的模型所丢失的相关信息的度量。在这样做的同时，它权衡了模型的拟合性和模型的简单性。与精确率和召回率不同，AIC 不能用来判断模型的绝对质量；它只能用于了解与其他模型相比的相对质量。因此，在所有候选模型表现不佳的情况和候选模型表现出色的情况之间，结果可能没有任何差异。

BIC（贝叶斯信息准则）：在拟合模型时，可以通过添加更多参数来增加似然准则，但这样做可能会导致过度拟合。AIC 和 BIC 都试图通过引入对模型中参数数量的惩罚来解决这个问题。因此，模型越复杂，惩罚越高，BIC 越低，模型就越好。然而，BIC 引入惩罚的方式与 AIC 略有不同。当引入一个新的参数到模型中时，BIC 比 AIC 的惩罚更严厉。AIC 近似为一个常数加上数据的实际似然函数与拟合模型的似然函数之间的相对距离。因此，AIC 越低，代表数据真实性质的模型就越接近。相比之下，较低的 BIC 值也意味着该模型更有可能是真实的模型。然而，BIC 是在一定的贝叶斯设置下，作为模型成立的后验概率的函数计算出来的。

那么，最低要求是什么？一般情况下，最好将 AIC 和 BIC 结合使用来选择最合适的模型。例如，在选择一个模型中的潜在类别数量时，如果 BIC 指向一个四类模型，AIC 指向一个两类模型，那么从两个、三个和四个潜在类别的模型中选择是有意义的。

12.4.2 训练 – 测试和 A/B 测试

你已经在前面几章的各种实例中看到，一旦模型建立在训练数据上，它就会在测试样本上进行测试。与训练集相比，该测试样本通常是一个较小的数据集，这是该模型以前没有看到的。这种策略背后的原因是测试模型的概括性。就其最纯粹的形式而言，概括性是指根据已知的观察结果做出预测。概括性可以通过两种方式发生。

第一种方式是当研究人员谈论概括性时，他们是在根据样本所代表的总体，从研究样本的结果中预测更大的总体。例如，在考虑“有多少百分比的美国人支持民主党？”的问题时，研究人员不可能向每一个有投票权的人提出这个问题并得出一个确定的数字。相反，研究人员可以调查一些人，并将他们的结果扩展到整个人群。在这种情况下，研究人员调查的能够代表总体人口的人是很重要的。因此，必须确保调查对象占有较大比例的人口群体。

第二种方式是概括性的概念有助于从科学观察走向理论或假设。例如，在 20 世纪 40 年代和 50 年代，英国研究人员 Richard Doll 和 Bradford Hill 发现，伦敦医院的 649 名肺癌患者中有 647 人吸烟。这一发现促使后来的许多研究使用更大的样本量，采用不同的人群和不同的吸烟量，等等。当这些研究的结果发现人与人、群体、时间和地点有相似性时，这一观察结果被概括为一个理论：吸烟会导致肺癌。

在这种情况下，第一种概况性被应用。为了测试概况性，一个重要的步骤是将数据分成训练集和测试集。通常，当将一个数据集划分为训练集和测试集时，有几个重要的因素需要处理。首先，正如前几章的各种例子所示，大部分数据用于训练，小部分用于测试。其次，分离必须是不偏不倚的。具体来说，应该对数据进行随机抽样，以帮助确保测试集和训练集在变化和代表总体方面是相似的。

有时你可能会遇到这种分离的其他变体，比如训练 – 测试 – 验证集。在这种情况下，训练会更加严格。正如你之前所见，一些数据挖掘模型可能会引入某种形式的偏差，例如在创建数据时出现过度拟合。为了减少偏差的影响，使用了一个验证集。以决策树算法为例。在训练阶段，使用训练数据集用于调整决策边界。然而，这种调整可能会在模型中引入过度拟合，特别是当模型试图在每次迭代中减少误差，并且直到误差降到最低点才停止时。在这样做的同时，它可能会失去概括性。当决策边界调整得如此之好，以至于模型可以解释当前数据集，但不能解释相同总体的其他样本时，就会出现这种情况。

在这种情况下，使用一个单独的验证集来减少过度拟合。顾名思义，它是为了在更大范围内测试模型之前验证模型的准确性。在之前的决策树模型示例中，你将不再使用验证集调整决策边界。相反，你将验证训练数据集上的任何准确度的提高实际上都提高了之前没有显示的模型数据集的准确度，或者至少这个模型没有在该数据集上接受过训练。

上述关于训练和测试的讨论都是为了了解哪些变量对模型是重要的，并确定其重要程度。然而，在许多情况下，你无法决定甚至猜不出在众多变量中选择哪个变量，或者同一个变量的哪个版本更能有效地解释反应。但然后呢？幸运的是，有一种方法可以测试竞争替代变量的重要性，并决定哪一个是最好的，这被称为 A/B 测试。A/B 测试通常与网络分析一起使用，以确定企业最佳在线或直邮促销和营销策略。A/B 测试是一种有两个变量 A 和 B 的对照实验，通过比较变量 A 和变量 B 的反应来测试受试者的反应，以确定两个变量中哪个更有效。让我们举个例子，看看它是如何工作的。

一家食品配送初创公司希望通过其网站上的折扣代码的广告活动来创造销售额。该公司不确定获取客户的最佳渠道是个人电子邮件还是社交媒体。因此，它创建了同一个广告的两个版本，一个是针对其社交媒体渠道的：“使用此促销优惠代码 AX！过时不候！”另一个是个人电子邮件活动：“使用这个促销优惠代码 AY！过时不候！”广告的其他内容保持不变。该公司现在可以通过分析促销代码的使用情况来监控每个渠道的成功率，并为新客户的获取提出更好的策略。

请注意，A/B 测试并不意味着你只能在两种条件下进行实验。你可以选择多种条件 / 处理方法。当然，有很多条件会增加你的研究设计和分析的复杂性，并创造一个更大的样本 / 招聘需求。对于学术研究来说，这可能会变得极其昂贵；但对一个拥有大量用户（数千万或数亿）的专业网站或服务来说，这可能不是一个大问题。毫不奇怪，A/B 测试是目前各种商业组织中流行的评估方法。

12.4.3 交叉验证

这种预先定义的单独训练和测试数据的另一种方法是交叉验证技术，有时称为旋转估计。在这种技术中，通常由于缺少预先存在的测试集，原始样本被划分为训练模型的训练集和评估模型的测试集。交叉验证在实践中有不同的变体。

最简单的交叉验证是滞留法。在这种情况下，样本被分割成两个不相交的集合，称为训练集和测试集。只使用训练集建立模型。然后要求该模型预测测试集的输出值，测试集是模型从未见过的。它在预测中产生的误差是累积的。这就产生了通常所说的平均绝对测试集误差。显然，我们希望误差尽可能小，因此这个误差可以作为模型的评估度量。

对基本滞留法的改进——k 折交叉验证。在这种情况下，数据集被分成 k 个子集，评估进行 k 次。每次将其中一个切片留作测试，其他 k–1 个子集放在一起作为训练集。因此，它可以被视为滞留法在这里重复 k 次。计算所有 k 次试验的平均误差，即为模型的总体准确度。k 折交叉验证的优点是模型对训练集和测试集之间的数据划分的偏差较小。每个数据点都有机会在测试集中出现一次，在训练集中出现 k–1 次。因此，结果估计的方差随着 k 的增加而减小。与滞留法相比，这种方法的缺点是，k 折交叉验证的训练算法必须运行 k 次，并且需要花费 k 倍的计算量来进行评估，而滞留法只运行一次。

留一交叉验证（LOOCV）是 k 折交叉验证的另一个逻辑极端变化，其中 k 等于集合中的数据点数量（N）。因此，使用函数逼近器对除了一个点之外的所有数据进行训练，该点被留在一旁进行测试，并且这个过程对每个数据点重复一次，作为测试用例，总共重复 N 次。像以前一样，计算评估中的平均误差，并将其用做模型的总误差。留一交叉验证方法提供的评估是好的，但计算起来似乎成本非常昂贵，特别是当数据点数量很大时。幸运的是，在本地加权的学习者可以花费与常规预测相同的成本进行 LOO 预测。这意味着计算残差所花费的时间与 LOOCV 一样长，而后者是评估模型的更好方法。

参考资料：错误信息和虚假新闻

你在客厅、学校或新闻里听到过多少次“虚假新闻”？当今世界的新闻媒体不仅仅局限于报纸和新闻频道，还包括像 Facebook、推特等社交媒体平台。

你听说过造谣和误报吗？虽然两者都涉及虚假信息的传播，但后者并非有意误导你。因此，当一个人想要操纵他人并为此传播一些错误的信息（可能是通过推特），那就是造谣。如果你读了这条推文，并决定点赞或转发它，你就在不知不觉中帮助了这条虚假新闻的传播，这被称为误报。

这种错误信息的传播可以用来影响公众对重要社会、政治和环境问题的意见，如疫苗接种、选举、全球变暖和绿色能源。为了应对虚假信息的传播，我们需要将公众意识与技术结合起来。教育人们如何在分享任何信息之前检查其真实性就是这样一个步骤。由于社交媒体数据量庞大，人工管理此类信息是不可能的，我们也可以建立简单的系统，自动识别虚假新闻内容，并阻止此类新闻的传播。

假新闻可能涉及政治讽刺、窜改、宣传和有偏见的报道，知道这一点也可能有用。更重要的是，它可能不仅限于文本，还可能包括修改过的视频和图像。

你想测试自己识别假新闻的能力吗？试着辨别下列新闻的真实性：

1. 玩游戏停不下来？世界卫生组织可能很快就会将视频游戏成瘾视为一种精神障碍。

2. 印度是全球自拍死亡人数最多的国家。

3. 特朗普建议移民佩戴识别徽章。

答案是真、真、假。

误导性信息会对个人和社会生活造成巨大损害。因此，下次你看到可疑的新闻标题时，在分享之前检查一下整个新闻。拼写和语法错误、强烈的辱骂性语言以及非正式的写作风格——这些都是“虚假新闻”的迹象。

记住：不要相信新闻的标题！

总结

数据科学不仅关乎你如何处理数据，还关乎数据之前和之后发生的事情。让我澄清一下，在本书的大部分内容中，我们关注的是拥有正确的数据并应用各种分析的阶段。然而，在现实中，在遇到给定问题的正确类型的数据之前，还有很多工作要做。在以某种方式处理 / 分析数据之后，会发生很多事情。在本章中，我们讨论了这些前期数据和后期分析阶段。我们发现收集数据的方法有很多，每种方法都有自己的优缺点、成本和收益。最后使用哪种方法取决于需求、预算（时间和金钱）以及其他实际考虑。使用多种方法进行数据收集也很常见，这导致数据集的格式不同，并且在分析时可能讲述不同的故事。

同样，分析数据也有不同的方式。广义而言，有定量和定性方法。在本书中，我们主要关注定量方法，当你环顾数据科学的广阔领域时，你会发现这些方法是最常见的。记住，数据科学源于统计学！也就是说，至少了解一些定性方法的基础知识也很重要，因为我们最终可能会得到需要定性分析的数据（例如，从访谈中收集的数据）。

最后，我们发现有时必须在处理或分析数据后进行元分析。这包括重新思考我们的评估策略，并比较数据分析中使用的各种技术或模型。我们常常会发现没有确切的答案或完美的模型。相反，我们要做一个决定——我们应该选择更复杂、更合适的模型，还是更简单但准确度更低的模型？三级模型比五级模型更好吗，即使五级模型能更好地分类数据？我们如何确保我们构建的模型足够通用，可以用于即将到来的新数据？这些问题没有标准答案。但希望本章已经给了你一个开始，让你能够提出正确的问题，并做出一些明智的决定。

关键术语

- **利克特量表**：利克特量表是一种心理测量评定量表，通常采用问卷调查的方法进行研究。使用该量表时，受访者通常被要求对项目进行一致程度的评分。
- **扎根理论**：扎根理论是一种系统的方法论，主要应用于社会科学，通过有系统的数据收集和分析来构建理论。
- **定量方法**：定量方法侧重于收集数值数据，并对其进行客观分析。它通常包括采用问卷、调查或使用计算技术操纵预先存在的统计数据的客观测量和分析。
- **定性方法**：定性的意思是强调实体的性质、过程和意义，这些不能通过实验来检验或测量（如果测量的话）量、数量、强度或频率。大多数定性方法（例如民族志）都涉及观察感兴趣的现象，并在没有任何干扰的情况下尽可能多地记录细节。
- **常数比较**：常数比较是一种数据编码的归纳方法，用于对定性数据进行分类和比较，以便进行分析。
- **精确率**：在任何分类问题中，精确率是所有分类实例中正确分类实例的比例。

- **交叉验证**：在交叉验证技术中，由于缺少预先存在的测试集，原始样本被划分为训练模型的训练集，以及评估模型的测试集。

概念性问题

1. 比较调查和访谈方法，列举它们的优缺点。
2. 什么是数据收集和分析的定量方法？举两个例子。
3. 什么是数据收集和分析的定性方法？举两个例子。
4. 焦点小组与访谈相比有什么优势？
5. AIC 和 BIC 有什么不同？
6. 受试者操作特征（ROC）曲线代表什么？描述如何使用它来决定在给定情况下使用哪个系统 / 分类器。

延伸阅读及资源

1. Patton, M. Q.（2014）. Qualitative Research & Evaluation Methods, 4th ed. Sage.

2. Kalof, L., Dan, A., & Dietz, T.（2008）. Essentials of Social Research. McGraw-Hill Education.

3. SAGE.（2018）. SAGE Research Methods:
http://sagepub.libguides.com/research-methods/researchmethods

4. Labaree, R.（2013）. Organizing Your Social Sciences Research. Paper 1. Choosing a Research Problem:
http://libguides.usc.edu/writingguide/researchproblem

5. Labaree, R.（2013）. Organizing Your Social Sciences Research. Paper 6. The Methodology:
http://libguides.usc.edu/writingguide/methodology

注释

1. 快速调查：进行调查的 4 个主要原因
https://www.snapsurveys.com/blog/4-main-reasons-conduct-surveys/

2. 验证码机器人探测器：https://captcha.com

3. 微软 365 调查：
https://support.office.com/en-us/article/Surveys-in-Excel-hosted-online-5FAFD054-19F8-474C-97EC-B606FCDA0FF9

4. Smart Survey：https://www.smartsurvey.co.uk/signup

5. Survey Monkey：https://www.surveymonkey.com/

6. Qualtrics：https://www.qualtrics.com/

7. 热点图来源：“UX：寻找方法论的艺术”
http://johnnyholland.org/2009/10/ux-an-art-in-search-of-a-methodology/

8. Coagmento：http://coagmento.org

9.“老大哥在看着你”是英国作家 George Orwell 在他的小说《一九八四》(1949 年出版）中介绍的一个概念。

10. 欧盟委员会：2018 年欧盟数据保护规则改革（官方）https://ec.europa.eu/commission/priorities/justice-and-fundamental-rights/data-protection/2018-reform-eu-data-protection-rules_en

11. IBM 公司：“IBM 公司数据隐私：咨询服务 GDPR 准备情况评估”

https://www-01.ibm.com/common/ssi/cgi-bin/ssialias？ htmlfid=WGD03104USEN&

12. ROC 曲线下的面积（由内布拉斯加大学医学中心提供）：http://gim.unmc.edu/dxtests/roc3.htm

附录

附录 A

微分学中的有用公式

一般来说，对于一个函数 $y=x^n$：

$$\frac{\mathrm{d}}{\mathrm{d}x}x^n = nx^{n-1}$$

让我们再列出更多规则：

$$\frac{\mathrm{d}}{\mathrm{d}x}cy = c\frac{\mathrm{d}y}{\mathrm{d}x}\text{，其中}c\text{是一个常数}$$

$$\frac{\mathrm{d}(u+v)}{\mathrm{d}x} = \frac{\mathrm{d}u}{\mathrm{d}x} + \frac{\mathrm{d}v}{\mathrm{d}x}$$

$$\frac{\mathrm{d}(uv)}{\mathrm{d}x} = u\frac{\mathrm{d}v}{\mathrm{d}x} + v\frac{\mathrm{d}u}{\mathrm{d}x}$$

$$\frac{\mathrm{d}}{\mathrm{d}x}\left(\frac{u}{v}\right) = \frac{u\frac{\mathrm{d}u}{\mathrm{d}x} - u\frac{\mathrm{d}v}{\mathrm{d}x}}{v^2}$$

且

$$\frac{\mathrm{d}y}{\mathrm{d}x} = \frac{\mathrm{d}y}{\mathrm{d}u}\frac{\mathrm{d}u}{\mathrm{d}x}$$

如果 $y=f(u)=u^n$ 且 $u=\mathrm{d}(x)$，则：

$$\frac{\mathrm{d}y}{\mathrm{d}x} = \frac{\mathrm{d}}{\mathrm{d}x}u^n = nu^{n-1}\frac{\mathrm{d}u}{\mathrm{d}x}$$

有时候我们有多个变量的函数。这时，我们对其中一个变量求导数，并将其他变量视为常数。这叫作偏导数。关于 x 的偏导数就是指将所有其他字母作为常数，只对 x 部分求导。这里有一个例子：

$$f(x,y) = 3y^2 + 2x^3 + 5y$$

$$\frac{\partial f}{\partial x} = 6x^2$$

如果我们取 f 相对于 y 的偏导数，会发生什么：

$$f(x,y) = 3y^2 + 2x^3 + 5y$$

$$\frac{\partial f}{\partial x} = 6y + 5$$

延伸阅读及资源

要了解更多关于这些公式、证明或一些与章节相关的更高级的公式，可以阅读以下资料：

1. Adams, R. A. (2003). *Calculus: A Complete Course*, 5th ed. Pearson Education.
2. Math is Fun: Introduction to derivatives: https://www.mathsisfun.com/calculus/derivatives-introduction.html
3. University of Texas: Basic differentiation formulas: https://www.ma.utexas.edu/users/kit/Calculus/Section_2.3-Basic_Differentiation_Formulas/Basic_Differentiation_Formulas.html

附录 B

概率中的有用公式

事件的概率计算如下：

$$事件发生的概率P=\frac{该事件可能发生的数量}{总结果数}$$

对于互斥事件 A 和 B：

$$P(A或B)=P(A\cup B)=P(A)+P(B)$$

对于独立事件 A 和 B：

$$P(A和B)=P(A\cap B)=P(A)P(B)$$

事件 A 的条件概率定义为：给定其他事件 B 发生时，事件 A 发生的概率。具体表示为：

$$P(A|B)=\frac{P(A\cap B)}{P(B)}$$

这里 P（A|B）表示给定 B 时 A 的条件概率；P（A$\cap$B）表示 A 和 B 都发生的概率，P（B）是事件 B 的概率。

贝叶斯定理是描述当给定证据时如何计算假设概率的公式。它简单地遵循条件概率的公理。给定一个假设 H 和证据 E，根据贝叶斯定理，得到证据之前假设的概率 P（H）和得到证据之后假设的概率 P（H|E）之间的关系是：

$$P(H|E)=\frac{P(E|H)}{P(E)}P(H)$$

延伸阅读及资源

要了解更多关于这些公式、证明或一些与机器学习章节相关的更高级的公式，可以阅读以下资料：

1. Jaynes, E. T. (2003). *Probability Theory: The Logic of Science*. Cambridge University Press.
2. Online Statistics Education: An Interactive Multimedia Course of Study: http://onlinestatbook.com/2/probability/basic.html
3. Introduction to Probability by Bill Jackson: http://www.maths.qmul.ac.uk/~bill/MTH4107/notesweek3_10.pdf
4. RapidTables: Basic probability formulas: https://www.rapidtables.com/math/probability/basic_probability.html

附录 C

有用的资源

C.1 教程

- Unix Primer – Basic Commands in the Unix Shell: http://www.ks.uiuc.edu/Training/Tutorials/Reference/unixprimer.html
- The Python Tutorial: https://docs.python.org/2/tutorial/
- Getting Started with MySQL: https://dev.mysql.com/doc/mysql-getting-started/en/
- Introduction to PHP: http://www.w3schools.com/PHP/php_intro.asp
- An R Primer for Introductory Statistics: http://www.stat.wisc.edu/~larget/r.html
- Statistics – Statistical Primer for Psychology Students: http://www.mhhe.com/socscience/intro/cafe/common/stat/index.mhtml
- Primer in Statistics: http://www.micquality.com/downloads/ref-primer.pdf
- Daniel Miessler: The Difference Between Machine Learning and Statistics: https://danielmiessler.com/blog/differences-similarities-machine-learning-statistics/
- Primer for the Technically Challenged by Stephen DeAngelis:
- Part 1: https://www.enterrasolutions.com/blog/machine-learning-a-primer-for-the-technically-challenged-part-1/
- Part 2: https://www.enterrasolutions.com/blog/machine-learning-a-primer-for-the-technically-challenged-part-2/
- An Introduction to Machine Learning Theory and Its Applications: A Visual Tutorial with Examples: http://www.toptal.com/machine-learning/machine-learning-theory-an-introductory-primer

C.2 工具

- Cygwin (http://www.cygwin.com/) (Windows) – for Linux-like environment on Windows
- WinSCP (http://winscp.net/eng/index.php) (Windows) – SSH and FTP client. Instructions: http://winscp.net/eng/docs/guides
- PuTTY (http://www.chiark.greenend.org.uk/~sgtatham/putty/download.html) (Windows) – SSH client. Instructions: https://mediatemple.net/community/products/dv/204404604/using-ssh-in-putty-

- Fugu (https://download.cnet.com/Fugu/3000-7240_4-26526.html) (Mac) – FTP client. Instructions: http://www.cs.cmu.edu/~help/macintosh/fuguhowto.html
- FileZilla (https://filezilla-project.org/download.php) (Mac) – FTP client. Instructions: https://wiki.filezilla-project.org/FileZilla_Client_Tutorial_(en)
- MySQL downloads (http://dev.mysql.com/downloads/mysql/) (All platforms)
- MySQL GUI tools (http://dev.mysql.com/downloads/gui-tools/5.0.html) (All platforms)
- MySQL Workbench (http://www.mysql.com/products/workbench/) (All platforms) – MySQL GUI client. Instructions for setting up SSH Tunnel: https://mikefrank.wordpress.com/2009/12/14/mysql-workbench-5-2-and-ssh-mini-faq/
- Sequel Pro (http://sequelpro.com) (Mac) – MySQL GUI client
- PHP (http://php-osx.liip.ch/) (Mac)
- MAMP (http://www.mamp.info/) (Mac, Apache, MySQL, PHP)
- PHP (http://www.php.net/downloads.php) (Windows)
- Eclipse (https://www.eclipse.org/downloads/packages/installer) (All platforms) – Integrated Development Environment (IDE) for all kinds of programming needs
- PHP Eclipse plugin (http://sourceforge.net/project/showfiles.php?group_id=57621) (All platforms)
- Python (https://www.python.org/downloads/) (All platforms)
- Spyder (https://github.com/spyder-ide/spyder) (All platforms) – Scientific PYthon Development EnviRonment
- PyDev (http://www.pydev.org) (All platforms) – Python IDE for Eclipse
- R (https://www.r-project.org/) (All platforms)
- RStudio (https://www.rstudio.com/products/rstudio/download/) (All platforms) – an IDE for R

附录 D

安装和配置工具

D.1 Anaconda

使用 Python 和相关工具的方法有很多。如果你已经有了最喜欢的方法或工具（例如 Eclipse），请继续使用。然而，如果你是一个 Python 新手或者想尝试一些不同的东西，那么我建议使用 Anaconda 框架。

它可以从 https://www.anaconda.com/distribution/ 获得，并提供了许多工具，包括 Python 本身。此外，它还有数百个流行的 Python 包，很大一部分可以用于数据科学。

安装 Anaconda 后，启动 Navigator 实用程序。Navigator 将列出你机器上所有与 Python 相关的工具，允许你从这个位置启动和管理它们。

请看图 D.1，对我们非常有用的两个实用程序是 IPython notebook 和 Spyder，接下来我将介绍它们。

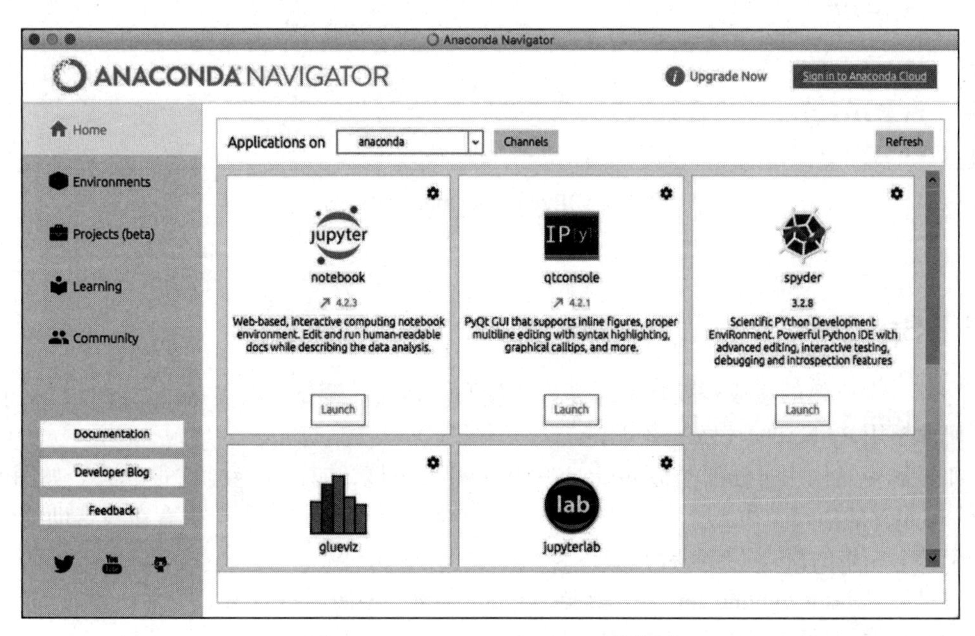

图 D.1　Anaconda Navigator 的截图

D.2 IPython (Jupyter) notebook

IPython（表示交互式 Python）notebook 是一个尝试 Python 的不错的实用程序。它允许你交互式地编写、执行甚至可视化 Python 代码。另外，它可以帮助你记录并展示你的工作，所以对学习和教学都有好处！

你可以从 http://ipython.org/notebook.html 下载该程序，安装说明可以在 http://jupyter.readthedocs.org/en/latest/install.html 找到。注意现在 IPython 的名字是 Jupyter。所以，如果你以前用过 IPython，不要被这个迷惑了。

notebook 的一个好处是它可以在你的网络浏览器中运行，易于访问并具有跨平台兼容性。

参见图 D.2，如你所见，你不仅可以编写和运行你的代码，还可以进行编辑和格式化。

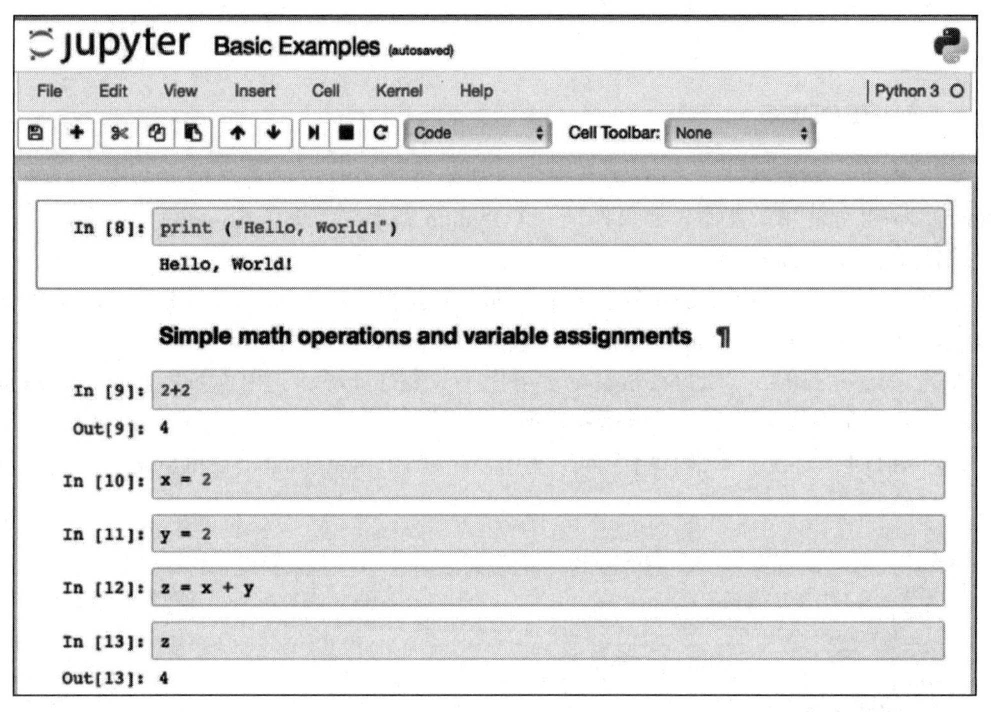

图 D.2 IPython notebook 的截图

D.3 Spyder

这是一个成熟的集成开发环境，允许你编写、运行、调试、获得帮助，并且几乎可以做任何你想用 Python 编程做的事情。

如果你曾经使用过任何类似 Eclipse 的集成开发环境，应该会感觉这很熟悉。如图 D.3（取自 Spyder 的项目页面）所示，它包括一个带有编辑器的窗口、一个带有在线帮助的窗口和一个带有结果的窗口（控制台）。

你可以从 https://github.com/spyder-ide/spyder 获得 Spyder。一旦安装好后，就像 IPython notebook 一样，Spyder 也会出现在 Anaconda。

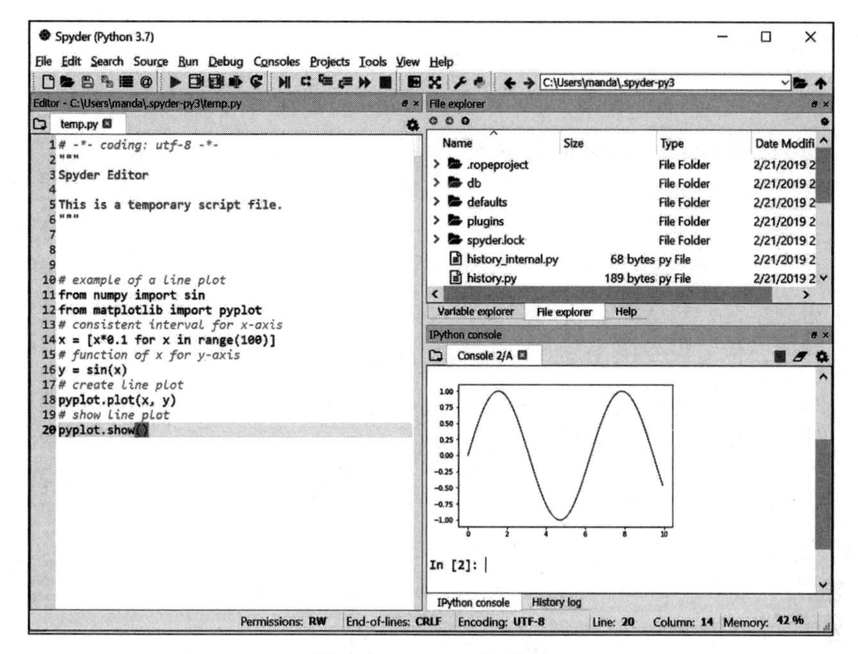

图 D.3　Spyder 的截图

D.4　R

R 是一个免费、开源、严格开发（和支持）的编程环境（如图 D.4 所示）。它是数据科学应用的理想选择，因为它允许以一种非常简单的方式加载和处理数据，而且在数据分析和可视化方面都非常强大。登录 https://www.r-project.org/ 了解更多信息并下载。

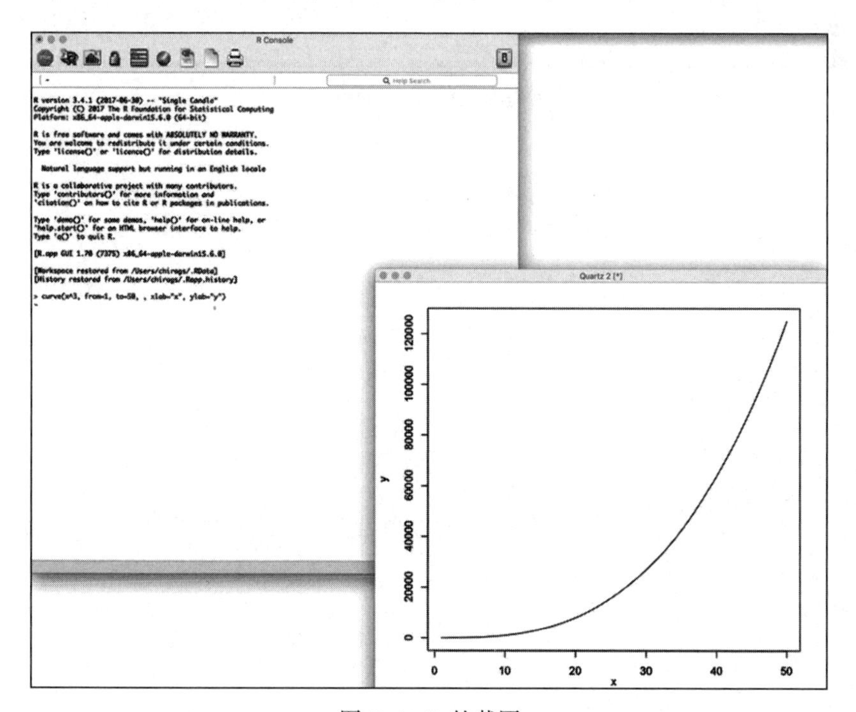

图 D.4　R 的截图

D.5 RStudio

使用R的一个好方法是通过一个名为RStudio的集成开发环境，可以从 https://www.rstudio.com/products/rstudio/download/ 免费下载。

如图D.5所示，RStudio有四个主窗口。你可以在左上角看到数据集或R脚本文件，在左下角找到控制台，并在提示符下输入R命令。在右上角的窗口中，你可以看到环境中加载的变量和函数，或者在控制台中尝试过的所有命令的历史记录。最后，右下角的窗口显示了一些有用的东西，包括图、帮助和包列表，还有一个文件浏览器。

如果有需要，你可以使用Tools>Install packages为R安装软件包或库。

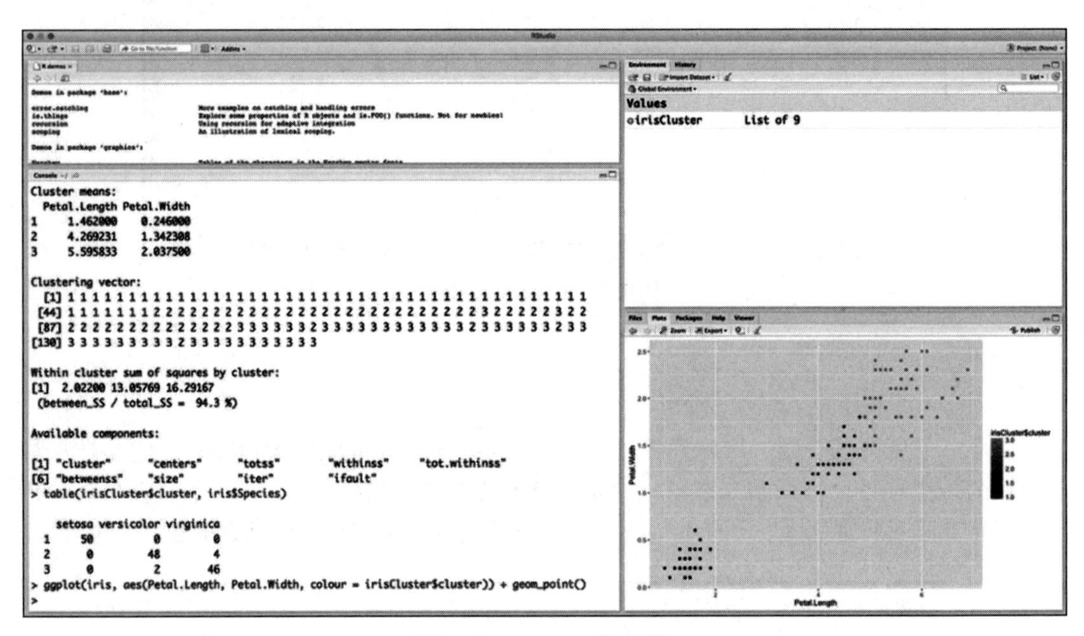

图D.5 RStudio的截图

附录 E

数据集和数据挑战赛

在本书中，我们已经看到许多数据集——用于章节内的实践练习，用于尝试一些问题，以及贯穿全书的几个例子。但是如果你想要更多的练习，需要更多的数据集呢？幸运的是，有很多这样的网站，并且大多数都是免费且开源的。本附录为这类数据集以及开放数据挑战赛提供了一些指导，任何人都可以参与其中，甚至赢得奖品！

E.1 Kaggle

Kaggle（https://www.kaggle.com/）是训练你数据科学技能的好地方。这是一个由数据科学家、机器学习和人工智能研究人员组成的在线社区，它于 2017 年被谷歌收购。Kaggle 最初是一个分享机器学习问题或挑战的平台，后来也演变成了一个数据共享平台。用户可以在平台中找到数据集，发布新的数据集，与社区中的其他数据科学家和机器学习者协作，参加数据挑战赛，构建新模型，探索现有模型，与社区共享结果，以及做许多其他的事情。以下是 Kaggle 提供的一些最受欢迎的服务。

Kaggle Kernels：Kernels 是基于云的可用于与社区共享代码片段的工作台，允许其他人复制实验并确认结果，从而促进研究的可重复性。在 Kaggle 中共享的代码片段是用 Python 或 R 编写的。到目前为止，Kaggle 上已经共享了超过 15 万个“内核”。

Hosting Datasets：Kaggle 是一个很好的与社区共享数据集的平台。虽然不是所有托管在 Kaggle 中的数据集都是技术上开放的数据集（没有任何版权），但至少它使同行研究人员能够探索他人收集的数据，从而为改善教育和构建工具解决其他现实世界的问题提供了一个途径。

Kaggle Learn：Kaggle 还支持一个关于 AI 教育的在线微课。

Jobs Board：这项服务允许潜在的招聘者发布数据科学、机器学习和相关领域的职位列表。当然这意味着如果你正在寻找数据科学工作，这可能是你能够查找的渠道之一。有关数据科学工作的更多信息，请参考附录 G。

E.2 RecSys

RecSys 是一个关于推荐系统的 ACM（美国计算机协会）会议，于 2007 年首次组织。

推荐器或推荐系统会试图预测用户对某个项目的“偏好”，并据此过滤信息。例如，当你在亚马逊上浏览感兴趣的产品时，它还会根据你的搜索日志向你展示你可能感兴趣的其他产品列表，后台的推荐算法负责生成这个列表。在亚马逊的例子中，后台的推荐算法被称为协同过滤。尽管电子商务网站是推荐系统最明显、最受欢迎的应用，但它们的应用绝不仅限于电子商务应用。如电影推荐（Netflix）、音乐推荐（Spotify）、搜索查询推荐（如谷歌搜索）等多种热门服务在后台运行某种形式的推荐系统。

RecSys 2019 是第十三届 RecSys 会议，它向研究界提出了挑战，即开发一个基于会话和上下文感知的推荐系统，该系统基于各种用户输入的旅行推荐，来提供最符合用户偏好的住宿列表。该数据集是从 Trivago 收集的，Trivago 是一个比较各种旅游预订网站的住宿和价格的平台。Trivago 从不同的预订网站提供关于每种住宿特征的综合信息，以帮助潜在的旅行者做出明智的决定，并找到他们理想的住宿地点。该数据集可在 https://recsys.trivago.cloud/ 获得，并可在注册数据集挑战时下载。参与者可以使用从链接下载的训练数据开发他们的预测模型并提交他们的系统，组织者将根据私人测试集离线审查。根据结果，参与者也将有机会提交一份讨论他们的系统的论文。因此，RecSys 不仅为促进推荐系统的最新行业研究提供了一个重要的结合点，同时也为学术界提供了推进数据科学教育的空间。

E.3 WSDM

网络搜索和数据挖掘（Web Search and Data Mining，WSDM）是另一个关于搜索和数据挖掘的顶级 ACM 会议。WSDM 也和 RecSys 一样每年举办一些关于数据挖掘的比赛或任务。这些任务中的每一项都基于当前的现实挑战。WSDM 2019 主办了假新闻分类、智能航班时刻表开发、顺序跳转预测、百度好看 app 用户留存率等挑战。参加这些竞赛不仅让我们了解了当前行业面临的前沿问题，还提供了与其他研究人员合作并致力于开发最先进的解决方案而努力的机会。注：WSDM 2019 挑战的数据集托管在 Kaggle 中。

E.4 KDD Cup

ACM 知识发现和数据挖掘特别兴趣小组（Special Interest Group on Knowledge Discovery and Data Mining，SIGKDD）是数据挖掘者的领先的专业组织。它每年会组织数据挖掘和知识发现比赛或 KDD Cup。KDD 被普遍认为是数据挖掘研究中最有影响力的社区。KDD 每年都会举办多项比赛，从常规的机器学习挑战到医学诊断的数据挖掘问题，通常比赛持续两到四个月。2019 年，SIGKDD 主办了第 25 届 KDD Cup。你可以从以下链接了解更多信息：https://www.kdd.org/kdd2019/。

附录 F

使用云服务

你可能已经注意到，本书（尤其是第 4 章）中使用的一些服务和工具需要 UNIX 环境，并且不容易得到其他操作系统（如 Windows 或 Mac OS）的支持。在这种情况下，方便的解决方法是让你的系统多重开机（在同一台机器上安装多个操作系统），或者使用虚拟环境。不幸的是，这两种选择都有局限性，它们并不完全等同于在每个系统中安装一个环境的多系统。幸运的是，由于谷歌、微软、亚马逊等主要技术公司最近提供的云服务，这还有一个替代方案。

云计算是一种范式，支持对可配置系统资源的低级共享池和高级服务的无处不在的访问，这些服务可以用最少的管理工作量快速调配。简而言之，云计算是计算服务的交付，如存储、数据库、服务器、网络、分析以及高速网络，通常是互联网（“云”）。提供此类服务的提供商被称为云提供商，它们通常会根据用户使用情况和所使用的服务类型向用户收取云服务费用，类似于收取家用水电费。

在本书的上下文之外，即使你不认识云计算，你可能现在正在使用它。如果你在 Netflix 上看节目，在 Spotify 上听音乐，玩在线游戏，或者在 iCloud 上存储图片，你就一直在使用基于云的内容、处理和服务。即使在使用电子邮件等“简单”服务时，云计算也可能在幕后让一切无缝运行。尽管第一个商业云计算服务在这一点上只有十多年的历史 [1]，但云计算正被数量惊人的组织所接受——从小型初创公司到全球公司，从政府机构到非营利组织。以下是一些使用云服务的基本服务：

- 存储带有备份和恢复选项的数据
- 分析数据以识别模式并做出预测
- 流式音频和视频服务
- 创建新的应用程序和服务

尽管上面的列表并不全面，但是你可以想象的是，并不是所有的服务都需要相同类型的支持。根据云用户所需的支持类型，大多数云计算服务可以大致分为三种类型：

- **基础设施即服务（IaaS）**：这是云计算服务最基本的类别，只需要服务提供商提供最低限度的支持。在这种类型的安排中，你通常根据你的需求从云提供商那里租用一些 IT 基础设施，范围从服务器和虚拟机（VM）到存储和网络，按使用付费。我们几乎每天都在使用 IaaS 的一个简单例子是用 Google Drive 或 Dropbox 来存储文件和数据。

- **平台即服务（PaaS）**：平台即服务（PaaS）是指提供按需环境的服务类型，以开发、测试和管理云用户所需的软件应用程序。PaaS 旨在让开发人员简化开发应用程序的过程，而无须担心设置或管理开发所需的服务器、存储、网络和数据库等底层 IT 基础设施。与 IaaS 不同，PaaS 不仅包括基础设施，还提供中间件、开发工具、商业智能（BI）服务、数据库管理系统等，以支持完整的应用程序开发生命周期：构建、测试、部署、管理和更新。谷歌云平台（GCP）、Microsoft Azure 和亚马逊网络服务（AWS）是这类平台的热门例子。我们接下来将讨论更多关于平台即服务的内容。
- **软件即服务（SaaS）**：软件即服务（SaaS）是一种通过互联网主要以订阅方式按需交付软件应用程序的新模式。在 SaaS 中，云提供商除了维护底层基础设施之外，还要托管和管理应用程序，并处理任何维护工作，例如提供软件升级和安全补丁。此类应用程序的终端用户通常使用手机、平板电脑或个人电脑上的网络浏览器，通过互联网连接到该应用程序。最初由思科开发、后来被 Sourcefire 收购的 Immunet^{TM} 防病毒软件就是建立在 SaaS 基础上的此类应用程序的一个例子。

F.1 谷歌云平台

谷歌云平台（GCP）是一系列运行在谷歌内部用于其终端用户产品的相同基础设施上的云计算服务，如谷歌搜索、Gmail 和 YouTube。除了一套管理工具外，GCP 还提供一系列包括计算、数据存储、数据分析和机器学习在内的模块化服务。因此，你可以将其用于 IaaS 服务以及 PaaS 服务。然而，在本节中，我们将主要讲述如何将 GCP 用作虚拟机，并将它用作谷歌称之为计算引擎的平台即服务。要使用这些服务，你需要访问谷歌云官网，在那里你可以使用你的 Gmail 账户登录。如果你没有，你需要首先注册来创建一个新账户。如果这是你在 GCP 的第一个账户，你将获得价值 300 美元的注册积分，这应该足够完成一个小的演示项目。不过，（完全披露）当你第一次在 GCP 注册时，你确实需要一张信用卡，但是你的卡只有在你用完最初的 300 美元注册奖金后才会被收取费用。

登录后，你需要前往控制台，在那里你可以找到计算引擎、云存储、应用引擎以及许多其他云服务功能的链接。如果你要创建虚拟机，你需要单击计算引擎链接，该链接会将你重定向到在 GCP 上运行的项目列表。假设这是你的第一个项目，你需要首先创建一个项目，并为其分配一个名称。对于这个演示，我已经创建了一个名为"演示项目"（demo-project）的项目，如图 F.1 所示。注意，除了项目名称之外，项目还需要有一些唯一的项目标识 ID，你可以使用谷歌分配的 ID，或者你可以将其修改为对项目目标更有意义的其他组合。一旦单击"create"按钮，通常需要几分钟来完成这一步。

创建项目后，它将显示在当前项目列表下。如果你选择此项，它将显示你需要填写的个人信息页面，包括你的账单信息。如果设置正确并且你的账号已启用，你就可以在谷歌的基础设施上创建虚拟机了。

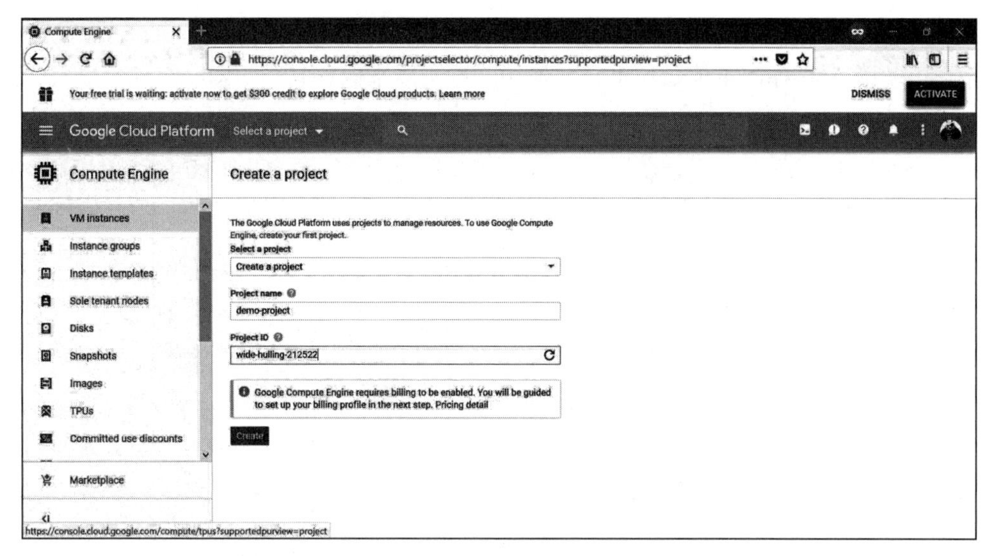

图 F.1　在 GCP 创建一个新项目

要想创建虚拟实例，请单击 VM instances>Create 按钮，这将带你进入实例规范页面。你可以将实例的区域修改为最接近你的地理位置、机器类型和你在规范中选择的 Linux 分布的区域，如图 F.2 所示。你可以在高级设置中进一步自定义机器类型，包括更改 CPU、GPU 的数量和实例的内存量。请注意，你为虚拟机定制的配置越多和功能越强大，成本就越高。如图 F.2 所示，我为这次演示选择的配置每月维护费用为 99.09 美元。

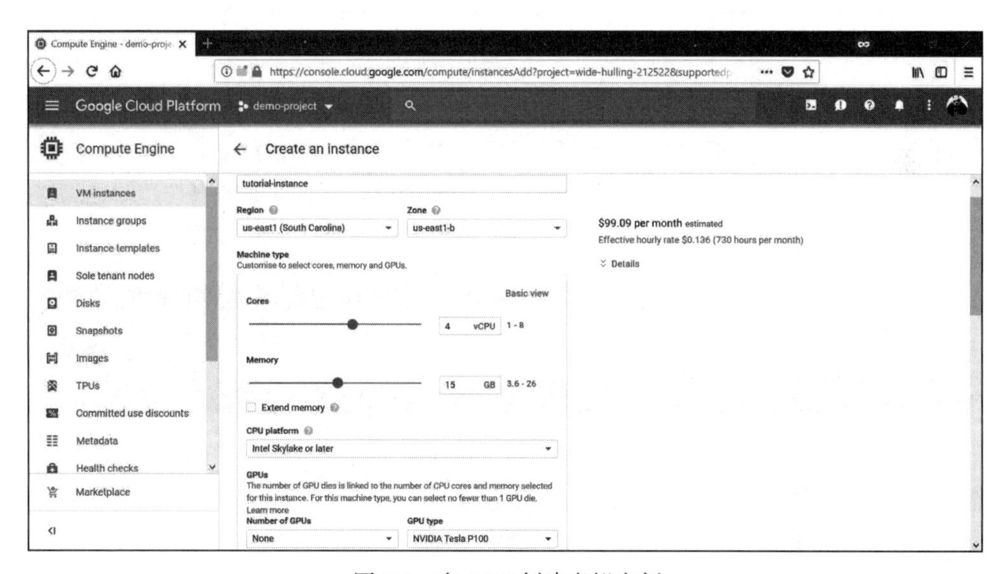

图 F.2　在 GCP 创建虚拟实例

现在，在你单击创建按钮以完成创建虚拟实例之前，你需要一些准备来安全地访问这个实例。由于虚拟实例本质上相当于一个 UNIX 平台，一种可能的准备是使用安全外壳。回想一下第 4 章的 SSH 部分，如果你使用的是个人电脑，你需要一个工具来使用 SSH 客户端服务，网上有很多这样的免费工具。在这个练习中，我将使用 PuTTY。下载并安装 PuTTY 后，搜索 PuTTYgen。运行 PuTTYgen，随机移动鼠标，生成你唯一的 SSH 密钥。

你可以修改密钥注释，正如我在图 F.3 中所做的那样，以进一步个性化你的 SSH 密钥。不要忘记将私钥保存在你的本地机器上，并使用一些密码来保护它。

图 F.3 使用 PuTTYgen 生成 SSH 密钥

接下来，从 PuTTYgen 复制公钥，并将其作为安全密钥添加到你在 GCP 的管理、安全、磁盘、网络、独立租赁部分下的虚拟实例中，并单击创建按钮，如图 F.4 所示。实例设置完成后，它将显示在你的 GCP 账户下创建的虚拟实例列表中，其名称左侧有一个绿色勾号，表示其当前运行状态及其外部 IP 地址。你将需要此地址来从本地计算机连接虚拟实例。

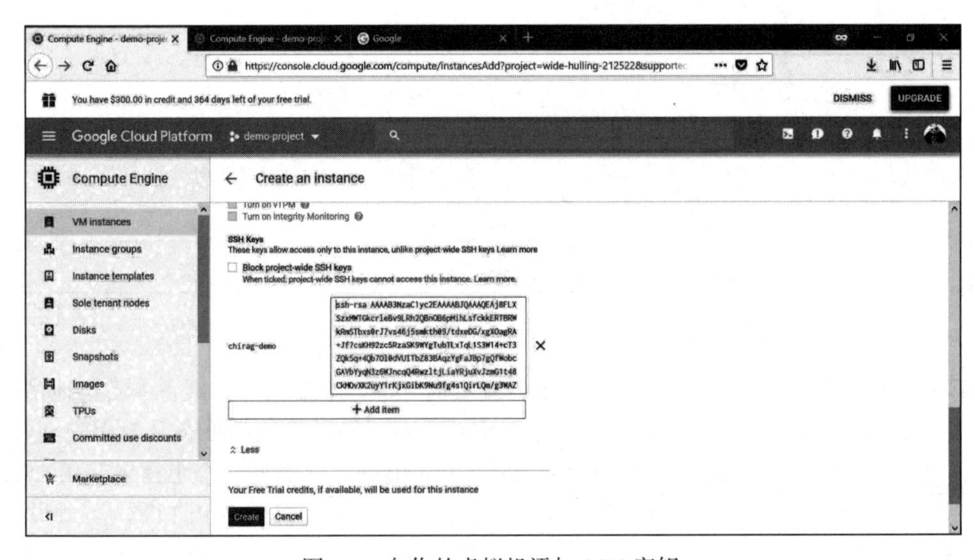

图 F.4 向你的虚拟机添加 SSH 密钥

既然已经启动并运行了虚拟实例，就让我们从你的虚拟机连接到它。为此，请从你的系统中打开 PuTTY，转到 SSH >Auth 并浏览你在生成 SSH 私钥时存储的私钥，转移回会话 > 主机名（或 IP 地址），在此粘贴你的虚拟实例的外部 IP 地址，如下图 F.5 所示，打开连接，这将弹出一个提示你输入登录名的终端，在我的例子中，它应该与 PuTTYgen，chirag-demo 中的 Key-comment 相同。一旦你提供了登录名，它会提示你输入密码，该密码与你在 PuTTYgen 中用来存储私钥的密码相同。一旦正确提供了这两个凭据，它就应该进行身份验证，并允许你使用虚拟机。这很简单，不是吗？在 GCP 使用虚拟实例的好处之一是，你可以在不需要任何管理密码的情况下完成所有 sudo 操作（需要管理访问权限的操作）。因此，你可以安装你可能需要的所有类型的包来处理项目的数据分析和可视化。这多么酷呀！

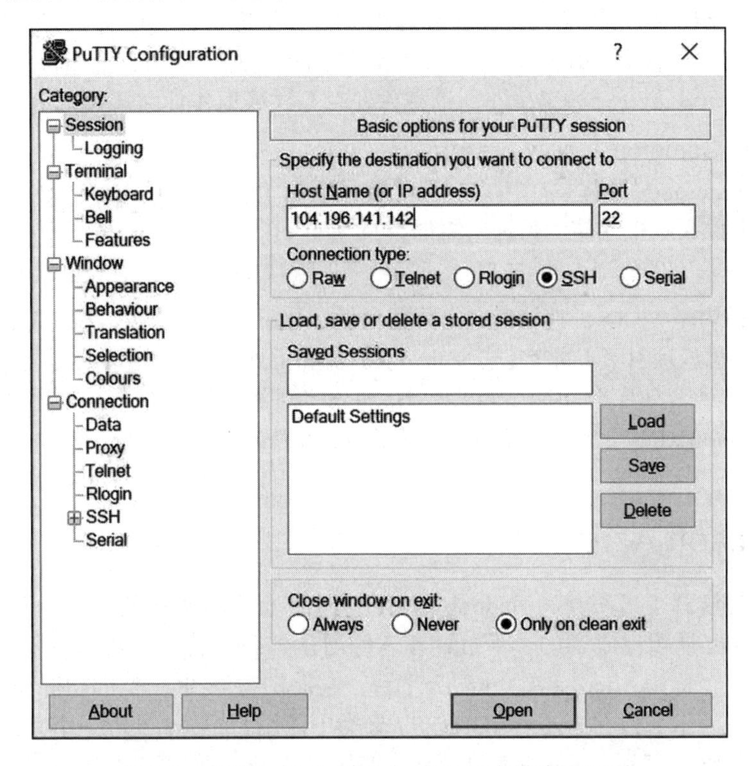

图 F.5　使用 PuTTY 建立与 GCP 虚拟实例的连接

F.2 Hadoop

如前所述，云计算服务与低成本存储相结合，为我们带来了巨大的处理能力，而成本仅为我们自己建立和维护类似基础设施所需的一小部分。然而，大的处理能力往往不足以解决当今的业务挑战。不管是好是坏，企业日常业务中积累的结构化和非结构化数据也成倍增长。重要的不仅仅是数据量，还有组织如何处理这些数据。幸运的是，有一套叫作 Hadoop 的开源的程序和过程，任何人都可以用它作为自己海量数据的“主干”，这被称为“大数据”操作。

简而言之，Hadoop 是一个分布式处理框架，用于管理大数据应用程序的数据处理和存储，通常运行在高性能聚类系统中。Hadoop 的优点和它如此受欢迎的主要原因是它的模块化特性。整个系统由 4 个模块组成，如下所述，每个模块都执行一项对手头的大数据分析至关重要的特定任务。

1. 分布式文件系统

“文件系统”定义了计算机如何存储任何数据，以便以后可以找到和使用这些数据，通常是由计算机的操作系统指定的；然而，Hadoop 可以使用自己的文件系统，它位于主机文件系统的“上方”，这意味着可以通过运行任何支持操作系统的任何计算机来访问数据。因此，Hadoop 允许数据以一种易于访问的格式存储在大量链接的存储设备上，来支持分布式计算。

2. MapReduce

由于数据分布在 Hadoop 中的多个系统中，它需要一些东西来聚合这些数据，从数据库中读取数据，并将其转换成适合分析的格式（地图）。MapReduce 模块就是这么做的。简单来说，MapReduce 指的是 Hadoop 模块执行的两个独立且不同的任务。第一个是映射（Map）作业，它接收一组数据作为输入，并将其转换为另一组数据，其中各个元素被分解为元组（键值对）。第二个是缩减（Reduce）作业，它将来自映射输出的数据元组进行组合，并将它们组合成更小的元组集合。顾名思义，缩减作业总是在映射作业之后执行。

3. Hadoop Common

Hadoop Common 模块提供了用户底层计算机系统（Windows、Unix 或任何安装的系统）读取 Hadoop 文件系统中存储的数据所需的工具（Java）。

4. YARN

最后一个模块是 YARN，它管理存储数据和运行分析的系统资源。它是 Hadoop 的架构中心，允许多个数据处理引擎（如交互式 SQL、实时流和批处理）处理存储在单个平台上的数据。

近年来，各种其他库或功能已经成为 Hadoop“框架”的一部分，但是 Hadoop 分布式文件系统、Hadoop MapReduce、Hadoop Common 和 Hadoop YARN 仍然是主要的四个。

F.3 Microsoft Azure

既然我已经解释了云服务和 Hadoop 框架在数据存储和处理中的使用，那么我在云环境中演示 Hadoop 也是顺理成章的。不过，在本练习中，我不打算使用 GCP，但我将借此机会向你介绍另一个称为 Microsoft Azure 云平台，它提供与 GCP 类似的功能和服务。在下面的例子中，我将演示如何在 Azure HDInsight 聚类中使用 Hadoop 处理一个大数据集。

如果你目前没有订阅 Azure 或者以前从未使用过 Azure，你可以在 https://visualstudio.com/devessentials 注册 Visual Studio Dev Essentials 计划，该计划将在一年内每月为你提供 25 美元的 Azure 点数。Azure 平台中的 HDInsight 是一个完全受管理的云服务，它使海量数据处理变得简单、快速、性价比高和可靠。你可以借助 HDInsight 使用许多流行的开源框架，包括 Hadoop、Spark、Hive、LLAP、Kafka、Storm 和 R 等。请注意，HDInsight 聚类即使在不使用时也会消耗点数金额，因此请确保尽快完成以下练习，如果不是一次性完成并且如果你不打算立即使用，请注意在每次使用后删除你的聚类，否则你可能会在月底前耗尽你的点数金额。

或者，你可以按照以下步骤创建一个 30 天的免费试用套餐，该套餐将以你的当地货币为你提供足够的免费点数来完成练习。请注意，你需要提供有效的信用卡号码进行验证（并注册 Azure），但 Azure 服务不会向你收费。

1. 你需要有一个以前没有用于注册 Azure 的 Microsoft 账户。如果你没有，你可以按照说明在 https://signup.live.com 创建一个。

2. 一旦你的 Microsoft 账户准备就绪，请访问 http://aka.ms/edx-dat202.1x-az 链接，并

按照说明注册免费试用版 Microsoft Azure。要完成此步骤：

a. 首先，如果你尚未登录，那么你需要使用你的 Microsoft 账户登录。

b. Microsoft 将验证你的电话号码和支付细节。如前所述，只要你在试用期内使用服务，你的信用卡就不会被收取任何服务费用，并且该账户将在试用期结束时自动停用，除非你明确更改设置以保持其活动状态。

一旦你完成了 Azure 账户的设置，你应该到达集中式门户仪表板，在那里你可以访问所有的资源和服务，如图 F.6 所示。

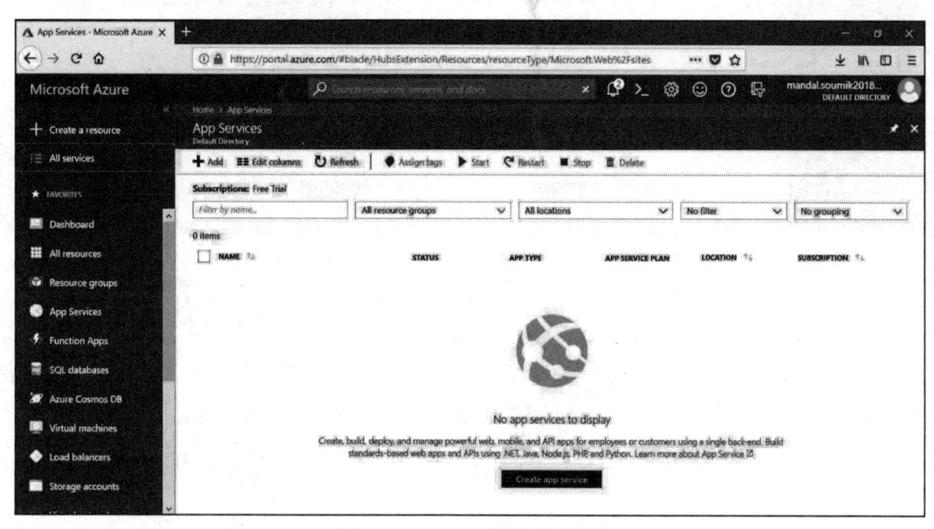

图 F.6　Azure 门户的界面

接下来，要想使用 HDInsight 聚类，请单击 Create a resource>Analytics> HDInsight，如图 F.7 所示。在 HDInsight 中，有许多自定义设置可用于根据项目要求调整系统。然而，对于本教程，我将坚持基本设置，提供一些集群名称，在本例中 cloud-hadoop-tutorial，选择聚类类型为 Hadoop，使用默认操作系统，Hadoop 版本（2.7.3）由系统提供，如图 F.8 所示。完成此步骤时，不要忘记提供一些资源组名称。你可以为不同的项目使用不同的资源组。或者，如果两个或多个项目在 Azure 中需要相同类型的资源和服务，你可以使用相同的资源组。

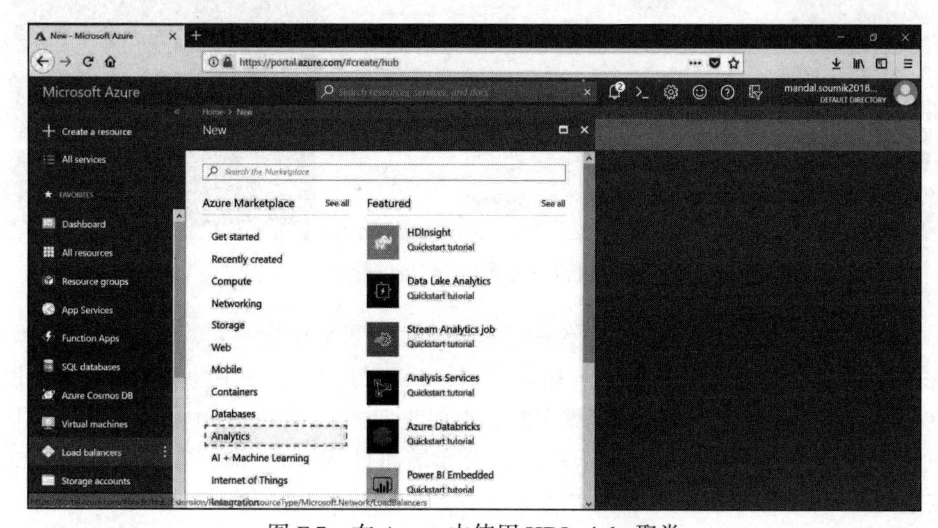

图 F.7　在 Azure 中使用 HDInsight 聚类

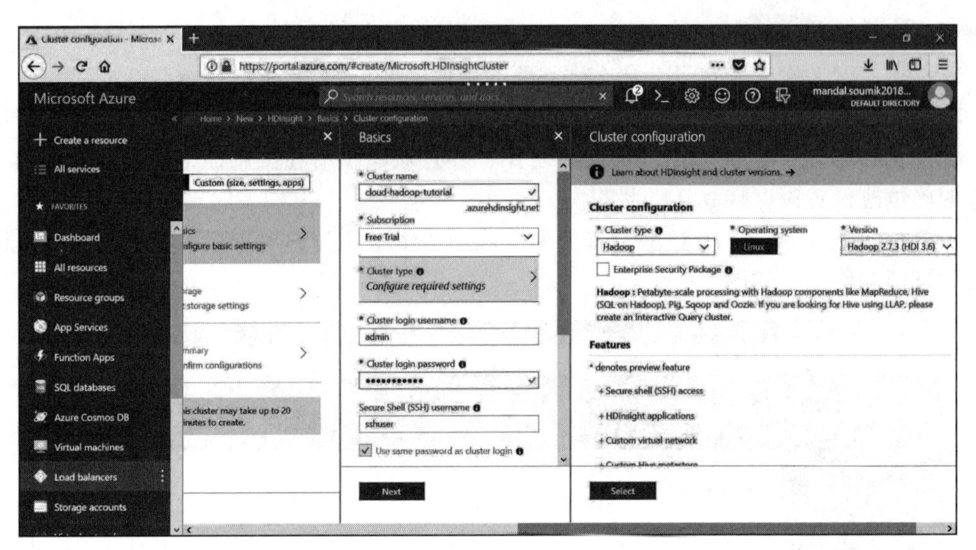

图 F.8　在 HDInsight 中配置存储选项

在下一步中，你将在 Azure 中配置存储设置。为此，首先选择主存储类型为 Azure Storage，使用 Create new Link 创建一个新的存储账户，并提供一些名称“hdtrial0808”，如图 F.9 所示；对于其余的设置，保持默认值。在下一步中，在 Summary 页面中，你可以验证你选择的所有主要配置设置，单击底部的 Create 按钮后，创建聚类实例大约需要 15～20min。

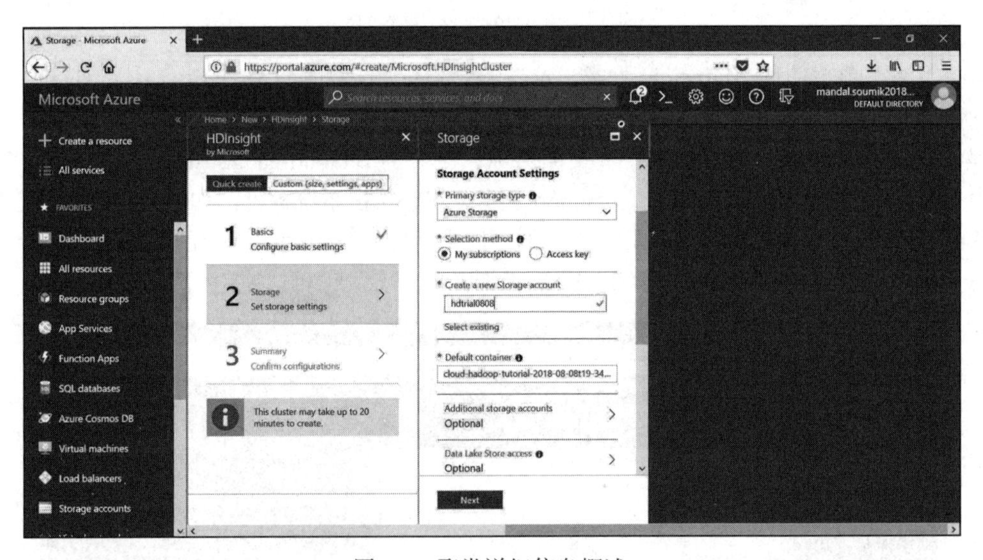

图 F.9　聚类详细信息概述

一旦聚类创建完成并成功部署，你应该能够在概览页面中看到它，如图 F.9 所示。

你刚刚创建的 HDInsight Hadoop 聚类可以作为运行在 Azure 中的 Linux 虚拟机进行调配。在使用基于 Linux 的 HDInsight 聚类时，正如我们在上一次设置中所做的那样，你可以使用远程 SSH 会话连接到 Hadoop 服务。而且如果你打算用 PC 访问 Linux HDInsight，你必须安装一个 SSH 客户端，比如 PuTTY。

要连接到 HDInsight 聚类，请单击 SSH+ 聚类登录选项，从下拉列表中选择主机名（应该是 your_cluster_name- ssh .azurehdinsight.net)，然后复制它。接下来，打开 PuTTY，转到会话，粘贴 Host Name，然后单击 Open 按钮。这将弹出一个提示，询问你在配置聚类时指定的 SSH 用户名和密码（而不是聚类登录）。一旦它成功地验证了你的凭据，你应该能够以与在 GCP 中使用的几乎相同的方式访问聚类。

要使用 Hadoop 框架中的任何功能，你需要转到 Overview 页面中进入 Cluster 仪表板；从 Cluster 仪表板中，单击 Ambari 视图。这将打开一个新的选项卡，提示你输入 Hadoop 用户名和密码。默认用户名是 admin，除非你在配置 HDInsight 聚类时更改了它。或者，你也可以浏览链接 http://< your _ cluster _ name > . azurehdinsight . net 以到达同一页面。Ambari 视图将链接到所有 Hadoop 功能，包括 YARN、MapReduce2 和 Hive，你可能需要这些功能来管理你的大数据。如果你对这些特定的功能感到好奇，或者想知道更多关于如何使用这些组件的信息，那么你可以参考官方的 Azure 文档 [2]。

F.4 Amazon Web Services

Amazon.com 的子公司 Amazon Web Services（AWS）也在订阅的基础上为个人和组织提供按需云计算平台。这项名为 Amazon Elastic Compute Cloud（Amazon EC2）的云服务提供了与 GCP 和 Microsoft Azure 类似的功能。有几种方法可以连接到 Amazon EC2，例如通过 AWS Management Console、AWS Command Line Interface（CLI）或 AWS SDK。在本演示中，我将使用 AWS Management Console。

1. 首先，如果你还没有 AWS 账户，那么你需要创建一个账户。要想连接到你现有的账户或创建一个新账户，请转到 https://portal.aws.amazon.com，并按照说明执行步骤。请注意，后面的步骤将询问你的地址、电话号码和信用卡详细信息，以便进行验证。像 GCP 和 Microsoft Azure 一样，亚马逊不会向你收费，除非你的使用量超过 AWS 免费等级限制 [3]。

2. 设置好 AWS 账户后，导航到 Amazon EC2 仪表板，选择启动实例来创建和配置你的虚拟机（如图 F.10 所示）。

3. 在配置虚拟实例时，你将有以下选项：

（1）选择 Amazon Machine Image（AMI）：在向导的第 1 步中，你必须选择要安装在虚拟机中的首选操作系统。如果你不确定应该选择哪一种 AMI，推荐的免费版本是 Amazon Linux AMI。

（2）实例类型：在向导的步骤 2 中，你需要选择实例类型。免费版本 AWS 账户的推荐实例是 t2.micro，这是一种低成本的通用实例类型，提供了基本水平的 CPU 性能。

（3）安全组：如果你想配置虚拟防火墙，那么请使用此选项。

（4）启动实例：在配置实例的最后一步，在单击启动按钮之前，检查你所做的所有修改。

（5）创建密钥对：要想安全地连接到你的虚拟机，请选择创建新密钥对选项并分配名称。这将下载密钥对文件（.pem）。将此文件保存在一个安全的目录中，因为稍后你将需要它来登录实例。

（6）最后，选择启动实例选项来完成设置（如图 F.11 所示）。

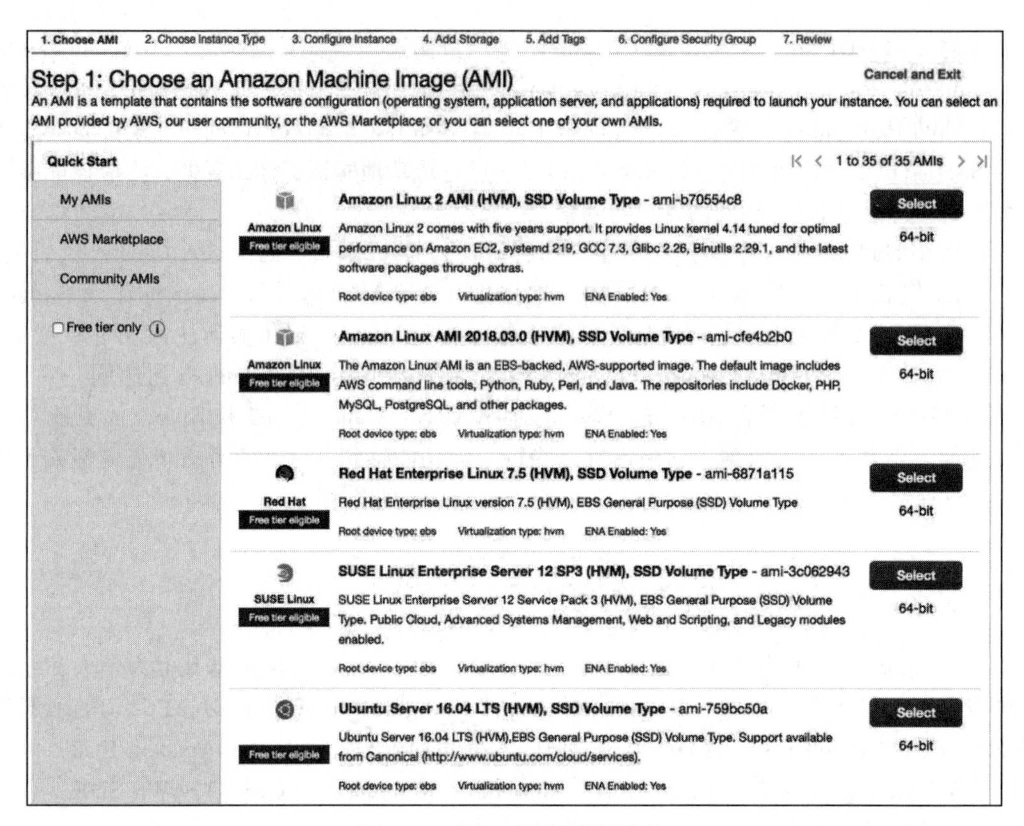

图 F.10 用 AWS 创建虚拟机

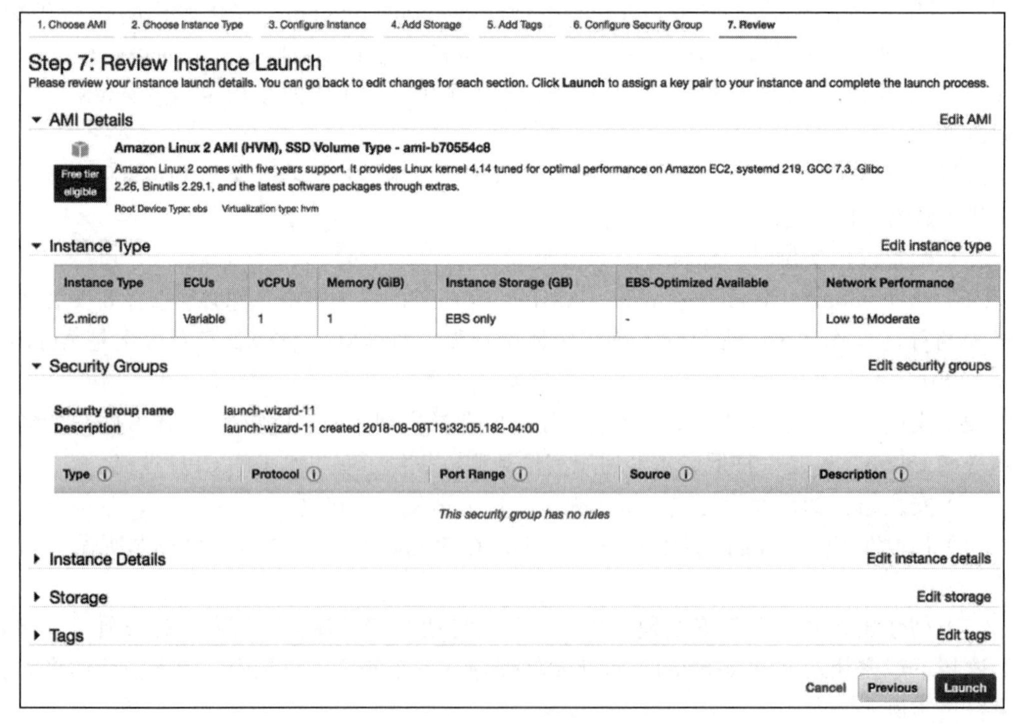

图 F.11 在 AWS 上启动虚拟机

从 PC 端访问 EC2 中的虚拟实例类似于我们在 GCP 和 Azure 中看到的情况。你需要使用 SSH 客户端——PuTTY。然而，在访问 EC2 中的实例时，还涉及一个额外的步骤。由于 PuTTY 本身不支持 AWS 用于身份验证的 .pem 格式，因此首先你需要将 .pem 文件转换为 PPK（PuTTY Private Key）格式，你可以使用 PuTTYgen 实用程序来实现这一点。在 Load 对话框中，单击 Load 按钮，然后导航到设置实例时下载的 .pem 文件。请注意，在你的本地目录中浏览 .pem 文件时，要确保在文件名字段右侧的下拉列表中选择 All Files。加载后 PuTTYgen 会将你的文件转换为 .ppk 格式。为了保存这个 .ppk 文件，单击保存私钥选项。如果你试图在没有密码的情况下保存密钥，那么实用程序可能会对你发出警告。通过选择 Yes 来忽略这一点，并确保提供一个名称并将其存储在你将记住的目录中。

现在，你已经将 .pem 文件从 AWS 转换为 PuTTY 中的 .ppk 文件，就可以从 PuTTY 中的 SSH 安全地登录到你的实例。为此，启动 PuTTY 然后单击 Session，以提供 Host Name。Host Name 格式为 user_name@public_dns_name，如图 F.12 所示。Amazon Linux AMI 的默认用户名是 ec2-user。

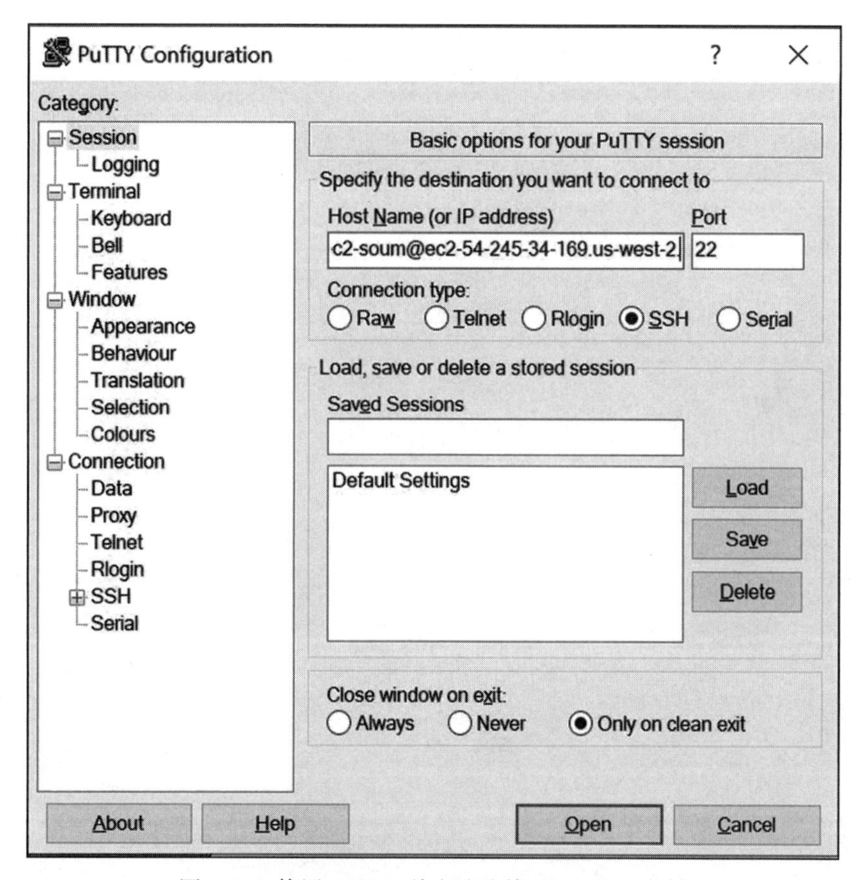

图 F.12　使用 PuTTY 从电脑连接 AWS EC2 实例

接下来，导航到 SSH 下的 Auth 按钮，浏览你之前保存的私钥（.ppk 文件），然后打开连接。如果你正确执行了上面的每一个步骤，那么你应该会看到一个新的终端，显示你的命令行 SSH 会话，如图 F.13 所示。

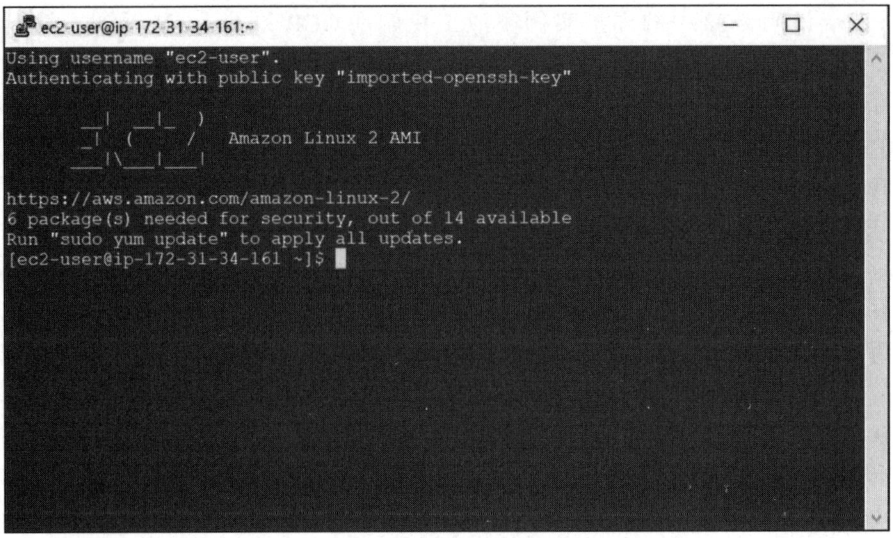

```
ec2-user@ip-172-31-34-161:~
Using username "ec2-user".
Authenticating with public key "imported-openssh-key"

       __|  __|_  )
       _|  (     /   Amazon Linux 2 AMI
      ___|\___|___|

https://aws.amazon.com/amazon-linux-2/
6 package(s) needed for security, out of 14 available
Run "sudo yum update" to apply all updates.
[ec2-user@ip-172-31-34-161 ~]$
```

图 F.13　SSH 会话连接到 AWS EC2 实例

附录 G

数据科学工作

我们已经介绍了很多关于什么是数据科学以及成为数据科学家的必要技能的信息。但是，什么样的工作可以发挥你新的数据科学技能呢？如果你在 LinkedIn 上用关键词“数据科学家”进行求职搜索，你会检索到美国境内超过 24 000 个职位招聘信息。如果你开始研究这些数据科学家职位，你会看到很多以下用来描述职位或角色的关键词：数据科学家、首席数据科学家和数据工程师。此外，如果你开始探究这些职位和所需技能的细节，你可能会看到以下内容：统计分析、预测建模、数据驱动的故事、使用 Python 或 R 操作大型数据集、在 Linux 环境下工作、SQL 和机器学习。你可能会惊讶地发现，你已经接触了许多这些概念，因为你在本书中遇到了它们。第一部分（第 1～3 章）介绍数据和数据科学的概念，第二部分（第 4～7 章）介绍实用工具，第三部分（第 8～10 章）介绍机器学习。但是，为了更具体地了解有什么样的工作可供选择，这些工作期望什么，你已经从这本书中得到了什么或可以得到什么，以及你接下来可能想要获得什么，我们将更仔细地研究数据科学就业市场。

Glassdoor 将数据科学工作分为三类：核心数据科学家、研究人员和大数据专家 [4]。核心数据科学家的工作最常见（超过 70%），主要需要与 Python、R 和 SQL 相关的技能——所有这些都包含在本书中。这类工作通常还需要了解一些数据清理或预处理（第 2 章）、机器学习（第 8～10 章）和使用综合服务（第 11 章）。Glassdoor 估计，2017 年这类工作的平均工资为 116 203 美元。研究人员类别的收入略低，而大数据专家类别的收入略高。这两个类别不太常见，通常需要与其所处行业相适应的更专业的技能（如 Java、Hadoop）。总的来说，Glassdoor 发现，在所有与数据科学相关的职位发布中，三种最常见的技能是 Python（72%）、R（64%）和 SQL（51%）。所有这些在本书中都有专门的章节和大量的练习，但是如果你有兴趣将技能提升到一个新的水平，那么你知道应该关注哪些。除此之外，我建议你对想找数据科学工作的行业有更好的了解。当然，获得这样的提高可能需要相当多的工作，所以让我给你一些领域的建议。

你可能会惊讶地发现，实际上你的新数据科学技能可以在许多就业领域得到利用。因此为了证明这一点，我列出了以下四个职业类别和需要数据科学技能的典型角色：营销和公共关系、企业零售和其他销售业务模式、法律、健康和社会服务行业。在下面的部分中，我将概述这些行业中典型数据科学角色的一般用途、你应该搜索的职称关键字，以及雇主希望在潜在候选人中寻求的期望技能。

G.1 营销

市场营销中的数据科学工作可以帮助塑造客户形象并设计针对核心客户的策略。营销中存在的数据集类型可以从客户的年龄、教育和定位等个人资料信息，到社交媒体评论，再到客户支持日志。这些数据集可能非常庞大，并且对于任何人来说，手动审查和分类每个数据点，以获得有助于制定营销策略和计划的开发的信息所需要的时间是不现实的。这就是你作为数据科学家的技能派上用场的地方！你可以使用 Python 或 R 来处理与每个客户相关联的数据，以确定公司核心客户的关键属性。客户是特定的年龄、性别或种族吗？该客户有孩子吗？客户是否居住在特定的地理区域，如城市、郊区或乡村？你处理大型数据集的能力将有助于描绘出展现核心客户的图景。

如果你对营销行业的职位感兴趣，你应该在求职中使用以下关键词：营销数据科学家、营销分析、搜索引擎优化（SEO）、客户参与度、数据处理和预测分析。当你任意组合这些关键词进行求职搜索时，你会发现雇主正在寻找具备以下技能的求职者：SQL、数据可视化、Python、R、预测建模、统计学习方法、机器学习方法、数据驱动的决策、优秀的书面和口头交流。

要了解更多详情，你可以从以下链接开始探索：

- https://www.martechadvisor.com/articles/marketing-analytics/5-musthave-skills-of-a-marketing-analytics-manager/
- http://www.data-mania.com/blog/data-science-in-marketing-what-it-is-how-you-can-get-started/
- https://www.business2community.com/marketing/3-great-examples-of-data-science-in-marketing-02052176
- https://www.ngdata.com/what-is-marketing-analytics/

G.2 企业零售和销售

数据科学也适用于企业零售和销售。所有零售商都有自己的核心客户。为了推动销售，零售商的工作是提供它们的产品来满足其核心客户的需求。零售业内部的数据集将包括其客户的购买历史：客户购买了什么？什么时候买的？这笔交易是否发生在大型广告活动宣传活动之后？哪些物品是一起购买的？是否使用优惠券或其他促销手段？零售商也可以通过一种结构化的、科学的方法来评估定价策略，而不是传统的基于生产和运营成本来确定利润的过程。是否存在基于感知价值的特定类型的客户愿意为不同类型的产品支付更多的钱？客户是谁？你还能分析哪些其他信息来确定未来如何与客户合作，以鼓励客户的忠诚度？这些复杂的问题可以通过使用你的数据科学知识轻松地分析和回答。你还可以使用数据科学来了解客户的购买习惯以及产品之间的关系。在所有客户类型的交易中，是否有通常一起购买的特定商品？这些商品在商店网站或实体店的哪个位置？在书架上还是网页上？这些物品是彼此挨着的吗？或者它们是客户自然购买的？数据科学可以帮助分析客户交易的细节，并确定仅通过将客户倾向于一起购买的商品在商店中进行物理重新放置来推动销售的方法。

如果你对企业零售和销售行业内的职位感兴趣，那么你应该在求职中使用以下关键词：

商业智能、指标、价格索引、计划分析、分析、零售业务报告、数据挖掘和产品分析。当你用这些关键词的任意组合进行求职搜索时，你会发现雇主正在寻找具备以下技能的求职者：SQL、数据可视化、数据驱动的决策、优秀的书面和口头交流、XML、Oracle、执行A/B多变量测试。

要了解更多详情，你可以从以下链接开始探索：

- https://www.cio.com/article/3055833/retail/why-data-scientist-is-the-hottest-tech-job-in-retail.html
- https://www.kdnuggets.com/2018/02/data-science-improve-retail.html
- https://www.retaildive.com/ex/mobilecommercedaily/5-businesses-that-benefit-from-data-science
- https://www.mckinsey.com/business-functions/marketing-and-sales/our-insights/using-big-data-to-make-better-pricing-decisions

G.3 法律

数据科学不仅能用于定位客户和推动销售。我们如何在法律领域运用数据科学技能？问得好，数据科学可以协助法律程序，以简化案件从立案到审判整个过程。立案时，判断是否有其他与你正在处理的案件具有类似情况或特征的案件？是否有可以从特定案例数据集的结果中识别出的诉讼趋势？这些信息有助于诊断手头的问题并快速制定法律策略吗？为了预测所需的时间或资金投入，预期案例的细节能否与历史案例相匹配？数据科学可以回答这些问题。此外，数据科学可以帮助理解法律工作人员的操作需求。对于某些类型的个案，员工所需要的时间有什么趋势吗？是否需要特定的技能来简化诉讼程序？从运营角度评估与案件细节相关的数据，可以帮助确定人员需求，以及如何有效地利用计费时间，以战略性地减少财务负担，增加公司利润。

如果你对法律行业内的职位感兴趣，你应该在求职中使用以下关键词：结构化数据、数据分析、首席分析师、数据分析审计师和法律数据分析师。当你用这些关键词的任意组合求职搜索时，你会发现雇主正在寻找具备以下技能的求职者：QL、数据可视化、R、Python、Tableau、Hive/Hadoop，以及Oracle。

要了解更多详情，你可以从以下链接开始探索：

- https://prismlegal.com/data-science-law-an-interview-with-lexpredict/
- https://www.lawtechnologytoday.org/2018/01/the-data-driven-lawyer/
- https://www.americanbar.org/groups/litigation/publications/litigation-news/business-litigation/data-analytics-new-arrow-your-legal-quiver/

G.4 健康和人类服务

数据科学也可以用于健康和人类服务领域。当地健康服务提供者如何确定当地公民的需求？一个地区是否比另一个地区更需要某种特定类型的服务？是否有一种特定类型的健康问题在一个地区比其他地区更普遍？数据科学可以用来识别形成公民需求的趋势或共同特征。也许在一个911呼叫率高于其他呼叫率的地区，需要加强安全或保护措施。你可以使用数据科学来审查和分析这些数据集，以细化特定区域的医疗服务提供商的重点。此外，你可以协助当地执法部门来确定一个社区比其他社区需要更多关注的核心领域——这些信息可以为一个特定机构提供了解如何建立一个年度预算，并创建最能满足社区需求的人员配置。

如果你对健康和人类服务行业的职位感兴趣，你应该在求职搜索中使用以下关键词：人员分析、数据策略师、数据科学技术主管、数据和评估。当你用这些关键词的任意组合进行求职时，你会发现雇主正在寻找具备以下技能的求职者：SQL、R、Python、机器学习、算法、分析大型数据集和预测性分析。

要了解更多详情，你可以从以下链接开始探索：

- https://datasmart.ash.harvard.edu/news/article/big-data-gives-a-boost-to-health-and-human-services-380
- https://www.fedscoop.com/hhs-data-science-colab-iterating-ahead-second-cohort/
- https://www.altexsoft.com/blog/datascience/7-ways-data-science-is-reshaping-healthcare/
- https://www.fiercehealthcare.com/aca/oig-budget-data-analytics

附录H
数据科学与伦理

你可能对希波克拉底誓言很熟悉，这是所有医生和医疗专业人士都必须遵守的誓言。誓言中经常提到一个常见短语“不伤害”，它承认医疗专业人员有义务在道德和伦理上保护其病人。数据科学可以用来实现许多积极的结果，例如执行统计分析以将趋势货币化，设计预测性建模，以及为许多行业（例如企业销售、营销、法律、健康和社会服务）开发任务自动化和进行简化。然而，数据科学也可以提出围绕隐私、访问、偏见和包容性的问题。如果不采用适当的治理和最佳实践，那么数据可能会带来伦理困境。因此，我们必须认识到作为数据科学家的责任和道德义务的重要性。

那么，作为一名数据科学家，如何才能做到不伤害呢？每一个收集和利用数据的组织，以及每一个数据从业者，都必须建立最佳实践和行为准则，以防止道德困境，并减轻数据所代表的组织和客户的风险，这是至关重要的。哪些偏见可能被放大和传播，从而潜在地产生负面结果或环境呢？应该通过监测数据集的来源和使用方式来评估数据的收集、分析和使用。随着时间的推移，社会习俗和法律义务不断演变，对数据的监督也必须如此。在下面的小节中，我们展示了作为数据科学家可能会遇到的一些问题的示例，以及需要考虑的一些最佳实践。本附录并非详尽无遗，它作为一个引言，帮助你考虑你在数据科学和伦理关系中的角色。

H.1 数据供应链

数据供应链包括数据集的生命周期：收集、分析和使用。伦理问题可能会出现在链条的每一步骤，所以重要的是要审查每个步骤以及可能出现的潜在问题。第一步，收集并存储数据。可以通过多种方法获取这些数据，例如通过使用特定应用程序收集数据或从开放数据源检索数据。如果你曾经在你的移动设备上安装过新的应用程序，在计算机上安装过软件，或者注册过某项服务，你就会遇到审核和接受服务条款的请求。这是一份包含某些规则和规定的法律协议，为了继续访问或使用服务，每个用户都必须同意并遵守这些规则和规定。服务条款还可能包括通过观察每个用户的活动和行为来概述数据的收集和使用的免责声明。在这里，组织可以表达其收集数据的意图，并征求用户的同意。伦理困境可以在数据供应链的这一步骤中呈现出来。用户是否清楚地了解数据收集及其用途？如果你的组织从开源或第三方获得数据，原始上下文是否已向你披露？一些应用程序或软件可能会主动实时收集数据，例如需要使用定位服务的拼车服务。在这个过程中组织收集和存储了哪些数据？所有数据点对于收集和存储都是必不可少的吗？你的数据存储过程是否正确记录了出处？用户隐私是否通过适当的安全协议得到尊重，数据集是否被匿名化？

数据供应链的第二步是分析。在这个步骤中，数据被处理和分析——数据的处理可能需要聚合几个较小的数据集来编译一个大的集合，以进行操作和分析。在这里，当数据集可用于审查、分析和操作时，你需要考虑与数据隐私相关的个人风险。例如，如果你正在为零售或金融组织进行研究，如何访问数据？数据是否加密？目前使用什么协议来确保与客户或用户相关的数据是安全的，不会被不适当地共享？如果你的数据集可能会对它所代表的组织或个人构成安全风险，该如何处理这种情况？现实世界中也有类似案例，例如益百利和美国银行内部的数据泄露，敏感的个人数据被第三方访问，给他们的客户带来可能导致身份盗窃和信用欺诈的严重漏洞。组织有责任确保与其客户相关的数据的隐私和保护。此外，数据汇总和执行的分析呈现了什么？在此过程中有没有引入任何偏见？在此过程中进行了哪些伦理审查以减少偏见？

数据供应链的最后一步是使用——在分析完成并构建了新的信息或知识之后，数据集是如何共享的？我们展示了用于机器学习和人工智能的数据科学技能。为了创建训练算法、执行分析或自动化任务，必须使用数据集作为这些活动的框架。重要的是要考虑通过使用你的数据集进行分析的伦理含义。例如，如果你的数据集被用来构建一个可以确定刑事累犯率的工具呢？在这种情况下，你可能已经使用预测建模分析了大量犯罪档案数据集，以创建一个评级系统，该系统可以帮助确定刑事判决的严重程度。在数据的使用或共享中存在何种类型的透明度，以确保其用户和受其影响的个人了解潜在的道德问题？是否有适当的流程来记录这一新工具的使用，以便记录活动、识别问题或其他改进需求？最后，是否有一个数据访问或处置计划，以确保控制和所有权在适当的监督下得到管理，以防止伤害？

H.2 偏见和包容

偏见和包容通常是与数据分析、机器学习和人工智能有关的问题。当一个数据集被处理和分析以提取信息、构造知识或训练机器使其自动执行任务时，这些信息、知识和技能都是由所使用的数据集直接产生的。换句话说，数据分析的输出局限于输入的细节。随后，如果数据集被扭曲或局限于一个不能合理代表整体的特定人群，那么分析的产物也可能被限制。

考虑在人力资源中使用数据科学和分析。组织可以为你提供一个由每个现有（也可能是以前的）员工组成的数据集，该数据集包含每个人的具体信息，包括他们当前的职位、教育、技能、绩效评估、工资和其他基本个人信息，如年龄、种族或性别。你可以使用你的数据科学技能来分析这些数据，以确定主题，并根据角色开发典型的员工档案，来帮助人力资源部门进行招聘。然而，如果现有的员工结构存在偏见，比如特定的性别担任特定的角色，特定的种族担任特定的角色或有特定薪资范围结构，这该怎么办呢？你没有建立这种偏见，但你可以帮助识别它的存在，并提出限制或防止它永久化的方法。在这种情况下，你可以在防止可能造成社会和道德困境的偏见扩大方面发挥微小而重要的作用。

H.3 考虑最佳实践和行为准则

最佳实践和行为准则有助于缓解问题并减少其影响。本质上，它们应该提供一个培训员工如何防止问题发生，以及如何在发生问题时识别和解决问题的结构。最佳实践的开发需要仔细考虑你的组织目前遵循的现有道德规范、在出现问题时如何解决问题，以及存在哪些协议来防止道德问题的发生。例如，你需要考虑组织是否提供了足够的指导方针，以帮助每个人做出明智的决策，同时降低组织的风险，并保护你所接触的特定人群的隐私。通过管理存储和访问来评估数据处理、分析和维护数据隐私的协议是什么？是否有一个运作结构来概述如何实施试点项目以确定社会和伦理影响？收集数据使用了哪些技术？重要的是要实施一个时间表来审查收集方法，以保持透明度，并随着行业和社会标准的变化而适应和发展。你的组织是否为所有级别员工提供培训计划，以提供关于道德考虑和如何防止有害行为的定期教育？在许多情况下，可能会出现对客户或组织造成伤害的意外后果。你的组织有哪些流程（如果有）来识别这些实例？如何对这些案例进行记录和处理以实现变更？

如果你有兴趣阅读更多与数据科学和伦理学相关的主题，请访问以下链接：

- https://ainowinstitute.org/AI_Now_2017_Report.pdf
- https://www.propublica.org/series/machine-bias
- https://www.accenture.com/us-en/insight-data-ethics
- https://royalsocietypublishing.org/doi/full/10.1098/rsta.2016.0360
- https://www.technologyreview.com/s/612775/algorithms-criminal-justice-ai/

附录 I
社会公益数据科学

我们已经介绍了组织内利用数据科学技能获取盈利的无数方法。数据科学工作通常会利用数据统计分析、预测建模、数据驱动讲故事，并使用 Python 或 R（以及我们在本书中介绍的许多其他技能）来操作大型数据集，以便提高盈利能力、降低风险，并确定创造效率的方法。但是，我们如何利用这些同样有价值的技能来造福社会呢？如何识别解决以人为中心的现实世界问题的机会？你能做些什么来运用你的数据科学技能来支持任务驱动（或非营利）组织的计划？

如果你有利用数据科学技能的积极性，想要通过技术的力量对人类产生积极影响，那么你可以通过数据科学组织、奖学金项目和会议寻找志愿者机会来开始你的搜索。使用关键词“数据科学和社会公益”进行搜索，从而找到组织和机会（我们在下面的链接中提供了一个示例）。这些项目将组织培训课程或活动，聚焦并进一步发展数据科学技能，以解决具有社会影响的问题。接下来，你可以参加竞赛和编程马拉松。许多组织为现实世界的社会问题寻求解决方案。通常，它们将提供数据集，由你来执行分析和预测任务，为竞赛中出现的问题提供解决方案。最后，你可以选择专注于你的职业生涯，有意在以人类和社会意识为目标的非营利或营利性组织中寻找就业机会，如医疗保健、人类服务和环境保护组织（详见附录 G）。

如果你有兴趣阅读更多与数据科学促进社会公益相关的主题，请访问以下链接：

- https://www.kdnuggets.com/2015/07/guide-data-science-good.html
- https://www.datakind.org/
- https://www.goodtechfest.com/
- https://dssg.uchicago.edu/
- https://www.drivendata.org/competitions/

注　　释

1. 2006年8月24日 Amazon.com，“发 布 Amazon Elastic Compute Cloud（Amazon EC2）– beta”
2. 使用 Azure 门户开始在 Azure HDInsight 中使用 Hadoop 和 Hive，该门户可从以下网址获得：https://docs.microsoft.com/en-us/azure/hdinsight/hadoop/apache-hadoop-linux-create-cluster-get-started-portal
3. AWS 免费版本详细信息：https://aws.amazon.com/free/
4. “Data Scientist Personas:What Skills Do They Have and How Much Do They Make?” Pablo Ruiz Junco，2017年9月21日：https://www.glassdoor.com/research/data-scientist-personas/

推荐阅读

计算机时代的统计推断
算法、演化和数据科学
COMPUTER AGE STATISTICAL INFERENCE

统计反思
用R和Stan例解贝叶斯方法
Statistical Rethinking

文本数据管理与分析
信息检索与文本挖掘的实用导论
Text Data Management and Analysis

[PACKT]
Python机器学习
（原书第2版）
Python Machine Learning
PYTHON MACHINE LEARNING
SECOND EDITION

大数据分析
原理与实践
BIG DATA ANALYSIS
PRINCIPLE AND PRACTICE

大数据管理系统
原理与技术
DATABASE MANAGEMENT SYSTEMS FOR BIG DATA

Deep Learning with Python and PyTorch
Python深度学习
基于PyTorch

Python数据分析
与挖掘实战
（第2版）

Python数据分析
与数据化运营
（第2版）